东南大学艺术学院2014年度优势学科经费资助;2014江苏省博士后科研资助计划(1401015C);2011年教育部人文社科青年基金项目(11YJC760094)

现代中式家具设计系统论

许继峰 著

东南大学出版社
SOUTHEAST UNIVERSITY PRESS
·南京·

图书在版编目(CIP)数据

现代中式家具设计系统论 / 许继峰著. —南京:东南大学出版社,2015.12

ISBN 978-7-5641-6241-2

Ⅰ. ①现… Ⅱ. ①许… Ⅲ. ①家具—设计—中国 Ⅳ. ①TS666.2

中国版本图书馆 CIP 数据核字(2015)第 316162 号

现代中式家具设计系统论

出版发行 东南大学出版社
出 版 人 江建中
策划编辑 张仙荣
社　　址 南京市四牌楼 2 号
邮　　编 210096
网　　址 http://www.seupress.com
经　　销 各地新华书店
印　　刷 江苏凤凰数码印务有限公司
开　　本 787 mm×1092 mm 1/16
印　　张 20.25
字　　数 518 千字
版　　次 2015 年 12 月第 1 版
印　　次 2015 年 12 月第 1 次印刷
书　　号 ISBN 978-7-5641-6241-2
定　　价 68.00 元

前　言

家具是与人类关系最为密切的一类人造物，也见证着人类生活方式的发展与变迁。千百年来，不同时代、不同地域和不同种族的人们依据自身的生活需求和审美情趣来设计、制作并选用相应的家具品类，使得家具融入了不同的“文化符码”，从而形成诸多各具特色的家具风格。可以说，正是因为家具的存在，我们的住宅和建筑才成为真正意义的“家”，而生活也因此显出差异。迄今为止，人类从未停止过对家具样式与可实现形式的探索，并尽可能地将新材料与新技术应用其中加以创新和改良，新的概念不断地突破原来的限制、颠覆固有的观念，或以更科学的方式，或以更艺术的形式对人类生活做出新的理解和诠释。

时代在变，生活也在变，家具没理由不变。

在人类造物史上，中国传统造物文化灿烂辉煌。在木作上，明清家具曾铸造了传统家具工艺的巅峰，其艺术价值在世界范围内得到广泛公认，至今仍然备受古典家具行业推崇。但随着生产方式和经济形态的变化，我们已然由传统的农耕社会进入现代的工业社会，生活环境与生活方式都发生了根本性变化，家具功能与形式的新需求也随之产生，设计师也必须对此做出应对。

对于现代设计而言，设计是“问题求解”的过程，在这一过程中寻求“最佳”“最合适”的解决方案是重点，文化传承往往不是必要条件。但对于中国家具设计而言，家具本身蕴含着一种文化，而这种文化恰恰是与中华民族的文化底蕴紧密相连的，或者说家具所体现的文化内涵正是中国文化在“造物”上的具体体现。如何平衡传统家具的“经典”和现代生活的“现代”是难以回避的、让人困扰的问题，学界和业界也总在这两者的重要性比较上产生分歧和争论，甚至势同水火。在这样的形势下，中国现代风格的家具应该是什么样的呢？经过几十年的尝试和探索，“现代中式家具”或“新中式家具”的概念应运而生，而且一度被看作是中式家具创新的方向和突破口，吸引众多企业投入设计研发，其中不乏精品出现，但总体上依然未能跳脱传统式样的拘囿，总是在造型、材料、工艺、装饰之间游走、徘徊，难以形成颠覆性的创新。究其原因，人们通常认为来自传统的与本土的才是中国的，而现代的和国际化的是属于西方（文化）的，所以要塑造中国风格必须是“民族的”或“历史的”。这便导致当下中国家具难以摆脱“仿古”“摹古”的怪圈。

作为设计师，我们必须明确的是，明清家具是一种“历史的存在”，而不是一种“永恒的存在”。明清家具中经典的造型、严谨的结构、精细的工艺、硬木天然的纹理和精巧细腻的装饰等都为现代中式家具设计提供了丰富的原型素材，但不能简单地认为它就自然而然地成为“现代风格的民族形式载体”。相反要注意到传统家具中的许多方面已不适合现代生活方式，甚至与当前主流的社会观念、环境意识、审美价值与评价标准等相悖。例如，传统家具常采用的珍稀硬木（或红木）资源不断减少乃至面临枯竭危险，各国都在制定法律法规限制珍稀硬木资源采伐并加强热带雨林保护，而据统计我国依然有近万家民用家具企业在生产制造红木家具，显然这种所谓的“继承”和复古的偏好是不足取的。当然，中国人传统观念中通常把红木家具看作固有财产或奢侈品，可以传家，其用材、雕工、数量及体量等都在一定程度上象征着拥有者的家境、地位、身份，但当今中国主流的消费群体已经认同并接受多元文化，选择家具时，更看重功能实用性、时尚性与舒适性，工作环境下的灵活性和健康性等，而并不希望通过家具来展示自己的财富。因此，一味恪守旧制，而不求创新，只会落入“泥古”的窠臼，难以获得国际家具市场的认同。同样，全盘忽略优秀文化传统而去盲目追随“国际风格”，缺乏自己民族特色，也难以使中国家具形成国际竞争力。

在对待传统文化问题的价值取向上，事实证明，“传承是本原，超越是其走向。”“传承”要求我们更多地去关注、去了解、去学习传统文化，将其内涵化为修养，然后在设计中自然流露；“超越”就是在设计中对本土文化肯定的同时，还要不囿于传统的樊篱，多借鉴并吸收先进科技手段与成熟经验，从形式上升华，形成同国际间的对话与交流。我认为，这同样适用于当下中国家具设计领域，也是我多年来在设计研究与实践过程中所坚持的观点。

本书即是基于这一理念，尝试梳理中西文化中的“融通”之处，借此建构现代中式家具的设计系统，以期为相应的设计实践有所助益。简单来看，本书主要从以下几方面做了相关探讨：

（1）拓展现代中式家具设计与创新的理念及方法

本书通过分析与研究现代中式家具在创新与设计中存在的问题结合家具学、形态学、设计学及系统学等相关理论，探讨实现现代中式家具设计系统的理论及方法。在对中、西和谐思想的哲学阐释和实际应用的分析中生成和谐化设计的主要观点和适用方法，并结合相应的设计方法论来拓展现代中式家具设计与创新的理念及方法，以此来指导现代中式家具创新设计。当前关于现代中式家具的设计理念主要集中于“中式元素”的传承与改良、装饰附件的简化与变形等方面，而对于家具本身与生活环境、生活文化构成的系统研究较少，因而造成现代中式家具的设计与现代生活方式之间存在着脱节现象。本书以中西和谐文化中的“天人合一”“中和为美”“阴阳和合”“对立统一”“数理和谐”

“形式和谐”等为基本观念，结合可持续设计和绿色设计理念、类型学方法、人因分析与形态学的相关理论和方法，来构建一种全新的理念以拓展现代中式家具设计与创新的思路与方法。

（2）系统性地探讨与建构和谐化设计的理论框架

本书通过对中西“和谐”概念及和谐文化的比较分析研究，综合地探讨和谐思想在现代设计中的体现和应用，并根据系统论的层次性原则将现代中式家具设计系统分为三个层级：宏观层次、中观层次及微观层次，分别探讨人—家具—社会—自然（环境）系统中不同层面的结构要素及其关系，包括宏观层面的家具与自然的关系、中观层面家具与社会文化的关系、微观层面家具与人的关系和家具形式的实现等，并在各个层次中引入或运用相应的设计理论和方法来实现不同层次的和谐化，从而达到整体系统的和谐。本书对各个层次的和谐性分析也结合具体的设计案例进行比较研究，以使相关理论的应用得到实证体现，通过对人—家具—社会—自然（环境）系统和谐理念和方法的分析与探讨，进而系统性地建构和谐化设计的理论框架，以期指导具体的设计实践。

（3）确定“和谐”语境下的设计文化整合方式

本书的研究是在剖析中国传统文化精髓的基础上研究中式传统家具的现代化创新设计问题，其中最主要的是要解决中式家具中的“中式特征”与现代美学、时尚文化之间的融合问题，这也就在客观上提出了设计文化整合的问题。产品设计过程就是将不同学科知识加以综合，将不同质的文化成分加以整合的过程。本书通过对中西和谐思想的异同性的分析，进而明确中西和谐思想中的主要观点和适用层面，使二者进行融通后分别应用到相应的系统层级（主要包括宏观理念、中观方式和微观形式三部分）之中，来获得从整体到局部的系统和谐。同时，在各个层次的具体应用中，又分别引入相应的设计理念作为实现和谐化的理论和方法支持，使现代中式家具的和谐化设计成为综合性的、系统性的、整合性的设计方式。

当然，本书对于现代中式家具设计系统的构建是一种尝试性的探索研究，对于当下中国家具设计现状的判断和评价也是基于自身的学术观念和理论认知，很多观点只能算是“一家之言”，尤其是在家具审美倾向及设计文化认同等方面，有些观点难免偏颇或有所疏漏，期望在今后的研究中继续深入。

此外，必须说明的是，本书中引用了众多国内外优秀家具设计案例（图片），已尽量标示出引用出处和作者，有些案例因取自互联网而无从查证出处，而未能准确标出，希望得到作者的谅解，并向他们表达我的诚挚歉意。

许继峰

2015 年 8 月 9 日

目　　录

第一部分　绪　　论

第二部分　现代中式家具设计系统建构

第三部分　现代中式家具设计系统的宏观层次

第四部分　现代中式家具设计系统的中观层次

第五部分　现代中式家具设计系统的微观层次

01 / 绪 论

第 1 章 “家具”的再读与新解

第 2 章 家具风格

第 3 章 中式家具概念及相关研究

第 4 章 现代中式家具风格界定与相关研究

第 5 章 现代中式家具的风格特征

第 6 章 现代中式家具的设计现状和问题

家具是一种客观的物质存在，伴随着人类文明的进程，家具以各种形式成为反映人类社会文明的一种标志，与政治、经济、艺术、技术、生活等要素紧密联系，是人类生活的另一种诠释。① 在我们的生活环境中，家具或许是身体与空间两端最为重要的媒介。作为特定生活及其延伸的体现，家具从工具与器物系统中独立出来，成为被关注的对象。在漫长的发展过程中，除了满足人们生活使用的需求之外，家具还融合了技术、艺术、材料、工艺等诸多内容，形成了人类文化的一种映照。因此，家具学也就成为一种综合性的研究学科，它既包括与技术、材料、工艺等相关的工学内容，也包括经济、艺术、文化等人文社会科学的研究内容。其中中式家具体系作为世界两大家具体系之一，具有自身完整的发展过程，并对现代家具发展产生了重要影响。

第 1 章　“家具”的再读与新解

谈及家具，总是与人们的日常生活紧密相关，不同时代、不同地域和不同种族的人们按照自身的生活方式和习惯来设计、制作、布置并使用着相应的家具品类，或精雕细琢，或质朴简约，或追求舒适，或讲究时尚……但无疑都在满足人们的坐卧起居等物质需求，同时也丰富着人们的精神体验。可以说，正是因为家具的存在，“家”才具有了实际的意义。没有家具的住宅房屋不过是一处限定围合的场所，当有家具安置其中时才能成为人类生活栖居的家园。家具在人们生活中扮演的角色绝不只是生活用品或器具而已，还承载着人们对“家”的情感寄托。一件老家具，既呈现出人们在以往岁月中使用的痕迹，也总是让人回忆起往昔的生活。（如图 1－1 中国茶馆竹椅）一件新家具，既让人感觉舒适惬意，也让人对未来生活充满向往。自古至今，没有哪一类人造物比家具与人的关系更密切，而随着人们生活方式的变化，家具的概念和范畴也不断延展。最初的“桌椅板凳与床几柜架”已经远远满足不了现代人的生活与工作需求，新的功能、造型、结构、材料与技术工艺等，不断地拓宽家具的边界。随着信息技术与智能交互等新兴科技的广泛应用，家具实体范畴的边界也越来越模糊。这些都迫使我们必须重新审视家具的概念与范畴，进而对未来家具设计领域进行界定与规划。

图 1－1　中国茶馆竹椅

Fig. 1－1　Bamboo chair in teahouse

① 刘文金，唐立华. 当代家具设计理论研究[M]. 北京：中国林业出版社，2007：2.

1.1 一般概念的家具

顾名思义，家具最初的意思指“家用之具”，即满足家庭生活所需的器具，包括床榻、桌案、椅凳、屏几等。但究其根源，家具是基于人类生活需要产生的，并随着人类的进化和生活方式的发展而逐渐发生变化，可以说家具的出现是人类进入文明时代的标志之一。不论是原始时期的石凳、石桌、青铜时代的青铜案、俎等，还是早期“席地而坐”的低矮家具、“垂足而坐”的高型家具，家具都是生活、工作和交往中不可或缺的必需品，而且逐渐成为室内陈设和空间装饰的主要内容，家具以其不可取代的功能贯穿于人类生活的各个方面。根据功能，家具可分为坐具类、台面类、收纳类、屏架类等；根据使用场合的不同，家具可分为：家庭用家具、事务用家具和公共用家具；根据使用材料，家具又可分为：实木家具、金属家具、合板家具、藤家具、竹家具、漆家具、塑料夹具、玻璃家具等。

随着功能和形式的拓展，家具的概念也逐渐变化更新。首先，在功能层面上，家具指的是满足人们日常生活及起居需要的家用器具，就其存在的空间范围来讲，家具主要是“建筑室内空间功能的一种补充和完善”①。随着家具移向室外，并成为诸多环境空间中的设施，其具有的“家用”限定也随之淡化，家具更多地指向在一定环境及空间中满足人们生活、工作中的坐、卧、承、纳等行为所需要的器具。其次，在审美层面上，家具被艺术家及手工艺人作为一种“载体”来表达他们的情感和思想，成为一种将功能美与艺术美相结合的特殊艺术形式。艺术家一方面借助家具的形式来表现艺术化的命题和思想；(如图 1-2，图 1-3)另一方面通过艺术化的造型及精致的工艺提升家具的功能性审美。(如图 1-4)此外，在制作方式上，家具由传统的手工业生产模式转为机器化大批量生产方式，成为一种名副其实的“工业产品”，使其具有了现代工业的特征，其概念也就超出了传统的木工或木作的领域，被定义为“关于生活的机器”，涵盖了材料、工艺、结构、色彩及造型等诸多工业设计内容。

图 1-2 艾未未的家具艺术作品
Fig. 1-2 The furniture art by Ai Weiwei

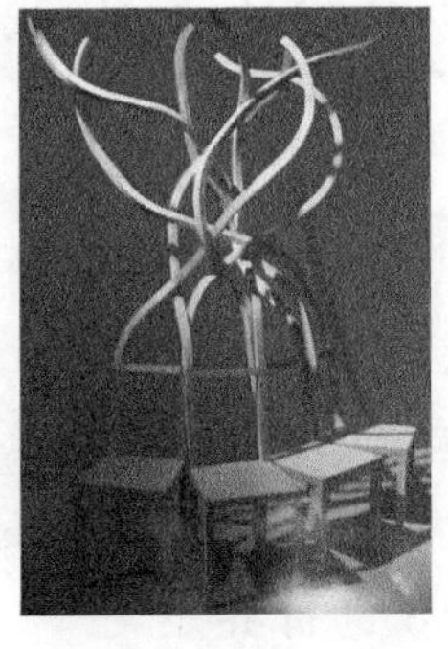

图 1-3 家具艺术品
Fig. 1-3 The furniture art

图 1-4 艺术化家具
Fig. 1-4 The artistic furniture

① 刘文金，唐立华. 当代家具设计理论研究[M]. 北京：中国林业出版社，2007：2.

总之，家具的概念具有典型的“与时俱进”的特征，其范畴也从最初的家用器具向着多元化的方向延伸，从日常应用、艺术审美、工业生产、展示陈设及文化收藏等角度来看，家具概念各有异同，但其所具有的功能性和艺术美特征是始终存在的两个关键要素，并成为界定家具概念和类型的主要标准。

1.2 重新定义家具

家具，必须是“家里的器具”吗？在现在这样一个概念爆炸的时代，家具概念也早已跳脱原来的语义限定，最初只为家居生活空间所配置的器具用品，已然转化成为具有诸多诉求的“多面体”。椅子不只是为了坐，柜子也不再仅仅为了收纳，当然床也不只是躺卧休息的地方，很多时候，家具的文化诉求要远胜过对实用功能的满足，人们对家具的体验也逐渐由物质层面转向更为复杂的精神层面，这也使得家具设计变得更为多样化与复杂化，设计师必须面对人们多样化的体验需求，同时又要将自身的理解和感悟融入家具之中。在众多消费者(不限于用户)和设计师眼中，家具的功能定位与象征意涵已发生明显变化，因此，重新定义家具就成为必然选择。

1.2.1 家具，新的象征意义

作为与人接触最密切的和人类生活不可或缺的日用品，家具自古以来就不缺乏象征意义，在悠久的历史长河中，人们也毫不吝啬地赋予家具不同意涵和品质。当然，在看重身份地位和个人品位的人士眼中，家具无疑占据着较为特殊的位置，譬如龙椅、王座和交椅象征着权力，书架和画案也显出文人书香和士人雅好。而随着现代生活方式的多元化，设计逐渐改变并丰富着传统物品的象征意涵，这在家具设计上体现得尤为明显。古代的宝座已成为博物馆里供人观赏和记述历史的展品，而现代设计师们则从中提取诸多元素进行重新设计，以满足现代人的生活需求和精神诉求。人们审视和选择家具的角度也在发生变化，时尚感和艺术感越来越重要，繁复的装饰和晦涩的图案则显得落伍，人们对待家具的态度不再是将其作为永久的财产，而是视为改善家居环境和提升生活品质的“陈设与场景”，即使一件家具本身并不具备实用功能，但却能够通过对其的布置和陈列来演绎建筑空间别样的情感体验，人们也会对此类家具青睐有加。

对于家具的象征意义，人们不仅从家具本身进行定义，还会依据家具形成的历史、原型、环境、情感、形制、品牌、设计者、特殊拥有者、文化事件及故事等进行演绎。例如，索内特(Michael Thonet，1796—1871)的“14 号椅”最初是专供咖啡馆使用的餐椅。简约轻盈优雅的造型使其在问世之初就备受瞩目，进而引领全新的审美趋势和时尚理念，即使到现在历经百余年还依然流行，欧洲诸多王室的收藏和使用，毕加索、勒·柯布西埃、雷诺阿等艺术家的推崇使得“14 号椅”所代表的意义远远超出餐椅的范畴，而更多是象征着现代流行文化与艺术品位(见图 1 - 26)。同样，丹麦设计师汉斯·瓦格纳(Hans Wegner，1914—2007)1949 年设计的“The Chair(椅)”也是一把现代简约餐椅，因为 1960 年被美国总统肯尼迪相中作为总统辩论时座椅而名声大噪，进而被誉为世界上最漂亮的椅子。尽管其不具备传统王座的华贵厚重与威权象征，但其简洁沉稳的造型与当下政治家们竭力塑造的民主亲和的形象相符，因此常常出现在诸多政治场合与公众场合，如被用做2009年哥本哈根世界气候峰会代表访谈座椅（如图1-5）。当然，类似的案例还有很多，如马克·纽森（Marc Newson，1963—）设计的洛克希德躺椅（如图1-6）用铆钉铝皮包裹玻璃纤维的有机造型，几乎毫无实用价值，但却在别样的怀旧情绪中散发着未来科技的味道，也因此成为备受拍卖行和收藏界推崇的时尚艺术品。再如索特萨斯（Ettore Sottsass，1917—2007）设计的卡尔顿书架（如图1-7），采用绚丽斑斓的色彩和夸张解构的造型，抛开书架的使用功能，却显出另类的调侃、游戏和娱乐的语义，让人摆脱家具刻板的印象而产生无限的新鲜感。同样，埃罗·阿尼奥（Eero Aarnio，1932—）、菲利普·斯塔克（Phillippe Starck，1949—）和马克·纽森等分别为Magis公司设计的儿童座椅（如图1-8），让注重使用安全和功能的儿童家具更具趣味与时尚感，甚至成为诸多时尚场所和公共空间的装置，并不限于儿童使用。可见，现代设计师对家具象征意义的考量并不受制于传统的观念，而更多是依据时代审美变化、流行时尚、科技潮流及艺术倾向等与时俱进，进而促使家具呈现出多元化的象征性。

图1-5 汉斯·瓦格纳的“椅”
Fig. 1-5 The chair

图1-6 洛克希德椅
Fig. 1-6 Lockheed Lounge

图1-7 卡尔顿书架
Fig. 1-7 Carlton bookshelf

图 1-8　Magis 公司的儿童家具
Fig. 1-8　Children chairs by Magis

1.2.2　家具，是一种玩具

椅子是用来坐的——这一概念的形成有几千年的历史，世世代代的人们形成了对椅子概念的固有认知，对其他家具亦是如此。也正是因为这一概念太过普遍，而让人们觉得习以为常或理应如此。但人类天性存在一种求新求变的欲望，促使人们不断探索家具新形式，并尝试突破各种条件的"极限"来实现个人的期望。相比古代的工匠竭力制作满足就座者身份地位和生活需要的家具（或财产）而言，现代设计师对待家具的态度更像是对待一种玩具，他们希望在设计过程中获得某种乐趣或满足感，或是造型的艺术感，或是材料的工艺感，或是结构的科技感，抑或是装饰的趣味性等。即便是在追求严谨的人机结构的办公家具方面，情趣也变得不可或缺。

当然，许多儿童家具原本就是玩具，如木马、竹凳等，而以一种游戏、童稚化的形式和态度来对待成人家具，则是现代设计师们喜欢做的事情，这也使得家具摆脱拘谨、刻板和严肃的形象，而拥有玩具的特质，使其能够营造更为舒适惬意的家居空间，这在诸多主题性的公共场所和展示空间中更为明显。多样化的色彩、卡通化的造型与充满趣味的场景总是让人们产生浓厚的兴趣和乐趣（如图 1-7），而设计师往往运用这些特质来获取人们对家具的感官体验，现代家具的整体面貌也因此发生了较大改观。

同时，设计师们也从未停止对家具使用方式的探索，不仅考虑使用的合理性、科学性、健康性、正确性，也十分重视使用者的舒适性、自由性、灵活性、随意性，这也使得现代家具造型千变万化，并不拘泥于绝对理性和功能性的考量，这种观念上的发展与现代人们对待家具的态度和观念息息相关。当人们将家具作为玩具一样看待，为了活跃家居氛围，享受游戏乐趣，或者摆脱繁重的工作压力，追求自由自在、无拘无束的惬意生活，那玩具一样的家具，也就更受人们喜爱。所以，家具，也应该放下庄重严肃的面孔，展现轻松自由的一面。

1.2.3　家具，抛弃建筑的独立场景

相比于建筑物强制性的空间功能划分，家具凭借看得见、摸得着的物质实体可以灵活地标定和调整空间属性和效应，塑造空间氛围和意境，甚至家具可以脱离建筑物而构建出相对独立的"场景"。我们说，建筑通过墙壁围合或梁柱区隔而划分出不同的空间，但其并不具备实际意义的功能属性，只有当相应的家具布置其中，其空间属性才能界定为客厅休息区、餐厅或茶室、卧室或书房等，因此是家具使得空间实体化，即使不存在建

筑构件的分割或不存在建筑物，家具通过自身的形式变化，也可以构建或组织相应的职能空间，如公共庭园中的户外家具、城市广场上公共座椅围合的休息区等。

如果说通过家具的布置与安排，可以围合并组织空间职能的话，那一体化家具和组合式家具的设计则倾向于彻底抛开对建筑空间的依赖，而是通过家具自身的结构、造型与组合变化来构建具有多种职能属性的空间，这在一定程度上也将家具与建筑的界限变得更为模糊。如图 1－9 所示两款家具，经过结构部件的重新整合而形成相对独立的空间，而家具功能属性也在空间中有所变化。相比之下，图 1－10 所示的吊床和吊椅则通过悬吊和半围合的造型形成融入自然而又相对独立的空间，进而营造出属于个人的私属与独享空间。

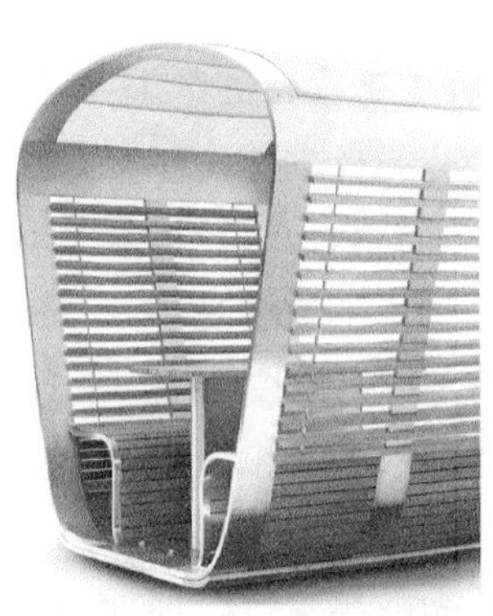

图 1－9 两款分割独立空间的室外家具
Fig. 1－9 Turntable room & Garden swing Nao-Nao

图 1－10 吊床和吊椅
Fig. 1－10 Hammock and hanging seat

随着越来越多的新技术和新材料被应用到家具设计中，家具的“自由度”也大幅提升，其不再局限于传统的固定形式，对可移动性、多样组合性和空间有效利用等方面的考量增加。如日本 Aterlier OPA 工作室推出的“建筑家居”概念，就是将家具折叠、组合并通过滑轮实现自由移动，进而将原本依赖建筑空间的家具组合成“移动的建筑”（如图 1－11）。

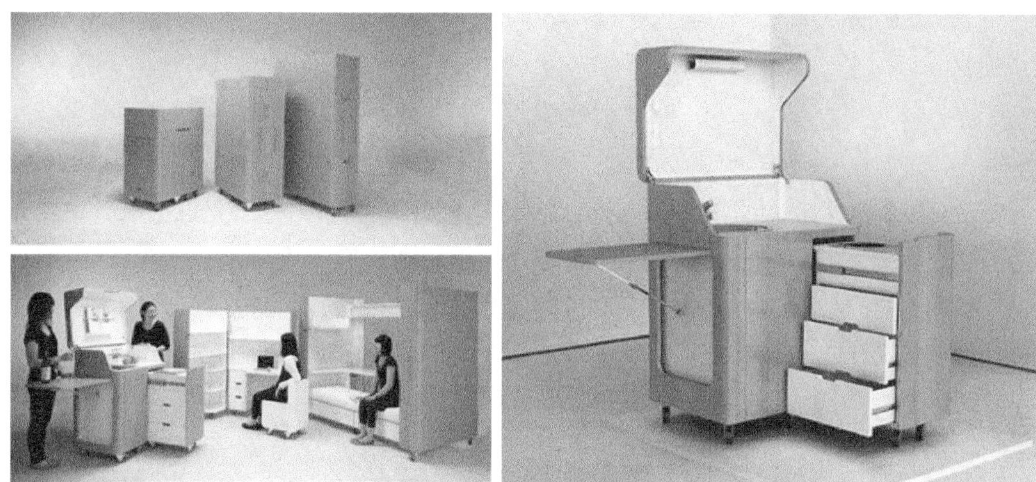

图 1-11 日本 Aterlier OPA 工作室设计的移动家具
Fig. 1-11 Furniture designed by Aterlier OPA

1.2.4 家具,多元文化的并存与交融

作为一种物质实体的存在,家具体现了不同历史时期的科技与工艺水平以及人们的生活方式。同时,作为一种文化形态,家具也蕴含着不同时期和不同地域的文化观念,在一定程度上承载着不同地域和民族的文化传统、风俗习惯、伦理观念、道德风尚及宗教信仰等。现代家具设计并不能完全抛开这些因素而将家具作为纯粹的物质实体来对待,相反,这些要素也影响着相应人群的生活方式。不同的自然资源、不同的文化属性、不同的生活方式,必然形成家具的种种差异。中国明式家具显示出明清时期精湛绝伦的硬木雕刻工艺与独特巧妙的榫卯结构,也展现出别具一格的自然意趣和文人气质。北欧家具则将功能与理性融入到质朴的、原生态的材质体验之中,显出传统与现代的融合。相比之下,美国家具则不受传统的约束而追求更为自由的舒适感。而随着时代变迁与全球文化交流与融合,现代家具呈现出多元文化并存与交融的趋势,尽管受 20 世纪西方国家主导的"国际风格"和现代设计潮流的影响,具有强烈地域特色和民族文化传统的家具在国际市场竞争中相对弱势,但设计始终是追求"创新"和"差异性"的,随着技术工艺改善和设计理念的提升,一些运用现代设计理念且继承传统家具精髓的家具品牌逐渐兴起,并受到越来越多消费者的喜爱。

第2章 家具风格

家具设计与艺术、建筑设计相似，可以形成不同的风格特征，这既是区分家具审美倾向的一种方式，也是家具设计走向成熟的标志。正如徐恒醇所说“风格是对形式的抽象，当一种类型的产品构成一定的审美形象时，它的相对稳定的形式特征便升华为一种风格。风格是设计文化中高层次的问题，构成了设计美学中一个特有的范畴。”①

2.1 风格的含义

“风格(style)”一词来源于希腊语“στυλοζ”，本意指的是为了在深蜡版上写字而使用的“雕刻刀”，转而引申为在笔迹上表现出来的“字体”，“表示组成文字的一种特定方法，或者以文字装饰思想的一种特定方式”，以后又转用于修辞学或文体论，指文章的文体、笔调、语调、文风等，再后来才扩展到整个艺术领域。美术大词典里指出：风格意味着一种作品群的特殊形式或者技法。至16世纪后，这一用语大多被用于造型艺术上面，到18世纪，“风格”概念被定义为“艺术所恒定的某种样式”。19世纪中叶，“风格”概念被作为一种方法论，而成为设计、艺术史学基础的中心概念。现在所讲的“风格”一词主要用来指称各门艺术类别中艺术作品的整体特色，是style(英、法语)或stil(德语)的汉译名称(陈望衡，2000)。

在我国，风格的概念最早出现于汉魏时期，起初称为“体”，如魏文帝曹丕的文学评论著作《典论·论文》就对文章的文体风格和作家的个性人品进行了分析，南朝刘勰在《文心雕龙》中所讲的“体性”也是风格的意思，他将文艺风格归纳为“八体”：“一曰典雅，二曰远奥，三曰精约，四曰显附，五曰繁缛，六曰壮丽，七曰新奇，八曰轻靡。”②而“风格”一词起初不是用来区分文学和艺术，而是用来品人，评价人的体貌、德性和行为特点。如晋代葛洪在《抱朴子·疾谬》中说：“以倾倚申脚者为妖妍标秀，以风格端严者为田舍朴騃。”《世说新语·德行》中也有“风格秀整，高自标持”，都是指人的才性和风度品格。而后，风格一词被广泛应用于文学评论及艺术评价领域，与体性、风骨、境界等内容相关联。如刘勰《文心雕龙·议对》中有：“及陆机断议，亦有锋颖，而腴辞弗翦，颇累文骨，亦各有美，风格存焉。”宋司马光在《虞部郎中李君墓志铭》中提到：“君喜为诗，有前人风格。”清袁枚《随园诗话补遗》卷五中有：“蔡(指蔡芷衫)专主风格浑古，燕(指燕山南)专尚心思雕刻。”这里都是指文艺作品的格调与特色。

广义的风格，可以指文艺作品的时代风格、民族风格、地域风格，是建立在共性及近

---

① 徐恒醇. 设计美学[M]. 北京：清华大学出版社，2006：201.

② [南朝梁]刘勰. 文心雕龙·体性[M]. 北京：中国社会科学出版社，2005.

似特征基础上对差异性的区分和归类，这种区分既存在整体上的模糊性，也保持了对个体具体性的认同。首先，风格是对具有共同特性的一类事物的抽象概括，其能够阐释该类事物的典型特征；同时，风格还是具体的，是对存在着的艺术品特征的描述，风格不是附加于艺术作品的，也不能把艺术品的各个部分统一起来。

就产品风格而言，主要有两大类：风格质化和风格量化研究，前者是通过叙述性的风格现象描述，后者则为科学性的定量分析探讨风格的程度及风格的测量。前者在于收敛风格的要素，后者在于发散风格的运用。关于风格概念和定义的探讨至今尚无明确定论，表 1 - 1 为国内外学者对风格概念的理解和定义。

表 1 - 1 国内外学者对风格概念的阐述

Table 1 - 1 Definition of style by scholars from domestic and international

年代	提出学者	风格的定义
1963	Ackerman	在艺术领域，风格指的是一个可以辨识特征的整体，从中可以发现或多或少具有一定持续性的特征，在感觉上显现在相同艺术家、时期或地方的产品上；若从延伸十分广阔的时间或地理距离所选的例证中来观察，其在感觉上是很弹性地根据一个可定义的式样(pattern)加以改变。
1986	Areheim Rudolf	风格是作为创作者的个性及其所处的社会环境的体现，是一种综合的象征，透过它可以对整个文化的本性和性质做出判断。
1989	Walker	风格是由不同的特殊社会族群所形成与营造的，作为他们对其他社会族群沟通和确认自我识别的一种方法。如果风格受限于时代、地点和种族，则可以成为诊断的工具，来鉴定不知名物品的年代，和把他们分类到特定的文化。
1994	庄明振、陈俊智	风格是指某一特定时间及地域中的艺术特征的结合，风格的呈现即是当时文化的具体表现。
2000	林东阳	风格是指一件作品本身所具有的一个或多个明显特征，通常是由一些固定的设计元素调和发展而成的。
2003	唐开军	风格是由独特的内容与形式相统一，艺术家的主观特点与艺术的客观特征相统一而构成的艺术区别系统。这种艺术区别系统涵盖了单个艺术品、一个艺术家的所有作品、一个艺术门类、一个历史时期、一个民族或地域、一个阶级(或王朝)等各个子系统。
2006	徐恒醇	产品的风格是产品设计师所具有的个性特征在设计实践中的体现，它既是创造主体的主体性表现，也反映出不同类型产品受客观规律的制约性。

2.2 家具风格的构成

作为一种特殊的器具或工业产品，家具长期以来与人类的生活和审美活动密切相关，并受各个历史时期和不同地域艺术形式的影响而形成了各具特色的风格，因此，家具风格是“不同时代思潮和地域特质透过创造的构想和表现，逐渐发展成为代表性家具形式。”①时代思潮和地域特质则是家具风格的前提限定，在此前提下，家具风格主要从两方面进行区分，一是家具形式(或式样)的统一性，二是设计者表达理念和表现手法的语意共通性。

①形式统一性

家具的形式是表现其艺术特征和传达审美理念的关键要素。相对其作为实用品的功能性来说，家具的形式趋向于多样化与差别化，并与各个时期和不同地域的文化、建筑及艺术形式保持一致性和统一性，能够从中进行较明晰的区分。作为家具形式的实现要素，装饰、材料、结构、色彩及工艺等都在一定程度和范围内对设计风格有着明确的区隔和限定，并为我们区分不同的家具风格提供了参照。如图 1－12 为法国文艺复兴时期的家具装饰形式，是区分该时期不同地区家具风格的主要参考；图 1－13 为温莎椅，其典型的梳化靠背结构是确定其风格的依据。

图 1－12 法国文艺复兴时期家具的细部装饰
Fig. 1－12 Furniture Details in French Renaissance

图 1－13 温莎椅的靠背结构形式
Fig. 1－13 Backs of Windsor chairs

②语意共通性

设计理念和设计表现手法是从设计师的角度去探讨家具风格的两个主要因素，不同的设计师通常具有个人的艺术观念和审美标准，并在设计过程采用相应的表现手法和操作方式，这通常会促使个人艺术风格的形成并使其作品带有个人的艺术风格特征。当一批设计师在设计观念和表现手法上具有相似或相通之处时，他们在作品中所传达的语意则具有了广泛意义的共通性，并促使这种个人化的风格具有普遍影响力。如图 1－14，图 1－15 分别为密斯(Ludwig Mies van der Role)和布劳耶(Marcel Breuer)设计的钢管扶手椅，由于应用相同的弯曲工艺和相近的设计手法，因而体现出了语意共通性。

① 梁启凡. 家具设计学[M]. 北京：中国轻工业出版社，2000：5.

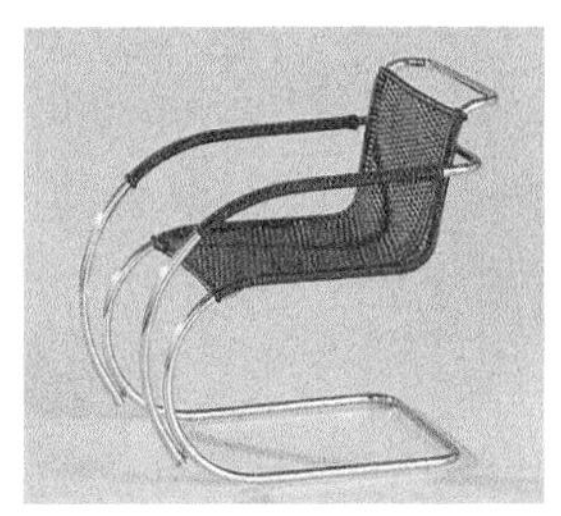

图 1-14 密斯设计的 MR 534 钢管扶手椅
Fig. 1-14 MR 534 armchair designed by Mies

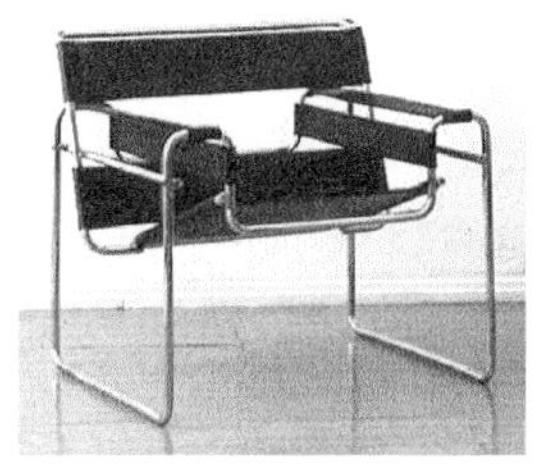

图 1-15 布劳耶设计的瓦西里椅
Fig. 1-15 Wassily chair designed by Marcel Breuer

2.3 家具风格形成的影响因素

家具风格不是自然而然形成的,从萌芽到成熟需要经历一定的时期,并受到技术、艺术以及地理环境等多方面影响因素的制约,需要处理各种复杂的矛盾以维持风格的相对平衡和统一。纵观古今中外家具风格的形成过程,主要的影响因素包括以下几点:

(1) 时代性与地域性

时代性是指家具产品客观地反映某一时期生产力发展水平和人们文化观念的性质。而地域性则是指家具风格受限于特定地域的物理环境与社会环境,并与该地域的生活方式保持一致。由于不同时代的政治、经济、文化、科技与艺术等方面的背景不同,家具形成的风格也就不同,如我国明朝时期受海运贸易、实学思想、文人美学等影响形成了造型素雅简捷、结构科学合理的明式家具;而清代则形成了造型凝重、装饰繁复的清式家具风格。同样,不同地域由于文化传统差异、地理环境与气候条件差异等而造成生活方式的差异,直接影响着家具风格的形成。如第二次世界大战后的斯堪的纳维亚风格家具与流行于欧美的意大利后现代主义风格家具的区别。

(2) 民族性与全球性

家具的生产与应用都是基于特定民族的生活方式与文化传统之上的,其造型、结构、色彩与装饰艺术等都与特定民族的审美标准相符合,如中国传统家具多采用深色硬木材料,而美国则更青睐浅色木料和淡色纤维布料。不同民族的文化传统、居住环境和建筑形式等都存在相应差别,也就使得家具上应用的工艺、装饰、结构和尺度比例存在差异,所反映出的内涵性语意和艺术品质也就不同,这也就成为界定家具风格的关键因素之一。而随着现代经济与科技的发展,很多民族性的东西很快会传遍全球,全球化的趋势也由物质层面扩展到文化和艺术领域,具有全球性的"普适"产品逐渐成为市场的主导,民族性的区分在某些商品上逐渐消失,而对其风格的界定则以通用的艺术形式和文化概念作为区分,如现代主义、后现代主义、波普风格等,家具风格亦是如此。

(3) 艺术与流行文化

风格与艺术、流行文化三者之间有着相互关联性,家具风格通常与某一特定时间及地域中的艺术特征结合，成为当时流行文化的具体表现。艺术家对某一时期或地域中的群体意识和普遍情感进行艺术化的表现，通常会逐渐在家具及其他产品中得到应用，并成为与之相对应的风格，也就是说艺术表现与家具产品的结合会凝聚成某种样式的风格出现，最终由这种风格引领出流行文化，在普通大众的日常生活中得以体现。

(4) 建筑与空间环境

家具多数出现在建筑室内空间之中，并作为建筑功能的完善与补充而存在，为提供具有显示实用功能和审美功能的建筑室内空间服务。其风格、样式、需要与所处空间环境和建筑的结构形式保持协调统一，通常模仿建筑的结构形式、装饰纹样、象征寓意等。特别是建筑艺术所表现出来的精神特征，即所象征的权力、地位、形式等方面都可在家具风格特征中再现，因此建筑空间的诸多元素往往被移用到家具上，如中式建筑中的梁柱结构与家具榫卯结构，须弥座与束腰等。建筑风格的界定也就成为家具风格的直接参照体。

(5) 设计师

设计师是家具设计的主体，其自身的艺术修养、表现手法和设计理念直接决定着最终家具产品的形态和风格特征。设计师需要从概念中抽象并提取出家具的本质特征，以鲜明的形象表现出那种动态的主观经验、活力、情绪、快感的复杂形式，尽量使家具形态表达符号化的意涵，进而展现出自身的风格语意。

第3章 中式家具概念及相关研究

3.1 “中式”的界定

3.1.1 “中式”概念溯源

“中式”主要是用以区别“西式”或“欧式”概念，并确立以中国传统文化为符码系统的风格形式。对于中式风格的探讨可以追溯到17世纪末期西方国家在建筑和艺术中出现的“中国风(Chinoiserie)”。在韦伯英语大百科全书中，“中国风”一词的意思是：①18世纪欧洲出现的一种装饰风格潮流，以复杂的图案为特征；②指用这种风格装饰的物品，或采用这种风格的实例。这里提到的“装饰风格”即指英、法等西方国家通过吸收或移用中国传统装饰图案或纹样而形成的一种流行风格，并影响到舞台装置和设计、家具设计、餐具设计、织锦设计等众多领域，成为“西方审美观中最雄厚、最持久的体系之一”①。1754年，齐本德尔(Thomas Chippendale，1718—1779)在出版的著作《绅士和家具木匠指南》(《Gentleman and Cabinet-Maker's Director》)中将中国风、哥特式和洛可可式列为当时三种最重要的设计风格，并设计了一系列应用中式风格装饰的家具制品(如图1-16)。

图1-16 齐本德尔设计的“中国风”椅子
Fig. 1-16 “Chinese” chairs by Chippendale

在早期西方人眼中，中式风格基本上被作为一种新奇的非西方艺术风格对待，总的理解也限于装饰的精美和造型的单纯朴素，尽管其对西方艺术产生了巨大的影响，并在家具设计和其他装饰图案设计领域中一度达到了很高的热度——摄政时期和维多利亚时期，但也主要集中在图案装饰方面，如对竹子、宝塔和龙纹等的模仿。直到19世纪末，欧美一些艺术家和设计师才开始重新审视并关注蕴含其中的复杂的概念、精彩的设计理念和高超的手工技艺等。根据方海的研究，在这一时期，中国风逐渐向中国主义转变，欧美许多设计师，如麦金托什、赖特、格林兄弟、鲍尔·弗兰克、汉斯·维格纳等，都从中国传统工艺及家具设计中吸取了创作灵感，设计出一些中式风格与现代主义结合的家具产品(如图1-17，图1-18)。

① 方海．现代家具设计中的“中国主义”[M]．北京：中国建筑工业出版社，2007：1.

图 1－17 格林兄弟设计的起居室椅
Fig. 1－17 Chairs designed by Charles Sumner Greene and Henry Mather Greene

图 1－18 汉斯·维格纳设计的“中国椅”
Fig. 1－18 “The China chair”, Hans Wegner

3.1.2 “中式”在国内的发展脉络

尽管“中式”自古就有，但直到晚清时期才在“中体西用”之辩中被提出，对于“中式”的具体意涵并没有给出明确的概念，而当时所关注的“中”更多集中在中国传统文化中的本质内容和民族性。自鸦片战争后，西方的绘画、建筑、雕刻、家具等文化艺术大量涌入中国，对几千年来形成的中国传统文化产生了巨大冲击。在建筑、室内及家具陈设等领域，开始加入诸多外来的西式装饰元素，西方列强在上海、大连、广州、武汉等地兴建了众多“拼杂”的欧式建筑和内部装饰，可以称之为“中国特色”的“殖民地”风格。直到 20 世纪二三十年代，这些西式装饰形式还在影响着中国的建筑和家具样式，在诸多城市出现了所谓“中西合璧”的商业建筑和民用住宅；家具产品中也出现了移用西方家具装饰样式（如巴洛克、洛可可、新古典主义等）并吸收其制作工艺的海派家具（如图 1－19 具有广式

图 1－19 具有广式风格的海派双人椅
Fig. 1－19 Shanghai’s style armchair

风格的海派双人椅)。

在这一过程中,由于东西方在风俗习惯、语言文字、价值准则和思维方式上大相异趣,中西文化之间产生了强烈的碰撞冲突与会同融合并存,但总的来看,西方文化的影响逐渐加强,而中国传统文化则逐渐势微,以至于引起诸多具有民族自尊心的建筑师与设计师开始在复杂的历史背景下,进行"民族风格"的探索和实践,提出"中国固有形式"的口号。当时建筑上出现了"宫殿式"建筑形式,如:中山陵、中山堂等,即是对"中式"风格进行探索的产物。这可以说是国人在国家极弱和外来文化侵蚀下,进行的早期"中式"风格的复兴运动。随后中国经历连年的战乱以及新中国成立后的政治运动,"中式"的概念在诸多领域而被忽视。在家具产品中,样式基本维持了民国时期的家具样式,但受当时经济条件及加工技术的限制,家具的制造工艺和装饰内容趋于简单化,这一时期流行的家具样式是所谓的"中西结合"的成套家具,即"36 条腿"(床、床头柜、大衣柜、五斗柜、方台加四张椅凳共 9 件计 36 只腿)或"48 条腿"(床、2 床头柜、大衣柜、五斗柜、方台加四张椅凳、写字台或梳妆台加一张椅凳共 12 件计 48 只腿)家具(如图 1-20)。

图 1-20 36 条腿卧房套装家具
Fig. 1-20 The bedroom furniture with 36 legs

到 80 年代,人民的生活条件得以迅速改善。人们注重实质性的物品置入,比如:家具、家电、日常用品等等实用型的物品,对产品的需求基本集中在使用功能上,尚顾及不到物品的文化语意、艺术品位等方面,所以采用机械化大批量生产的产品成为当时市场的主要产品,而所谓的"中式"或"民族形式"的讨论也只是停留在学院派的研究和讨论之中。如家具市场以板式家具为主,其样式以胶合板拼接、组合为主,造型基本照搬西方形式,无从谈及"中式"内容(如图 1-21)。

图 1-21 国内公司生产的板式家具
Fig. 1-21 Chinese factory's Plate furniture

90 年代后，设计开始了全新迅猛的发展，建筑、设计、文艺等诸多领域都开始关注并探索“中式”风格在新时期的形式及发展方向。“中式”的概念逐渐成为关注的焦点并在实际的设计中开始了中式风格的塑造，如建筑物中中式元素的应用更加广泛，室内装饰中也更注重中国式审美意味，影视和音乐作品也开始增加更贴合民族性的视听效果，家具产品也出现了以“新中式”为概念的新形式。至此学术界和设计界逐渐开始以从来没有过的热情来重视中国的文化，在思想上开始回归，并在实践中重新审视本民族文化传统，探索并寻求“中式风格”的内在意涵与合理的应用方式。

3.1.3 “中式”的所指

“中式”即中国的样式或中国的式样，通常指中国特有的固定形式或式样。就其具体含义主要从“中”和“式”的含义进行界定。

众所周知，“中”在这里是中国的简称，主要用于界定“式”的专属对象和限定区域及范畴。而对于“中”的具体所指，一方面是指中国疆域及领土范围，另一方面则指中华民族的文化及传统，用以区别其他国家地区或民族的文化内容。可以说“中”主要作用在于从整体或系统的层面进行区分或识别，强调的是类别或体系总体特征的界定，并不计较微观的相同点和共通性。因此，尽管中国疆域辽阔，民族众多，区域间和民族间生活方式、文化习俗等不尽相同，但作为整体概念来探讨时，通常抽取最为主要的、最具典型意义的或最具价值的内容来指代，如在标志识别体系中以国旗、国徽代表中国，建筑物中则以天安门为代表形象等。同样，作为“中式”概念的限定词，“中”的具体所指为中国传统文化，但就其典型性或代表性来讲，并不是必须体现 56 个民族或所有地区的全部要素，在学术研究中通常以汉文化为主体界定。

《说文解字》中“式”的解释为：“式，法也”，本义指法度、规矩、规范、法则的意思。作为一个独立的概念，“式”通常被作为古代工匠艺人所参照或承传的模型或范本，多以简单图示或“歌诀”的形式来表达或记录，如《鲁班经》《梓人遗制》中记载了众多木制品的制作式样及具体的制作标准，通常比较清晰地介绍了制作者观点中的设计原则和手法，并通过工匠的口头传播来传承技能和手艺(如图 1－22,图 1－23)。因此说,“式”的界定主要是强调制作物品的基本原则和规矩限制,亦是从整体上加以区分物品的形制和式样,而相对于细节上的差别和变化并不影响“式”的界定和区分。

图 1－22　《鲁班经》记载的“牙轿式”
Fig. 1－22　Sedan chair type recorded in LuBan Bible

图 1－23　《梓人遗制》记载的“五明坐车子”
Fig. 1－23　Wuming vehicle recorded in ZiRenYiZhi

可见,“中式”也就是指在中国传统文化限定下的具有延续与承继性的固定式样。根据不同的领域和层面,“中式”所选取的代表物或主体特征识别是有区别的,但其所蕴含的文化底蕴和内在品质是中国式的,是与西式或其他地域风格相区别的。如在建筑与室内设计上,中式风格是指以宫廷建筑为代表的中国古典建筑与室内装饰设计风格;在家具陈设上主要指以明式和清式家具为代表的中国传统家具式样。

3.2　中式家具的范畴

3.2.1　中式家具形成独立概念的因由

在关于中国家具的研究中,中国传统家具自商周时期的青铜家具到民国时期的海派家具,品种多样,形制不一,在不同的历史时期形成了不尽相同的艺术品质。但是几千年来,中国传统风格的家具一直在一种封闭的环境中成长、发展、成熟,尽管历史学家把中国传统家具按朝代的更迭而赋予不同的风格名称,但其发展路线一直是延续的,风格也保持了相对的稳定性,并向周边国家和地区扩散,形成了区别于西式家具的中式家具。中式家具被作为一个独立的概念而与其他家具风格相区别,主要是由于以下三点原因:

(1)“中”——文化的从一性

中国历来是个多民族社会,民族文化丰富多彩,其中汉文化以无可比拟的悠久历史和深厚积淀占据了主导地位。即使发生过多次较大规模的民族融合,即使到了清代强力推行“满汉文化”,汉文化的主导作用也未被动摇。在汉文化的强势作用下,中国传统家具始终以汉文化为主线贯穿从诞生、发展直至辉煌顶峰的整个过程。这可以从中国传统家具中的装饰纹样的关联性和所传达内涵性语意的一致性上显现,如自商周至清末以来的家具中对龙纹的应用大致上形成了“一个神秘威严(商周)、写实精练(秦汉)、丰满华丽(唐)、典雅柔美(宋)、简练秀丽(明)、繁琐富丽(清)的演变过程”①,但这一不断丰富充实和发展变化的过程并未破坏对汉文化的整体认知,反而加强了文化识别性。

(2)“式”——样式的民族性

中国传统家具式样繁多、种类各异,但自脱离单纯实用功能、引入文化因素起,就表现出与众不同的鲜明特色,不论出自哪个朝代或地域,不论出自皇宫或民间,也无论是它的整体或局部,无不强烈地表达出独特的中国元素,具有区别于世界上其他任何家具的独特性。如中国传统家具中的壶门、牙板及榫卯结构等都与中国传统建筑中的相应结构相对应,并成为中国传统家具的典型结构。

(3)“风”——风格的稳定性

每个朝代都有不同的社会文化,不同地区存在着地域文化差异,这并不影响中国传统家具风格一贯的稳定性。中国传统家具在每一个历史时期,在每一个特定地域,总是能形成一个完整的、别具特色的式样风格,以至于多少年后的今天,我们仍能够凭借传统家具稳定的样式风格和形成这种样式风格的文化背景,大致推断出它(们)产生于哪个年代、哪个地区或使用环境。但相较于西方家具风格相当清晰易变的递嬗过程(如希腊、哥特、巴洛克、洛可可、浪漫派等),中国传统家具的风格却显现了一种异常稳定的形式,即便是横跨两千余年的发展历程,根植于中国传统文化符码中的风格特征依然十分统一而容易辨识,就像中国传统建筑风格一样,虽然不同地区和不同朝代的建筑形式会有所变化,但整体风格却相当一致。

正如方海教授在其著作《现代家具设计中的“现代主义”》中分析所得:“尽管不同国度有着源于其本土文化的家具风格,但是在世界家具界只有两种文化创造了对现代家具设计产生巨大影响的家具体系。它们是欧洲家具体系(包括北美家具)和中国家具体系(包括日本和韩国家具)。”②而基于中国家具体系基础之上的中国传统家具则以其独立的造型样式和艺术形象形成了区别于其他家具风格的“式”。

3.2.2 中式家具的文化特征

家具是一种综合文化形态,不论是西式家具还是中式家具都是文化的产物,都表现出造物文化的特征。中式家具作为根植于中国传统文化的典型造物,所表征的文化品质也是与西方文化相区别的,并与中国传统文化内涵紧密相关,这主要体现在以下几方面:

(1)“意、象、形”三分的造物文化特征

---

① 刘悦.中国传统龙纹装饰及其在家具中的应用[D].北京林业大学,2003:59.

② 方海.现代家具设计中的“中国主义”[M].北京:中国建筑工业出版社,2007:304.

中式家具是中国传统造物文化的有机组成部分，在造型理念、创造心态、视觉模式和构形规律等方面与西方“就形论形”或追求所谓科学的视象（如透视、光影等）等造物方式存在明显的差异，反映了中国造型哲学和艺术思维的独特性。从形象发生学范畴来讲，中国传统造物讲求意、象、形三分，即在造物时，欲传达的价值寓意、观照的物象和制作的器形形貌三者分属不同层次，过程中重视制器尚象、观物取象、立象尽意的致思方式，突出“意”的主导地位，注重心理意象创造，这也决定了传统造物偏向伦理或社会美学的价值取向。中式家具采取稳固的框架结构、严密的榫卯连接和自然顺畅的线条显示出了器具的形式美感，但更重要的是在形体构成中考量空间、结构、数理、秩序和程式格律，进而表达“礼”的教化。

（2）“重礼敬道”的生活文化特征

中国以“礼仪之邦”著称，自周以来，“礼”更是被作为社会及个人行为的最高约束和评价准则，并深入人们的日常生活之中。生活器物的发展，往往也等同道德价值的延伸。家具器物等都在一定程度上传达着“礼”的内容，如“屏、帘”等家具通常与“敝恶”“廉耻”等意义相关联；皇帝的宝座并不是为了舒适，更重要的是体现皇权的威仪以及“匡正天下”的寓意；厅堂居室家具的摆放和布置以及就座的方式和秩序都在强调主客、尊卑、亲疏、远近的伦理规范和行为规矩（如图1-24）。中国儒家所提倡的礼仪待人，崇尚端雅的行为举止，更是直接影响着中国家具的制作和审美。中式家具的构形大多以直线为主，方方正正，予人端正沉稳之感。如图1-25所示传统中式扶手椅的靠背板与座面多呈90度直角，使得座上客只能正襟危坐，这就是所谓“湿衣不乱步”的文人风范。

图1-24 吴仕楠木厅家具陈设布置
Fig. 1-24 The furniture arrangements in WuShi's Phoebe hall

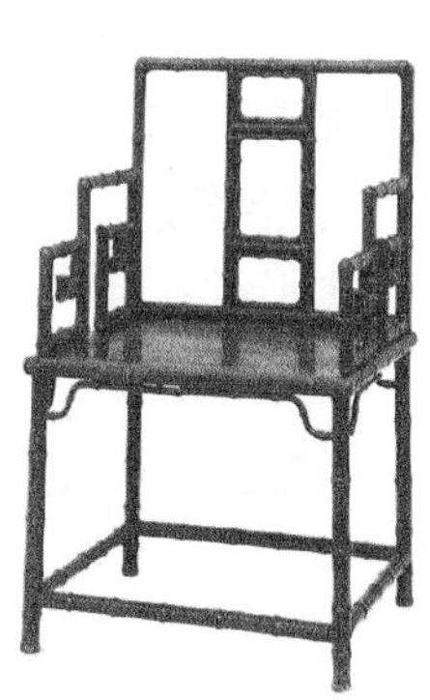

图1-25 明清家具中的直背扶手椅
Fig. 1-25 Straight back armchairs in Ming & Qing dynasty

(3)“道器融通”的工艺文化特征

受中国儒家“重道轻器”观念的影响，古代的工匠艺人备受轻视，《礼记·王制》中说：“凡执技以事上者……不与士齿。”甚至明确规定“作淫声、异服、奇技、奇器以惑人者，杀”，而这种崇尚政治人伦之“道”，贬抑生产工艺之“技”的传统使得“道”成为统领“器”的标准，工匠艺人在生产制作过程中要着力表现“道”的内涵，并符合“道”的标准，并以达到“道”的境界为最高成就。对古代工匠来说，获得器物的形式还远没达到要求，对“器”的认识还要上升到对“道”的关照，要从功利意义上升到哲学意义，即“器以载道”。中式家具制作工艺精湛而颇具科学性，但其造型、用材、施色、雕刻、镶嵌、款识等工艺的目的无不是为了通过形态语言传达和表现出一定的气氛、趣味、境界、格调——这恰恰是“道”的价值取向所决定的。

(4)“木作同宗”的建筑文化特征

中式家具与中国建筑都是中国传统“木作”文化的真实反映，二者是“同宗同源”的统一体。中式家具造型与中国传统建筑同出自“木作”结构形式，形制比例基本一致，装饰方式和内容也可以说是“并蒂连理”。中式家具的框架结构与建筑上的梁柱结构形式相当，椅子的腿足、枨和建筑的梁、柱，束腰和须弥座，搭脑和挑檐，牙子和雀替以及各种雕刻纹饰等都体现出二者在功能和技术上的相通性(见第五部分详细论述)。中式家具与建筑互相依靠、互相伴随、互相促进的关系使得二者相融相通，中式家具的造型和布置增强了建筑室内空间的中国韵味，而建筑则促使家具更具视觉性并具有与建筑一脉相承的文化内蕴。

3.2.3 中式家具的分类及式样

在中国传统概念中，家具基本上仅限于“桌椅板凳”之类居室厅堂内的生活木器，并且自秦汉时期至明清以来，随着时代发展和生活方式的变化，家具的种类和样式也不断增加，至明清时期，家具的种类和样式基本定型，根据使用场合和功能的差异可进一步细分为：床榻类、椅凳类、桌案类、框架类、其他类等(王世襄，2008)，也可以分别称作卧具、坐具、承具、庋具、杂具(马未都，2008)，这几类基本囊括了中式家具的样式，所涉具体类别如下：

①床榻类(卧具类)：榻、罗汉床、架子床、拔步床。

②椅凳类(坐具类)：椅、杌凳、坐墩、交杌、长凳、宝座。

③桌案类(承具类)：方桌、条形桌案、宽长桌案、炕桌、炕几和炕案、香几、酒桌和半桌、其他桌案。

④柜架类(庋具类)：架格、柜、橱。

⑤其他类(杂具类)：屏风、架、箱、匣、提盒等。

各类别的中式家具在用材、结构、装饰等方面又存在较大差异，但其造型基本遵循“式”的规范，在形制上具有明确的识别性，因此可以作为区分不同家具类型的参照。中式家具的具体式样详见附件1。

3.3 中式家具相关理论研究

对中式家具进行科学地、系统地研究始于20世纪30年代德国的古斯塔夫·艾克教授对明式家具的研究，他于1944年出版的专著《中国花梨家具图考》(即CHINESE DOMESTIC FURNITURE)，可以看作是有关中式家具研究的第一部著作，也是"全世界公认的研究中国家具的第一个里程碑，"[①]自此中式家具开始得到国内外收藏界、学术界以及家具业界的广泛重视，国内外许多专家学者从不同角度对中式家具文化、艺术、技术及设计等进行了理论和实践的探索，并获得了许多值得借鉴的成果。以下是对国内外关于中式家具研究理论的扼要分析。

关于家具风格的理论是研究家具造型样式与所属文化特征及其两者关系的理论。19世纪中叶，风格概念被作为一种方法论，而成为设计、艺术史学基础的中心概念，而发展出许多不同形式的艺术形态。庄明振等认为"风格是当时文化的具体表现"[②]，强调所处时代的流行文化对风格样式形成的引领作用[③]。家具风格的界定通常与艺术风格、建筑风格、文化特征等紧密相关。梁启凡提到家具风格是不同时代思潮和地域特质透过创造的构想和表现，逐渐发展成为代表性家具形式，即家具风格的确定通常是基于时代思潮或地域特质两种形式基础上的。[④] 对中式家具风格的区分通常基于以上两种形式，如明式家具、清式家具等是按时代进行区分；京作家具、广作家具、苏作家具、宁式家具等则是按地域来划分。中式家具被认为是区分于欧式家具或西式家具样式的中国传统家具的总称，对其风格样式的细分和深入研究则构成了中式家具风格研究的主要内容。

中式家具风格的科学研究渊源来自艾克对明式家具概念的界定和研究。艾克不仅将收集的大量明式家具拆散，严格按照比例绘制了节点构造图，使人们得以了解明代家具的内部构造，而且对明式家具风格的形成与演化进行了深入的纵向比较，探讨了其造型特征与商朝青铜器，两汉、南北朝的独坐小榻，唐代壶门大案，宋代的凉床等之间的联系，整理出中国家具马蹄足造型的演变规律的轨迹。现代中式家具造型通常被划分为有束腰马蹄系和无束腰直腿系两大体系，这是基于艾克的研究基础之上的。在对中西家具风格进行横向比较的基础上，艾克对中式家具评价甚高，他认为中国传统家具自成体系，独树一帜，在世界家具史上应占有重要的位置。他以赞同的口吻援引了T. H. R记者对中国家具的评价："以全世界的木质家具而论，唯有四五世纪以前希腊的制作可以媲美中国家具的风格。欧洲家具尽两千年的历史，不能与其安详、肃穆的气度相比。"同时，经过比较分析，艾克指出中式家具不仅对亚洲各国的而且对欧洲国家的室内装潢和家具设计

---

① 马未都. 马未都说收藏·家具篇[M]. 北京：中华书局，2008：164～165.

② 庄明振，陈俊智. 中西座椅设计风格认知之探讨. 工业设计，1994(1)：35～45.

③ 陈启雄，陈兵诚. 家具设计造形风格之研究——以"塑胶诗人"Karim Rashid创作为例[J]. 工业设计，2008(1)：2～9.

④ 梁启凡. 家具设计学[M]. 北京：中国轻工业出版社，2000：5.

都具有深刻的影响，包括造型、材料工艺、装饰、线条乃至零部件等。正如中国古代艺术品收藏家美国人安思远(Ellsworth)在其著作《中国家具：明清硬木家具实例》中所写："当代西方家具的起源取决于东方的因素，要比大部分观察者承认的还要多得多。"①正是由于艾克与安思远等对中式家具的研究和推崇，中式家具风格逐渐成为一门新的研究学科，得到国内外专家学者的普遍重视，也引起世界各大博物馆广泛的中式家具收藏热。

国内对中式家具最早进行系统性分析和研究的著作是王世襄的《明式家具珍赏》以及后来的《明式家具研究》。书中收录的家具多是国家博物馆及其个人的收藏珍品，因此其造型、工艺、用材、装饰及细部处理都极为精致考究，而且数量大，品种多，几乎涵盖了中式家具的所有类型。书中对明式家具按照使用功能进行了系统性的分类：桌案类、床榻类、椅凳类、柜架类和其他类等；并结合具体的家具图片给出了较为精确的节点构造图，并对各部位的名称进行详细的分析和解释。在此基础上，书中还对明式家具的构造方式、榫卯连接、装饰纹样及风格特征进行了综合分析，提出了明式家具的"品"与"病"，即"十六品"：简练、淳朴、厚拙、凝重、雄伟、圆浑、沉穆、秾华、文绮、妍秀、劲挺、柔婉、空灵、玲珑、典雅、清新；"八病"是指：繁琐、赘复、臃肿、滞郁、纤巧、悖谬、失位、俚俗。② 书中通过对明式家具形制、选材、结构、装饰等内容的拆解和图解，给出了对明式家具进行鉴赏和评价的参考标准，并对明式家具风格的文化内涵做出了非常重要的诠释。

自《中国花梨家具图考》《中国家具：明清硬木家具实例》和《明式家具珍赏》《明式家具研究》先后出版之后，国内外对中式家具风格的研究逐渐重视，并由明式家具研究向其他类型延伸和拓展，涉及中国历代家具内容，表 1 - 2 为国内外学者对中式家具风格研究的主要成果。

表 1 - 2 关于中式家具风格的研究汇总表

Table 1 - 2 The summary table of the study on Chinese furniture style

作者	著作与论文	年代	主要研究内容
艾克	中国花梨家具图考	1944	分析了明式家具风格特征、结构、工艺及相关制作过程和方法，列举了明式家具的主要形制和式样。
安思远	中国家具：明清硬木家具实例	1970	提供了大量国外博物馆收藏的中式家具图片，分析了其对西方家具的影响，从艺术收藏的角度分析了中式家具所蕴含的文化内涵和潜在价值。
王世襄	明式家具珍赏	1985	对明式家具定义、造型、结构、工艺、文化及收藏等内容进行了系统的综合研究和分析，给出了明式家具的节点构造图，详细讲解了明式家具的制作过程及技艺，从美学角度提出了评价明式家具的"品"与"病"。
	明式家具研究	1989	

① 安思远. 中国家具：明清硬木家具实例[M]. 伦敦：柯林斯出版社，1970：9～10.

② 王世襄. 明式家具研究[M]. 北京：生活·读书·新知三联书店. 2007：358～368.

续 表

作者	著作与论文	年代	主要研究内容
杨耀	明式家具研究	1986	通过图示对明式家具形态进行了详细分析，并针对中国家具时代变化详细分析明式家具主要特点及其与明代室内装饰的关系，也提出明代家具对西方家具的艺术性、风格性的影响。
胡文彦	中国历代家具风格	1988	从家具史学的角度，结合古代文件及考古发现，整理了自先秦至清末中国历代家具的风格样式，并对各时期的造型特征、社会形态及影响因素进行了分析探讨，按时期阶段纵向分析了中式家具风格的演变过程。
陈增弼	明式家具的功能与造型	1991	文章重点探讨了明式家具的功能性基础以及其风格的形成因素，结合具体的实例分析了构成明式家具的典型要素。
胡德生	中国古代家具	1992	通过对中国古代家具样式的收集整理，对中国古代家具的风格样式进行了归纳整理，并分析了各时期家具的特点和工艺技术，给出了相应的家具实例。
阮长江	中国历代家具图录大全	1992	将中国自先秦至清末的家具样式以线描图形的样式展示出来，使各时期家具形态转化为直观可视的视觉图像。
蔡易安	清代广式家具	1993	以清代广州地区的家具为主要内容，重点分析了广式家具的形成过程、造型特征、制作工艺及典型样式，就广式家具风格作了较为详细的探讨，提供了大量的图片实例。
濮安国	中国红木家具	1996	将中国明清家具统称为红木家具进行研究，就红木家具的材料特征、造型样式及结构方式等进行了分析探讨，并对红木家具的风格作了归纳总结。其研究家具样式以明清苏式家具为主。
	明清苏式家具	2009	
田家青	明清家具鉴赏与研究	2003	以明清家具样本作为研究内容，并结合实践经验探讨了明清家具的装饰、结构、工艺与材料等风格特征，并就工匠的技艺、工具等内容进行具体性探讨，尝试对画作中的家具进行还原。
张福昌	中国民俗家具	2006	以中国民间家具为主要研究对象，分析了中国民俗家具的类型和构成要素，就其应用材料、功能、构造与工艺、地域文化及装饰内容等进行深入分析，并给出了大量的实物图片。

第4章 现代中式家具风格界定与相关研究

4.1 现代中式家具概念界定

4.1.1 现代中式家具中“现代”的所指

“现代”不是一个绝对的词语，而是具有相对性的，它是相对于“传统”而言的。“现代(modern)”一词本身是对后期拉丁语中“现代”一词的沿用。可以发现，公元6世纪的拉丁词 modernus 有希腊文 neo(新)的意思。Modernus 把现代与逐渐衰逝的古代相区别，当古代或世界之初越来越远地退入一个与现代相对的时代时，这种用法便愈加流行。①《辞海》对“现代”的解释为：“眼前的、现有的、正在进行中的意思。”《韦氏词典》将“现代”解说为：现时存在的事物，非属于某一遥远时代的事物。《牛津大辞典》亦然。显而易见，“现代”一词是一个动态的概念，有着极强的时代性，我们可以把它理解成时髦与流行(modish，fashion)以及现在的与新式的(modern，newstyle)。实际上，自17世纪始为人所用以来，“现代”一词派生出“现代性”“现代主义”“现代化”“现代感”等等描述性短语，以致它不再是单纯的一个词或一个短语的组成部分，而是代表着某一整个文化。

在艺术与设计领域，自1851年“水晶宫”世界博览会以来，“现代”或“现代主义”成为与“传统”和“保守”相对立的词汇或理念，并与“先锋”“进步”等意义相关联，具有了典型的时代特征，带有强烈的“革命性”。20世纪上半叶的现代主义设计基本上是与工业化、技术化、民主性和经济性等反传统特征紧密相关的，而到90年代后现代主义设计则倾向于新材料、新结构与新技术的多元化应用，融进了诸多人性化要素。“现代”与“现代主义”的概念也随之扩展，而与时代文化、经济、科技等相联系，强调所表征内容的时代性，以及与“传统”形成区别和差异化，但并不强求二者的割裂和断层。

图1-26 索内特14号椅
Fig. 1-26 No. 14 chair

就家具发展史来看，现代家具的萌芽通常被认为是始自索内特曲木家具。迈克尔·索内特着力于单板模压技术和弯曲木技术，并推行批量化机械生产，设计并制造了一系列简洁实用的家具，其中包括最为著名的“14号椅”(如图1-26)。而后随着工艺美术运动、新艺术运动、现代主义运动在艺术、建筑、

① [美]弗雷德里克·R·卡尔.现代与现代主义[M].北京:中国人民大学出版社,2004:6.

设计等领域的开展，家具生产逐渐应用新技术、新工艺和新材料，而且在设计理念上追求简洁质朴、重视功能性、反对装饰的风格特征。在此基础上，德、美、北欧、意大利及日本等先后形成了各具特色的现代家具风格，如北欧现代家具更具亲和力，坚持完美的结构和卓越的品质，注重高贵优雅的创意与恰如其分的功能的结合；意大利家具更具个性化和时尚感，造型形式更加多样化并具有现代的浪漫情调；日本则专注于传统文化的现代化表达，在先进的制造技术和工艺的基础上彰显民族的文化特征。总之，现代家具是基于工业革命和机械化大生产基础之上，在造型、结构、材料、工艺和生产方式上与传统相区别的并且较之更具时代特色的新家具形式。所谓“现代”，主要是与传统家具样式或古典家具样式相区别，而且与所处新时代的生活方式相配合，并符合流行时尚的审美需要。

4.1.2　现代中式家具的概念

自清末一百多年来，中式家具基本延续了明清家具样式。尽管民国期间出现了一些中西合璧的家具样式，但基本上是用中国传统家具工艺制造西式家具，其风格基本上以英法古典家具为原型，西式味道更重。当时的社会环境和历史背景使得中国家具一直不能形成自己的家具风格形式，可以说，中式家具出现了很长一段时间的文脉的断层。20 世纪 80 年代后，中国经济发展带动人们生活水平的提高和生活方式的显著变化，传统家具样式已难以满足现代的生活方式和审美时尚，而从西方照搬过来的板式家具和组合家具又显得过于单调和呆板，缺少个性和价值认同。面对西方现代家具风格的不断变化和延伸，家具业和学术界也开始展开对现代中式家具的探讨。

1992 年联邦家私推出的“9218 联邦椅”被业界公认为第一件现代中式家具，自此关于现代中式家具的讨论在业内已经持续 20 余年了，但至今其概念尚未形成定论。其中唐开军、许美琪、刘文金、林作新、张帝树等专家先后对现代中式家具进行了探讨和研究，并给出了概括性的概念，即：应用现代技术、设备、材料与工艺，既符合现代家具的标准化与通用化要求，体现时代气息，又带有浓郁的民族特色，适应工业化批量生产的家具。这一概念也得到了家具业内的普遍认同。可见，现代中式家具融合了时代性和民族性的双重特征，一是应用现代技术、工艺、材料，满足现代需求和环境要求；二是凸现中国文化和审美，蕴含中国哲学和气质。

就其风格特征来讲，现代中式家具应是在现代条件下创造出的具有中国文化内涵和中国文化神韵的家具。具体地讲，是“吸纳民族传统艺术精华，以中国优秀传统家具为蓝本，巧妙地把中华民族的文化特征和时代潮流相结合，同时又与现代的中国居住环境、生活与工作方式相协调，在造型上吸取传统的严肃造型和文化符号，使其既有古典家具幽雅清秀的艺术效果，又具有现代国际家具的简约风格，将东方的审美情趣与西方的艺术品位融为一体。”①

---

①　陈祖建. 现代中式家具呼唤创新[J]. 美与时代，2004(1)：67～68.

现代中式家具包含两个方面的含义:其一,家具必须是现代的,是继承和发扬中国传统风格和文化内涵的,能满足现代的生活方式需要,符合现代审美要求。而历史遗留的古典家具,或者是修复的传统家具,或是古木重构的艺术装饰家具等均不属于现代中式家具的范畴;其二,家具必须是中式的,是由传统家具式样经探索创新设计的。所谓"中式",不只局限于家具的传统造型式样,它可以是传统家具造型的某一要素的重现,可以是几种家具造型的有机组合,还可以从其他的传统造型物,如中国传统建筑、陶瓷器皿等中寻求造型要素,甚至还可以糅合西方传统或现代的造型要素,但有一点是肯定的,它的主题是中国的,富有中国文化内涵的。

但需要明确的是,与家具史中的其他家具风格不同,现代中式家具尚未形成固定的形貌和风格特征,而且其意义也在随着社会和审美意识的变化而发展变化。首先,中国的时代背景决定了"现代"还是一个进行中的,动态的,而且是富于多样性变化的概念,即使在设计领域中,与西方经历的"现代""后现代"也存在很大差异,从而难以确定其评价和衡量的标准。其次,"中式"概念的外延和内涵及其广泛和丰富,从传统、现代、将来等不同的时间角度来理解,都会形成不同的认识。应该说,现代中式家具是适应中国当前特定的社会需求,由家具业和学术界等展开的对延承中国传统家具文化的一种探索和创新,其"述说的是一种家具风格,但不是对一种家具风格的总结,而是对一种家具风格的倡导和探索"①。

4.1.3 现代中式家具的设计类型

当前,现代中式家具的开发设计还处于探索和发展阶段,由于业界在设计思想、理念、方法和表现形式上存在不同的理解,因而造成其设计实践倾向存在差异。总的来看,当前国内市场上的现代中式家具主要有两种设计类型。

(1)"形"的延续和改良——"仿中式"

这类家具设计立足于对传统中式家具(以明式家具和清式家具为主)形式的模仿和改良,但并不是对明清家具式样的"过分具象"的照抄照搬,而是在继承传统家具制作工艺、造型手法的基础上对家具的"形"和"式"进行较为抽象的模仿和改良,通常采用的方式有元素移用、整体简化、打散重构等。在专注"形似"的同时,家具的实际生产制造过程则主要考虑更新制作工艺、材料更替以及机械化加工手段等方面。这类家具在形式继承中延续了中式的传统,"形"的改良也增强了家具的时尚感和艺术性,在质感和工艺上则具有现代技术感(如图 1-27)。

① 刘文金,唐立华.当代家具设计理论研究[M].北京:中国林业出版社,2007:148.

图 1－27 “仿中式”家具
Fig. 1－27 The furniture of imitation Chinese-style

(2)“意”的拓展和创新——“新中式”

意境，是中国传统美学的重要范畴。“家具意”或“设计意”包含意境与意象两个方面，也是表征家具风格和文化内蕴的关键内容。这类家具的设计理念是在切合中国文化传统和美学精神的前提下塑造满足现代生活方式的家具意，其并不限定家具的形式和表现手法，而是专注于意象、意境与中国文化的关联性，诗词、书画、建筑及工艺等文化内容都可以在家具设计中得到借鉴和应用，从而在“意”的层面来识别中国文化特征，而在“形”的角度则更多采用现代国际化的造型语言，如简约、人性化、情感化等(如图 1－28)。

图 1－28 华伟公司的“写意东方”系列家具
Fig. 1－28 The “Eastern art” furniture by Huawei

4.2 现代中式家具设计的相关理论研究

中国传统家具的研究使中式家具特征和风格更加明晰、具体，将抽象的文化意涵形象化、视觉化，为现代中式家具的设计开发提供了重要的历史摹本和类型参照。但在对待传统的认识上，国内外理论界普遍坚持继承地创新，即不能只是一味地保护和沿袭，更重要的是与时代需求相结合的创新。意大利设计师索特萨斯认为:“保护传统并非是单纯地重复传统。”郑曙旸提出“消化吸收再创新”的观点，主张家具创新应在多元文化的综合基础上展开。[①] 刘文金也主张“应采取保护与继承、扬弃与创新的态度”。[②] 同样，现代中式家具的设计创新同样需要解决传统与现代的问题，随着中国家具市场的繁荣和壮大，国内家具界与设计界围绕此问题的

① 郑曙旸. 中国红木艺术家具设计的创新[J]. 家具，2008(S1).
② 刘文金，唐立华. 当代家具设计理论研究[M]. 北京：中国林业出版，2007：136.

理论探索和设计实践愈发突出。总的来说,20 世纪 80 年代专注于传统家具中引入现代生产技术的研究;20 世纪 90 年代中后期,主要表现在关于"新"与"中"(即"现代"与"传统")的关系及二者在家具形式中结合的"度"的把握上;而今则主要表现在现代中式家具发展方向与设计原则的研究,但对于具有"时代性和民族性的双重特征"的现代中式家具的具体设计方法、创新方式的研究尚处于初期的、零散的、不深入和不系统的阶段,同样,国内家具企业对现代中式家具开发与生产也不过 10 余年的时间,仍处于起步阶段。

20 世纪以前,中式传统家具保持了良好的延续性与一致性,并以独特的造型和审美文化区别于西洋家具。文献记载官方模仿西洋家具始于 1902 年,顺天府尹陈壁创办工艺局,改良旧法,仿造西洋家具。1908 年共设计制作 6 600 件家具投放市场,为京城家具厂商效仿并推广到全国。① 20 世纪三四十年代出现的海派家具,是中国传统家具借鉴西洋家具及装饰内容的典型。这种纯粹从形式上的转借和移用与殖民建筑形式相一致,同样是受当时"中西体用"辩争的影响,从而形成了海派家具"亦中亦洋,非中非洋"的造型特征,但在当时家具研究并未得到普遍的重视。

20 世纪 50 年代中后期,关于中国传统"民族形式"耗费甚大的呼声日益强烈,首先在建筑界引起了关于"新"与"中"关系问题的辩争,"新而中"的观点也得到了普遍的认同。但由于经济条件的限制和政治因素的影响,国内家具生产关注的是有无的问题,关于形式和风格的讨论显得不合时宜。80 年代初期,中国家具业进入了新的发展期,引进外资和技术进步成为企业关心的重要内容。板式家具、组合家具、聚酯家具、实木家具等先后流行于国内市场,学术界也着力于相关技术内容的研究,鲜见对于风格形式的讨论。直到 20 世纪 90 年代初期,中国家具设计虽然还处于模仿意大利国际化风格的阶段,但具有中国独特文化内涵和韵味的自主设计开始出现。1991 年初由广东南海联邦家私集团设计的"联邦椅"(如图 1 - 29)和朱小杰先生设计的用乌金木制作的系列现代座椅(如图 1 - 30),开始引起家具业界和理论界对传统家具设计创新的研究和讨论。②

图 1 - 29 9218 联邦椅
Fig. 1 - 29 Chair 9218 by Landbond

图 1 - 30 朱小杰设计的清水椅
Fig. 1 - 30 Qingshui chair by Zhu Xiaojie

① 李永庆. 中国家具与中国现代风格的家具[J]. 家具与环境,2000(4):10~13.

② 本刊编辑部. 26 载行业先声,长卷展辉煌——为《家具》杂志出版 150 期而作[J]. 家具,2006(2).

20 世纪 90 年代中后期，对中国传统家具进行改良和创新的设计作品逐渐增多，相关的理论分析也开始见诸杂志期刊之中，但并未形成系统性的理论研究。1997 年汤泳与张福昌教授在《传统红木坐椅创新设计探索》一文中从工业设计的角度分析了传统红木家具开发创新的可操作方式，指出传统家具中的人机工学、功能与风格问题，并结合实际设计作品“华贵富有”和“出世禅意”(如图 1－31)提出了在家具设计中处理现代与传统关系的表现手法：局部模拟法、抽象法、现代词汇传统句式、传统词汇现代句式、色彩变化法与断裂法。① 1998 年张帝树教授在《现代中国风格家具的开创途径》一文中结合对西方现代家具与传统家具形式的关联性分析指出“现代中国风格家具也必须具备优秀传统和不断创新这两个特点才能生存发展”，同时强调了创新途径应取法于明式家具，“造型以明式家具为借鉴；材料以现代丰富易得为准；结构、工艺全部采用现代最新技术”，并反对复古、照搬及循旧套，主张系统设计和创新。②

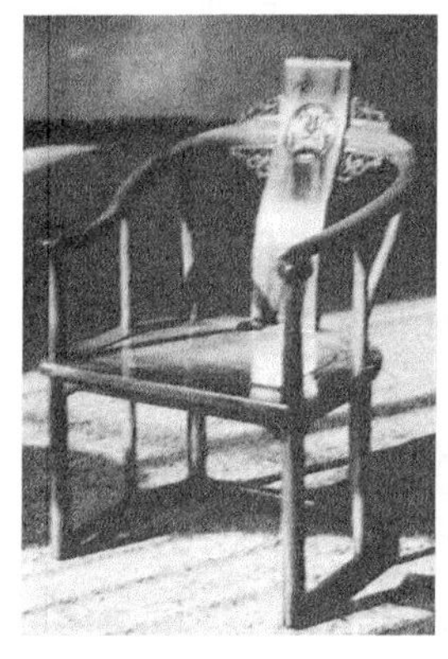

图 1－31 “华贵富有”椅和“出世禅意”椅
Fig. 1－31 Rich armchair & Zen armchair

进入 21 世纪，中国家具业更深地融入经济全球化进程，中国家具企业家和设计师对自主设计开始了新的探索，从“仿形”过渡到了“追风”阶段，③但对于现代中式家具的研究和探讨逐渐普遍而深入，并成为“我国家具业近期的主要任务之一”。④ 2001 年唐开军教授发表《现代中式家具的开发方法和途径》一文，明确提出“现代中式家具”的概念，并提出现代中式家具设计应采取“高新技术与产品开发一体化”“古为今用，推陈出新”的思路。⑤ 而后，他在 2002 年发表文章《现代中式家具》中提出现代中式家具的一般概念：“把高新技术与设备和新材料与新风格结合起来，既能体现时代气息，又带有浓郁的民族特色，还适应现代工业化生产的新式家具。”他认为“现代中式家具应是具有中国特色的科技、绿色、人文家具复合体”，强调从制造生产和造型设计等方面进行创新开发。⑥ 韩维生与行淑敏于 2001 年撰文《中国风格家具——从古典到现代》介绍了中国现代风格家具概念和构建的问题，提出了“概括”“重构”“变形”“功能改进”“介入现代材料”“结合现代工艺”等具体措施。⑦ 2001 年林作新教授在其博士论文《中国传统家具现代化的研究》中提

① 汤泳，张福昌. 传统红木坐椅创新设计探索[J]. 家具，1997(4)：21～23.
② 张帝树. 现代中国风格家具的开创途径[J]. 家具与环境，1998(5).
③ 本刊编辑部. 26 载行业先声，长卷展辉煌——为《家具》杂志出版 150 期而作[J]. 家具，2006(2).
④ 刘文金，唐立华. 当代家具设计理论研究[M]. 北京：中国林业出版社，2007：143.
⑤ 唐开军，杨星星. 现代中式家具的开发方法和途径[J]. 家具，2001(3)：55～58.
⑥ 唐开军，曾利. 现代中式家具[J]. 林产工业，2002(4)：24～25.
⑦ 韩维生，行淑敏. 中国风格家具——从古代到现代[J]. 家具，2001(4)：58～60.

出了中国传统家具“现代化”的概念，在对红木材料进行强度、性能测试的量化基础上，改进家具用材、结构、制造工艺等，利用中国传统家具造型元素的重构进行现代中式家具的创新设计，使中式家具生产的机械化程度得以提高。刘文金教授在2001年发表《对中国传统家具现代化研究的思考》，指出：中国传统家具现代化的研究应“立足于继承、创新和发展，着眼于理论研究、技术创新和生产应用”，并将研究内容归纳为“风格精神化”“造型元素符号化”“材料多元化”“结构可拆装化”“生产过程现代化”等五方面。① 同年，张彬渊发表《红木家具文化的继承与发展》，张响三发表《中国红木家具的发展思路》，对中国传统红木家具的创新方式作了概述性介绍，强调对材料及工艺内容的重视。2002年张帝树教授在《中国家具贵在中而新》一文中提出“中而新”贵在“新人文家具”创作，强调“人、家具与环境应和谐一致，其中要以人为本”，“应体现当代中国人生活的价值”。② 蒋绿荷于2002年发表《中国传统家具的继承与发展》，介绍了现代中国家具的设计方法，指出应从中国传统文化的大范围、广空间中吸取灵感和素材。2003年许美琪教授发表《中国传统家具风格的断流与现代风格的构建》，介绍了当代中国家具风格缺失的原因。他指出“中国现代风格的家具的民族形式载体应该是传统与继承传统的现代中国文化的结合”，就当前构建中国现代家具风格的方向问题提出不应急于建立“风格”，应专注于“样式”的创造，进而阐述“新中式”的概念。③ 同年，刘文金教授发表《探讨“新中式”家具设计风格》，指出新中式家具包括两方面的意义：“一是基于当代审美的对中国传统家具的现代化改造；二是基于中国当代审美现状的对于具有中国特色的当代家具的思考”。④ 2004年陈祖建发表《现代中式家具呼唤创新》，对现代中式家具的概念和具体范畴进行了界定。2005年何扬发表《新中式家具创新设计方法》，结合“分散与重构”的分解合成方法提出了新中式家具设计的四种方式为“承传”、“分解”、“淡化”和“意念”。张扬、王逢湖于2006年发表《基于符号思维的现代中式家具设计》，应用符号学理论对现代中式家具设计进行探讨，分别从符构层面和符义层面解释家具创作的方式。2007年刘文金教授与唐立华在《当代家具设计理论研究》一书中对现代中国家具的设计文化作了系统性的总结和归纳，介绍了现代家具设计的文化、审美、设计思想、方法论、设计批评及教育等内容，提出现代中国家具设计的生态设计、功能主义、人性化及商品属性等理念，并就设计的系统论、符号论、创新论、功能论、技术论及艺术论作了详细的阐释，从理论层面作了很好的总结。

综上所述，现代中式家具的理论研究方兴未艾，相关概念和范畴的界定还停留在理论探讨阶段，国内家具企业的现代中式家具（或新中式家具）的设计创新和生产开发也处于探索阶段，具体的、系统性的可操作性方法尚未形成。与建筑界、美学界对现代性和民族性的研究相比，家具设计领域的探讨还较为淡薄，多集中于表层和概述性的分析，对于

---

① 刘文金. 对中国传统家具现代化研究的思考[J]. 郑州轻工业学院学报（社会科学版），2002(3)：61～65.

② 张帝树. 中国家具贵在中而新[J]. 家具，2002(3)：45～51.

③ 许美琪. 中国传统家具风格的断流与现代风格的构建[J]. 家具，2003(6)：53～56.

④ 刘文金教授在2002年南京林业大学主办的“首届中国家具产业发展国际研讨会”上发言即阐述了相关观点。

深层的、实践性的、系统性的研究还不够。吴良镛在《广义建筑学》中提出的系统观念，侯幼彬在《中国建筑美学》中提出的“软继承”方法，郝曙光在《当代中国建筑思潮研究》中归纳的九类设计手法等对现代中式家具的创新设计研究都具有重要的启示作用和借鉴价值。正如李泽厚所说：“民族性不是某些固定的外在格式、手法、形象，而是一种内在的精神，假使我们了解我们民族的基本精神……又紧紧抓住现代性的工艺技术和社会生活特征，把这两者结合起来，就不用担心会丧失自己的民族性。”①现代中式家具的创新设计也必须跳出传统家具造型、元素和结构工艺的限制，深入发掘其蕴含的传统文化底蕴，追溯原型及其发展变化规律，进而探讨相应的设计范式和具体地可操作设计方法。

① 王晓．新中国风建筑设计导则[M]．北京：中国电力出版社，2008：20．

第5章 现代中式家具的风格特征

5.1 现代中式家具风格形成的影响因素

一种风格的形成是受诸多因素影响的,现代中式家具风格的形成也不例外。家具风格的形成往往是由生活习惯与意识形态决定的,而与它的物质技术基础却没有必然的联系。就如我们所称的古典主义、现代主义、未来主义等,都是从其本身所联系的精神实质和文化内涵来区分的。就现代中式家具的风格形成来看,其形成主要受社会、历史、文化、宗教、地理及气候等根源的影响,具体来说影响因素主要有:生活方式、民族特性、文化与美学内蕴、宗教信仰与气候物产。

(1) 生活方式

中国现代的生活方式与古代生活方式已经有了很大的差别,住房条件、房屋结构、居室分布及室内空间功能等都与古代相去甚远。生活中的现代化程度逐渐提高,对生活品位的追求也日益突出,高科技与高情感逐渐成为生活的一种主流。中国传统生活方式中从"席地而坐"到"垂足而坐"都强调了一种"礼"的概念,因此家具的陈设与造型都在一定程度上适应着这种生活方式的需求。而现代生活方式中,朴实自然、舒适轻松的情感则成为主导,因此对于家具风格的要求也随之变化。这也就使得现代中式家具必须突破传统造型的局限,从形态、结构、色彩和装饰等方面进行革新,以适应现代生活方式的需求,将返璞归真的情感充分表现出来。

(2) 民族特性

根据著名哲学家张岱年的观点可知,民族精神是指民族文化中起积极作用的主导力量,其必须具备两个条件:"一是比较广泛的影响,二是能激励人们前进、促进社会发展的作用。"这种民族精神在本质上反映出一个民族的本质特性。中华民族精神基本凝结在《周易》的两句名言中,即"天行健,君子以自强不息""地势坤,君子以厚德载物"。"自强不息"是民族的一种发奋图强的传统,"厚德载物"是以宽厚之德包容万物,在文化发展上具有兼容并包之意。正是这种民族的本质特征推动着历史、文化的前进。① 这种本质精神反映在造物活动中,或者落实在家具设计中,则要求在继承传统的基础上,广泛地吸取优秀文化的内容,兼收并蓄,从而创造出适合表达现代精神和民族特色的家具样式。所以,现代中式家具在一定程度上是受这种深植中国传统之中的民族精神所推动的。

(3) 文化与美学内蕴

中国文化与美学内蕴一直保持着自身统一和系统的体系,与西方的哲学和文化体系

① 张岱年.张岱年学术论著自选集[M].北京:首都师范大学出版社,1993:10.

有着较大的差别，尤其是美学观念和思想。中国传统文化本身表现出内敛、含蓄、深沉、博大的气质，而西方文化则以理性、逻辑见长，这与中西不同的造物文化的形成是有着必然的联系的。中国美学中所追求的“气韵”（谢赫《古画品录》中提出“六品”，气韵生动为第一品），“虚实”（《考工记》中提出的以虚带实、以实带虚、虚中有实、实中有虚、虚实结合）和意境都使得东方的审美观念具有浓厚的民族文化特征。中国画中的线条美、空间布局和飞动之美已成为中国美学的典型符号象征。它们在家具及其他造物中，都被广泛地应用。中式家具中对线条的运用、构件连接中的榫卯结构及装饰附件与整体的虚实层次，都是中国美学内蕴的一种外在表象。随着人们对中国文化及美学的关注愈发深入，中国美学所展现的境界则更加深远。现代中式家具作为一种包容在中国文化与美学范畴内的造物，自然要受到这种美学观念的影响和推动。

（4）宗教信仰

自古以来，中国的宗教信仰与哲学思想都有着密切的关联性。与西方世界基督教“一家独大”的特征不同的是，中华民族传统具有兼收并蓄、海纳百川的特质，因此，在儒、释、道成为主流信仰的同时，伊斯兰教、基督教、天主教等信仰也得到了一定的发展。但对于中国传统文化内涵具有深刻影响的仍是以儒家“中庸”思想、释教的“因果”观念和道家的“道”及“天人合一”等思想为主的。这些信仰与蕴含其中的哲学思想对中国传统文化的形成及发展都起着至关重要的作用，而其对于中国艺术与美学思想的影响也颇深。对于造物活动来说，其美学的体现也脱不了儒、释、道思想所限定的范围。如明式家具中所展现的比例适宜、线条和谐等特征与儒家的“中庸”是相契合的；而其表露出的典雅、质朴的气质与禅宗追求的纯粹境界是相符的；道家“回归自然”“天人合一”的“道”则在材质的天然美感中表露出来。可见，中国传统中蕴含的宗教信仰和哲学思想对于家具美感的展现是相当重要的，现代中式家具的形成也是受这种东方哲学的发展所推动的。在现代的家居空间中，传达具有东方哲学韵味的意境逐渐成为一种趋势和潮流，现代中式家具的运用无疑在其中发挥着重要作用。

（5）气候物产

中式古典家具中多应用红木作为主要材料，明清时期尤以紫檀、花梨木、鸡翅木、铁力木等硬木材料为主，因而形成中式家具凝重、质朴、深厚与典雅的天然美感。这些珍贵木料之所以能够在家具上得以广泛应用，是由于明清时期经济繁荣，可以大量进口东南亚木材作为家具生产原料。但近年来，由于珍贵木材资源的逐渐短缺，中式家具面临着材料更换的问题。因此现代中式家具在这样的前提下，必须对材料进行更新，采用适当的木料进行设计与加工，从而呈现出新的面貌。这在一定程度上，就需要考虑物产和气候的因素。并不是所有的木材都适用于表达现代中式的内在气质的，如现在常用的胡桃木、樟木、楠木、榉木等，基本上都是我国种植范围较广、性能较好的木材，而且对于气候的适应性较强，适于不同地区的生活环境需要。

5.2 现代中式家具风格的一般特征

现代中式家具最主要的特征就表现在对中式古典家具的传承和创新的结合上，既保留了中式古典家具的精神气质，又展现着现代的时代气息；既延续着传统的造型元素，又有自身独特的形式语言。可以说是，传统中有现代，现代中融古韵。时代性与民族性的完美结合才是现代中式家具的真正精髓。就造型来看，其特征主要表现在形态、结构、工艺、材料、色彩和装饰等几方面。

(1) 形态

现代中式家具尽量借助明清家具中特有的造型法则：造型要素尺度和虚实的对比与协调、构件的重复排列、纹样二方或四方的连续以及整体的框架形式等。但其亦在造型元素的具体运用中进行变化和创新，如对线条曲度的调整、框架虚实空间比例的划分、局部构件装饰的排布等。总体上，现代中式家具保持了中式古典家具造型美观、简洁、适用合度的形态，突出典雅的韵味。同时，线条的运用在保持"柔中带刚，刚柔相济"的基础上增强了线条的对比效果，比例也更加符合人机工学的标准，去除局部的附件，使形体更加洗练简洁，线脚的处理更和谐，在注重手工工艺质感的同时，增加现代工艺的技术美(如直线和方形的运用，替代曲线和有机形)，整体上展现出现代时尚的品位与追求。如图1-32所示，现代中式风格座椅对于明式椅子中靠背板、扶手及底座框架的革新，使得家具既有明式家具的风范，又有现代的时尚特色，在造型上体现着延续与创新的结合。

图1-32 现代中式家具形态创新实例
Fig. 1-32 The innovation form of modern Chinese furniture

(2) 结构

在结构上，现代中式家具主要体现在对传统家具中的榫卯结构的运用与革新上。诚然，明式家具中所采用的榫卯结构和框架结构代表着中国家具制作工艺的最高水平，但由于其制作加工的繁复导致机械加工、装配、维修和标准化比较困难，因此，现代中式家具在应用这种结构方式的基础上，更多的是应用新的手法和新的连接件对其进行适当处理。如现在现代中式家具中常用插接榫结构和五金件连接拆装结构代替传统的榫卯结构，这使得原材料可以节约 15%～20%左右，而且也提高了产品的运输效率和搬运方便性。[①] 如图 1－33 抱肩榫的结构改进。此外传统家具多为功能单一的单件式家具，而现代中式家具中通过对结构的变化而改变成功能复合型的组合式家具，使之能更好地适应现代居室的需求，如图 1－34，大宝家具公司的"清流"系列家具将中式传统家具的框架结构进行简化和改良，使之连接更轻巧、简捷，采用简单榫卯和胶接形式，整合榻和沙发的功能、炕桌和茶几的形式等，使整体更适合现代生活品味。同样，现代中式家具对于结构的革新往往借鉴现代家具的结构形式，从而使之更适合现代加工工艺的生产与制造。

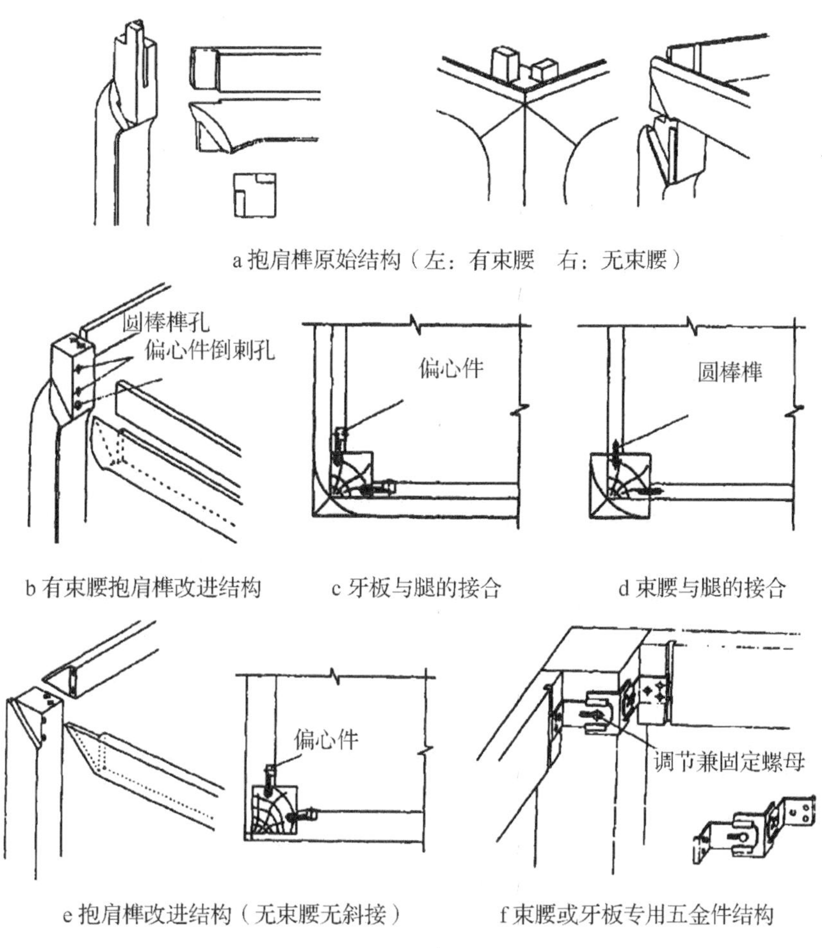

图 1－33 抱肩榫结构改进
Fig. 1－33 Improvement of Tenon Structure

（3）工艺

现代中式家具的生产在采用传统的手工加工方式的同时，更注重现代机械加工的工艺方法。这一方面是出于批量化生产的需求，另一方面是为了增强家具的精确度与标准

① 耿晓杰. 现代中国风格椅类家具的开发研究[D]. 北京林业大学，1999.

化。首先,在材料加工工艺上尽量采用机械化批量裁切,并在家具中合理选择材料加以应用,如木材中常有实木材料、胶合板和人造贴面等,可以通过局部材料的配搭形成独特的风格。材料加工中的锯、刨、压、铣、磨光等基本实现机械化加工。其次,结构工艺中尽量采用现代结构方式,将传统的榫卯结构进行转化,如胶接、插接、五金件连接等工艺都被广泛应用。在保证功能质量的前提下,现代中式家具中结构工艺的变化使家具更加简洁、结构更加简单纯净,与现代崇尚简约的风尚相一致。最后,雕刻、镶嵌等装饰工艺上尽量减少繁复的工艺附加,简化不必要的附件,仅在突出表现的部位采用简洁的装饰工艺来增强家具的工艺美感,如清式家具中的毛雕、平雕、浮雕、圆雕、透雕等工艺在现代中式家具中大面积应用较少,一般在局部面材上进行细致雕刻,起到点缀和提神的作用;而镶嵌工艺更是由于过于复杂往往被弃之不用,或应用数字化加工的单板镶嵌工艺来代替(一般由 CNC 激光切割机来切割单板,进行砂磨后由数控机床镶嵌)。由此可见,现代中式家具在工艺上注重简洁与现代的工艺手法,强调如图 1-34 东莞大宝公司的"清流"系列家具对框架结构的改良生产的快捷与效率,这与中式古典家具中使用的方式不同。

图 1-34 东莞大宝公司的"清流"系列家具的框架结构的改良
Fig. 1-34 Improvement of wood fram's structure in Qing-style furniture by Dabao

(4) 材料

在选材上,现代中式家具更加广泛,除了中式古典家具中常用的硬木、红木材料外,还扩展到橡胶木、胡桃木、水曲柳、榉木等新木种。此外现代家具中常用的塑料、金属、藤材和纺织品也被应用到现代中式家具之中,同时摈弃了清式家具中常用的金银、玉石、珊瑚、象牙、珐琅等奢侈材料。以下是现代中式家具应用材料的具体情况(如表 1-3)。

表 1-3 现代中式家具应用木材性能一览表(以粗线区分红木和非红木)

Table 1-3 The list of wood's performance in modern Chinese furniture

材料名	代表企业	木材特征				产地	图例
		色泽	质地 g/cm^3	纹理	香气		
花梨木	友联为家	红褐色	密致>0.76	纹理清晰	有香气	热带地区、中南海岛	

续 表

材料名	代表企业	木材特征				产地	图例
		色泽	质地 g/cm³	纹理	香气		
亚花梨木	木作坊	深褐色	密致 0.5～0.72	直纹	有香气	热带非洲	
香枝木	年年红	红褐色或深红褐色	密致 0.81～1.02	深色条纹	辛辣香气	亚热带地区，越南，老挝等	
鸡翅木	年年红 友联为家 福晟	鲜黄色	密致 0.81～1.02	未见或略见	无	热带地区、中国海南岛	
酸枝木	年年红	柠檬红红褐色至紫色褐色	密致>8.5	黑色条纹	酸香气	中南半岛，越南	
山毛榉木	联邦家私 卓越年华	红褐色或白色	密致 0.67～0.72	可见	无	北半球分布广泛	
风车木	木作坊	黑褐色	密致	纹理交错	未知	热带非洲	
红樱桃木	卓越年华	酒红色	密致 0.85	波浪形的纹理	无	美国东部	
胡桃木	卓越年华	黄中略偏红	中密 0.56	直纹有立体感	无	北美洲	
橡胶木	联邦家私	浅黄褐色	较密 0.65	直纹	无	热带地区中国南部	
新榆木	集美组 华伟	紫黑色	较密 0.58～0.78	直纹	无	北美洲、欧洲、亚洲	
水曲柳木	华鹤	白色泛黄	密纹 0.686～0.9	直纹	无	北美洲、欧洲、亚洲	

(5) 色彩

现代中式家具秉承了中式古典家具的一贯手法,既保留了天然纹理和色泽,不加纹饰,不髹漆。这种利用木材纹理来表现的原木色更能突出家具的纯净与典雅,故现代中式家具中大多对木材不做色彩加工,而更多的是通过附件的色彩和纹饰处理来增强木材的纹理色彩效果,如靠枕、坐垫等织物的色彩和纹理与整体的搭配,拉手、合页等附件的金属色泽与板材的对比等(如图 1 - 35)。另外,现代中式家具采用木材的天然色彩也突破了红木色彩的局限,使得色彩和纹理更加多样化,有的凝重,有的清新,或者质朴,或者典雅,这种天然的气韵来自于木材本身的纹理与色泽,这也使得现代中式家具在色彩感觉上更具统一性。

图 1 - 35　联邦现代中式家具的色彩应用

Fig. 1 - 35　The color of modern Chinese furniture by Landbond

(6) 装饰

现代中式家具将传统的家具装饰尽可能简化,甚至完全舍弃装饰内容,只采用古典家具的功能框架并加以演化。在采用装饰的时候亦对装饰纹样和手法进行简化。传统家具中常用的繁复的雕刻装饰、仿真形纹样装饰都被简化成现代的装饰符号,如几何纹样等,而局部的构件装饰,如枨子、券口、牙板等装饰部件大多被舍弃。总体上,现代中式家具尽量减少繁缛的装饰内容,只在关键部位加以运用,起到“画龙点睛”的作用,这在很大程度上增强了家具的纯粹性与现代感。如图 1 - 36 所示“明风阁”系列家具基本上去除了明清家具中的大多数装饰内容,包括连接部件中的牙板、枨子,只提取了中式家具的主要部件——靠背板、椅桄圈及框架结构等作为传递中式语意的要素,在局部进行的纹样雕刻则增强了中式的味道。

图 1 - 36　明风阁的现代中式家具中的装饰形式

Fig. 1 - 36　The decoration form of modern Chinese furniture by Mingfengge

第6章 现代中式家具的设计现状和问题

6.1 现代中式家具的设计现状

现代中式家具的起步已有20余年的历史。开始只是个别家具企业(如联邦集团、顺德三有家具有限公司的部分产品)为了在市场中突出产品的个性、增强市场竞争力而有意或无意推出的此类新产品,后来才上升到理论上的研究,并逐渐形成成熟的现代中式家具概念,到目前为止现代中式家具已逐渐步入正常发展的轨道,众多国内家具企业也意识到“中式风格”的现代价值并相继推出自己的“中式概念”家具,如联邦集团公司的“江南世家”“龙行天下”“塞外放歌”等八大家系列家具;顺德三有公司的“明清风韵”家具;东莞华伟公司的“写意东方”及其所包括的“秦颂”“汉风”“国雅”三个系列;东莞大宝公司的“春秋”“唐韵”“元曲”“清流”四个系列;浙江年年红公司的“金典”“雅典”和“富典”系列以及深圳友联为家的“唐风”“明式”系列现代红木家具等。这些家具企业都在深入挖掘中国传统文化内涵的同时赋予家具产品以新的品牌价值,并使之融入现代家居生活文化之中,从而在提升家具商业价值的基础上也增强了家具的文化归属感。就现代中式家具的设计状况来看,主要体现在以下几个方面。

(1) 形式趋向多样化,品牌显现差异化

近年来,现代中式家具的品类逐渐增多,形式表现和创意内容也呈现出多样化的趋势,形制上较明清家具更贴近现代生活(如电脑桌、电视柜及床头柜等),体量上更符合现代居室空间尺度,家具结构和比例对于人体工学要求和标准的考量增加。更重要的是,现代中式家具逐渐跳出对明清家具式样的照搬和模仿,而开始从中国传统文化中寻求“概念”和“元素”,并应用现代设计理念加以改良和再设计,进而对传统的文化内容在家具设计中进行新的诠释和符码化表现。不同家具企业和品牌在表现手法和形式塑造上也各具特色,常见的几种方式和途径有:

①简化、演化或变化传统家具结构,通过局部装饰图案展现文化内容;如图1-37嘉豪何室“中国红”系列家具,以云纹演变而来的饕餮纹局部作为装饰图案来展现家具含蓄尚古的文化内涵。

②提炼、抽象某些特征元素或典型造型,通过家居的整体或局部造型塑造中式韵味;如图1-38东莞老木坊家具公司的“战国”系列家具,其设计元素来源于春秋战国时期的楚布币,整体造型符合楚布币“下大上小、稳重大方”的特点,家具腿形取意楚布币的抽象变形,以弧形线条体现产品极强的扩张力,造型简洁大方。

图 1－37　嘉豪何室“中国红”系列家具
Fig. 1－37　The “Chinese red” series furniture by Jiahouse

图 1－38　老木坊“战国”系列家具
Fig. 1－38　The “warring states” series furniture by Nomove

③转换、替代或减少红木应用，通过应用新材料和质感对比来增强家具的现代感；如联邦家私采用橡胶木、松木等材料作为基材，东莞华伟则选用榆木皮作为家具贴面，通过精致的工艺来显出时代感。

④挖掘、探寻、选取中国传统文化典型的素材和概念，通过品牌策划突出文化内涵；如联邦家私“江南世家”系列分别选取“荷塘月色”“秦淮烟雨”“静月听蝉”“琵琶行”“杨柳风”“桃花源记”等具有江南风味的文化概念来增强家具产品的文化内涵。

⑤抽象出传统中式家具的原型体系，结合中国审美和工艺文化进行变革式的创新；台湾青木堂公司的“自然・理画”系列则旨在通过优雅的曲线来营造江南文化神韵，表现“道法自然”的东方哲学(如图 1－39)。

(2) 材料以木为主，用材突出展现传统木文化特征

随着稀有珍贵木材资源的日趋匮乏，现代中式家具用材不再单纯热衷于深色名贵硬木，而更注重对家具造型的艺术化、个性化表现，专注于借助家具的品质和人性化内容来提升商业价值，而不是靠木材的价格来增加产品吸引力。固然中国传统家具热衷于红木用材，但相对于现代家居装修环境和生活方式而言，造型简洁、色彩自然明快的家具更受

图 1-39 青木堂“自然·理画”系列椅子
Fig. 1-39 The “Nature” series chairs by Woody chic

消费者喜爱。同时，再生资源可持续利用原则逐渐受到家具业的普遍重视，绿色设计也成为现代中式家具的热点，家具企业也在致力于通过先进的技术和工艺来展现材料的天然质感与肌理，通过对木材特性和质感的理解对木文化做出新的诠释。如联邦家私主推的橡胶木；华伟家具的“写意东方”系列主要应用榆木和贴面工艺。总的来说，现代中式家具的用材倾向于：以软木代替硬木；材料应用最简化；多种材料的组合应用等。但无疑木文化始终是表现中式家具特征的关键所在，不管材料应用如何变化，设计师都在最终的家具产品中谋求一种与中国木文化相符合的品质和效果。如温州澳珀公司朱小杰将现代感很强的压克力与木材结合，表现了现代高科技材料与天然材料的融合性，但更主要的是突出了乌金木的天然纹理和艺术化质感。

(3) 造型“尚古”而且保守，偏重于“古韵”的表达

现代中式家具的设计初衷旨在打破西式家具呆板、僵硬与冷漠的机械感，并在家具中增加中国文化的内涵，因而中国传统家具的造型和文化被引入进来，并成为增强文化意涵的主体，所以在“度”的衡量上，“古”的比重越来越重，众多家具企业又对明清家具推崇备至，秉持着“非明式不中国”的观念，因而在造型设计过程中受到传统样式过多的限制和约束，使得最终的设计作品较为保守，基本上是传统样式与现代家具的折中主义表现，在设定的文化概念范围内将传统元素、符码进行打散、重构后直接附加到传统家具的骨架之上。值得注意的是，现代生活环境和生活方式应该是现代中式家具存在的必要背景，而不是古代的或传统的，因此其设计过于“复古”会造成产品与环境的脱节，而且很难与现代家居相适应，家具的造型设计应在传达古意的同时增强现代感和时尚内容，使古意成为家具的来源，而现代感才是家具的最终目的。如图 1-40(台湾)春在中国(aam, ancient and modern design and furniture)推出的直腿圈口禅椅，即是在吸取传统禅椅造型的基础上对靠背、椅腿进行了原创性的革新，使之不失古韵而更具现代感。

图 1 - 40　春在中国的直腿圈口禅椅
Fig. 1 - 40　The zen armchair by Aam

6.2　当前现代中式家具设计的问题和误区

当前国内众多家具企业对现代中式家具的概念和方向并不明确，而仅仅基于“中式＋现代”这一认识之上的设计作品大多将重点集中在传统中式家具造型与现代生产加工技术的结合问题上，而忽视了对中国历史传统和地域文化内容的深度发掘，这样设计出的家具往往是“应用机械加工的明清家具仿制品”或“应用红木材料的现代家具仿制品”，并未在家具产品中将现代生活时尚需求和中国传统文化精髓很好地融合，相反给人的整体印象是“不中不洋，非古非今”的折中主义设计，在新奇而富于变化的造型中却总是缺少和谐性。总的来讲，当前，现代中式家具设计过程中存在的误区主要体现在以下几点：

(1) 形似仿古

中国传统家具工艺在明清时期达到了“历史高峰”，也形成了固定的形制和制作工艺。目前明清家具式样仍是仿古家具的最佳摹本，“市场上见到的中式家具大多为仿古型”①，如明式圈椅、官帽椅和玫瑰椅等。许多“现代中式家具”往往为了体现古风古韵，刻意采用或模仿明清家具的样式，保留诸多明清家具的元素，从而减弱或失去了创新的成分。如明式圈椅的栲栳圈、扶手椅的“S”形靠背板等结构部件往往被不加变化地应用到最终家具造型上(如图 1 - 41)。这也使得家具造型难以超越明清家具形制的限制，其造型更像是复古或仿古，而并非创新。

① 陈祖建. 现代中式家具呼唤创新[J]. 美与时代，2004(1)：67～68.

图 1-41 仿古样式椅子
Fig. 1-41 Archaistic chair

(2) 强加文化

如何在产品中融入传统文化内容和地域精神是当今设计的热点问题，现代中式家具设计也不例外。某些所谓的“现代中式家具”往往冠以相当抽象或诗意的文化概念或名头，如“唐风”“汉韵”“明清风骨”等，而实际家具的造型却很难让人在产品与其标榜的文化内容上产生联系。也就是说，设计师所采用的“设计语汇”并不能唤起人们的设计认同或文化认同，其仅仅是站在自身的角度上去强加给家具一种文化概念，而并没有去研究公众对此文化概念的认知和接受程度，其结果往往造成设计师“自言自语”。(如图 1-42)

(3) 盲目简化

由于受国际主义风格的影响，家具业内曾流行一种观念，即现代中式家具设计是对传统家具造型元素的概括、提炼和简化。因而，诸多省去了古典家具中的装饰部件，并被赋予素洁平整的表面肌理的家具就被冠以“现代中式”的名头(如图 1-43)。但不管是从造型上还是结构工艺方面，都很难辨认出中式家具的特征，反而与现代西式家具风格更为接近。其主要原因在于对形式的简化过于盲目，而忽视了简化形式与整体家具造型的和谐性。

图 1-42 “春秋”沙发和“唐韵”柜
Fig. 1-42 CHUNQIU sofa & Tang-appeal cabinet

图 1-43 简化的椅子
Fig. 1-43 Simplified chair

(4) 刻意解构

解构方式是现代先锋设计的惯用手法，旨在突出一种“新异意识”①，使作品体现出一种出人意料的独特性。某些新家具在设计过程中也流露出许多解构主义的理念，如将明式圈椅的栲栳圈与箱柜组合，将靠背、扶手、框架肢解后重组等(如图 1－44)。这种解构方式多是出自对时尚审美情趣的迎合，而缺少对生活方式、使用功能和家居文化的分析和探究，因此这类家具更像是时尚工艺品，而难以成为“登堂入室”的生活家具而得到广泛应用。

图 1－44 解构重组式的书桌
Fig. 1－44 Deconstructed Table

综合以上误区，当今现代中式家具设计的问题主要在于过分强调风格特征的差异性，着眼点集中在中式古典家具的再造和演绎上，而未能跳出家具范畴，从中国传统文化的整体和宏观入手深入发掘中国家居文化、生活方式及器具美学的内在本质；也未能批判地扬弃古典家具中惰性的、僵死的东西，而吸取活性的、有价值的东西，赋予家具新的理念和新的韵味。因此对于中国家具文化的理性分析和系统研究是现代中式家具设计的重要内容。

① 邬烈炎. 结构主义设计[M]. 南京：江苏美术出版社，2001：6.

02 /
现代中式家具设计系统建构

“和谐”这一范畴，长久以来在东、西方思想史、美学理论与实践中都占有极为重要的位置，也是美学史上最早涉及的一个范畴。经过两千多年的发展演化，和谐理念逐渐渗透到政治学、法学、经济学、管理学、教育学、医学以及艺术学、设计学等诸多学科领域，越来越受到现代学者的重视。正如李建生(1998)等指出“人们只有用和谐思维方式才能更好地改造自然和社会，创造人、社会和自然和谐发展的美好世界。和谐是21世纪哲学和人类智慧关心的主题。”①但由于中西方社会存在历史环境、生活方式、文化背景、民族风格和思维方式等的差异，因此形成了既有差异又彼此融通的和谐理念。探讨并挖掘中西方和谐文化的核心思想与潜在理念，有助于建构融通中西文化与整合古今文脉的现代中式家具设计系统。

第1章　和谐与和谐文化

1.1　中文典籍中“和谐”释义

在古汉语中，“和谐”作为合成词出现较晚，最初是作为同义语素单独使用的。“和”字有两种组合造型，一种是从口禾声的“和”，最早出现在金文中。金文《史孔盉》作“[illegible]”，“史孔乍和”。《陈贝方簋》作“[illegible]”。这里的“和”字在《周易》中有两处，如“兑”卦爻辞的“和兑，吉”；“中孚”卦之“九二”爻辞：“鸣鹤在阴，其子和之”。② 另外一种为“龢”字，最早出现在甲骨文中，如《殷墟书契前编》中的“贞上甲龢众唐”③、《铁云藏龟》中的“勿龢无于及”④。《说文解字》以“龢”为“调也，从龠禾声，读与和同”。龠是一种用竹管编成的乐器，与笛、箫类似而稍短小，有三孔、六孔、七孔之分。《说文解字》解释“龠”为：“乐之竹管，三孔，以和众声也。”《广雅・释乐》记载：“龠谓之笛，有七孔”。王念孙疏证：“龠或作籥。《邶风・简兮篇》：‘左手执籥’。《毛传》：‘籥孔’。”《篇海类编・器用类・龠部》有：“龢，《左传》：‘如乐之龢。’又徒吹曰龢。今作和，又谐也，合也”。段玉裁在注释“龢”时有：“此与口部‘和’音同义别，经传多假和为龢”。可见由于先秦经传多借“龢”为“和”，所以“和”与“龢”二字通用，而字义也趋于近似。龢为协调、和谐之意。“和”义为“相应也”，指三孔、七孔的籥发出的声音是和谐的、相应的，也指诸多要素、成分的调和、和谐、协调、相应、恰到好处等义。故而今版《辞海》称“龢”为“‘和’的异体字”。

至于“谐”字，则始见于《尚书》之《尧典》和《舜典》。如《尧典》有“克谐以孝”，《舜典》则有“八音克谐”等。据《说文解字》“谐”即是“谐洽”之意，且《说文解字》亦有“龢”字，其

① 李建生. 和谐——跨世纪的哲学主题[J]. 新疆师范大学学报，1998(3)：20～24.
② 《周易・孚卦》
③ 罗振玉. 殷墟书契前编. 1912年拓本.
④ 刘鹗. 铁云藏龟. 1903年拓本.

读音与“谐”同，释义为“龤，乐龢也”；南朝梁顾野王撰《玉篇·言部》称：“谐，和也。”另有《广韵》对“和”的解释是：“和，和顺也，谐也，不坚不柔也。”今《辞海》《大辞典》则释“谐”为“和谐”“和洽”“协调”等。由上可以看出，“和”“谐”单用时是同义词，“和谐”一词是由同义语素联合构成的合成词。上古汉语以单音词为主，因此在先秦文献中，尚未见“和谐”一词。

关于“和谐”范畴，就现有古典文献来看，无疑要比组成它的“和”“谐”二字出现略晚一些。如在《左传·襄公十一年》，始有“如乐之和，无所不谐”之说；在《管子·兵法》中，则有“和合故能谐”之说。不过这两处仅表明了“和”与“谐”有构成一个复合概念的趋向，但是尚未结合为一“和谐”概念。最早所见“和”“谐”结合为合成词应用的应是《后汉书·仲长统传》之《昌言·法诫》有“政专则和谐”，这里的“和谐”，显然是指政令上的不相抵牾。此后，《晋书·挚虞传》有“施之金石，则音韵和谐”，这里的“和谐”指的是韵律的连贯一致，音调的和洽、协调。

“和”“谐”及“和谐”概念，从最初出现时起，其含义就是基本一致的，而且明显均是作为良好的人际关系和社会状态以及音乐来使用的。当然，随着时代的发展，特别是到了春秋战国时期，不少政治活动家与思想家开始对“和”字的深刻内涵进行了理论剖析，“和”字的哲理意蕴逐渐显现，“和”范畴更被人们广泛运用于宇宙的各种事物、现象及社会生活与历史的方方面面，“和谐”也逐渐成为中国传统文化的重要命题与核心精神。

《论语》中有“君子和而不同，小人同而不和”之语，是对“和”与“同”概念辩证关系的揭示。老子在《道德经》里总结的“万物负阴而抱阳，冲气以为和”，是道家站在“天人哲学观”的角度，对宇宙生化模式和大自然万事万物演变规律所进行的高度概括。《中庸》讲道：“致中和，天地位焉，万物育焉”，认为和谐是天地万物发展的普遍规律。此外，《论语·学而》记载孔子学生有子说：“礼之用，和为贵”；《荀子·天论》中有“万物各得其和以生”；《管子》中有“畜之以道，则民和”“和合故能谐”；《中庸》提出“发而皆中节谓之和”“和也者，天下之达道也”；《国语·郑语》中有“夫和实生物，同则不继。以他平他谓之和，故能丰长而物归之”；贾谊在《新书·道术》中讲道：“刚柔得适谓之和。”

从古代典籍对“和”的论述中可以看出，“和”作为哲学概念主要有两层意思。一个意思是“协调多方面的关系”，区别于“同”；一个意思是“中”“适度”，区别于“淫”“乱”“不正”。而中国传统和谐文化的主旨思想也就集中在“中”“和”哲学意蕴的提升和应用上。可以看出，无论是儒、道、墨，还是释，都认同、承传“和谐”人文精神。“和谐”的理念贯穿于天地万物的生死存亡，贯穿于人与自然、社会、人际、心灵的相互关系，也贯穿于政治结构、伦理道德、思维方式、价值观念、艺术审美等诸多范畴，并形成了独特的和谐文化。

1.2　西文典籍中“和谐”释义

和谐，英文写作 harmony。《大英百科全书》解释“harmony”的本义为“和声”，指“一组听起来同步，或是此起彼伏的音符”[①]。通常指西方音乐中采用的和弦体系，即两个或更多同时听到的音符的结合与关系，以及一段乐曲中两个或更多和弦的结构、关系和行进的节奏，在早期的音乐中主要为音乐的纵向结合。当时这一概念广泛流行于合唱和古希腊的音乐作品中，公元前 4 世纪的古希腊音乐理论家亚里士多塞诺斯（Aristoxenus）曾描绘了“和谐”的音乐风格，并且认为音乐是和谐、有秩序、自在的体系。柏拉图和亚里士多德探讨了“和谐”音乐风格的伦理道德价值。赫拉克利特则认为：“互相排斥的东西——不同的音调结合在一起构成最美的和谐（或和弦）。”

Harmony 源自古希腊的 harmonia 一词。Harmonia（哈尔摩尼亚）是古希腊神话中的“和谐女神”，是战神阿瑞斯和阿弗罗狄忒的女儿，既象征音乐的和谐，也代表和谐的秩序。在古希腊音乐中，Harmonia 指的是两个八度构成的一个旋律，即“A G F E D C B A G F E D C B A”，被认为是“最完美的系统（the Great Perfect System）”，也称作“harmonia”。在哲学领域，Harmonia 是毕达哥拉斯学派的核心概念，在其“数的和谐”理论中，提出：“和谐是众多因素的统一，不协调因素的协调”“不能相互转化的对立面得到协调就是和谐”。[②] 这是“和谐”概念的扩大，也体现了古希腊人“和谐”思想的内核——调适对立面之间的关系，使之和谐。

“和谐”在西方艺术中，常常以一种艺术自律的形式表现出来，被作为“美的形式法则”来界定。相反，应用于人际关系方面时，则采用“moderation（缓和、适度）”，这与中国传统中的“和”所指内容相近。

---

① Encyclopedia Britannica 2005 Deluxe Edition（CD－ROM）中“Harmony”条.

② 陈耀彬，杜志清. 西方社会历史观[M]. 石家庄：河北教育出版社，1990：34.

第2章 中国传统和谐思想

和谐作为人类的一种理想的生存状态或生活方式，是中国传统文化的重要命题与核心精神。中国古人认为和谐是宇宙之道的体现，其中反映了天地万物的生命精神。天地间的万物的生命现象，便是最高的艺术，造化便是最高的艺术活动。“外师造化，中得心缘”便体现了身心与自然的和谐原则，即造物的原则和表现形式是与“道”相一致的，应该是符合一定的抽象原则和基本规律的，造物主体无论是创造有形之“器”还是无形之“艺”，都需要从和谐的体验中获得身心感悟，因此，和谐是中国传统造物与审美评判的重要原则。

2.1 中国传统和谐文化理论研究

在中国传统观念中，和谐主要指对象形态上的协调、相融和恰到好处，是感性形态上的相辅相成；在内在精神上则主要指感性对象阴阳化生的内在节奏的相反相成。和谐这一观念在中国古代的论述中一般与阴阳、五行的化生关系紧密相关，并成为古代诸家辩证和论述的重要命题之一，涉及宇宙观、发展观、社会观、政治观、处世观及养生观等众多方面，且不同学派对“和谐”的诠释与延展也丰富多彩。

2.1.1 儒家的和谐观

和谐思想是儒家学说的核心范畴之一。儒家经典著作《中庸》里有：“致中和，天地位焉，万物育焉，万物并育而不相害，道并齐而不相悖。”即认为：和谐是万物产生发展的根源和关键、天地事物发展的规律，涵盖自然、社会和人自身等多个领域；孔子在继承西周史伯“和实生物，同则不继”论述的基础上提出了“和而不同”的思想，指出“君子和而不同，小人同而不和”，强调和谐是由诸多性质不同或对立的因素构成的统一体，这些相互对立的因素同时又相互补充相互协调，从而形成新的状态，产生新的事物。对于和谐的地位，孔子的弟子有子提出：“礼之用，和为贵。先王之道，斯为美，小大由之。有所不行，知和而和，不以礼节之，亦不可行也。”（《论语·学而》）将和谐看作是天下最为珍贵的价值观和最理想的人类生活状态。在评判和谐的标准和规范上，孔子认为真正的和谐必须有严格的原则规范，提出了“中和”观，主张“和”与“中”，因为“中”与“和”的结合，既能协调差异，又能使之适度规范进行。它既表现为宁静、和谐、共存，又表现为运动、互溶和化生。关于人与自然的和谐，儒家认为“人”与“天”（自然）是一个和谐的整体，“人道”应该符合“天道”，强调“天人合一”，这一观点经过张载、王夫之等人的发展逐渐得到明确。

2.1.2 道家的和谐观

道家思想的核心是“道”。道家论“和”是从“道”的“天人合一”来谈。与儒家的伦理和谐不同的是，道家讲究太和、至和，崇尚自然，重视和谐作为宇宙大化生命精神的体现。

老子继承《易经》的生命意识传统，从宇宙论的角度看待社会的发展和造物行为，提出"顺天造物"的和谐观点。老子说："道生一，一生二，二生三，三生万物。万物负阴而抱阳，冲气以为和。"(《老子》第四十二章)这里指出道是万物化生的本源，蕴含阴阳两极，而阴阳两个相反方面互相作用而形成"和"，故"和"是宇宙万物生存的基础。老子又说："知和曰常，知常曰明。"(《老子》第五十五章)即认为和谐是一种自然常态，是天地万物得以存在衍生的本初状态。对于达到和谐的途径，道家主张"有无相生，难易相成，长短相形，高下相倾，音声相和，前后相随"的相反相成、相生相克的化生规律。而在处理人与自然的关系上，道家更重视"天道"，主张人与自然的和谐，"天人合一"的观点则更倾向于顺天、敬天，即人类要了解自然规律，掌握自然规律，按自然规律办事才能达到"天和"和"人和"。老子提出的"大象无形""大音希声"更是要求人与自然达到最高的和谐，并从中体悟到大化的生命精神。而庄子所提倡的"齐物"，即要求万物齐一，合乎天道，以达到物我兼忘。所谓"天地与我并生，而万物与我为一"(《庄子・齐物论》)正是讲究人与自然的契合，由此种心灵创造出来的艺术或造物，无疑会达到"太和""至和"的境界。

2.1.3　其他和谐文化论述

儒、道和谐观是中国传统和谐文化的主流观念，此外释教、墨家、魏晋玄学、宋明理学等都对和谐文化有所阐发，并表达了与儒道和谐观不同的观点。墨子从"兼相爱、交相利"的思想出发，认为和谐是人与家庭、国家、社会关系的根本原理、原则，而"尚同"才是和谐的追求。法家韩非则从"乐和"的角度论述和谐，"大奸唱则小盗和。竽也者，五声之长也，故竽先则钟瑟皆随，竽唱则诸乐皆和。"[①]强调主与从、唱与和的协调配合关系。汉代的王充、王符和董仲舒则将和谐与阴阳、气的概念相联系，提出和气生物的观点，主张和谐是生育万物、人类依据和自然、社会、人生所遵循的最高原则、原理。魏晋时期的王弼、嵇康、阮籍等则从玄学角度阐发"无"的观念，将和谐作为音乐的最高标准。阮籍的《乐论》有："夫乐者，天地之体，万物之性也。合其体，得其性则和；离其体，失其性则乖。"[②]认为和谐是音乐的最佳状态和存在方式。嵇康的"声无哀乐论"则以玄学之"和"解释传统的和谐观，建构了和谐的音乐体系。释教在传入中国后与本土宗教进行了融合，其主张的因缘与因果关系虽然承认缘的因素、条件各个有异，但承认其差异是为了否定这个差异，各个有异的因素、条件的联系、结合、融会、聚合能够化生和谐之物，这与"和实生物"的思想有融通之处，但二者对生起的事物的性质、特点、功能的认知和价值导向却大异其趣。宋明理学家张载、朱熹、程颐、程颢、王守仁、王夫之等则在儒、释、道的融通中，构建了以理、气、心作为本质的哲学观念，张载从气与物、二程从天理与阴阳、朱熹从理与器(气)、王守仁从心与物、王夫之从气与理的融通中分别论述了对和谐本质的看法。

---

① 《解老》，见《韩子浅解》，165～166.
② 《乐论》，见《阮籍集》，40页，上海：上海古籍出版社，1978.

2.2 中国传统和谐思想内涵分析

与西方和谐(harmony)概念不同的是,中国传统的和谐观集中表现对"和"这一哲学范畴的理论剖析,儒、道、墨等主要思想学派对和谐思想都有深刻的阐发。总体来看,中国传统和谐思想在美学层面主要体现为"太和为道""天人合一""中和为美"和"阴阳和合"。

2.2.1 太和为道——和谐的地位

《周易》提出的"太和"观念,可以作为对"和"概念进行阐释的发端。《周易·乾·彖辞》说:"保合太和,乃利贞。" 即保持着完满的和谐,有利于万物的正常生长。"太和"即最高层次的和谐。许多思想家和重要典籍都阐发过这一思想。孔子讲:"和无寡"(《论语·季氏》),认为应当遵循和谐之道。《中庸》有:"致中和,天地位焉,万物育焉。"认为和谐是天地万物发展的普遍规律。《礼记·乐记》中讲得更明确:"和故万物皆化",认为和谐是事物发展的规律和准则。北宋思想家张载将"太和"思想作了进一步发挥,将其提高到"道"的层次,明确提出:"太和所谓道,中涵浮沈、升降、动静、相感之性,是生细缊、相荡、胜负、屈伸之始……不如野马、细缊,不足谓之太和。"①张载认为,世界上互相矛盾着的不同事物,具有相互感应的特性,矛盾着的事物之互相作用,从而使万物充满生机,达到最高境界的和谐,这是世界万物的最高准则,即将"太和"作为世界万物的最高准则,这种和谐"不排除矛盾与差异,而是蕴含着浮沉、升降、动静等各种对立面相互作用,互动变化的整体、动态的和谐。"②明清之际思想家王夫之对"太和所谓道"进行了系统阐发,提出了"细缊——太和"的观点。他说:"太和,和之至也。道者,天地万物之理,即谓太极也。阴阳异撰,而其细缊于太虚之中,合同而不相悖害,浑沦无间,和之至矣。"(《张子正蒙注·太和篇》)王夫之认为,阴阳作为对立的事物,和谐地存在于宇宙之中,相互感应,达到最高境界的和谐,这是世界万物的最高准则。这也就将和谐概念演化为一个重要的哲学命题,并确立了和谐在事物运行及发展变化中的重要地位,并成为规约中国传统文化及美学的重要原则,后经儒家、道家等多层次的演绎和发展而成为绘画、书法、音乐、建筑与园林景观、工艺(制器)等领域的最高审美境界。

2.2.2 天人合一——和谐的系统论

中国文化的和谐强调的是系统的和谐,即不是针对独立的个体进行的阐释,这与中国传统文化中的系统思想是一致的。从人与自然关系的角度,中国传统哲学认为"人与自然不是截然分离的对应物,人的存在与自然的存在是互为包含的,天地万物与人同类相通,形成一个和谐统一的宇宙系统"③,主张"天人合一"。《周易·乾卦》说:"夫大人者,与天地合其德,与四时合其序,与鬼神合其吉凶,先天而天弗违,后天而奉天时。"又有"与

① 《张载集·太和篇》有:"太和所谓道,中涵浮沈、升降、动静、相感之性,是生细缊、相汤、胜负、屈伸之始。"
② 王晓. 新中国风建筑设计导则[M]. 北京:中国电力出版社,2008:141.
③ 王晓. 新中国风建筑设计导则[M]. 北京:中国电力出版社,2008:109.

天地合一，故不违。”即认为天地的本性(性德)是使万物之间相互循环、生生不息，人的行为应合契于天则，强调人与自然相互适应、协调。老子也说：“人法地，地法天，天法道，道法自然。”同样强调人要以尊重自然规律为最高准则。庄子认为人必须遵循自然规律，顺应自然，与自然和谐，达到“天地与我并生，而万物与我为一”的境界。总的来看，老庄所倡言的“天人合一”，实际是“人(道)”合于“天(道)”，即人的行事准则，要与天道相合，主张顺天造物。

在汉代以前，“天人合一”思想，主要指天人和谐、人随天道、天人一体的含义。东汉董仲舒提出了天人感应论，认为天与人的活动会发生感应，强调“人副天数”“天人一也”，加重了“天人合一”思想的神秘论色彩。到北宋时期，张载明确提出“天人合一”的命题。其在《正蒙·乾称篇》中指出：“儒者则因明致诚，因诚致明，故天人合一，致学可以成圣，得天而未始遗人。”《正蒙·乾称》根据王夫之的解释，“天人合一”的意思是说天与人本来是统一的，这就是“合”的前提；天与人又是有区别的，二者相辅相成，从而构成“合”的过程。正是从这种辩证和谐的观点出发，张载进一步提出“民胞物与”的命题，对于人与自然界的关系，做了生动的描述：“乾称父，坤称母；予兹藐焉，乃混然中处。故天地之塞，吾其体；天地之帅，吾其性。民吾同胞，物吾与也。”(《西铭》)在这里，张载把自然界看作是人类的父母，人类则是自然界的儿女。在这个意义上，可以说人类与自然界中的万物都是同根同源的，它们虽然各属其种，各行其道，但相互之间应该亲密无间，共存共荣，而不能彼此敌视，互相残害。所以，他对大地间的一切生命都毫无例外地予以珍惜，对宇宙中的一切事物都一视同仁地予以尊重，表现出一种可贵的生态和谐的伦理思想。张岱年先生在《中国哲学大纲》中对“天人合一”思想的解释是：“天人合一，有二意：一是天人相通，二是天人相类。天人相通，认为天之根本性德，即含于人心理之中；天道与人道，实一以贯之。宇宙本根，乃人伦道德之根源；人伦道德，乃宇宙本根之流行发现。天人相类……认为天人在根本性质上是相类的。”①天人合一的思想不仅在人生伦理上得到了普遍认同，而且被广泛应用与建筑、园林、绘画、书法等各方面，建筑园林力求与天地相呼应，书法绘画讲究与天地气韵相融通等，赋予了中国造物设计“高雅而有时过于冷峻的理性品格和愉悦的文思境界”②。这一理念在现代设计理念中受到了普遍的重视，并逐渐演化为谋求人与环境系统和谐的指导理念。国学大师钱穆认为：“中国文化中，‘天人合一’观实是整个中国传统文化之归宿处。”③正是这种万物和谐、天人合一的系统思想，“使中国两千多年来的设计载体呈现出整体、协调、祥和的井然有序状态，是人文生态平衡和自然生态平衡的完美统一，是人类设计的理想境界。”④

经过儒、道各家的演绎和发展，“天人合一”已成为众多思想流派共通的思想基础，总

---

① 张岱年. 中国哲学大纲[M]. 北京：中国社会科学出版社，1982.
② 王振复. 中国建筑的文化历程[M]. 上海：上海人民出版社，2000：2.
③ 钱穆. 中国文化对人类未来可有的贡献[J]. 中国文化，1991(4)：97～100.
④ 翟墨. 人类设计思潮[M]. 石家庄：河北美术出版社，2007：341.

体看来，其根本涵义是指人类与自然的协调、统一，强调人与自然的和谐相处，认为人与自然不是截然分离的对立物，人的存在与自然的存在是互为包含的，天地万物与人同类相通，构成一个和谐统一的整体或系统。此外，“天人合一”思想还表现在人的行为和活动与自然规律的谐适上，应在顺从自然规律的前提下认识自然、利用自然、调整自然，追求人与自然的统一以及人的精神、行为与外在自然环境的平衡统一，从而实现完满和谐的精神追求。

2.2.3 中和为美——和谐的评价量度

中国传统和谐文化认为，和谐是适度、适合、恰到好处、不偏不倚、无过无不及，在造物行为中，要求器物“适宜”为美，强调对于度的把握，这个“度”是指和谐的标准或量度。儒家认为真正的和谐必须有严格的标准和原则规范，进而提出“中庸”观，强调“和”与“中”。所谓“中庸”，程颐在《四书集注・中庸》开篇写到：“不偏谓之中，不倚谓之庸；中者天下之正道，庸者天下之定理也。”即反对过与不及，以保持事物的均衡协调，不偏不倚。又有：“中也者，天下之大本也；和也者，天下之达道也。致中和，天地位焉，万物育焉。”主张“中和”是天地的本位，万物孕育的基础所在。孔子就“中庸”观在《论语》中提出了“允执其中”“过犹不及”等观点，着重于强调方法的适度和平和，及运用这种方法时必须采取灵活的态度，而不是对任何事物都采取折中态度。张岱年、方克立认为：“中和”思想，与孔子的“中庸”思想基本一致。总的说来，以中为度，中即是和，“和”包含着“中”，“持中”就能“和”。①

孔子讲道：“礼之用，和为贵。”(《论语・学而》)贾谊在《新书・道术》中讲道：“刚柔得适谓之和。”董仲舒在《春秋繁露・循天之道》中也说：“和者，天(地)之正也，阴阳之平野，其气最良，物之所生也。诚择其和，以为大得天地之奉也，……中者，天地之美达理也，圣人之所保守也。”亦是对“中和”量度的评析。中和之所以被先哲们视为“大本”“达道”，是因为“中”与“和”的结合，既能协调差异，又能使之适度规范进行，它既表现为宁静、和谐、共存，又表现为运动、互溶、化生。② 这是儒家及其后学所塑造的“中和为美”的评价标准，在理念上和思想上、对建筑园林、造物及艺术设计等诸多领域产生了重要影响。所谓“文质彬彬”“执两用中”即是强调在形式与内容、外在与内在的关系上强调适度，重视秩序、规范和法度，避免极端或过度，力求矛盾与对立元素的整合与融通，做到“违而不犯，和而不同”。

“中和”思想的根本意涵集中在“中”与“和”两点，即所谓的内“中”外“和”、执“中”求“和”，与西方美学中的对立统一观点一样，同样是强调事物内部不同因素或不同事物之间贯通融合，但“中和”思想重视要素之间的对立关系是相反相成、相长相消、共生共存的，强调“和实生物”，而不是西方哲学中通过对抗和斗争实现的和谐状态。这在中国传

① 张岱年，方克立. 中国文化概论[M]. 北京：北京师范大学出版社，2004.

② 潘宏峰. 中华传统文化中和谐思想探究[J]. 佳木斯大学社会科学学报，2008(1)：82.

统文化中具有重要的美学意义，促使中国传统文化呈现出对中正、秩序、平和、适度、整体和谐的审美特征。

2.2.4　阴阳和合——和谐的辩证方法论

“阴阳”是中国古代基本的哲学思想和美学思想内容，而且是古人观察自然现象和认识事物的主要参照，几乎所有事物都可以区分“阴阳”，并结合“五行”进行定义。“阴阳”概念起源于对自然界现象的观察与感受，如阳光照射之处为“阳”，背日为“阴”，后被引申为气候的寒暑，山水的南北，方位的上下、左右、内外，运动状态的动静等。但将“阴阳”作为自然二气的相对势力，相成相长，为天地万物生成的基础，应追溯到《周易》对“阴阳”属性的哲学思考，这也是中国二元论哲学的基础。《周易》明确提出“一阴一阳之谓道”，并采用“—”“--”符号代表“阴阳”构成卦象，用来模拟世间万物的运动发展规律，对于“阴阳”之气进退往来、变易交替的运动形式，也是通过爻位的上下变化来体现的（如图 2－1）。《周易・系辞上》讲：“易有太极，是生两仪，两仪生四象，四象生八卦，八卦定吉凶，吉凶生大业。”“两仪”指“阴阳”，即认为阴阳互生是宇宙间一切事物的根本规律和最高原则。对于阴阳相成的关系，老子认为是“道生阴阳”，而“阴阳”两种对立因素的交流渗透以达到和谐状态，并生成万物，故老子在《道德经》中指出：“道生一，一生二，二生三，三生万物。万物负阴而抱阳，冲气以为和。”而庄子则直接使用“阴阳”作为其哲学探讨的重要内容（《庄子》中“阴阳”一词出现约 30 次），他认为：“天地者，形之大者也；阴阳者，气之大者也；道者为之公。”（《庄子・则阳》）并结合动静、刚柔等对立二元提出“阴阳调和”（《庄子・天运》）的衍生之法，“至阴肃肃，至阳赫赫。肃肃出乎天，赫赫发乎地，两者交通成和，而物生焉”（《庄子・田子方》）。

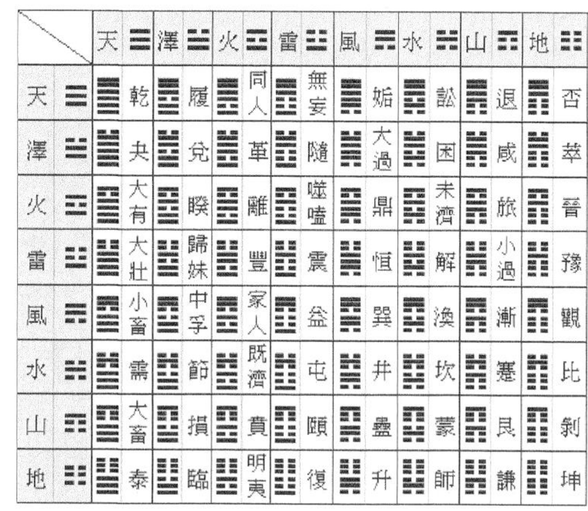

	天 ☰	澤 ☱	火 ☲	雷 ☳	風 ☴	水 ☵	山 ☶	地 ☷
天 ☰	乾	履	同人	無妄	姤	訟	退	否
澤 ☱	夬	兌	革	隨	大過	困	咸	萃
火 ☲	大有	睽	離	噬嗑	鼎	未濟	旅	晉
雷 ☳	大壯	歸妹	豐	震	恒	解	小過	豫
風 ☴	小畜	中孚	家人	益	巽	渙	漸	觀
水 ☵	需	節	既濟	屯	井	坎	蹇	比
山 ☶	大畜	損	賁	頤	蠱	蒙	艮	剝
地 ☷	泰	臨	明夷	復	升	師	謙	坤

图 2－1　《周易》中阴爻、阳爻组成的卦象
Fig. 2－1　The divinatory trigram in I Ching

古人对于“阴阳”的哲学思辨，不仅确立了“阴阳”的地位，而且明确了阴阳化生万物的规律和方法。这在《周易》中称为“阴阳合德”，《道德经》认为是“负阴抱阳，冲气为和”，《庄子》称为“阴阳调和”，综合来看，阴阳相对、相依相存、相生相成的关键在于“和”。这种相对势力、对偶因素的“和”应是指各个不同的对立面相互配合、统一而达到的平衡状态，即矛盾因素的对立统一、融合贯通。关于“和”的概念，《国语・郑语》中周史伯认为：“夫和实生物，同则不继。以他平他谓之和，故能丰长而物归之；若以同裨同，尽乃弃矣。”即不同东西的和合才能产生出新的事物，相同东西的简单相加，事将无成。在这里“和”与“同”的内涵是相区分的。晏婴在史伯的基础上不仅严格区别了“和”与“同”这对范畴的差异，而且进一步指出对立的事物是“相济”“相成”的。《左传・昭公二十年》中讲道：

"若以水济水,谁能食之?若琴瑟之一专,谁能听之?同之不可也如是。"这里讲的也是同一个道理。孔子在《论语·子路》中提出:"君子和而不同,小人同而不和。"即把和谐的基本涵义归纳为"和而不同"。朱熹在《论语集注》中讲:"和者,无乖戾之心;同者,有阿比之意。"和谐是指不同事物之间的和谐、协调统一,不是无原则的附和、同一,和谐是不同事物之间的和谐。这也就从辩证法的层面将"和"与"同"区分开来,并主张对不同要素和事物加以融会贯通,才能达到和谐。

"阴阳和合"的观念不仅将矛盾因素以二元对应的关系进行比较(见表2-1《周易·系辞传》与《道德经》中的对立词汇表),而且阐释了对立事物或矛盾因素之间相生相成、消长相调的易变关系,并广泛地应用到中国古代天文、地理、中医、美学、艺术、建筑及造物行为等各个领域。中国传统美学中的刚柔、动静与虚实,建筑中的风水测定,中医里以"气"为基础的"阴阳调和"理论等都反映了阴阳平衡、阴阳和合的观念。

表2-1 《周易·系辞传》与《道德经》中的对立词汇表

Table 2-1 The opposites in I Ching & Tao Te Ching

典籍	总字数	对立词汇数	对立词汇
《周易·系辞传》	5 696(含标点)	58	阴阳、刚柔、上下、乾坤、天地、日月、聚分、吉凶、先后、存亡、仰俯、乐忧、进退、水火、燥湿、人鬼、得失、动静、君臣、父子、玄黄、顺逆、男女、夷险、夫妇、长消、险易、尊卑、多寡、始终、盈虚、父母、兄弟、同归、东西、南北、往来、损益、息消、明幽、功过、贵贱、暑寒、昼夜、生死、显藏、直专、语默、奇偶、爱恶、远近、情伪、利害、福祸、大小、翕辟、荣辱、安危
《道德经》	6 457(含标点)	80	阴阳、天地、有无、美丑、善恶、利害、异同、难易、长短、高下、前后、音声、虚实、弱强、宠辱、开阖、古今、深浅、曲全、枉直、亏盈、敝新、少多、昏昭、智迷、雌雄、黑白、辱荣、行随、嘘吹、强羸、载堕、壮老、左右、吉凶、偏正、歙张、重轻、废兴、取与、柔刚、薄厚、明昧、准实、贱贵、进退、类夷、静躁、损益、柔坚、缺成、冲盈、屈直、拙巧、讷辩、寒热、母子、拨建、得惑、死生、塞开、闭济、脱抱、淳闷、缺察、祸福、疏亲、害利、牝牡、静动、明愚、客主、抑举、损补、反正、和同、上下、君民、先后、德怨

2.3 中国传统和谐思想的审美表现和应用

"道与器"被称为"中国易学和哲学的一对范畴",[①]关于二者的关系,宋、明、清时期的哲学家曾展开激烈的辩论。如理学家朱熹、程颐等认为道为形而上者,是器的根源;王夫之则提出"道者器之道"的唯物主义观点,明确规定道和器是抽象原则、普遍规律和具体事物之间的主从关系,但强调原则、规律来源于事物。事实上,在中国传统造物中,道是

① 中国大百科全书总编辑委员会《哲学》编辑委员会.中国大百科全书(哲学)[M].北京:中国大百科全书出版社,1987:136.

器的规矩,器是道的载体,二者是紧密相融的。作为道之层面的和谐理念也并没有完全保留在哲学论述之中,而是借助诸多象征形式物化在"器"的应用之中,在建筑、园林、绘画、书法、工艺及音乐等领域都有所应用和体现。

2.3.1 "天人合一"思想的审美表现和应用

(1)"天人合一"思想的审美表现

"天人合一"作为中国传统和谐文化的主要思想,不仅表现在人生观的哲学思辨上,而且表现在人与自然的关系上,强调人与自然的整体性、系统性与和谐性。从审美意义上看,"天人合一"反映的人与自然关系,正如朱志荣在《中国审美理论》一书中所说:"天人合一的境界是一种天人和谐的境界,个体投身到自然大化中去,实现个体生命与宇宙生命的融合。……人参天地化育,反映了人对自然的积极回应和人与自然的亲和关系。""在审美意义上,天人合一意味着对象不但与人被视为一体,而且使主体在审美体验中跃身大化,与天地浑然为一。"①总体来看,"天人合一"思想在审美行为中主要体现在以下几点:

①人与自然系统的和谐性。"天人合一"所阐释的天、地、人和万物构成了一个"以道为本体,以气为形态,以万物和谐为旨归的宇宙生命统一模式"②,在此模式中人与自然是一个整体,人是自然的一部分,即"天人同源"或"天人同构",因此人与自然应该和谐相处,万事万物顺其自然为上。这在中国传统审美中主要体现为整体美学精神,即认为自然万物、生命和美都是完整的系统,在创作过程中需要整体观照,寻求在人与自然的和谐境界。如中国山水画所表现出的是对山川意境的整体把握,而非专注于一草一木的模拟写实。中国建筑和园林景观强调人为造物与自然环境的融合,或是利用条件,于山水之中营造建筑,或是创造条件,于建筑中模拟自然意趣等,都意在谋求人与自然系统的整体和谐。

②人与自然具有"同律性",即人类行为与自然运行规律是一致或相类的,人类应当向自然规律学习,师法自然,并从自然中参赞化育,求得心中自然之化境。《周易·系辞下》讲:"仰则观象于天,俯则观法与地。观鸟兽之文,与地之宜,近取诸身,远取诸物。"就是强调在观物取象、立象尽意的过程中达到心灵与自然交融的和谐境界,主张主体身心节律与对象自然节律之间的契合协调。这体现在美学上即张璪所说的"外师造化,中得心源",画家们忘情于山水之间寻求内心灵性与自然气韵融通化合之所在,通过"畅神"和"体悟"将感受呈现于绘画之中,使之实现符合自然又超越自然的境界。

③自然的客观存在与人的主观能动的和谐。"天人合一"首先确定了"天"和"人"的对应关系,而能够"合一"的关键在于人对客观自然的能动顺应,而不是被动体现。荀子说:"天能生物,不能辨物;地能载人,不能治人也。宇宙万物主人之属,待圣人然后分

---

① 朱志荣.中国审美理论[M].北京:北京大学出版社,2005:110.

② 樊宝英."天人合一"与中国艺术的空灵精神[J].淮北煤师院学报(哲学社会科学版),2001(1):40~42.

也。"(《荀子·礼论篇》)人可以凭借自身的主观能动性去把握宇宙,从对天地自然的积极适应和相融协调中伸张自我,实现心灵的自由,进而体现自然的规律性与人的行为目的性的统一和谐。因此人们的艺术创作与造物行为,不只是被动地接受自然的现实状态,而是基于对自然的主动认知与体悟基础上的再现与再造,这正如郑板桥论竹的观点,"胸中之竹"非"眼中之竹","手中之竹"又非"胸中之竹"。

由此可见,审美活动中所追求的"天人合一"的境界是一种天人和谐的审美境界,人可以从亲近自然、融于自然的过程中体悟自然的性情和美感,也可以在对自然的观照体悟中创造"自然"。自然既是人类行为"观物取象"的参照,又是人类颐养性情、怡情悦性的对象。自然之美、自然之性都与人内心的性情相协调统一,人可以在"与天地合其德"的过程中达到理想的审美境界。

(2)"天人合一"思想的应用

和谐为美被认为是"艺术创作的最高原则和理想"。① 而"天人合一"作为中国和谐文化的重要原则,其直接影响着中国古代造物文化与艺术的发展演变。正因为"天人合一"思想的存在,才使得中国古人在艺术、建筑、工艺及造物等领域表现出对自然的尊崇和欣赏,并在具体的实践过程中融入自然、顺应自然和师法自然,在对自然的摹写观照中寻求精神美与自然美的统一。

在创作理念上,中国古典艺术、建筑及工艺造物等行为都追求"天人合一"的审美境界,注重"人类与自然、生灵和人类自身的整体和谐美,"②强调心灵与自然交融的境界,主张主体身心节律与对象自然节律之间的契合协调,"心中除开所关照的对象,别无所有,于是在不知不觉中,由物我两忘进到物我同一的境界"③。古人将"天人合一"看成是自然之道的体现,造物行为无不遵循"师法自然""整体观照"的基本原则,力求表现天地之精神,展现天下万物的生机和活力,这正如朱熹所说:"天地以生物为心,人以天地生物之心以为心。" 中国画中对山水、花鸟乃至人物等"写意"处理,皆是对自然物象规律的体悟与再现,"近取诸身,远取诸物",应物赋形,随类赋彩,但绝非是直接的描摹,而是在主体情感体悟与自然法则完美结合基础上的创造,体现的不只是物象的"形",而是物象的生命,即"同自然之妙有"(孙过庭《书谱》),"肇自然之性,成造化之功"(王维《山水决》),再"以一管之笔,拟太虚之体"(王维《叙画》)。在书法创作中,东汉蔡邕提出:"为书之体,须入其形。若坐若行,若飞若动,若往若来,若卧若起,若愁若喜,若虫食木叶,若利剑长戈,若强弓硬矢,若水火,若云雾,若日月。纵横有可象者,方得谓之书矣。"(《笔论》)可见书法与绘画一样都需要对自然万物进行"观""取",并在"尽意"的书法创作中达到"天人合一"的艺术境界。

中国传统建筑中,"天人合一"思想表现为建筑与自然(天道)的和谐与协适,即建筑

① 张玺.略论中西绘画艺术的和谐观差异[J].河北职业技术学院学报,2007(6):80~81.
② 余辉.人与自然:东方和谐山水间——中国绘画的哲学思考[J].紫禁城,2007(7):35~43.
③ 朱光潜.文艺心理学[M].上海:复旦大学出版社,2005:41.

的规划和布局要融入自然环境，造型应师法自然，“象天法地”“阴阳有序”“自然质朴”等特征都旨在传达“天人合一”的理念。汉晋时期私家园林以模仿自然山水形式及山、石、林、水的布局，使人居环境与自然山水紧密结合在一起。《西京杂记》中有对西汉梁王刘武的兔园的描述：“园中有百灵山，山有寸肤石，落猿岩，栖龙岫。又有雁池、池间有鹤洲、凫渚、其宫观相连，延亘数十里，奇果异树，瑰禽怪兽毕备。王日与宫人宾客弋钓其中。”可见当时园林造景已经开始直接模仿自然山水，追求“有若自然”的意趣。众多宗教建筑、公共建筑或皇家建筑，如岳阳楼、黄鹤楼，都依山循水，随势赋形，使建筑融于天然山水环境之中，相融相处，和谐共生而不相害。城市之中的私家园林建筑尽管不能置身于自然山水之中，却通过“以小见大”“借景”等设计手法，融入自然异趣。如明清园林采用“一勺代水，一拳(卷)拟山”的高度写意化手法，通过堆山叠石、掘池护岸、设桥铺径、栽花植草、筑亭建阁来效法自然，尽量讲究自然而然，减少人工痕迹，也是希冀在生活之隅体验山水自然之气。[①] 人们置身于自然之中，既体现了人与自然的同体共生、亲和互融，也表达了社会化的人与自身天性的合一，人的意志、品格、情操和理想等人道与自然规律的合一。

中国传统工艺同样注重“天人合一”的造物理念，追求所造之器与天地之气、自然之理的连接和融通。所谓“制器尚象”“巧法造化”即指制器应依法于天地大化、自然流变之规律，因此古代彩陶、青铜器皿的纹饰、家具造型和装饰灯多取法于自然，并通过主体的体验和感悟进行创造。如明式圈椅造型即取象于“天圆地方”的概念；彩陶纹饰中日月的变体形式、三代钟鼎中鸟兽虫鱼的线条化组合都是对自然规律和宇宙生命节奏的象征，都是“天人合一”的思想表露(如图2-2马家窑文化的彩陶纹样)。

图2-2 马家窑文化的彩陶纹样

Fig. 2-2 The graphic of ancient pattern in Majiayao culture's pottery

2.3.2 “中和为美”的审美表现和应用

(1)“中和为美”的审美表现

“中和”思想作为中国传统文化的核心思想之一，对中国传统审美产生了巨大影响。“中和”思想反映在中国古代造物活动及艺术创作上，使之表现出“中和”不同元素、和谐统一、情感表现适度的特点，这是以稳定、秩序、和谐为特征的。正如梁漱溟先生在《东西文化及其哲学》中所说：“宇宙间实没有那绝对的、单一的、极端的、一偏的、不调和的事物；如果有这些东西，也一定是隐而不现的。凡是现出来的东西都是相对、双、中庸、平

① 王劲韬. 中日园林景观比较之研究[D]. 江南大学设计学院，2006.

衡、调和。一切的存在,都是如此。"①总体来看,"中和之美"在审美文化上的主要表现为以下几点:

①兼收并蓄,多元整合——多样性的和谐。和谐的本质在于相互矛盾或对立的因素融合于同一体中,"中和"则是调和矛盾因素,获得多样性统一的关键。构成审美要素不是固定的、单一的,而是变化的、多样的,如中国传统审美中的心与物、神与象、情与理、文与野、人工与自然、传统和现代等等,只有将多种要素兼收并蓄,使之相辅相成、相反相济、相异相融而成为一个和谐的整体,才能达到完满的艺术境界。《考工记》中讲:"天有时,地有气,材有美,工有巧,合此四者,可以为良。"《乐记》中有:"乐以和其声。"《文心雕龙》中有:"五色杂而成黼黻,五音比而成昭夏,五情发而为辞章。"都是强调不同因素的整体调和、多元整合,进而构成系统的平衡与秩序。此外,"中和"亦含有对异质文化的兼容并包与融会贯通,促使空间上或时间上异质的因素进行渗透与交融,从而使之成为更具包容性的文化形态。如汉魏时期汉文化先后与西域游牧民族文化、印度佛教文化相融合,从而对本土生活方式、造物、审美形态产生巨大影响。

②尚中崇正,平和适度——秩序性的和谐。受儒家"中和"观念的影响,中国审美文化在外在形式上表现出"尚中"意识。一方面,"中"有中正、中心、中央的意思,指的是对称、均衡、以中轴或中心形成序列或秩序。如《周易》中有 "利见大人,尚中正也""位乎天道,以正中也""得象于中行,以光大也"等诸多表述,都是强调"中"的重要性;另一方面,"中"有适度、适中、合宜的意思,注重的是"度"的把握和考量,这也使得中国传统审美倾向于含蓄深沉、自然隽永的美学意境。如孔子推崇《诗经》"乐而不淫,哀而不伤"(《论语·八情》),《乐记》中有"乐从和,和从平。声以和乐,律以平声",都主张在文艺作品中注重和谐、适度的情感和声律,避免过分强烈的情感表达方式。在这种"中和"思想指导下的中国传统审美,在整体上呈现出一种秩序性的和谐。

(2)"中和"思想的应用

"中和"思想对中国传统造物文化与艺术创作的影响,在方法层面,主要表现为诸多对立因素的兼收并蓄与整合谐适,最终实现内在意境与外在形式的完满和谐;在形式层面,则表现为中正、平和、适度等秩序、规范形式的追求,重视构图、位置、比例与体量的均衡效果。

"多样性的和谐"是"中和"思想的重要内容。中国古典艺术受儒家中和思想的影响重视多层次结构的整体融通,多元因素的合理并存,相辅相成,互补互济,谐调统一,在寻求整体和谐的前提下,对各个要素进行整合,使其虚实相映、动静相合、呼吸相通、声气相应,进而获得艺术品的完美和谐。如中国山水画对笔墨的横与纵、疏与密、浓与淡、墨与白、主与宾等对比元素的处理,都在力求"精在体宜"的和谐之境。王维在《山水诀》中说:"咫尺之图,写百千之景,东西南北,宛尔目前,春夏秋冬,生于笔下。"同样说明艺术家在

① 梁漱溟. 梁漱溟全集(第一卷)[M]. 济南:山东人民出版社,2005.

谋篇布局上主张多样性的整体和谐，而不拘泥于一草一木。

“中和”思想主要影响中国古典建筑的秩序性、对称性及均衡关系的和谐，这主要表现在建筑布局和规划中讲究尚中崇正、平和适度、有序的群体组合、严肃规整等，力求建筑与建筑之间达到和谐安稳、正统有序、规矩守礼。如中国古代都城和公共建筑，无论是个体还是群体，其平面布局往往具有较为严格的“中轴”意识和观念，重要空间也都居中布置，周围建筑也都尽量对称布置，并沿中轴线在平面空间上层层推进。如北京四合院，就十分典型地反映出这种“中正”的空间布局（如图 2－3）。在城市规划上也多选址依山傍水，街道呈方格化网状分布，区划整齐，采用中轴对称的平面布局（如图 2－4）。在园林布局上则往往采用乐章式的规划，建筑与建筑的散点布局不是零乱无序的，而是根据移步换景的需要使建筑布局形成节奏和韵律，使建筑的群体保持“和而不同”的形态变化。但不同建筑、数目、山石、水面，通常会围绕一个中心空间，一片开阔的水面或庭院形成有机的连续与交错，做到“中和”之“和而不同”，这与西方园林普遍采用的规整的欧几里德几何式构图形成鲜明对比（如图 2－5）。在建筑与建筑的体量比例上则表现为“适形而止”，对不同建筑有着不同的“度”的标准，避免形成过大的差异和单体建筑的突兀。《营造法式》和《工部法式》中则对建筑的“度”做了较为严格的规定，并使之制度化。此外，建筑物单体构成形式的和谐。中国传统建筑的方位（自然方位、社会方位与文化方位）、造型（方圆、凸凹、高低、大小等）、色彩（五行用色）、数量（奇偶、天干地支）、比例（上下、长宽）等都呈现出一种秩序化的和谐。这种和谐不同于西方建筑中强调比例、模数等数量关系，而是基于中国古人对宇宙自然特征及其相应图示和符号的认识之上的，如阴阳、五行、八卦、四相、天干、地支等概念往往用于模拟自然的运行，并用于指导人们的建造活动。

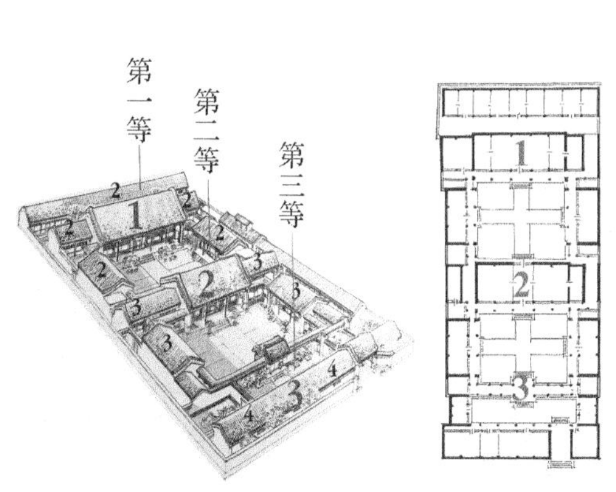

图 2－3　北京四合院的空间布局

Fig. 2－3　The special arrangement of quadrangle in Beijing

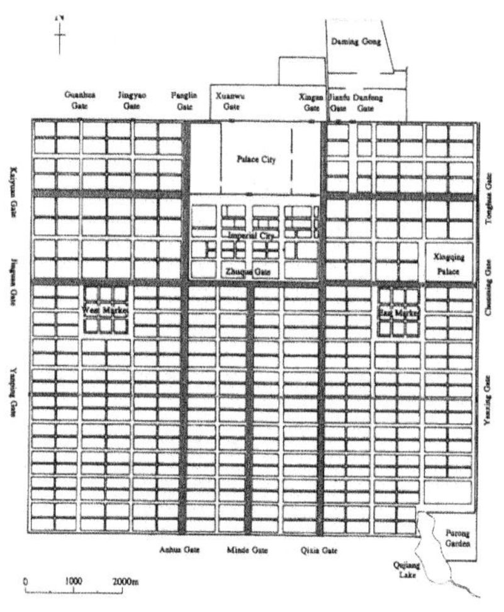

图 2－4　唐朝长安城的规划

Fig. 2－4　The city planning of Changan in Tang dynasty

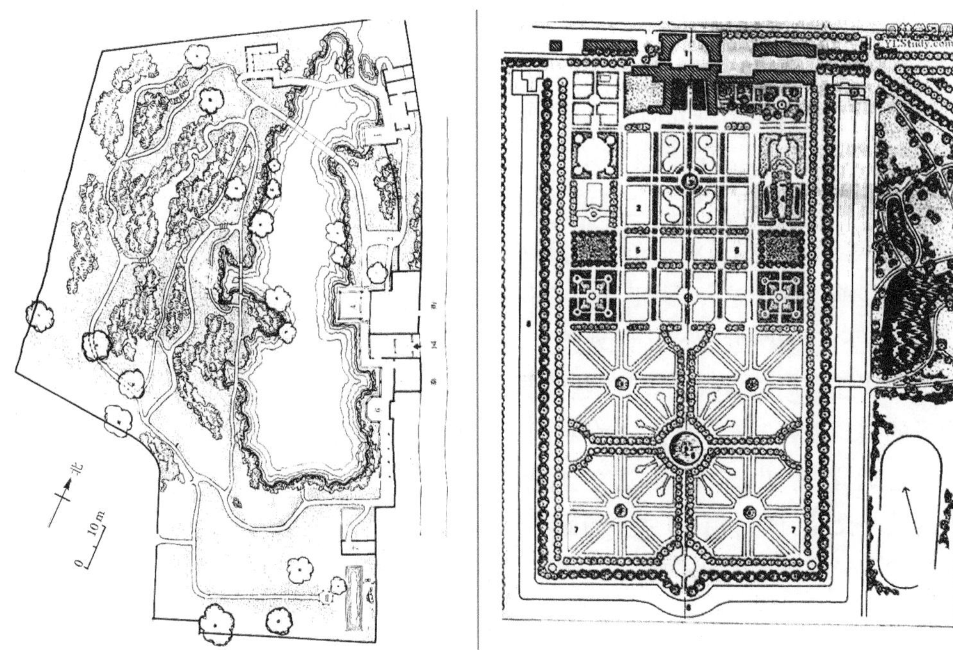

图 2-5　无锡寄畅园与德国汉诺威海伦豪森庄园平面图

Fig. 2-5　The plan of Jichang Garden in Wuxi and Helen Haosen Garden in Hannover

中国传统工艺以中和为美，讲究制器应“合度程”“戒淫巧”“巧而得体，精而合宜”（清计成《园冶》）。所谓“度程”指器物本身的尺度和体量；“淫巧”指的是虚奢的装饰与新奇的技艺。《礼记·王制》中有：“淫巧，谓虚饰不如法也。……谓奢伪怪好也。”这也就促使传统工艺在达到心理审美要求的基础上，既要符合客观的物理规律，又要顺应人伦道德的标准，因此在把握“度”过程中形成对“中和”、“适宜”的诉求。“中和”在传统工艺中具体体现为：器具的体量适“度”，以适宜为美；不同材料可以相宜并用而不相害，以融合为好；对立因素或部分贯通融会，长短相补。如陶瓷器皿、青铜器具、家具等多采用以“中轴”为中心的对称与平衡式造型，强调左右、上下、前后的对照关系，主次连接过渡的自然顺畅，都是谋求形态调和，避免极端的、偏倚的形态（如图 2-6）。明式家具不仅在尺度和比例上充分考虑与人体使用行为的适应和配合，而且在造型、装饰、工艺等方面都极为重视“中和”。如明式椅的“四仰八叉”的框架造型稳定而庄重，整体的“方正”与边角过渡的“圆润”相配合，使得整体形成“谦和文雅”的中和之美（如图 2-7）。明式家具多采用具有实用功能的装饰性构建来增强家具的艺术性，因此也避免增加过多的虚饰和累赘，保持了家具形体简洁，如牙子、券口、罗锅枨、霸王枨等，既增强了家具连接的牢固度或分担腿足的压力，又丰富了形体横纵穿插的层次感，从而创造出一个和谐适宜的三维空间（如图 2-8）。而对于纯粹的装饰则往往在突出部位进行简洁、适度的刻画，起到画龙点睛的作用（如图 2-9）。此外，儒家“中庸”观提倡的“适度为美”，道家的“自然为美”，佛家的“圆融为美”等都对传统工艺的审美产生了深远影响，促使其造物体现恰到好处、造化为一、圆浑的和谐特征。

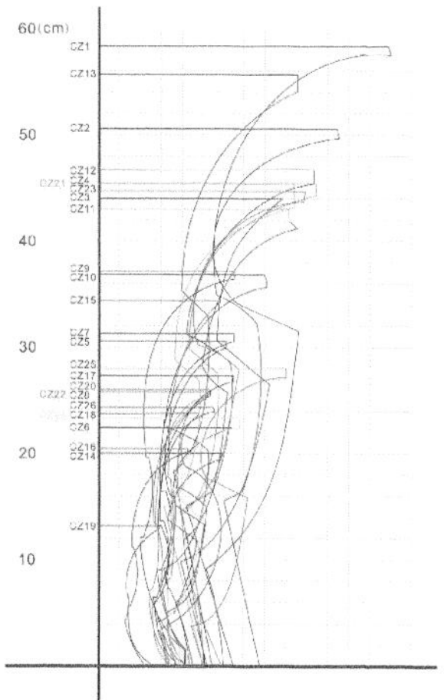

图 2－6　商后期青铜尊中轴对称的造型曲线
Fig. 2－6　The form curves of Zun in later Shang dynasty

图 2－7　明式南官帽椅
Fig. 2－7　The Ming-style southern official's hat armchair

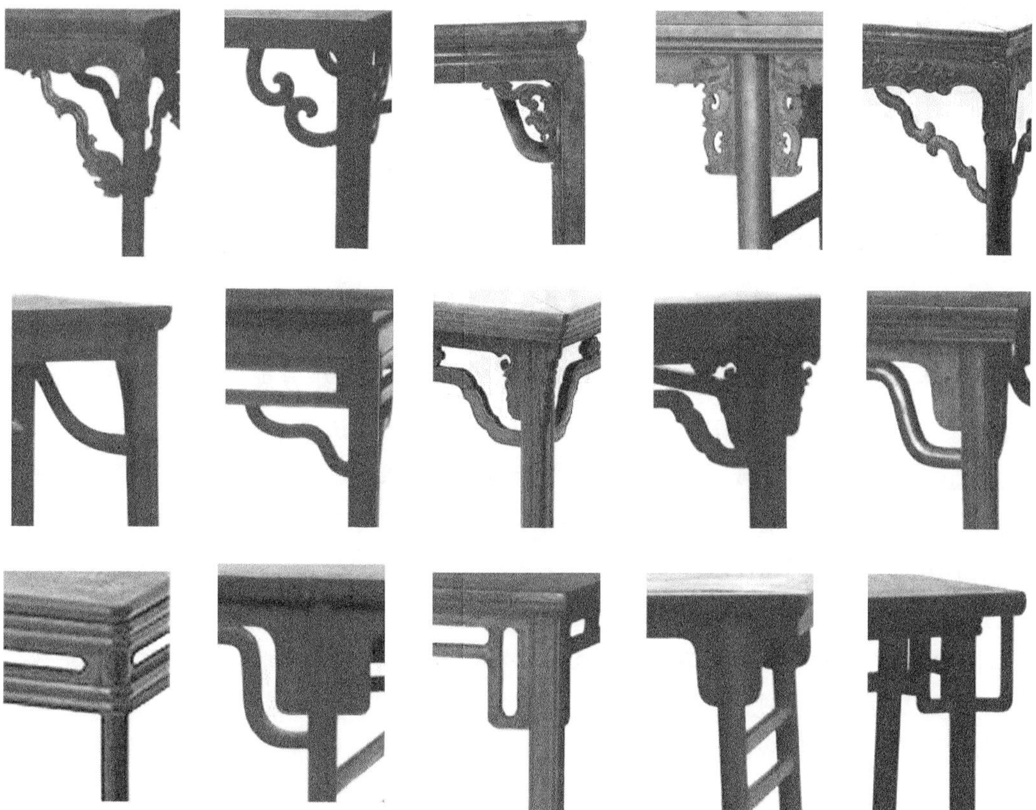

图 2－8　明式家具的格角处理
Fig. 2－8　The horn-shaped in Ming style furniture

图 2-9 明式家具中的雕刻装饰

Fig. 2-9 The sculptured ornament in Ming furniture

中国传统工艺重视功能与形式的和谐统一，即儒家所讲究的“文质彬彬”(《论语·雍也》)。所谓“文质彬彬”就是指外表与实质相配适宜，强调在造物中内容与形式的统一，功能与装饰的统一；而且工艺造型本身也要与人的生活方式、行为准则相适应，始终保持形式和内容并重的价值取向。中国传统工艺文化是推崇“格物致用”的，强调造物的实用功能和民生价值，而对于纯粹的“玩物”是鄙夷或反对的。《管子·五辅》中有：“古之良工，不劳其智巧以为完好。是故无用之物，守法者不生。”亦是强调造物之实用功能的必要性。

2.3.3 “阴阳和合”的审美表现和应用

(1) “阴阳和合”的审美表现

“阴”和“阳”的对立统一构成了和合化生的统一体，二者经过交融互生、易变化生增强了动态的、发展的和合之美。正如道家“太极图”的符号，如图 2-10(太极图又称“阴阳鱼”)所示，阴中有阳，阳中有阴，阴阳交错构成了宇宙万物衍生发展的根本。作为中国古代的基本自然观之一，“阴阳”思想构成了中国美学的基本法则，并贯穿到艺术、建筑、工艺及造物技术等众多领域。“阴阳和合”的审美表现主要体现在具有“阴”“阳”特质和属性的对立面的相互联系、交错与融合，如刚柔、虚实、动静等，具体关系表现为以下几点：

①阴阳的对立统一。阴和阳是指构成事物的两种属性，其关系是相互矛盾、相反相对的，二者不仅仅存在一般意义上的差异和差别，更重要的是属性上的对立和矛盾，及“阴阳两仪”中所指的对立两端，应该是具有对偶意义的，所以说阴、阳首先是对立存在的。但是，阴阳的对立并不是绝对排斥、对抗、不可融合的，矛盾双方是互依互生、相消相长、均衡融通的。《黄帝内经》中有：“孤阴不生，独阳不长。”说明阳依附于阴，阴依附于阳，阴阳是对立统一的结合体。这在审美层面主要体现为阴阳关系的并行融洽，需要将阳刚与阴柔进行结合、配合与融合，才能进入更高的艺术境界，即《周易》中的“既济”、通“泰”之美。正如清代姚鼐所说：“阴阳刚柔并行而不容偏废，有其一端而绝亡其一，刚者至于偾强而拂戾，柔者至于颓废而阉幽，则必无与于文者矣。”(《复鲁絜非书》)

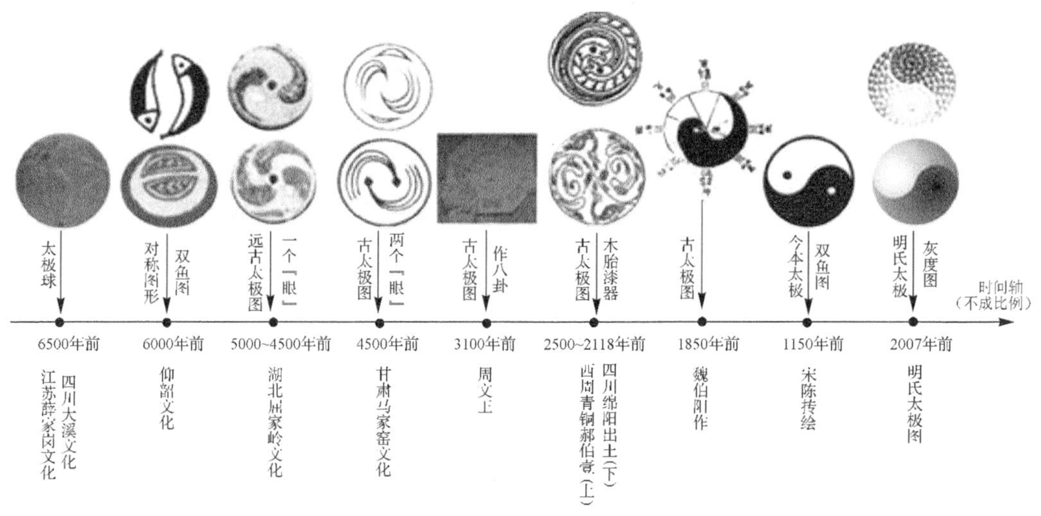

图 2－10　太极图的演化
Fig. 2－10　The evolution of Taiji graphic

②阴阳相成，刚柔相济。阴阳刚柔本指事物的两端，而没有偏阴或偏阳的区别。但在文化与艺术倾向上，则显现为儒家重阳刚之美，道家则以阴柔为主，形成了两种不同的审美倾向。但不管侧重哪一方面，都重视阴阳相成、刚柔相济、含刚蓄柔的和谐之道。在审美文化中，阳刚与阴柔各具特点，在应用过程中追求对立与协调、融合与化生，形成虚实、动静、张弛、明暗、显隐、主次、重轻、开合、直曲、枯润、光涩、拙巧、媸妍、方圆、厚薄等顾盼、映衬、呼应关联，并在刚柔交错之中产生“交合”“合和”，使得阴阳对应，虚实相生，动静互衬，相得益彰。阴阳相成表现在中国书画中即是“虚实相生、动静相成”，虚实相生体现了阴阳相成的动态化生，动静相成体现了刚柔相济的互补关系。中国画画面结构布置，讲究墨与白、色与空、虚与实的对比，“虚实相生，无画处皆成妙境”，通过有形生出无形，有限生出无限，从而延伸出画外之境。大若摹天绘地，细至高山流水，都体现出阴阳相合、动静相成的和谐原则。清人连朗《绘事雕虫》有“山本静也，水流则动。水本动也，入画则静”。刘熙载《艺概·书概》也说“正书居静以治动，草书居动以治静”。

（2）“阴阳和合”的应用

《周易》中有“一阴一阳谓之道”，更是将阴阳上升到“道”的美学高度，赋予刚柔以博大、混沌、变易化生的文化内涵。“阴阳”思想在古代被广泛运用于自然、社会、人生等各个方面，而在艺术领域则表现为阳刚之美和阴柔之美的对立统一。

在表现手法上，中国古典艺术极其强调阴阳和谐，刚柔相济。如中国画的空间感不是靠精确的透视关系来传达的，而是靠阴阳、虚实、动静等关系来实现的，笔墨处为实为阳，空白处为虚为阴，线条直曲枯润构成动静，阴阳互补，虚实结合，才能达到“太和”境界。诚然中国画受道家、禅学的影响是尚空、尚虚的，推崇虚静美学，讲究“计白当黑”“知白守黑”“空即是色”，意在寻求“画外之境”“象外之象”，无笔墨处也是妙境，正如苏轼所言“静故了群动，空故纳万境”（见苏轼《送参寥师》）。（如图 2－11，图 2－12，图 2－13）再如中国书法造字的字形结构、结体、章法等都以阴阳之道为理。刘熙载在《艺概·书概》中也指出：“书要兼备阴阳二气。大凡沉着屈郁，阴也；奇拔豪达，阳也。高韵深情，坚质浩气，缺一不可以为书。”同样说明阴阳二气兼备才是“文采”的精神实质。“字的结构由点画连贯穿插而成，点画空白处也是字的组成部分”①，虚实相生，疏密相适，张弛合度；运笔讲究虚实、轻重、疾徐、动静、方圆、正反、向背、开合、俯仰等态势，阴阳回顾，上覆下承，疾徐转合，可见必须兼得阴阳变化之气，纵横交错之法才得书法之真谛。（如图 2－14，图 2－15）

图 2－11 阎立本《步辇图》绢本设色，38.5 cm×129 cm，北京故宫博物院藏

图 2－12 马远《踏歌图》轴，192.5 cm×111 cm，北京故宫博物院藏

图 2－13 张大千《古木幽禽图》轴

Fig. 2－11，2－12，2－13 Chinese painting by Yan Liben, Ma Yuan & Zhang Daqian

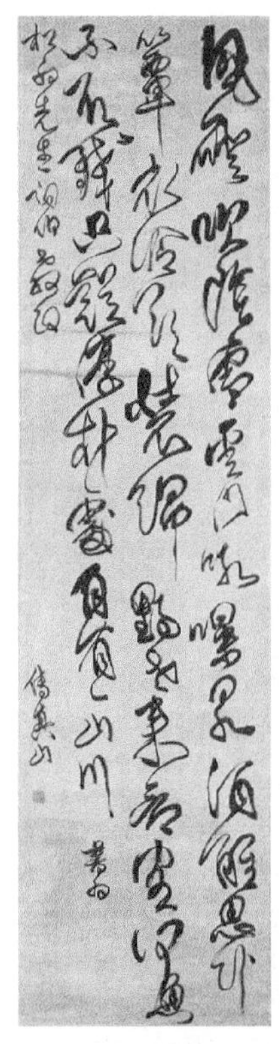

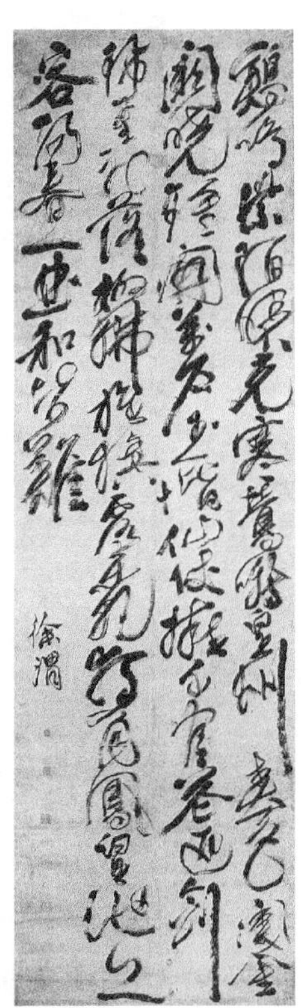

图 2－14 傅山《草书五律诗轴》绫本，185.7 cm×51 cm 北京故宫博物院藏

图 2－15 徐渭《草书岑参诗轴》纸本，353 cm×104 cm 西泠印社藏

Fig. 2－14，2－15 Chinese Calligraphy by Fu Shan & Xu Wei

① 宗白华. 美学散步[M]. 上海：上海人民出版社，1981：171.

中国古代建筑与园林景观规划十分重视“阴阳”思想的应用。不仅在方位、布局及规划上严格参照以“阴阳”思想为主的“风水学”，而且在审美上注重阳刚与阴柔的结合，如通常认为建筑物为实属阳，庭院为虚属阴；室外为阳，室内为阴；水为阳，山为阴；南为阳，北为阴；石土为阳，林木为阴；高为阳，低为阴，等等。所以中国传统建筑多坐北朝南、背山面水，建筑物、庭院及园林、天井融为一体，使建筑群体呈现出阴阳交合、阴阳平衡的状态。如中国传统建筑一般采用“院落式”或“庭院式”布局，即建筑、天井、围墙构成围合式的整体，在此布局中，天井与建筑形成阴阳、虚实的对比，而院落中的花草树木与土石景观也在构图上形成阴阳平衡，从而使建筑形成一“微缩的宇宙模式”（如图 2－16）。传统园林的和谐之美既表现在“摹山拟水”的自然意趣，也在于它所营造的那种“虚实相生、动静相济、淡雅幽远、自然含蓄而又韵味无穷的意境之美”。因此，传统造园规划布局有如山水画的谋篇构图，重在建筑、土石与水流林木等虚实、动静、阴阳关系的和谐化处理，如园林规划中的理水、叠山、植树种花、建筑营构既要考虑形态与式样，更要考量其位置、比例、穿插、显隐等关系，讲究相互映衬、彼此关联、错落有致、和谐融畅。正如计成在《园冶·装折》中所述：“曲折有条，端方非额，如端方中须寻曲折，到曲折处还定端方，相间得宜，错综为妙。”沈复也说：“大中见小，小中见大，虚中有实，实中有虚，或藏或露，或浅或深，不仅在周回曲折四字也。”（如图 2－17）此外，中国建筑的阳刚之美主要表现在以宫廷建筑为主的官式建筑、公共建筑上，呈现出规整、严谨、雄伟的特征；而民居建筑则表现出灵活、谦和自然、温婉优美的阴柔之美（如图 2－18）。

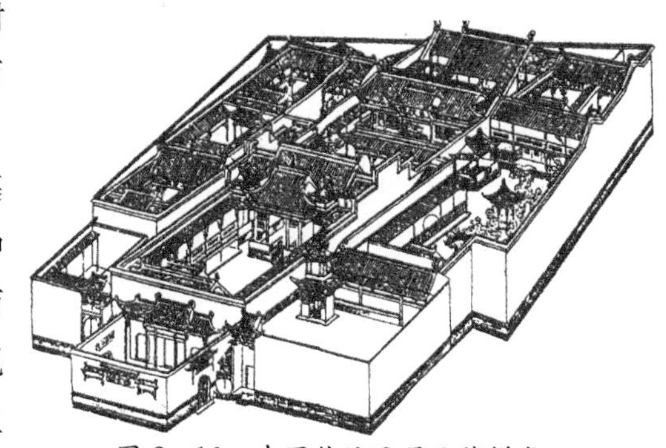

图 2－16　中国传统民居院落样式
Fig. 2－16　The compound courtyard

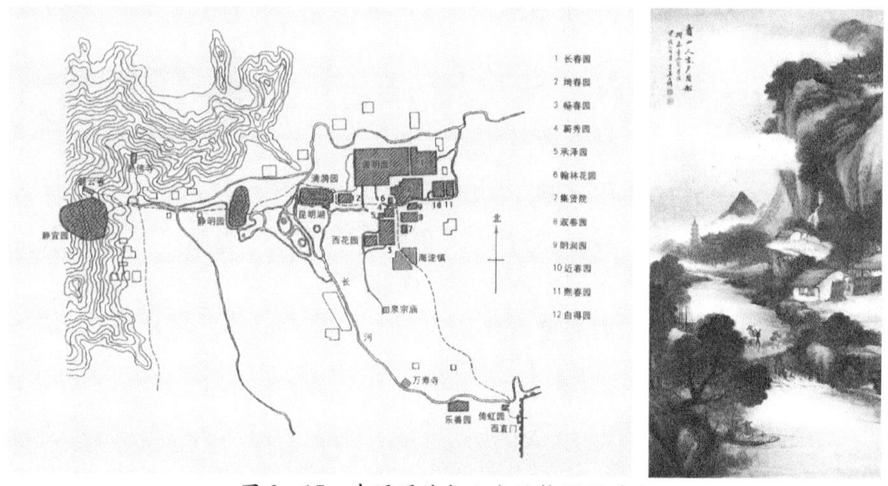

图 2－17　中国园林与山水画构图的对比
Fig. 2－17　The comparison between Chinese garden and landscape painting

图 2-18 江南水乡民居与故宫建筑的比较
Fig. 2-18 The comparison between Jiangnan residential building and the building in the Forbidden City

"阴阳"思想的中国传统造物观念和表现手法，一方面体现在审美评价上强调阳刚与阴柔并行融通之美为"大美""至美"；另一方面在表现手法上注重虚实空间的对比，造型曲线的动静结合，方与圆、刚与柔、简与繁的有机统一等。尽管传统造物由于实用功能和审美倾向的不同，而在形态表现上或是侧重雄浑刚强的阳刚之美，或是侧重于柔婉妍秀的阴柔之美，但在实际造型中都需对阴阳刚柔、虚实动静加以综合运用，使之调和谐适，才能避免形体单调乏味之感。如王世襄先生将明式家具的美学特征总结为"十六品"：简练、淳朴、厚拙、凝重、雄伟、圆浑、沉穆、秾华、文绮、妍秀、劲挺、柔婉、空灵、玲珑、典雅、清新。其中简练、淳朴、厚拙、凝重、雄伟、圆浑、沉穆、劲挺都是壮美的属性，其余八品皆是优美的表现。但从具体的家具造型来看，壮美之中同时蕴含着优美，而优美的造型也离不开阳刚之气。如图 2-19 紫檀牡丹纹扶手椅，气度"凝重"，表现在舒展的框架结构、中正谐适的线型和稳妥的空间布局，但同时我们也看到该椅全身光素、边角圆润，造型优雅，椅盘下"洼堂肚"券口牙子的连贯曲线，以及沿边饱满的"灯草线"，都蕴含着内在的阴柔之美。与之相对，在以"柔婉"为主的黄花梨四出头扶手椅也具有坚硬、方正等阳刚特征。同样，这种阴柔与阳刚的融合表现在陶瓷器皿、雕塑等工艺中的线形对比、虚实结合方面，从而使造型更具张力和自由度。

图 2-19 紫檀牡丹纹扶手椅
Fig. 2-19 The peony pattern armchair with Zitan

第 3 章　西方和谐文化的哲学阐释

中西方的文化在“和谐观”上不谋而合，这意味着“和”是人类共同的精神需要和心理积淀。所不同的是中国古代先哲从伦理学、政治学等方面探讨和谐的，不仅强调形式上的和谐美，而且注重内容上的和谐美，讲究形式和内容上的统一和谐；而西方对于和谐的探索则是从宇宙学、美学等方面分析的，不论是总体上肯定和谐的价值与意义，还是辩证地分析和谐的本质和机制，则都比较注重外在形式的和谐美，与中国古代的“人生和谐观”不同，所体现的是一种“数理和谐观”①。

3.1　西方和谐文化理论研究

西方对于和谐理念的研究主要集中在哲学和美学领域，而对于和谐原则的应用则涉及音乐、美术、雕塑及手工艺等诸多方面。自古希腊毕达哥拉斯学派提出“美是和谐”的论述开始，西方哲学家在对美学的论述中，和谐都是一个非常重要的命题，从本体论到方法论都有阐发。

古希腊的毕达哥拉斯学派通过对音乐节拍和天体运行的数理分析，提出了“数的和谐”说，并认为“美是和谐”，而和谐是围绕数的比例排列而形成的。毕达哥拉斯指出：“整个的天就是一个和谐，一个数目。”②在其看来，这种关系、比例和对称等均衡状态产生了和谐，和谐是一种绝对的存在。而基于此研究之上的黄金分割比、波里克利特的三段式人体结构等更是直接应用到雕塑、建筑及绘画领域，成为审美的根本性原则，并认为这是造物主预先安排好的，他们所发现的和谐规律是“上帝的解码”。但毕达哥拉斯学派对于和谐的理解过度专注于数的解释，将数作为本质存在，而忽视了构成和谐的其他因素。乃至近代德国哲学家莱布尼兹(G. W. Leibniz，1646—1716)持有的是多元平行统一观，在主张身心即物质和精神在序列上二元共时对应平行的同时，主张万物协同并发和“前定和谐”，他指出：构成宇宙整体的“单子”间原本是“自我封闭”和“互不相干”的，是上帝的预先安排使它们处在一种和谐的关系之中。

继毕达哥拉斯之后的爱非斯学派的创始人赫拉克利特在其著作《论自然》对和谐的本质进行了探讨。其认为和谐的状态并不是与生俱来的，“万物既是和谐的，又不是和谐的”，世界上并不存在着绝对的、静止的和谐。对立和斗争才是绝对的，是第一性的，而和谐是由对立和斗争造成的，是对立和斗争的一种结果，永远都只能是第二性的。他还认为：“美在于和谐，和谐在于对立的统一。”“互相排斥的东西结合在一起，不同的音调造成最

---

① 陈岸瑛. 中西和谐考[J]. 美术观察，2005(10)：16～19.

② 北京大学哲学系外国哲学史教研室[M]. 古希腊罗马哲学. 北京：生活 · 读书 · 新知三联书店，1957.

美的和谐。"即和谐之美在于对立面的斗争、冲突和抗衡,差异和对立面是造成和谐的原因。这也就明确提出了"对立统一"的辩证和谐说,强调和谐是对立的矛盾因素之间的融突。

此外,苏格拉底、柏拉图、亚里士多德等人都把"和谐"理念引入政治和社会领域。柏拉图阐述了"公正即和谐"的观点;亚里士多德作为古希腊百科全书式的思想家提出了"中庸"和谐说,他认为:"中庸致和是人们行为的最高典范。"而这一观点也被广泛应用到其政治学和优良城邦的建设理论之中。

到近代,黑格尔在其著作《美学》中对和谐观进行了较深刻的探索,他认为比例、均衡等构成的数的序列是构成和谐的主要内容。在对建筑、雕塑等艺术体系的论述中,他对古希腊"数的和谐"进行了较细致的阐释,对于赫拉克利特的"对立和谐观"也进行了充分肯定。在黑格尔看来,简单的东西、一种音调的重复并不是和谐。差别是属于和谐的;它必须在本质上、绝对的意义上是一种差别;实际上,黑格尔强调的是"本质上的统一""具体的同一",以矛盾、差异、对立、斗争这些因素来促成和谐,而和谐美则是构成形式美的最高层次。

3.2 西方和谐思想内涵分析

3.2.1 "数"与和谐

在古希腊,"和谐说"首先作为同混沌相反的宇宙组织性出现,其作为一种理论学说最早出现在毕达哥拉斯学派"音声和谐""宇宙和谐"的论述中。① "他们首先从数学和声学的观点去研究节奏的和谐,发现声音的质的差别(如长短、高低、轻重等)都是由发音体方面数量的差别所决定的。……因此,音乐的基本原则在数量的关系,音乐节奏的和谐是由高低长短轻重各种不同的音调,按照一定数量上的比例所组成的。"②进而他们用数的比例来表示不同的音程,如第八音程是 1:2,第四音程是 3:4;第五音程是 2:3。毕达格拉斯学派通过对音声和谐的研究确立了数与和谐的原则,并将这一原则推广到天文学研究领域,提出"宇宙和谐"或"天体和谐"的概念,认为天体运行也产生一种和谐的音乐。但就其论述可以看出,毕氏学派对艺术或艺术美的把握基本是围绕着数的原则和尺度,毕达哥拉斯提出的"美是和谐"指的是一种"数的和谐",即"和谐是由数的比率关系构成"。③ 在其看来,作为本原的数之间存在一种关系和比例,这种数的关系是和谐的根本所在。他说:"整个的天就是一个和谐,一个数目。"④这种关系、比例和对称等均衡状态产生了和谐。就此而言,万事万物都是和谐的,"一切都是必然而和谐的发生的"。

这种 "数"的和谐被毕氏学派广泛应用于建筑、雕塑与绘画等领域,如最具审美价值的黄金分割比 1:1.618、波里克勒特的三段式人体结构等,甚至在抽象美和社会美等方

① 于爱华.古希腊和先秦和谐观之比较[J].天津商学院学报,1996(2):58~62.

② 朱光潜.西方美学史[M].北京:人民文学出版社,2004:32.

③ 潘喜媛,罗中起.毕达哥拉斯学派的"美是和谐"思想辨析[J].锦州师院学报(哲学社会科学版),1994(2):44~50.

④ 北京大学哲学系外国哲学史教研室.古希腊罗马哲学[M].北京:生活·读书·新知三联书店,1957.

面，毕氏学派也倾向于用数来阐释和分析，如认为几何图形中的点是1，且有大有小；线是2；面是3；体是4。而数学中的“1”是创造者，是阿波罗神，是一切数的源泉，是始基的始基。“3”表示开端、中间、终结，代表长、宽、高三个向度，象征全体，是组成万物的最基本的元素。“4”是仅次于“1”的数，象征一切可以用四来表示的事物，如立体、生命、四季、社会等等，是创造主创造宇宙时数的模型，是宇宙的创造主的象征。① 而他们认为最完满的数是“10”，因为10是1、2、3、4相加之和。其中1、2、3、4构成了存在多重对称、相似与和谐的四元体(tetraktys)(如图2-20)。而且，这四个数就可以表示三个基本和谐音(4/3,3/2,2/1)和一个双八度和谐音(4/1)。总的来看，毕氏的和谐可以归结为数与和谐原则，其中既有客观的实验观察和理性的辩证分析，但也不乏神秘主义的成分，正如亚里士多德曾评价：“一切事物就其本性来说都是以数为范型的，数为整个自然之首，数的元素就是万物的元素。”“他们(毕氏学派)不探求理论和原因去解释观察到的事实，而是强求观察到的事实去符合他们自己的已经确立的学说和意见。”②

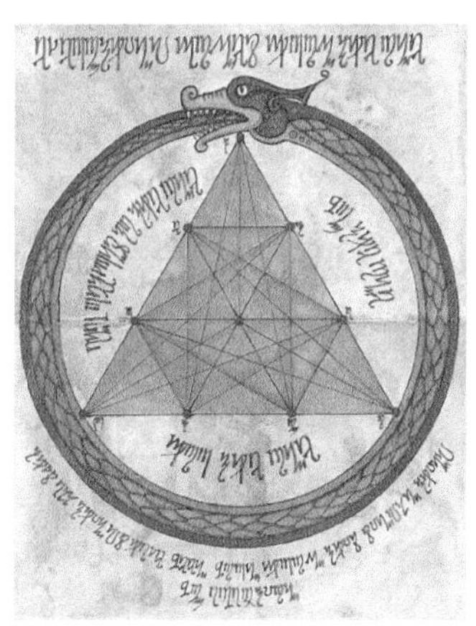

图2-20　和谐四元体
Fig. 2-20　The tetraktys

3.2.2　对立统一

继毕达哥拉斯之后，作为唯物主义学家的赫拉克利特继承并发展了毕达哥拉斯的和谐思想，明确提出了辩证思维的对立和谐观。毕达哥拉斯也承认对立，但是更注重对立面之间的和谐。甚至把和谐片面地夸大为必然的和绝对的，割裂统一和对立之间的辩证关系，因而他的理论表现出一种辩证法与形而上学相交织的二重性的和谐观。正如尼柯玛赫在《数学》一书中指出：“一般地说，和谐起于差异的对立，因为和谐是杂多的和谐统一，把杂多导致统一，是把不协调导致协调。”③可见他们已经认识到和谐是矛盾的协调和统一，并把此种认识引入艺术。

在肯定和谐的价值的基础上，赫拉克利特进一步探讨了和谐的本质。他所提出的和谐产生于斗争的思想，深刻地表达了辩证法的精髓。他批评毕达哥拉斯等人“不了解如何相反相成，对立造成和谐”，认为“自然趋向差异对立，和谐是从差异对立而不是从类似的东西产生的”，“结合体是由完整的与不完整的，相同的和相异的，协调的与不协调的因素所形成的”④。“相反的东西结合在一起，不同的音调造成最美的和谐”⑤。在赫拉克利特看来：差异与对立才是造成和谐的原因；世界不存在绝对的和谐，万物“既是和谐的，又

① 潘喜媛，罗中起. 毕达哥拉斯学派的“美是和谐”思想辨析[J]. 锦州师院学报(哲学社会科学版)，1994(2)：44～50.
② 汪子嵩，范明生，陈村富，等. 希腊哲学史[M]. 北京：人民出版社，2003：350.
③ 方爱清. 中西方古代和谐思想初探[J]. 湖北经济学院学报，2006(1)：124～127.
④ 朱光潜. 西方美学史[M]. 北京：人民文学出版社，2004：34.
⑤ 北京大学哲学系外国哲学史教研室. 西方哲学原著选读(上卷)[M]. 北京：商务印书馆，1981：23.

不是和谐的”，而和谐倒是由于对立和斗争造成的。和谐之美就在于对立面之间斗争、冲突与抗衡。应该说赫氏和谐观是一种辩证的融突和谐观，强调的是对立面通过冲突和抗衡而实现最终的协调和融合，与毕达哥拉斯学派把数量关系加以绝对化和固定化不同，赫氏强调和谐在于变动和更新。

古希腊思想家亚里士多德吸收了赫拉克利特的辩证法理论，把和谐看成对立面的统一，同时认为和谐是整体的统一性和完满性，是多样性的统一，并坚决把这个概念应用于现实的一切领域，进一步丰富了和谐的内容。而在实现和谐的方式上，亚氏认为和谐是一种中庸之道。他说：“人的行为上的中道，既是中间的又是最好的，中庸致和是人们行为的最高典范。”①“过度和不足乃是恶行的特性，而中庸则是美德的特性。”②在亚氏的眼力，中庸是一种态度和约束，强调人的行为应以中庸为标准，而达到和谐的美德。

古希腊哲学家对“对立统一”思想的阐发对西方哲学发展具有重要影响，导致西方社会形成“一分为二”的思维形式，以矛盾的观点看问题成为科学研究的主要方式。直到近代黑格尔系统地表述了关于对立统一的思想，认为矛盾是推动整个世界的原则。马克思与恩格斯也同样将“对立统一”作为其唯物主义辩证法的基本规律之一，并指出了“对立统一”的基本特征：对立面的同一和对立面的斗争。

3.2.3 形式和谐

黑格尔从美学的角度对和谐进行了较深刻的探索，他在《美学》中论及“抽象形式的外在美和感性材料抽象统一的外在美”时谈及和谐，认为和谐是形式美中最主要，也是最重要的因素，它和形式美的其他因素密切相关，和它们构成一定的关系，从而组成形式美的主体，使美具有整体性、系统性、完整性。③ 黑格尔分三个层次分析抽象形式美的因素，强调和谐是形式美的最重要因素。第一层次是整齐一律，平衡对称，这是形式美的附层次；第二层次是符合规律，这是形式美的第二层；第三层次就是和谐上的美，是形式美中的最高层次。

对于整齐一律，黑格尔认为：“整齐一律一般是外表的一致性，说的更明确一点，是同一形状的一致的重复，这种重复对于对象的形式就成为赋予定性作用的统一。”④如他认为直线、等长的平行线和立方体都是整齐一律的，立方体的六个面面积相等，十二条边等长，十二个角度都是 90 度。整齐一律的形式容易产生宁静与沉稳的感受，然而也容易因为单一的重复而造成对象的单调平淡。但当这种整齐的形式构成足够大的面积和体积时，则可能转化成康德所说的“数量的崇高”⑤的对象。平衡对称是与整齐一律相关联的，都纯粹是外在的统一与秩序，“主要属于数量大小的定性”，但平衡对称不只是重复一种

---

① 北京大学哲学系外国哲学史教研室. 古希腊罗马哲学[M]. 北京：生活・读书・新知三联书店，1957.
② 北京大学哲学系外国哲学史教研室. 古希腊罗马哲学[M]. 北京：生活・读书・新知三联书店，1957.
③ 张利群. 论“黑格尔”和谐说的特征及意义[J]. 柳州师专学报，1996(4)：16～21.
④ [德]黑格尔. 美学(第一卷)[M]. 北京：商务印书馆，1979：173～174.
⑤ [德]康德. 判断力批判(上卷)[M]. 北京：商务印书馆，2000.

抽象的一致的形式，而是结合到同样性质的另一种形式，由于这种结合就必然形成“更多定性的、更复杂的一致性和统一性”。在黑格尔看来：“如果只是形式一致，同一定性的重复，那还不能组成平衡对称，要有平衡对称，就需有大小、地位、形状、颜色、音调之类定性方面的差异，这些差异还要以一致的方式结合起来。只有把这种彼此不一致的定性结合为一致的形式，才能产生平衡对称。”他通过对矿物结晶体、植物及动物的躯体构造的分析论述了整齐一律与平衡对称两种形式的应用和体现。

符合规律，指的是差异面和对立面的统一。黑格尔认为：“符合规律固然还不是主体的完整的统一和自由，但是已经是一种本质上的差异面的整体，不是仅仅体现为差异面和对立面，而是在它的整体上体现出统一和互相依存的关系。”这种符合规律的统一与整齐一律、平衡对称的不同在于量的统一范围内增加了质的对比关系，因此，“在符合规律的关系中所见到的既不是同一定性的抽象的重复，也不是同与异的一致性的交替，而是本质上的差异面的同时并存。”在其看来，相似三角形、椭圆、抛物线、卵形等存在差异与统一关系的图形是符合规律的。由此我们可以看出符合规律的特征：一是对比事物的差异与对立，二是相互关联、彼此依存的统一和调和。“如果说调和是差异和对立中侧重于整体统一的趋向的话，那么对比就是整体统一中侧重于差异和对立的趋向。”

对于和谐，黑格尔认为：“和谐是从质上见出差异面的一种关系，而且是这些差异面的一种整体，它是在事物本质中找到它的根据的。”可以看出，和谐不仅仅是表现为差异面的对立和矛盾，而是使这些异质的对立面和差异面获得整体的协调一致，“这统一固然把凡是属于它的因素都表现出来，却把它们表现为一种本身一致的整体。各因素之中的这种协调一致就是和谐”。因此，“和谐一方面见出本质上的差异面的整体，另一方面也消除了这些差异面的纯然对立，因此它们的互相依存和内在联系就显现为他们的统一”。如他认为黄、蓝两种色彩可以中和成为具体的同一；声音中的基音、第三音和第五音存在本质上的差异，但结合为一整体时就可以在差异面中见出和谐。可见，黑格尔和谐说肯定了赫拉克利特的“对立和谐观”，认为和谐的本质是和谐，是对立面因素的统一，又是多样的统一，杂多的统一。这是宇宙一切事物的普遍规律。此外，黑格尔强调“本质上的统一”“具体的同一”，以矛盾、差异、对立、斗争这些范畴大大丰富了“和谐”思想的内涵，并在实际应用中将“和谐”扩展到形式美的层面，将具体层面的整齐一律、平衡协调、对比协调与整体统一等内容定义为广义和谐的不同方式的具体表现。尽管黑格尔在和谐说上论述不多，但是抓住了和谐的本质，“对和谐说做出了历史性的总结和评价”。①

3.3　西方和谐观的审美表现和应用

3.3.1　“数与和谐”观的理论延伸和应用

（1）“数与和谐”观的理论延伸

---

①　方爱清．中西方古代和谐思想初探[J]．湖北经济学院学报，2006(1)：124～127.

在毕氏"数与和谐"的基础上，柏拉图将世界归结为超验的"理式"，并将其作为世界的原型和正本，并用"对称""比例""和谐"等完美理想化的形式概念来阐释"理式"的特征，显然其中内含了"完美的数理形式"的意义。而亚里士多德则结合艺术创作中对自然的"摹仿"方式把"数理和谐"改造成为关于具体事物典型形式的和谐说，从而将其引入艺术创作实践之中。这也促使"数理和谐"观念被广泛应用到建筑、雕塑、绘画、音乐及其他艺术活动之中，导致西方世界深入到对美与具体数量比例的探求之中，这主要体现在两个方面：一是以"黄金分割比"为主的数量比例关系；二是人体的比例以及由人体尺度构成模数关系。比较典型的是毕氏学派的后继者阿戈斯派雕塑家波里克勒特(Polyclitus)在《论法规》对理想的人体比例关系的分析，并将黄金分割比充分应用到众多雕像作品，如《荷矛者》和《宙斯》雕塑(如图 2－21)。捷尔吉·多奇(György Doczi)在《极限的力量：自然界、艺术与建筑中的和谐比例》中所说："黄金分割创造和谐的力量来自于它独特的能力，就是将各个不同部分结合成为一个整体，使每一部分既保持它原有的特性，还融合到更大的一个整体图案中。"①而在现代设计中，对于基于黄金分割比例的数理美学研究则较为普遍，并结合自然形态、艺术作品和建筑物等内容探讨和谐比例的设置，如 György Doczi 的《The Power of Limits: Proportional Harmonies in Nature, Art and Architecture》；H. E. Huntley 的《The Divine Proportion: A Study in Mathematical Beauty》；Matila Ghyka 的《The Geometry of Art and Life》；Scott Olsen 的《Golden Section》。

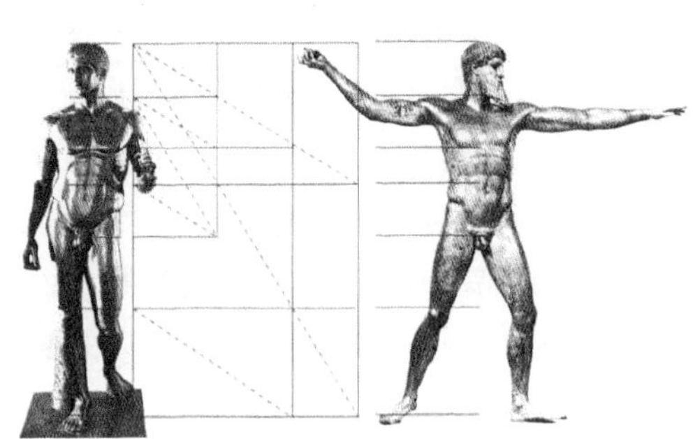

图 2－21 荷矛者与宙斯雕塑的比例
Fig. 2－21 The proportion of Spear bearer & Zeus

西方建筑艺术同样重视数与和谐、美与比例的研究和应用。古罗马建筑师维特鲁威(Marcus Vitruvius Pollio，约公元前 80 年或前 70 年—约公元前 25 年)将建筑形体在数量上的比例关系组合记录在《建筑十书》中，并主张建筑物应该采用与完美人体比例相似的比例构成方式(如图 2－22 为文艺复兴时期达·芬奇根据维特鲁威对完美人体比例阐释所绘制的《维特鲁威人》)，如以柱础直径作为基本量度单位来确定柱式各部分的比例关系(如图 2－23)。文艺复兴时期意大利建筑师帕拉第奥(Andrea Palladio)在其《建筑四书》中同样表达了美与比例相联系的观点，并通过建筑图例分析

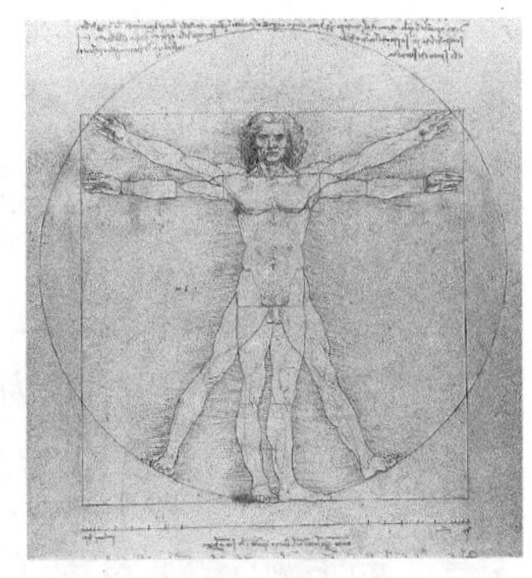

图 2－22 维特鲁威人
Fig. 2－22 Vitruvius man

① György Doczi. The Power of Limits: Proportional Harmonies in Nature, Art and Architecture. Boston: Shambhala Publications Inc., 1981: 2.

了数学比例与音乐中音程比例的关系，从而导致建筑、音乐与数学关系形成紧密联系。法国古典建筑师勃隆台同样认为：“建筑中，决定美和典雅的是比例，必须用数学的方法把它订成永恒的稳定的规则。”

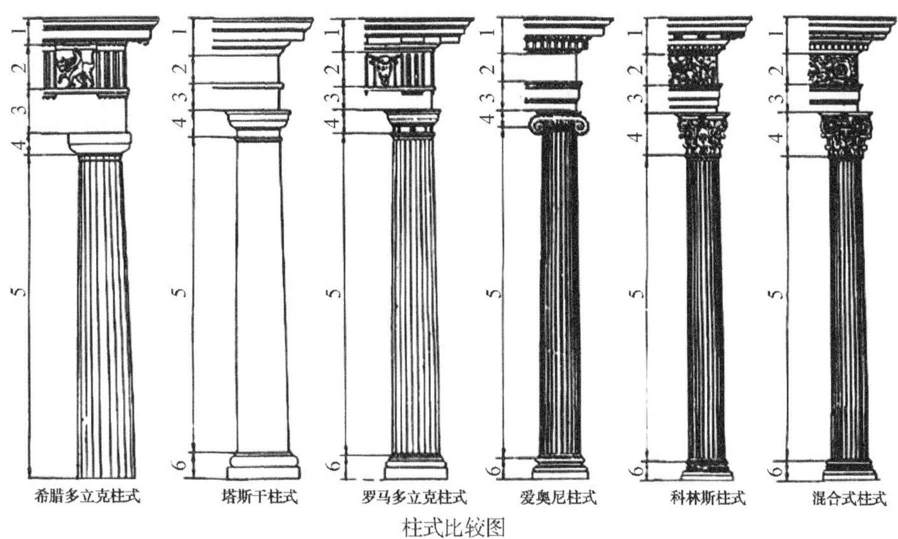

1 檐口 2 檐壁 3 额枋 4 柱头 5 柱身 6 柱础

图 2-23 希腊柱式中的比例关系

Fig. 2-23 The proportion of Greece classical order

在绘画领域，除了达·芬奇将《维特鲁威人》的完美人体比例作为插图绘制于数学家卢卡·帕乔利(Luca Pacioli)的《完美的比例》一书外，丢勒则将大量的比例体系研究汇总到其著作《人体比例四书》中。现代建筑师勒·柯布西耶(Le Corbusier，1887—1965)则

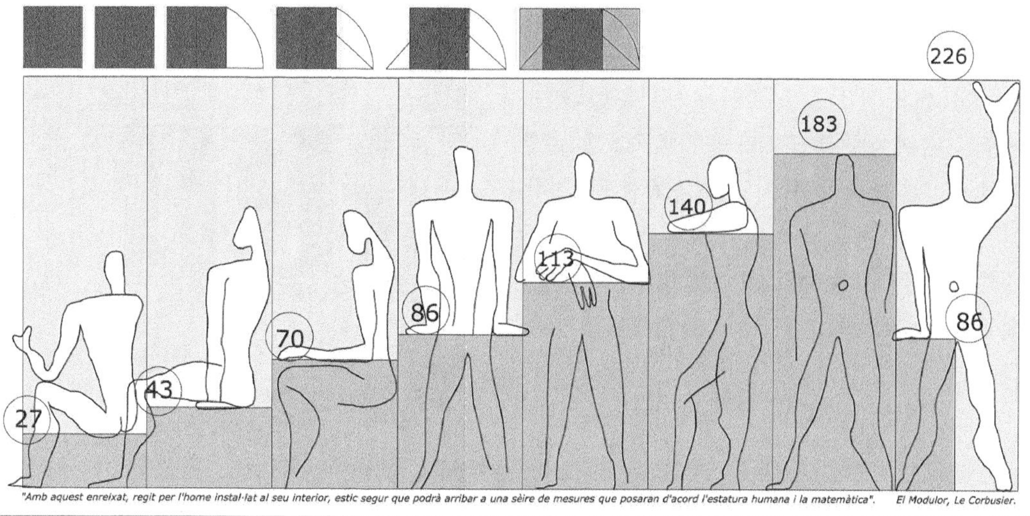

图 2-24 柯布西耶模数与人体尺度的关系

Fig. 2-24 The relationship between Le Corbusier's modulus and human dimensions

在吸收前人经验的基础上推行建立在人体尺度和黄金分割相结合的基础之上的按一定比例递增的模数制(如图 2-24),并在其著作《模块化:人体比例的和谐度量可以通用于建筑和机械》中对其在建筑实践中应用的黄金分割和人体比例的数学比例系统进行分析,以此为基础的比例系统不仅被广泛应用到建筑上,而且在版面设计、书籍装帧、装饰装潢及产品设计领域都得到关注和应用。此外,包豪斯的康定斯基、克利、莫霍里·纳吉、伊顿、阿尔伯斯等人在现代设计教学中都不同程度的对设计美与数量比例进行研究。

(2)“数与和谐”观的应用

“数与和谐”在建筑、绘画、雕塑、造型设计中的应用主要体现在以数量比例关系为基础的理性分析方面,即通过理性的或数学化的分析方式去探讨感性的美学问题。而比例应用的是否合适也正是美感体验的重要因素,是任何造型艺术都不能回避的环节。正如托伯特·哈姆林(Talbot Hamlin,1889—1956)在分析建筑物比例关系时所说:“取得良好的比例,是一桩费尽心机的事,却也是起码的要求。”[①]远在古希腊时期,毕达哥拉斯就发现了黄金分割比 1:1.618,并将其作为“完美比例”而应用到数学、几何学之外的领域,从而把这种数学的美视觉化和形象化了,成为应用最广泛的一组比例,进而直接影响着西方世界的审美形态,如古希腊的神庙建筑、雕塑和陶瓷制品;中世纪的教堂、埃菲尔铁塔等都采用过黄金分割比。如雅典的帕特农神庙正立面就存在多重黄金风格矩形,二次黄金分割矩形构成楣梁、中楣和山形墙的高度,最大黄金分割矩形中的正方形确定了山墙的高,最小黄金分割矩形决定了中楣和楣梁的位置[②](如图 2-25)。而与之对应,相关的数量比例关系也被抽取出来而应用到造型设计之中,如典型的 $1:1$;$1:\sqrt{2}$;$1:\sqrt{3}$;$1:2$ 等,这些比例也被认为是具有和谐美的数列。如古希腊的容器中通常采用固定的几何比例(如图 2-26),现代家具设计也往往考虑应用合适的几何比例,但这种几何比例应用是建立在满足实际功能和人体尺度的前提之上的。(如图 2-27)。

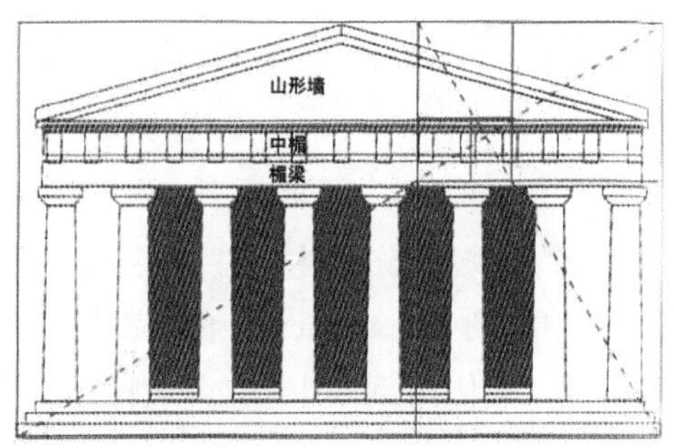

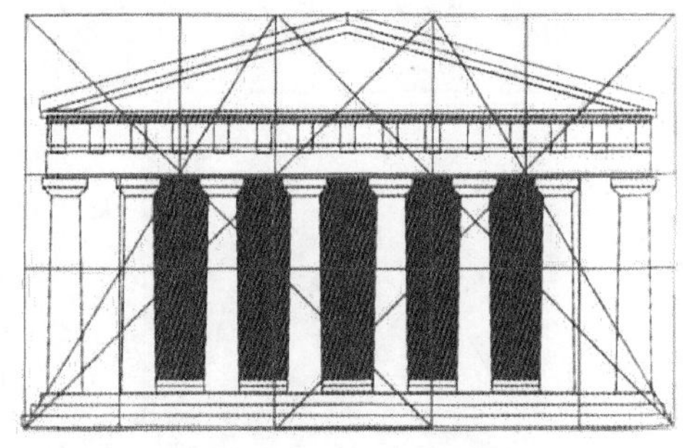

图 2-25 帕特农神庙立面的黄金分割矩形
Fig. 2-25 The golden section rectangles in Parthenon temple

① [美]托伯特·哈姆林. 建筑形式美的原则[M]. 北京:中国工业出版社,1982:73.

② [美]金伯利·伊拉姆. 设计几何学:关于比例与构成的研究[M]. 李乐山,译. 北京:中国水利水电出版社,2003:20.

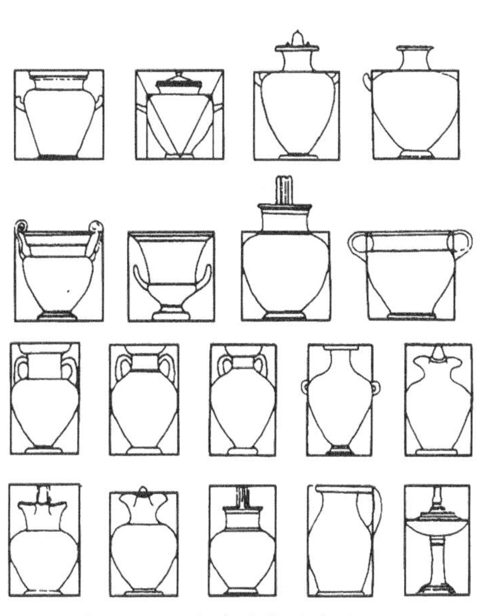

图 2-26　古希腊容器中的比例

Fig. 2-26　The proportion of vessels in ancient Greece

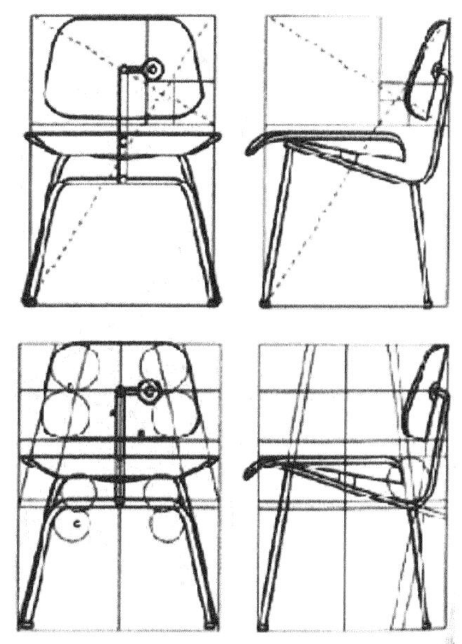

图 2-27　伊姆斯的“DCW”椅的比例关系

Fig. 2-27　The proportion of “DCW” chair

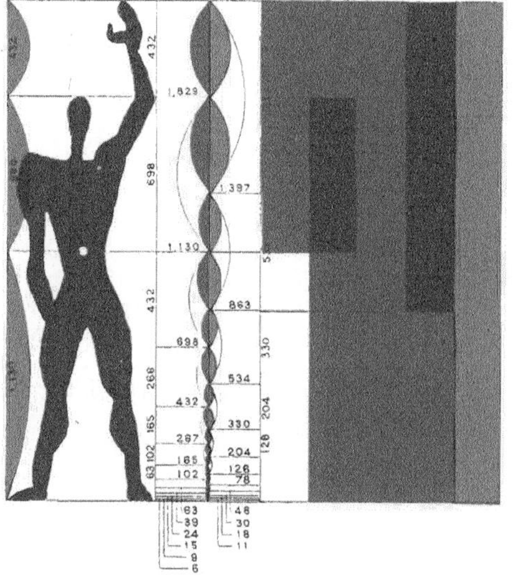

图 2-28　柯布西耶的模数系统

Fig. 2-28　Le Corbusier's modulus system

而基于数量比例基础上的人体尺度研究则侧重于从人体尺度延伸出的模数制和模块化的应用，如维特鲁威提出的人体模数制：头长占身高 1/8，脸和手各占 1/10，脚占 1/6，等等；勒·柯布西耶的模数系统（如图 2-28）则综合了黄金分割比和人体比例内容：“他遵照维特鲁威的传统，从研究人体开始。他将人体总高度（假定 6 英尺，合 183 mm），即从脚部到手臂垂直上举的手部（举起手臂高 226 mm），以脐为界划分成两个相等的部分，并设想将这一高度按照黄金分割律分开，其界限在下垂手臂的腕关节处（86:140）。与此类似，从脚部至头顶的距离也可以按照黄金分割规律划分，倘若这样分，其界限在脐的高度（70:113）。这两个比例被用作两组独立的数字序列的基础，它们都满足了数学家所知的斐波纳契级数的条件。每一项等于前两项之和，而贯穿该序列，相邻数值之间的关系大致上接近黄金分割之比（因此 86:140 引起的序列是：……33，53，86，140，226，366……向两个方向无限延续下去）。”①勒·柯布西耶还将这种模数系统应用到他的诸多建筑设

① ［美］鲁道夫·阿恩海姆. 论比例［J］. 美术译丛，1989(3)：32～39.

计之中，如朗香教堂，“它的一系列正向角度和平行线条都是规则的，所有尺寸均符合模数”。① （如图 2 - 29）

图 2 - 29 柯布西耶的朗香教堂
Fig. 2 - 29 The Ronchamp by Le Corbusier

对于美的比例和模数关系的分析和研究有助于造型设计形成视觉和谐性，并且适合在标准化和模块化的设计中形成行业标准和规范，如国际纸张的长宽比例、显示器的尺寸系列等，但同时也要注意的是，纯粹形式上的比例和谐并不等于造型的合理，这需要结合实际的实用功能、结构和材料等因素进行系统性考虑，进而获得符合实际应用的美的设计比例尺度。

3.3.2 “对立统一”思想的理论延伸和应用

(1) “对立统一”思想的理论延伸

对于“对立统一”思想，不管是毕达哥拉斯的“对立因素的和谐统一，杂多导致统一，把不协调导致协调”，还是赫拉克利特认为“差异和对立导致和谐”，基本上都揭示了“只有在差异的基础上才有相互的协调和美，才能奏响一首美妙悦耳的乐曲。没有差异，就无所谓和谐”②。这一观点也被广泛应用到西方美学领域，并成为指导建筑、绘画、雕塑、音乐等创作活动的基本原则之一。就形式美研究，对立与统一被认为是相互关联的一对范畴，单纯的对立与单调的统一都不能形成和谐的形式，而只有差异面和对立面的有机结合，并突破量的层面显出质的协调才是和谐。这与黑格尔所说的“符合规律”是大致相同的，即：“符合规律固然还不是主体的完整的统一和自由，但是已经是一种本质上的差异面的整体，不是仅仅体现为差异面和对立面，还在它的整体上体现出统一和互相依存的关系。”③可见形式美中的对立统一是强调形式的多样性、差异性在整体上、系统内构成有序的、符合规律的同一。在绘画领域，与中国水墨画重意境表达和诉求不同，西方油画艺术重视的是运用色彩、透视、结构、形体、明暗等具体内容的对比与调和来表现创作者的内在情感和理念，因此他们更侧重于表现形象的质感、量感和空间感的表现，进而通过差异面的对比而营造整体的和谐统一。“对立统一”方面的研究散见于阿尔贝蒂、达·芬奇、荷加斯、狄德罗、库尔贝、泰纳、罗丹等人的美学理论研究中，但却是实际艺术创作中

① [英]帕瑞克·纽金斯. 世界建筑艺术史[M]. 合肥：安徽科学技术出版社，1990：366.

② 张能为. 西方哲学视野中的“和谐”与“和谐社会”[J]. 安徽大学学报(哲学社会科学版)，2007(5)：6～11.

③ [德]黑格尔. 美学(第一卷)[M]. 北京：商务印书馆，1979：173～174.

必须考虑的因素之一。

在设计领域，“对立统一”思想不仅仅体现在形式美的应用层面，而且深入到文化、技术、材料、生产等诸多环节。包豪斯首任校长格罗皮乌斯在《包豪斯宣言》中提出“技术与艺术的新统一”，强调现代设计应该在艺术性与技术性的对立中取得和谐统一的形式，这也促进了包豪斯师生对现代设计“视觉语言”的研究。到20世纪六七十年代，后现代主义运动兴起，文丘里、詹克斯等人在反对现代主义设计单调的“同一性”的基础上强调文化和传统的重要性，主张“绝对的普遍性、统一性、本质性、中心化的颠覆，要求一种新的肯定异质性、差异性、碎片性、边缘性”，这在一定程度上促进了现代设计多元化的发展，并使得建筑和产品设计重新审视传统与现代、功能与形式的对立关系，通过有效的融合与多元化整合方式实现新的和谐。

总的来看，“对立统一”思想在现代设计中主要表现为以下几点：

①技术美与艺术美的对立统一。主要指现代制造水平和加工精度、效果等技术能力与产品的艺术性、艺术化形式之间差异和差距的调和。

②文化概念的对立统一。表现在如何在设计中融合地域的与国际的、传统的和现代的、不同民族间的、不同地区间的文化差异。

③功能与形式的对立统一。指产品设计功能性与形式感的协调与统一。

④形式的对立统一。这主要指具体的形式美法则中的对比和统一，包括形态、形体及空间的对比和统一；质地、肌理的对比和统一；色彩对比和统一；方向对比和统一；表现手法对比和统一；虚实对比和统一；等等。

(2) “对立统一”和谐观的应用

“对立统一”既是人类审美的基本原则，也是艺术创作的基本方式，其应用涉及建筑、绘画、雕塑、造型设计等诸多领域，并表现为不同层次和内容的对比与调和。对立统一强调对立的、差异的或异质因素的有机组合，并形成相互关联、相辅相成而不相害的和谐整体，体现了形式结构的秩序化。古希腊时期的西方建筑，以石材为主体构成材料，整体造型和结构以几何形态为主，存在多种形态的对比，如建筑本身与周围自然环境，等距排列的纵向立柱与水平向厚重的屋檐，屋顶和基座，廊柱的柱头与柱础，素洁的大理石平面与精致的雕花、圆形与方形、直线与曲线等等，通过采用适当的比例与尺度，并对位置、大小、形态进行有效的组合，使建筑形成庄严和谐的艺术效果。现代建筑设计中材料、结构、技术都较古代有很大发展，并且在造型上更强调多样性统一，使得建筑物在材料、形态、结构以及文化意识形态上的“对立统一”更加突出。如贝聿铭设计的卢浮宫“玻璃金字塔”，实现了玻璃、钢铁结构与旧馆的石材、晶莹通透与严密厚重、现代与古典的有机统一，使博物馆整体获得和谐的形式美感(如图2-30)。同样西方古典绘画中

图2-30　贝聿铭的“金字塔”
Fig. 2-30　The “Pyramid” by Ieoh Ming Pei

表现出的色彩冷暖、明暗、深浅的对比与调和，构图上的远近、虚实、主次的对比与调和等，也是为了获得画面整体的和谐效果，并实现创作者内心情感与艺术表现的统一。达·芬奇在《最后的晚餐》里利用色彩、线条、位置、比例、透视、明暗、疏密、显隐等形式对比突出了中间位置耶稣的主体形象，十二门徒的形态与耶稣形象相对比和映衬，配以和谐的渐变光感，让耶稣形象显得更为高大，又不消除十二门徒的实体感，进而使整幅画面构成和谐的整体(如图 2-31)。

图 2-31 《最后的晚餐》
Fig. 2-31 The last supper

在现代设计中，“对立统一”不仅体现在明显强烈的视觉造型要素的对比与统一，而且反映在与造型相关联的非视觉造型要素的有机统一，如不同材料的连接并构、不同文化语意的融合、功能性与形式感的适应与调和、技术美与艺术美等，甚至包括生态理念与产品效用价值等层面的对立统一。现代家具设计在材料应用上趋向多样化，并注重根据功能需要选用相应属性的材料，如不锈钢、铝材、玻璃、聚酯塑料、纸材等等都被广泛应用到家具上，而且彼此之间搭配组合，或与木材进行组合，使家具体现出材料质感上的对比和谐。此外，具有地域文化特色、古典意蕴的生态家具既在理念上体现了融合的概念，也专注于形式感上的对立统一，而使家具具有整体上的和谐。在造型的视觉效果上，现代设计强调视觉要素对比产生的和谐效果，而避免单一因素的单调和呆板，一方面通过多样化的造型要素进行调节，另一方面是通过相同造型要素的多样化处理获得统一。

3.3.3 “形式和谐”的理论延伸和应用

(1) “形式和谐”的理论延伸

黑格尔从美学角度对“形式和谐”进行了较为深入的研究，其提出的整齐一律、平衡对称、符合规律与和谐的形式美层次也成为建筑、艺术、设计等领域形式美法则研究的基础内容。早期毕达哥拉斯、波里克勒特等对黄金分割比和人体比例的研究基本上集中于形式美中的比例和尺度方面，达·芬奇同样重视比例与美的关系，指出："美感完全建立在各部分之间神圣的比例关系上……万事万物，从人体到动、植物，都各有不同的比例，因此美具有多样性，艺术家应当勤于观察各种事物的美，把各自分散的美集中起来加以理想化，创造出高于自然的艺术美。"在艺术领域对于形式美法则进行系统性研究的是17世纪英国著名版画家和艺术理论家荷加斯（Hogarth，1697—1764）。他在《美的分析》一书中对形式美规则作了探讨，并将形式美法则归纳为：①适应——只有合乎目的性的形式才可能是美的形式；②多样——多样性能悦人眼目，引起美感，是指有组织的多样，不是杂乱；③统一——对象各部分的统一、整齐和对称在合乎目的性时，能产生美；④单纯——单纯自身可能会平淡无味，因此必须和多样结合，才有美学价值；⑤尺度——适度的尺寸。[①②] 西班牙裔美国自然主义哲学家乔治·桑塔耶纳（George Santayana，1863—1952）在其著作《美感》中也对形式美进行了分析，主要包括：对称、形式的多样之统一、一致之繁多、从中性向快感的转变等原则，并分析了功能与形式的组合关系。

在设计领域对于形式美法则的研究起始于包豪斯对"视觉语言"的教学和研究。康定斯基在《点、线、面》一书中对造型艺术中的点、线、面构成的形式美感进行了系统的分析，使造型过程中应用的基本元素"点、线、面被提升到自主、富有表现力的元素的高度，如同色彩早先的情况那样"[③]。这也是现代构成艺术中对形式美法则研究的发端，并在设计领域开始对抽象的几何形态进行形式美分析。而后伊顿的《色彩美学》、里德的《艺术与工业——工业设计原理》、德卢西奥-迈耶的《视觉美学》都分别探讨了现代设计中对色彩、几何造型和线构成的形式美处理和应用方式。美国现代建筑学家托伯特·哈姆林在其著作《建筑形式美的原则》中，提出了现代建筑形式美的十大法则，即：统一、均衡、比例、尺度、韵律、布局中的序列、规则的和不规则的序列设计、性格、风格、色彩等，较全面地概括了建筑形式美的基本原则。美籍德国艺术理论家鲁道夫·阿恩海姆在《艺术与视知觉》和《走向艺术心理学》中则结合视觉心理学、视觉力学对形式美法则中的对比与统一、对称、均衡、比例与尺度、色彩和谐等形式美法则进行了研究，将形式美构成要素与人的心理诉求相联系，所揭示的形式美规律被广泛地应用到现代设计之中。

综合来看，现代设计中的形式美法则主要包括：统一、对比、尺度、比例、对称、均衡、节奏、韵律、力感、量感和意境等。

（2）"形式和谐"的应用

形式美法则被广泛应用于人类造物及艺术创作行为中，并被作为审美评价的主要量度之一，但实际上在自然界同样能够体验到形式美法则的存在，并且为人为造物提供参

---

① ［英］威廉·荷加斯.美的分析［M］.北京：人民美术出版社，1984：45.

② 吴祖慈.艺术形态学［M］.上海：上海交通大学出版社，2003：203.

③ ［英］赫伯特·里德.现代绘画简史［M］.上海：上海人民美术出版社，1979：98.

照和借鉴的摹本，如雪花六角形状的结晶结构、贝壳的螺旋轮廓线形成的系列黄金分割比（如图 2-32）。可见，形式美是事物形式因素的自身结构所蕴含的审美价值。这种审美价值之所以能够与人的心理反应所契合，完形心理学认为，这是由于人的心理结构与外在形式形成异质同构形成的。所以，形式的和谐与否不仅是人为规定或强制约束的结果，而是人对形式因素感知形成的视觉体验和审美经验的综合。造型艺术中涉及的统一与对比、比例与尺度、对称与均衡、节奏与韵律等形式美法则基本上是与人的审美心理相符合的。如节奏感在西方音乐、绘画、建筑、设计中是非常重要的部分，这一方面是由于节奏形成规律性、秩序化与动态变化的形式；另一方面则人类本身就蕴含着一定的生命节律，如心跳和呼吸，对日夜更替、季节变化的适应等。在实际的应用中，节奏美主要表现为周期性连续的变化，这在音乐旋律中表现的较充分。建筑被称为"凝固的音乐"。在形体变化上存在节奏和韵律。对称与均衡的形式美并不只是因为人的肢体器官呈左右对称排布，而主要是由于人的视觉心理存在平衡感，如阿恩海姆所说："一个观赏者视觉方面的反应，应该被看作是大脑皮层中的生理力追求平衡状态时所造成的一种心理上的对应性经验。"①因此，对称与平衡式构图、造型与规划布置在造型艺术上应用触目皆是。如拉斐尔的《西斯廷圣母》《圣母的婚礼》（如图 2-33）等作品中，画面背景呈左右对称，主体人物则呈现出左右平衡式的构图，总是"充满着华美崇高的对称感和庄严感。对称可以说是拉斐尔始终遵循的绘画上的平衡原则"。② 而风格派艺术家蒙德里安的绘画则抛开具体形象直接从抽象的基本几何形体和色彩对比中谋求均衡的秩序美（如图 2-34）；奥德（J. J. P. Oder）1925 年设计的鹿特丹 Unie 咖啡馆正立面也采用了风格派的典型样式，将平面化的均衡形式转化为建筑造型和空间环境之中（如图 2-35）。

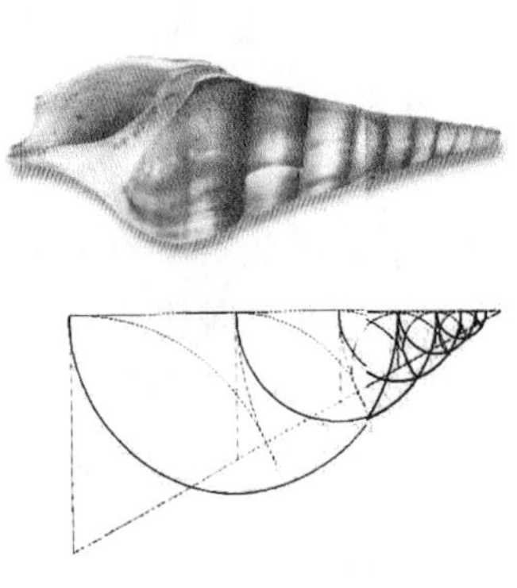

图 2-32 贝壳中的黄金分割比
Fig. 2-32 The golden section in the shell

图 2-33 拉斐尔的《西斯廷圣母》和《圣母的婚礼》
Fig. 2-33 The Sistine Madonna&Mary's Wedding by Raphael

① [美]鲁道夫·阿恩海姆. 艺术与视知觉[M]. 滕守尧，朱疆源，译. 成都：四川人民出版社，1998.
② 朱守信. 平衡 和谐 对比——浅论绘画形式及其因素[J]. 克拉玛依学刊，1999(4)：50～54.

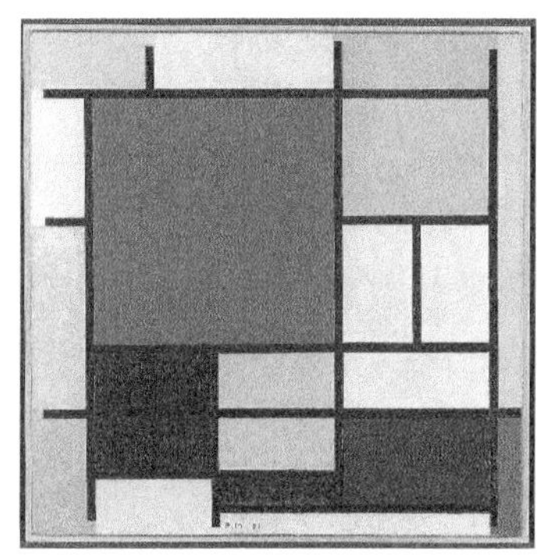

图 2-34 蒙德里安的绘画
Fig. 2-34 The painting by Mondrian

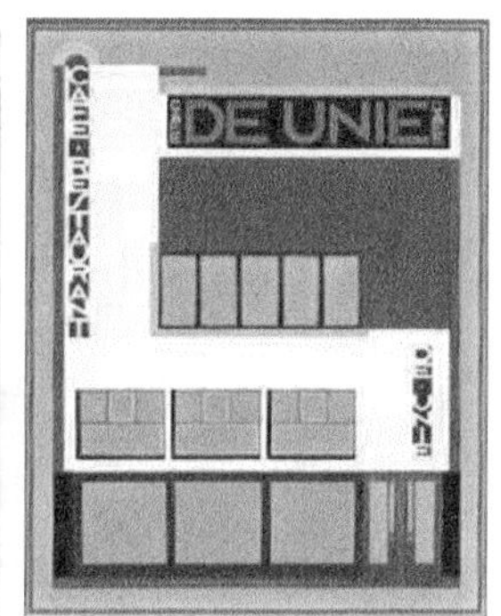

图 2-35 奥德设计的鹿特丹 Unie 咖啡馆
Fig. 2-35 Unie coffee shop in Rotterdam by Oder

"形式和谐"在产品设计中同样颇受重视，尽管现代主义设计提出"形式追随功能"概念，但产品设计并未忽视对形式美的追求，反而在追求简洁造型、去装饰化的过程中增强了对几何形式美的表现，形式美法则中的对比与统一、对称与均衡、比例与尺度、节奏和韵律、力感和量感等更倾向于本质层面的应用，如曲线与直线、圆角方、连接与穿插、转折与过渡等，这使的现代设计中的形式美法则应用更为突出，而且对其进行科学化、数量化的分析应用更为普遍(如图 2-36)。

图 2-36 现代家具设计中几何形态的形式美感体现
Fig. 2-36 The beauty in form of geometric shape of modern furniture

第 4 章　中西和谐文化的审美异同

由前文分析可见，当前中西方哲学都普遍认为：和谐是反映事物与现象的协调、适中、秩序、平衡和完美的存在状态的范畴，是多样性的协调和统一，表明事物的发展变化合乎逻辑或规律，但中西方在历史环境、文化根源、思维方式和审美意识等方面都存在着一定的差异，从而导致中西方在对待人与自然、人与人、人与物的关系上形成了既有差异又相融相通的"和谐"观念。中国传统和谐思想是一种系统的、静态的与内在的和谐，而西方社会所持的是一种辩证的、动态的与开放的和谐观。从审美表现及应用来看，二者的异同主要表现为以下几点。

4.1　和谐系统性的异同

系统性与完整性是中西和谐的基本特征之一，和谐首先是建立在整体或系统之上的，是系统内部各要素的有机统一和有效组合。中国传统哲学中蕴含一元论思想，习惯将世界本初归结为"道"(老子)、"气"(庄子)或"理"(朱熹)的概念，万事万物都由此化生，这是从内在心灵产生的系统观念，所谓"天人合一"即将人与自然、人与万物的关系放置在一个相互关联、相互影响甚至相互制衡的宇宙系统之内，所以导致中国传统审美倾向于从事物整体入手，首先强调整个系统的和谐或实现整个系统的完满，由整体来确定个体，个体的形式、位置、功用等内容应满足整体的需要而进行相应设置。如中国山水画讲究"以大观小""散点透视"，能够做到"咫尺之图，写百千之景"，即使从自然山水整体和画面整体效果入手的、鸟瞰图式的构图形式也让万千山水统揽与心，同样表现了创作者对画面整体空间感和节奏感的把握，所以这也使得中国画追求画面整体气韵和意境的和谐，而淡化或轻视一草一木的细节描写，甚至为了获得画面构图的对比或均衡的需要不惜对花草树木等个体进行离形、变形、轻形等主观处理。同样，中国传统建筑追求水平防线延展的组群建筑的整体和谐，在单体建筑上并不刻意强调实体的体量感，而是通过单体建筑"数量"的增加来整体布置功能，从而使整体构成无限延展的和谐系统。传统造物注重整体器具的神、气、韵、意，所有细部装饰、工艺和体量都是围绕整体器形进行设置和排布的。

西方文化同样重视系统的和谐，但却是在强调个体的基础上，由个体的实体性来促成系统的和谐。在与自然的关系上，西方强调主、客二分，即将自然作为人类观察、认识或征服的客观对象，即便是柏拉图将美归结为永恒的"理式"，也同样是以人类主体去看待外在于己的实体性世界。西方建筑和园林通常是以建筑单体为核心的或主体的，所有表现形式和规划都围绕主体建筑物展开，通过次要实体的映衬和对比来突出主体的内在意涵，这种整体和谐是存在对比与核心价值的系统，要素之间并不是完全平等的。西方绘画通常利用比例、线条、光的透视原理、明暗、色彩对比等技法获得画面的整体和谐，但这一和谐的目的在于突出主体形象，使主体形象更为鲜活并成为视觉中心。即使在以自然风景为主题的风景画中，自然景象仍旧是以人的观察或视角为基准的，其传达的不是山水风景的意境，而是创作者内心的情感和理念。

人—产品—社会—自然(环境)的系统和谐已成为现代设计中的重要内容。西方"人本主义"观念过度强调了人的价值需求，而忽视了人与自然系统的和谐发展，因而在获得产品实用价值和经济效益的同时也导致资源的过度消耗、自然环境破坏和生态污染等问题。中国传统和谐观则追求人与自然的系统和谐，强调人与自然的和谐相处，并要求人的造物行为顺应自然规律，所谓"备物致用，立功成器，以为天下利"，即指造物行为不仅要考虑人的实际需要，而且要考虑自然的承受能力和环境需求，这与现代生态设计和可持续设计观念是相一致的。如中国古典建筑与园林营造提倡就近取材、因石为用的自然原则、经济原则和因地制宜原则等。

4.2 和谐实现方式的异同

中西方都肯定和谐所存在的矛盾性和异质性，即对立事物或异质因素的协调与有机统一，中国传统表述为"和而不同"，西方则认为"对立统一"，二者在审美意识上是保持一致的，都强调通过差异面的对比与调和获得彼此相融而不相害的整体和谐。但在实现和谐的方式上，中国讲究"中和"，即重视事物内部的相辅相成、融合化生，是一种内在心理的和谐模式。这种和谐同样表现出事物的多样性和差异性，但整体系统却表现出本质的一致性，所谓"杂五材""合十数"即通过各因素的内部协调和相互转化而成为彼此融通的整体。如中国古典园林营造中涉及建筑(堂、亭、台、楼、榭、阁、廊、馆、斋、舫、墙等)、山石(园山、楼山、厅山、池山等，湖石、黄石、英石、灵璧石等)、池水(湖、塘、池、溪、渠、泉、瀑)、动植物及路桥等要素，要使园林景致形神相合，又使各部分自然相接而不相悖，就必须把握各要素的内在一致性：与自然吻合，但求整体自然、淡泊、恬静与含蓄的内在气韵。所以这种和谐的获得是基于各要素一致性基础之上的"内在和谐"。同样中国造物与艺术审美重"隐"，强调内在的含蓄之美。传统家具采用严密的榫卯结构，使连接节点完全隐藏，从而使造型连贯顺畅而无斧凿人工痕迹。绘画与书法中强调"虚空补实"，也同样是通过"留白"来协调画面构图，进而获得和谐的意境。而西方则强调对立、斗争、冲突导致事物的协调与适应，是一种外在形式的和谐方式。审美中强调的是直接的、强烈的或外显的对立或对比而达成的和谐。西方建筑多与周围环境形成明显的视觉对比，如尺度、方向、体量和形式感等，通过强化主体建筑的个性，使周围精致形成副属性的衬托，进而获得主次照应的和谐。现代设计中同样习惯采用色彩、形态、结构、材料等外在形式的变化与对比来谋求整体的和谐统一。

4.3 和谐形式的异同

对于和谐的形式，中国传统美学与艺术存在着内在形式和外在形式的区别。受道家与禅宗“虚”“空”哲学的影响，中国传统美学与艺术十分重视“虚、静、明”的内在意象，强调以实为虚、化实为虚而构成的和谐境界，正如清初画家笪重光所说：“空本难图，实景清而空景观。神无可绘，真境逼而神境生。位置相戾，有画处多属赘疣。虚实相生，无画处皆成妙境。”（《画荃》）可以说这种内在的和谐是一种心理意象性的形式，是以人的心理感官体验为基础的。而在外在形式上，中国传统美学根据“易”的哲学思想，强调“阴阳和合”的自然之美，在实际表现中讲究二元融突的和谐之道，即重视阴阳、虚实、动静、沉浮、疏密、浓淡、简繁、远近等形式的对照与映衬，并在实际应用中形成了一定程度的理性的分析和经验模式。如《营造法式》与清工部《工程做法则例》中记载了中国传统建筑营造中的“律”，即由数的等差变化而形成的和谐与秩序。但总体而言，中国传统美学的形式和谐观念具有模糊性特征，仅是基于形象思维或感性思维基础上着重于对立特征或对偶要素的定性评价上，这也使得中国传统造物更依赖于个人的手工技艺和直觉体悟，而未能给出科学的或准确的评价量度。

与之相对，西方美学倾向于数理逻辑分析，从古希腊毕达哥拉斯确立数学逻辑思维开始，美学与数学就紧密结合在一起，应用数学方法探讨或解读艺术中的形式美的法则，也使得西方美学的数理和谐观更为突出。美学领域界定的形式美法则也往往通过数理关系加以评判，如和谐的比例关系、适当的尺度、协调的色彩组合、对称的数学描述、均衡的知觉力等等，这也增加了现代设计中形式和谐的数理分析的比重，甚至在某些设计中形式美的数理分析起主导作用，因此西方现代设计将形式美法则作为设计创作和评价的重要因素，显示出一种基于功能基础之上的数理和谐美。

第5章 和谐思想下的现代中式家具设计系统建构

5.1 中西和谐文化的设计整合

众所周知，随着世界经济一体化的深入，设计领域也不可避免地出现中西文化的交流与碰撞，这一方面促进了中西设计理论与实践的融通，使设计理念、方法和评价标准呈现出趋同性；另一方面，在西方强势文化的冲击下，中国传统设计理念逐渐淡化甚至消失。尽管中西和谐思想分属两个相互区别甚至对立的文化体系，但在美学理念、审美方式和形式评价等方面却殊途同归。将中国传统和谐观的系统性、内在性及感性特征与西方和谐文化的矛盾性、外在性及理性特征相融合，建构适合我国当代设计的和谐化设计体系，这对在现代设计中融合时代性和民族性具有重要指导意义。

到现代设计中"和谐"的研究范围涉及从外在形式到内在理念的各个环节，可以大到产品与自然环境构成的整个系统，小至产品的连接方式、造型曲线和倒角过渡衔接的形式，即涵盖形式美的数理分析，也包含对设计文化融合的考量，这说明现代设计的和谐化研究具有多尺度、多层次的特点。而中西和谐文化所应用的层面也存在一定的差异性，中国传统和谐思想倾向于宏观系统层面，而西方和谐文化则专注于微观实用层面，这也使得中西和谐文化过程整合存在着相应的内容交叉与并合，从而合理选择相应层面的适用内容。如图2-37为中西和谐文化应用层面的比较。现代设计的思维方式倾向于系统化、层级化的逻辑分析，即从整体系统界定设计概念，针对不同的层级确定相应的设计方法，最终逐层递进地实现设计目标。因此根据实际需求确定设计层次，并形成理性的逻辑分析程序，有利于设计行为的顺利展开。现代设计和谐化层次的划分对应于相应的设计内容和需求层级，各层次的设计理念、应用方法和实现目标也就存在相应的差别。综合来看，现代设计的和谐化系统可以分为宏观层次、中观层次和微观层次三个层次。

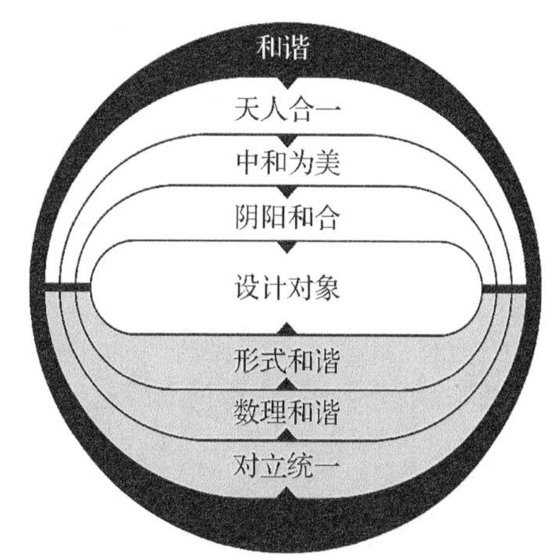

图2-37 中西和谐文化应用层面的比较
Fig. 2-37 The comparison in application layer between Chinese and Western harmony culture

(1) 宏观层次——系统和谐理念。和谐化设计的宏观层次需要上升到人—产品—社会—自然(环境)系统的和谐范畴来讨论。现代产品设计通常集中在产品本身的实用性、经济性和审美性，而忽视了产品与整个自然环境的和谐性，从而在完善产品自身功能和美感的同时却与自然环境需求形成对立，因此在人—产品—社会—自然（环境）系统中需要进行多方面、多层次、多维度的综合考虑，进而实现产品与环境、产品与人、产品与产品的整体和谐，使人—产品—社会—自然（环境）形成有机的和谐链条，将产品的生态价值纳入产品价值体系，从而使产品设计在商品化理念的基础上增加生态伦理方面的考量。

(2) 中观层次——和谐的设计方式。和谐化设计的中观层次是连接宏观理念和微观形式的中间环节，既需要对宏观的系统理念进行延伸与细化，又要为微观形式分析提供明确的概念参照。传统线性设计模式和循环设计模式是现代产品设计的主要方式，但基本都是围绕产品需求或存在问题展开的，解决问题是最终目的，而往往忽视了设计过程中各个环节和涉及内容的和谐性问题，如新产品与以往产品的品牌关联度、系列认知度，以及产品造型的文化语意等。也就是说，要在设计概念与目的之间形成有效的连接，需要对设计方式进行综合考虑，使之能够细化与分解原初概念，并形成具体化的操作因素，通过对操作因素的逐项关联进而实现整体的有效关联。所以说，这一层次重在具体环节的执行方式与操作方法，是现代设计得以实现的关键环节。

(3) 微观层次——和谐的形式。和谐化设计的微观层次即指产品具体形式要素的分析与考虑，这是产品设计最终的表现形式，也是产品设计理念得以实现的基础。这一层次是任何造物活动和造型设计都必须考虑的，其内容不仅仅涉及具体的尺度与比例、材料与工艺、形态与色彩等形式美因素，而且与影响形式美的人的因素、功能要素、技术要素甚至风格、需求层次、时尚流行文化等要素息息相关，因此最终形式的和谐与否应该是结合预定理念与评价体系的综合考虑，所以最终形式的确定既有审美因素考虑也包含人的心理体验、审美倾向及实际需求等要素的分析。

由于和谐化设计过程中涉及多种关联因素的共生共存，需要对中西方和谐文化进行相应的整合，使之形成完整统一、协调一致的分析理论，进而明确各个层次的应用范围和具体内容。根据中西方和谐文化的审美表现和应用，基本可以明晰中西方和谐文化中各部分内容的应用层次（参见图 2－38）。

5.2 现代中式家具设计系统建构

当我们将现代中式家具设计延伸到人—家具—社会—自然（环境）系统的和谐化研究时，整个系统则成为分析研究的对象，这就需要应用系统论思想及系统科学思维对系统关系进行分析。根据系统论层次性原则可知，“当我们把一个极其复杂的研究对象称为系统时，组成这个系统的内部要素便是这个系统的子系统。由于这些子系统的相互联系和相互作用，构成了一个有机的整体，使它具有特定的结构，因而具有特定的功能”，而同时子系统又可以由更低层次的子系统构成，这表明“系统是由具有多种等级层次结构和功能的有机整体……系统的这种层次性，把多级系统排列成由简单到复杂、从低级到

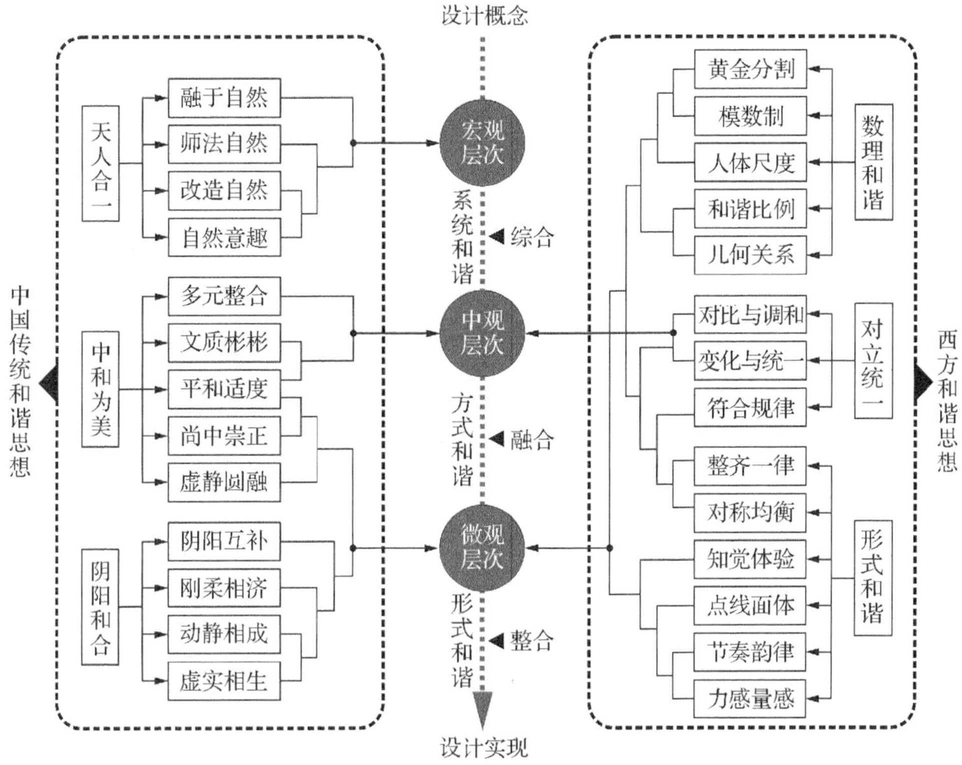

图 2-38　中西和谐文化在设计中的应用层次及内容

Fig. 2-38　The application layer and content of Chinese and Western harmony culture

高级的等级序列关系。”①系统的性质也只有通过分析这些多层关系才能被认识，每一个系统都处于三级的直接关系中，即同自己内部各子系统的直接联系，同外部环境的直接关系，作为子系统同更高一级多层次系统的直接联系。由此可见现代中式家具设计系统也是由不同层次和结构的子系统构成的，在不同层次的子系统中又存在着相应的构成要素，而整个系统的和谐不仅依赖于系统结构的完整，而且需要在各个层次的子系统中实现相应的和谐，并通过相应的设计方式实现各要素之间的和谐性。根据中西和谐文化在设计中的整合理念，本书尝试将现代中式家具纳入人—家具—社会—自然(环境)系统之中，然后按照由整及细的逻辑方式将系统逐层递进，形成明确的系统层级，并在各个层次上针对设计要素的具体构成来选取或引入相应的设计理论和方法，以实现各个层级中构成要素间的和谐化，并为现代中式家具设计提供从宏观理念到微观形式的思维逻辑方式。

从中西和谐理念入手，现代中式家具设计系统的层次可以分为三部分：宏观层次、中观层次和微观层次。其中宏观层次对应系统化的和谐理念，即将人与自然的关系作为现代中式家具价值理念的分析重点，结合“天人合一”与“师法自然”等和谐思想来分析现代

① 高志亮，李忠良. 系统工程方法论[M]. 西安：西北工业大学出版社，2004：38.

中式家具设计中的自然诉求和可持续设计目标，也就是在人—家具—社会—自然（环境）系统中将作为客观世界的自然（环境）作为相对于其他要素的对立因素来分析，进而考虑现代中式家具功利价值与生态价值的平衡和取向。中观层次则将分析推进到“人—家具—社会系统”，重点在于体现现代中式家具的社会文化特征，以明晰现代和中式概念的品貌，因为现代中式家具风格之所以区别于其他家具，主要在于文脉承传与形式语义，这主要是受各方面社会因素影响形成的。因此与一般家具设计不同的是，现代中式家具设计从定位之初就确定了最终形式表现的方向和评价标准——符合现代生活方式又具有中国文化内蕴，这也就需要对中国传统文化及现代社会因素进行综合性考虑，并通过有效的方式促进二者的有机统一，本文引入类型学的方法来探索整合的方式，并结合“中和”理念获取中观层次的和谐。微观层次则将系统界定在现代家具设计最为基本的层面——人与家具的关系。自现代主义设计推行“以人为中心的设计”以来，家具设计也由家具形式转向人的需求，这既体现在对人体尺度和行为的考虑上，如人体工学等，而且包括对不同人群需求的分析，从而使家具能够更好地满足人们对舒适性、操作性、安全性及审美的需求，而且能够从人性化、个性化和情感化的角度来实现家具的多元化设计。同时，要实现家具的功能性则要充分考虑家具的具体形式，这也是现代中式家具风格特征和语义传达的载体，因此对于构成家具的形式要素及其关系的美学分析同样是人与家具关系和谐性的体现。

总之，现代中式家具设计系统构成是建立在人—家具—社会—自然（环境）系统之上的，而且是基于中西和谐文化理念的逐层应用，以实现各层次构成要素的和谐化为目标，在具体设计方式的应用上则是以适应各系统结构和要素分析为原则的，在逻辑思维上采用从宏观到微观的渐进方式，而在具体的设计过程中则易形成系统性和综合性的分析域，适用于并行分析模式和循环分析模式。

03 /

现代中式家具设计系统的宏观层次

随着现代生产技术和管理方式的发展，现代家具生产制造已由传统的手工作坊加工转向现代化机械生产模式，其开发设计理念也更具综合性、交叉性与系统性。作为一件理想的现代家具，其不仅要具有实用价值、审美价值和经济价值，而且要考虑生态价值、文化价值以及特殊群体的个性化价值需求等。因此现代家具设计面临更为复杂的设计条件和更为严格的限制因素，这就需要在设计过程中全面、准确地把握设计对象及设计目标，并将相关要素纳入设计范畴之内。同样，作为一种具有时代性和民族性的家具风格，现代中式家具不能仅仅停留在设计表层的外观形式方面，仅仅依靠外观形式和传统元素的简单附加是不能提升家具内在文化性的，其必须建构完整的、系统的和谐化设计体系，从而使设计程序系统化、层次化。

第 1 章　现代中式家具设计系统宏观层次的建构

现代中式家具设计系统的宏观层次需要对设计相关的影响因素、价值取向和限制条件进行综合分析，并根据设计概念和实现目标确定明晰的设计范围，以使设计行为从设计之初就形成宏观上或整体上的和谐。就设计内容和价值取向(如图 3-1)来看，现代中式家具设计在宏观层次上应被置于"人—家具—社会—自然(环境)"的大设计系统之内，并将各个因素之间的功能关系与价值诉求加以系统分析解决。

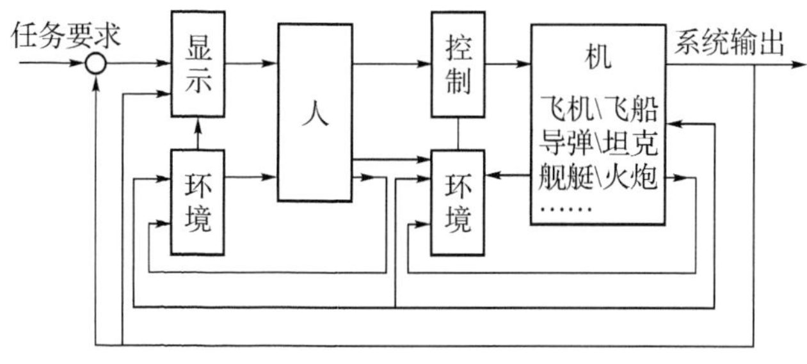

图 3-1　人—机—环境系统工程

Fig. 3-1　Human-machine-environment system engineering

1.1　设计中的"人—产品—环境系统"的构成

"和谐"本身就是针对共存于一个共同体或系统之内对立因素、异质要素的秩序化与协调性而言的，所以现代中式家具设计首先要明确所处系统的构成要素，并确定各系统要素之间的相互关系与基本诉求。诚然，现代中式家具本身的设计要素，如功能、形态、结构及材料工艺、装饰等，既构成了一个"物"的系统，又成为国内家具企业开发设计的主要内容，但是现代家具设计系统绝非限于家具本身，而是与其他工业产品设计一样，将人的因素、自然(环境)的因素都纳入家具设计系统之中，从而将家具的价值诉求结合到人的需求和自然价值需求上，从系统和谐性上获得最终的价值平衡点。

1.1.1 “人—机—环境系统”的形成

自 20 世纪初以来，现代设计理念逐渐由传统的“以机器为中心”转向“以人为本”，从而强调设计应使机器(产品)适应人的尺度和操作需求，而不再是强迫人去适应机器，这种转变使现代设计范围扩展到人的行为、尺度和知觉承受等方面，从而在产品设计过程中将原来的机器延伸为“人—机”系统的综合考虑。这种转变的诱因是第二次世界大战时期对先进武器操作安全性、可靠性、适应性的分析，欧美国家为了获得武器装备与士兵操作使用的高效配合，开始在武器设计中增加对人的生理和心理因素的分析。而在此基础上形成的人机工程学(英国称为“人类工程学”，美国称“人体工程学”，苏联称“人机学”，日本称“人体工学”或“人间工学”等)基本上是以改善人使用产品时的可靠性、安全性、易操作性等为主要目的，其主要根据对人的肢体尺度、内在结构和操作行为的生理、心理特征等的统计数据对产品的操控方式和基本比例尺度进行设置，以使产品具有易操作、安全、可靠、舒适、高效的宜人性特征。在对“人—机”系统进行综合考虑时，使用环境作为联系二者的空间存在要素也被考虑进来，从而使“人—机—环境”成为相互关联的系统，对于“研究整个系统各环节间信息传输的相互关系，从中分析、权衡，寻找出最佳工作状态，使系统在‘安全、高效、经济’诸方面获得最佳效果”①的研究则是基于系统科学思想之上的人—机—环境系统工程学(Man-Machine-Environment System Engineering，简称 MMESE)。其于人机工程学、工效学、人体工学等在对人体生理、心理特征研究层面有着诸多共性，但不同的是人—机—环境系统工程学是将人、机器、环境三者看作是整个系统中相互关联、相互作用的并行因素，环境对人和机器都存在着主动性的影响和制约，而不像人机工程学理论中的环境只是实现人—机关系的场所空间，因此人—机—环境系统工程学的重点在于分析整个系统的合理运转以及实现各个要素的价值诉求的方式与技术。这一理论最先被应用于航空航天领域中，主要探讨航天员、控制器及飞船座舱环境三者构成系统的相互关系。如图 3-1，人—机—环境系统工程学中的“人”指主体工作的人，即使用者、操作者或控制者；“机”是人操作或控制的对象，既包括实体的机械、硬件及装备等，也包括操作界面、软体等；“环境”则指人、机系统所处的环境，既包括物理因素的效应，也包括社会因素的影响。人—机—环境系统工程学将人、机器和环境合并为整体系统，从系统关联性、和谐性的角度去分析最佳的组合与运行方式，尽管其目的依旧是满足人的使用需求，但是却促使人、机、环境之间形成了必要的关联，并推动现代设计向着系统和谐的方向发展。

1.1.2 现代设计中的人—产品—环境系统

现代设计不仅从理论层面借鉴了人—机—环境系统工程学的系统分析方法，而且在实践中将“人—机—环境系统”进行了概念的扩展和延伸，并对系统各要素的价值诉求和

---

① 陈信，龙升照. 人—机—环境系统工程学概论[J]. 自然杂志，1985(1)：36～38.

功能属性进行了具体化界定，形成了用于设计分析的“人—产品—环境系统”，在此系统中，人、产品和环境的范围和属性都发生了相应的变化，而且三者的关联也不仅仅限于“有效性、安全性和宜人性”①三项评定原则，而是在功能属性基础上增加了精神属性与社会价值等内容，既除了产品的使用功能之外，还需要考虑使用者的生理、物理与心理的需求因素，产品管理、生产及销售相关的社会因素，与环境保护和生态平衡相关的综合价值等。也就是说，现代设计中的“人—产品—环境系统”是将人—产品—环境系统工程学的功能性系统转化为兼有物质性与精神性的综合系统。其构成主要包括各因素的基本属性、功能属性和价值属性等。

(1) 基本属性

“人”的因素构成了系统的能动主体，其本质上具有使用者、操作者和测验者的属性。在现代设计中，“人”的因素还包括人体生理和心理参数，如肢体基本尺寸、基本作业姿势和空间范围；人的操作力和执行力；信息识别能力及环境适应力等。“人”的因素的构成则涉及与设计实现相关的人员，如用户、设计者、经营者、管理者，甚至产品定位人群及特殊群体等。

“产品”因素构成了系统的执行客体，既是人操控的对象，也是设计行为的直接目的。“产品”因素首先是提供人的功能需求，以实体的或虚拟的形式构成，这就决定了产品的基本属性是以功能性部件的组合体，如手机的显示屏、按键、彩壳、插孔及芯片、电路板等。

“环境”因素构成了系统的客观条件，限定了人与产品的交互场所以及系统运行所需要的必要因素。这主要包括产品存在和应用的自然环境、物理环境、化学环境等，如产品生产环境、使用环境及维修保养的环境等。

(2) 功能属性

功能属性指各因素在系统中所承担的功能效用，这也是现代设计功能论所关注的重点内容，但基本集中在产品功能的分析层面，将设计任务定义为优化产品与人相关的功能。而在人—产品—环境系统中的功能属性则包括人和环境对系统的功能性支持。人的功能属性指人对产品的识别、适应、操控、检测和认同，重在人机互动过程中人的主动性，人凭借自身的能力范围及限制条件对产品的形式、功能及属性进行界定，并在使用过程中实现由产品形式向功能需求的转换。

产品的功能属性是产品的核心内容，既包括产品的实用功能，同时也包括其非物质的和精神层面的功能效应。布拉格学派符号学家穆卡洛夫斯基(Jan Mukalovsky，1981—1975)将产品功能划分为实用功能、符号功能和形式审美功能。② 克略克尔则将产品功能属性划定为 TWM 系统，即技术功能、经济功能和与人相关的功能。③ 略巴赫(B.

---

① 陈为.工业设计中“人—机—环境”因素分析及其产品人机关系综合评价[J].人类工效学，1999(1)：51～54.

② [德]伯恩哈德·E·布尔德克.产品设计：历史、理论与实务[M].胡飞，译.北京：中国建筑工业出版社，2007.

③ [德]克略克尔.产品造型[M].施普林格出版社，1981：4.

Löbach)也将产品功能划分为实用、审美和符号功能。① 在此基础上，现代设计中通常将产品的功能属性界定为实用功能、审美功能和认知功能，并在不同产品中有着不同的侧重(如图 3-2)。

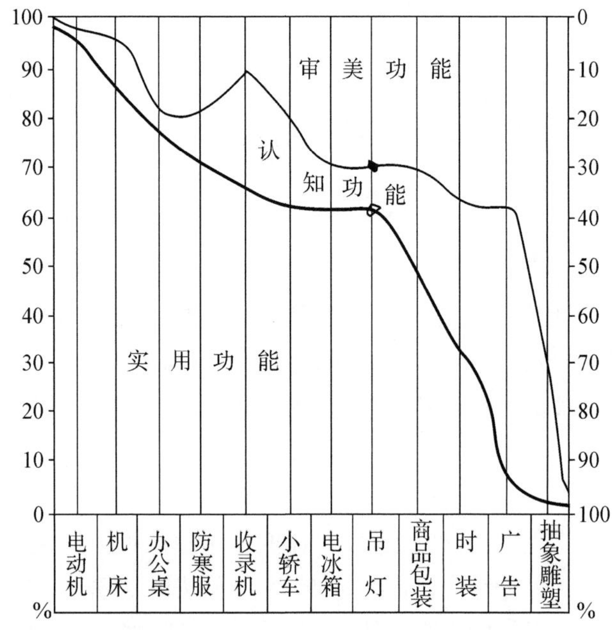

图 3-2 不同产品三种功能属性的比重
Fig. 3-2 The attribute proportion of function in different products

环境的功能属性是指环境在实现人机互动过程中条件反馈与功能性支持，如使用环境的场所化功能、管理环境的软界面等。除了与产品和人直接关联的环境空间之外，同时还包括间接环境，如产品材料来源、生产过程、报废处理环节等过程中涉及的环境功能。斯蒂芬·R·凯勒特在《生命的栖居：设计并理解人与自然的关系》一书中将环境(自然)的功能属性分为能源支持、场所精神、体验功能、象征功能等。②

(3) 价值属性

价值属性构成了现代设计的目的因，即设计行为秉持的理念与方式的价值指向。这也体现在对系统中"人""产品""环境"三者关系的综合分析上。人的价值属性通常居于主体地位的，即所谓的"以人为中心"，这也是现代设计的主导价值观，强调人的物质价值与精神价值的满足和实现。这种价值属性主要是从和人的需求层次的结合中逐次递进体现的。美国心理学家亚伯拉罕·马斯洛于 1943 年在《人类激励理论》中将人的需求层次划分为五个级别：即生理需求、安全需求、社交需求、尊重需求和自我实现需求，而每个

① [德]略巴赫. 工业设计：工业产品造型基础[M]. 慕尼黑：慕尼黑出版社，1976：57～64.
② [美]斯蒂芬·R·凯勒特. 生命的栖居：设计并理解人与自然的联系[M]. 朱强，等，译. 北京：中国建筑工业出版社，2008.

层次也明确了人的不同价值追求。① 如图 3 - 3 马斯洛需求层次金字塔也是现代设计中对人的价值属性的重要参照。

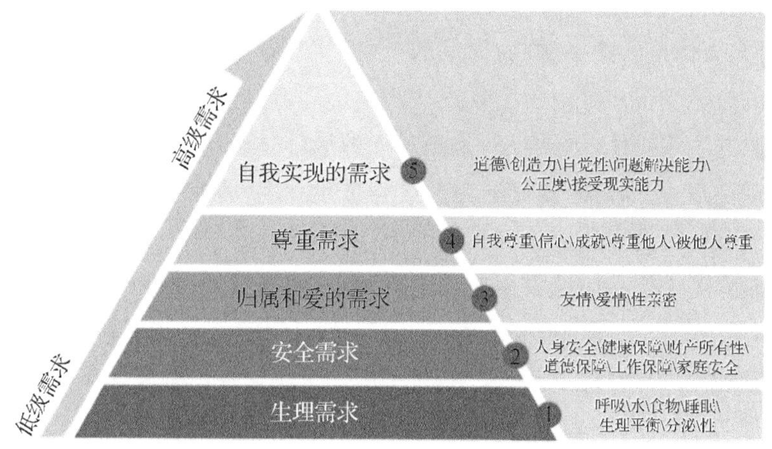

图 3 - 3　马斯洛需求层次金字塔
Fig. 3 - 3　Maslow's hierarchy of needs

产品的价值属性既体现在产品本身的物质属性上，同时也体现在人的价值实现上。首先，产品的功能是其使用价值的具体表现，作为一种物质存在，产品还具有经济价值，体现在商品交换中的商业利益，这也是现代企业开发设计产品的主要目的之一。其次，产品作为一种形式存在，其具有符号认知与艺术审美价值，与企业形象识别、品牌认知与审美诉求息息相关。

环境的价值属性在于良好的环境对人与产品交互系统的友好性支持，避免不适的、破坏的，甚至恶劣的、危险的环境对人或产品造成的不良影响。这一方面包括人与产品互动所处实际场所的舒适度、满意度与和谐氛围，另一方面在于产品实现过程中对自然（环境）的影响程度，即重视自然的生态价值与可持续价值。

1.2　现代中式家具设计中"人—家具—社会—自然(环境)系统"的构成

1.2.1　人—家具—自然(环境)系统

现代设计之所以日益受到人们的重视，是因为"它在生产和消费方面的先导作用已日益明显，更重要的是它能诱导人们的观念更新"②，人—产品—环境系统的综合研究使现代设计从最初的"功能第一"转向人与产品、人与环境之间本质关系的研究，环境友好性设计及可持续性设计概念日益深入，并突显出现代设计的非功利性价值。家具作为工业设计的重要内容，设计上的先进理念和技术革新几乎都会在家具设计中得到体现和应用，而人—产品—环境系统的综合性研究也同样反映在人—家具—自然(环境)的整合上，其中既包括"以人为本"或"以用户为中心"的人本主义设计理念，同时生态设计、绿色

① Maslow, A. H. A theory of human motivation. Psychological Review, 1943, 50(3): 370～396.
② 刘文金，唐立华. 当代家具设计理论研究[M]. 北京：中国林业出版社，2007：128.

家具等"以自然为本"的设计理念也成为现代家具考虑的重要内容。

人—家具—自然(环境)系统基本上来自于人—产品—环境系统的相关研究,并结合家具的特点以及与人的关系而进行发展和延伸。与其他工业产品不同,家具与人的关系更为密切,并与人体接触频率较高,时间较长,并直接影响人的生理健康,如四肢、颈椎、腰椎等部位的疲劳受损多是由于家具设计的不合理造成的。① 因此,家具设计的主要功能不是满足人的主观操作,更重要的是满足人的肢体休息的需要,强调的是家具与人体的配合与能动性适应,即椅子需要配合人就坐的行为,床要适应人躺卧的状态,而不是要求人通过变换肢体行为去适应家具。同时,家具不只是作为单纯的消费品和用具存在,其更重要的是作为人们室内的重要的功能性陈设,具有广泛的审美与文化内涵,因此其文化价值、审美价值及象征价值则更为突出。自然(环境)因素主要体现在两方面。一方面是家具放置的室内或室外空间,也是人活动的空间,既为人和家具提供了相应的场所,同时家具的形态、结构和布置同样对环境产生影响,所以二者是相辅相成的,空间场所限定并影响家具的形式,家具的样式也改变着空间格调和氛围;另一方面是家具生产制造过程所涉及的一系列自然及环境问题,既包括家具材料采购对自然生态的影响,也包括家具生产制造环节直接影响到的周围环境,因此这里的自然(环境)是大自然环境的概念,其设计分析针对的是家具整个生命周期中涉及的自然及环境概念。如图 3 - 4 是现代家具从木材采伐到家具成品过程的简单示意。

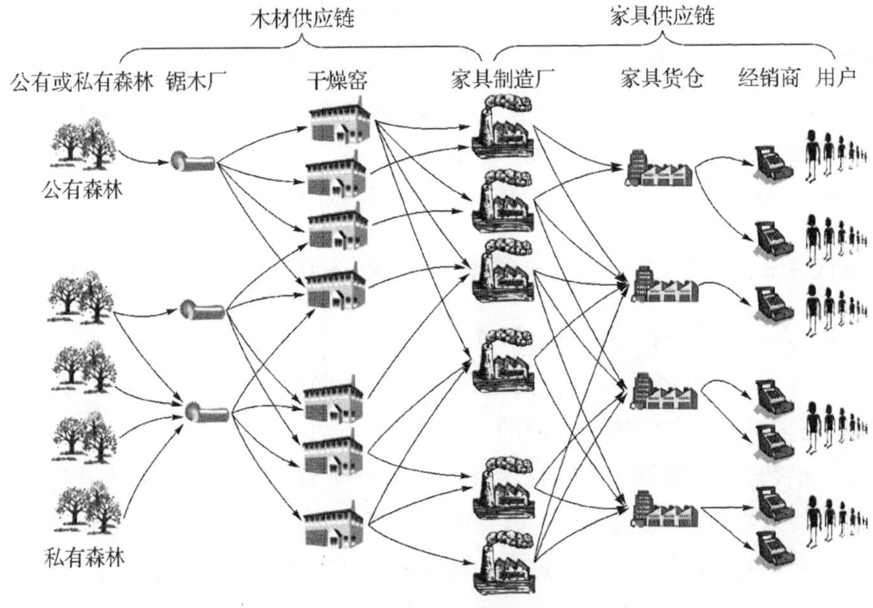

图 3 - 4 从木材到成品的过程示意图

Fig. 3 - 4 The process from trees to furnitures

① M. K. Gouvali, K. Boudolos. Match between school furniture dimensions and children's anthropometry. Applied Ergonomics, 2006, 37(6).

现代家具设计对人—家具—环境系统的建构不仅强化了对人、家具、环境各因素的研究，而且将家具设计理念从强调家具的功能性和人的需求论转向整个系统价值平衡的方向，其中围绕人与自然和谐关系的理念逐渐凸显，并成为现代家具的核心理念之一。对于现代家具设计来说，人—家具—环境系统的建构从宏观层次上提出了家具设计系统论的思想，并将家具设计的价值与人的需求价值、自然环境的价值诉求结合起来，强调对家具整个生命周期的综合设计研究。现代家具设计中的人—家具—环境系统与设计理念和价值诉求的关系见图 3－5。

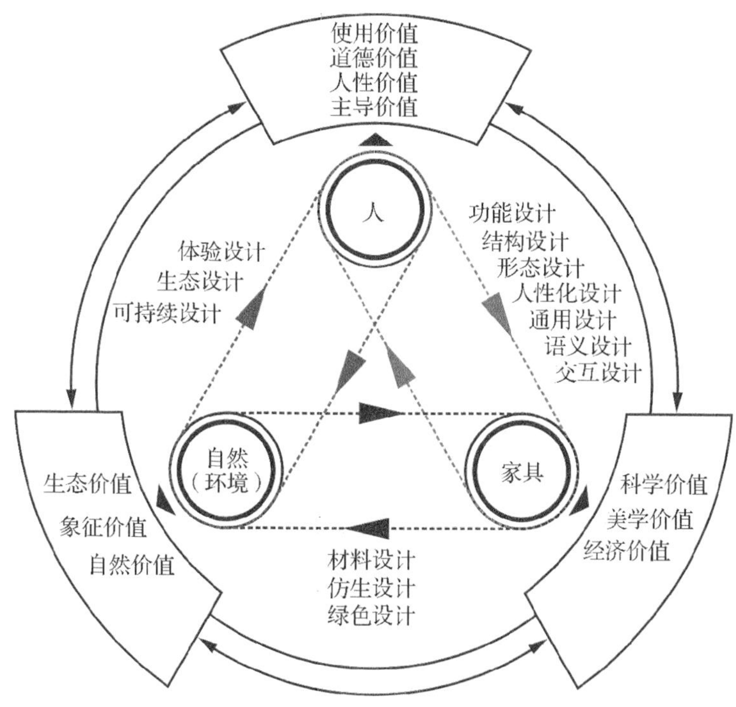

图 3－5　人—家具—环境系统与设计理念和价值诉求的关系

Fig. 3－5　The relationship among human-furniture-environment system, design concept and value appeal

1.2.2　现代中式家具设计中的人—家具—社会—自然(环境)系统的构成要素

尽管现代中式家具概念是针对中式古典家具和现代家具差异性而提出的，但这并不说明现代中式家具设计只需要考虑“中式符号”的移用和语义体现，相反，现代中式家具应在继承传统家具文化及其优良工艺品质的基础上，积极吸取现代家具的设计理念、设计思想和设计方法，并应用到具体的设计实践中，使现代中式家具符合现代生活方式并满足时代性家具的现代家具检测标准。此外，现代中式家具是具有本土化审美及文化识别特征的家具形式，与现代家具不同的是，其设计概念从起始点上就增加了文化语义的限定，以中式古典家具文化为代表的传统文化及社会因素都对现代中式家具的审美和设计方式有着相应的限定和约束。因此，在考虑人—家具—社会—自然(环境)系统的时候必须增加传统文化及本土文化对各个因素的制约和影响，现代中式家具设计开发必须综合考虑人—家具—社会—自然(环境)构成的大系统(如图 3-6)中各个因素、各个环节的和谐问题，需要从宏观层次对家具的设计理念和价值诉求进行界定。

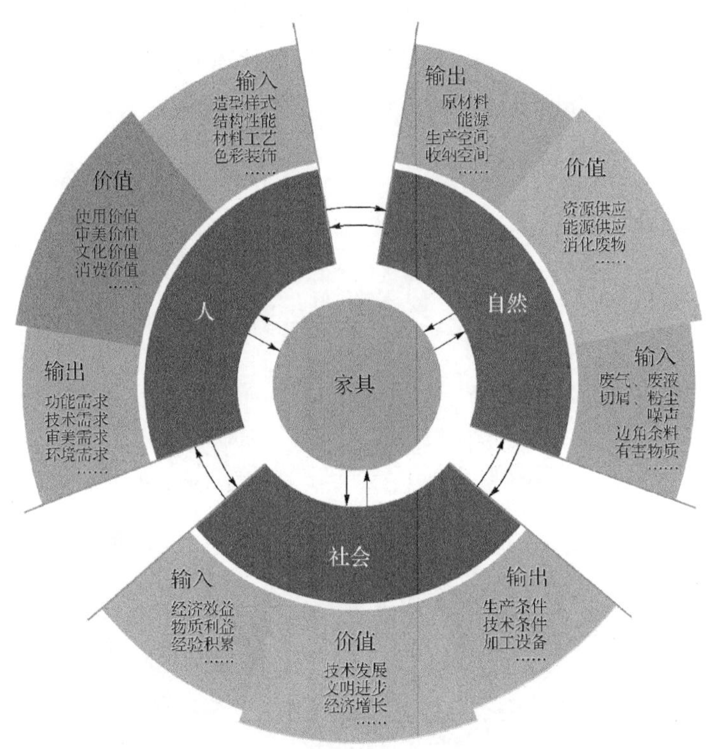

图 3-6　人—家具—社会—自然(环境)系统
Fig. 3-6　Human-furniture-society-environment system

首先，人的因素除了包含自然人的生理与心理需求之外，还包括作为社会人时受到文化传统和民族审美方式的影响，如中国人之所以钟爱红木家具，既在于红木家具的实用性、艺术性和保值性，也在于凝结在红木家具中的民族情结与文化气质等方面。因此，现代中式家具设计中对使用者需求的考虑不仅要根据马斯洛的需求层级确定各个层次人群的基本需求，而且要考虑影响消费者选择或购买现代中式家具的相关因素，这些因素既是现代中式家具设计的基本点，同时也是设计的人本价值所在。综合来看，现代中式家具设计中人的因素主要反映在以下几点：生理因素、需求因素、文化因素、审美因素、价值因素等。

其次，对于家具因素，现代中式家具应是兼具功能性与文化性的，第一，要满足人们对家具实用及审美的功能需要，并根据现代家居环境和生活方式设定相应的家具属性；第二，现代中式家具应具有传统性和民族性的文化语义，这种语义不是对传统家具符号的抄袭或简单模仿，而应是改良和创新。传统中式家具固然具有诸多优点，如牢固的榫卯连接，巧而合宜的框架结构等，这些是现代中式家具应该借鉴和吸取的家具文化要素，但同时传统中式家具也存在与现代家具设计理念相悖的内容，如大量采用贵重的稀有硬木材料，导致生态资源破坏严重；繁缛的雕刻与纯粹装饰，造成材料浪费并影响家具舒适性，这些是现代中式家具设计中应加以改进的。因此，现代中式家具设计中对家具因素的考虑主要涉及：功能因素、技术因素、审美因素、文化因素、语义因素及经济因素等。

再次，社会因素主要是基于中国本土文化与现代设计理念的融合方面。诚然，现代设计同样涉及社会因素对产品形式的影响，但受国际化风格的影响，现代设计主要集中在设计的理性与功能性方面，重视几何形态或抽象形态的组合与构成，主张应用新型材料及工艺表现技术美，从而忽视地域文化与传统文化的应用。而现代中式家具则是明显带有地域特征与民族文化语义的家具类型，其设计必须在功能性基础上将民族特征与时代性加以和谐化，才能称其为现代中式家具。因此其涉及的社会因素主要包括传统审美心理、文化观念、语义符码、风俗习惯、民族象征等。

最后，环境要素是现代设计理念中关注的重点内容，如环境友好性设计、绿色设计、生态设计及可持续性设计等理念都是针对设计行为对自然生态的效应问题，但当前国内企业的现代中式家具设计中对环境因素的考虑却缺乏理性的与系统的考量，基本上停留在现代中式家具对人文环境氛围的塑造和体验上，而未能深入到家具生产整个过程中对自然（环境）及自然资源、能源的影响上，所以尽管大部分设计宣扬的是文化理念，但实质上仍旧是以功利性的商业观念为主的，这也导致现代中式家具设计在提升人文概念时忽视了自然价值。因此，现代中式家具设计应在文化价值与自然价值上取得平衡，不应得鱼忘筌，尤其是在世界各国都在致力于建立“绿色家具认证标准”并采用“环境标志”对家具进行评定，现代中式家具也不能回避对自然（环境）要素的考虑和体现。传统中式家具本重视“天人合一”，强调家具中体现自然的意趣和文化内涵，并将人对自然的情感寄托以合理的形式融合在家具之中，因此自然（环境）在家具设计中既可以作为主体参照，又是设计的客体对象。

1.3　现代中式家具设计系统的宏观层次的建立

我国家具业迅速发展不过二三十年时间，尽管能够借鉴并吸取传统中式家具、西方古典家具与现代家具的优点而迅速刺激家具产业升级，但是其设计理念和思想并没有经历与现代家具设计发展相当的历程，就家具设计现状来看，正如刘文金教授所讲：“如果说世界家具发展有一条清晰的以时间为坐标的‘线索’的话，我们目前所做的工作就是在将此线索进行‘折叠’，以多个不同的‘头绪’进行‘交叠’。因此，中国当代家具设计正面临着这样一个跨时间和跨空间的‘整合’。”①这也说明当代中国家具在跟风与盲从的过程中却忽视了对中国现代家具设计的系统性考虑，仅仅停留在所谓“风格”“样式”或“主义”的模仿上，这在国内企业生产的“现代中式家具”中也有明显反映。诚然，现代中式家具作为一种具有民族文化特征的物质类型，与中国审美和文化密切相关，但从本质上说，现

① 刘文金，唐立华. 当代家具设计理论研究[M]. 北京：中国林业出版社，2007：151.

代中式家具同样是自然界的物质存在，作为人类的使用物品，其生产、使用及销毁都对自然界产生影响。因此在人—家具—社会—自然（环境）系统中，既要体现人对家具的需求和家具对人的满足，同样需要关注人通过物对自然的影响和自然的反馈，这种关系应是双向的。分析可见，要避免纯粹形式上的模仿而创造真正具有中国时代特征的现代中式家具，就必须重新审视人—家具—社会—自然（环境）系统的和谐性，通过系统、科学的思维对各要素内涵及相互关系进行整体性、层次性与关联性分析和研究，从而实现设计理念的完整性与系统性。

当我们将现代中式家具设计延伸到人—家具—社会—自然（环境）系统的和谐化研究时，整个系统则成为分析研究的对象，根据系统论层次性原则可知，"系统是由具有多种等级层次结构和功能的有机整体组成的……系统的这种层次性，把多级系统排列成由简单到复杂、从低级到高级的等级序列关系。"①而在系统分析的过程中，环境要素是与其他要素相区别的，因为其存在并影响着系统的各个层次，所以系统各要素与环境的关系构成了系统分析的首要内容。而就现代中式家具设计来看，人—家具—社会—自然（环境）系统中的环境因素具有相对的客观独立性，而且在现代设计理念中环境的价值诉求越来越突出，人与环境（或自然）的和谐构成了社会可持续发展的关键，因此，现代中式家具设计系统的宏观层次界定在设计行为与环境（或自然）的和谐化研究，既与造物行为科学发展观相契合，也是对现代设计价值观的重建。

在人与环境（自然）的关系上，中国传统和谐思想强调"天人合一"，这尽管集中在"畅神"和"比德"的人文伦理层面，但在现代造物和设计行为中则更多体现出生态价值观，这与现代设计中的生态设计、绿色设计和可持续设计理念是一致的，都强调人的行为与自然价值的和谐性，保证人与自然互惠互生的和谐关系。

综合以上论述，结合中国"天人合一"思想在现代设计中的表现和应用，可以将现代中式家具设计系统的宏观层次建立在"天人合一"基础之上，对人—家具—社会—自然（环境）系统中的环境要素进行综合分析，确定环境（自然）的功能性作用及理性的价值诉求，进而确定设计行为所能解决的环境问题和从环境（自然）中获得的借鉴之处。这其中环境（自然）对现代中式家具设计行为的影响主要体现为直接限定性的价值诉求和间接客观性的参照作用，即：

(1) 作为设计评价对象的环境因素——环境诉求

现代工业化生产特征决定了产品与环境的物质交换过程的复杂性与系统性（如图 3-7），从原材料的采购到产品最终销售都涉及对环境的影响，这种影响在传统的商业设计观念中所占比重甚低，但随着生态观念与可持续发展观的提升，环境因素评价对现代设计及生产行为的约束力逐渐显现，并逐渐由最初的概念和倡议转化为具有行政和法律约束力的商业规范和标准，这也就将原来道德层面的环境诉求制度化、规范化，也就迫使

① 高志亮，李忠良．系统工程方法论［M］．西安：西北工业大学出版社，2004：38.

现代设计行为必须对产品开发过程中的环境诉求加以考虑，也就是说设计行为的价值不再只仅仅体现在商业价值与物质利益上，而且还体现在社会责任与生态价值上。同样现代中式家具的设计也不应只是解决当前人们对使用功能和传统文化的需求，而忽视对环境和自然生态的影响。这就像 McDonough 所说的“代际暴行（intergenerational tyranny)”，即我们今天的所作所为将由未来无辜的人们来承继。[①] 因此现代中式家具设计应采用可持续设计理念对各个环节的环境诉求加以分析，这主要涉及：①现代中式家具设计开发过程对自然环境的影响分析；②现代中式家具生产环境的影响分析；③现代中式家具使用环境的影响分析。

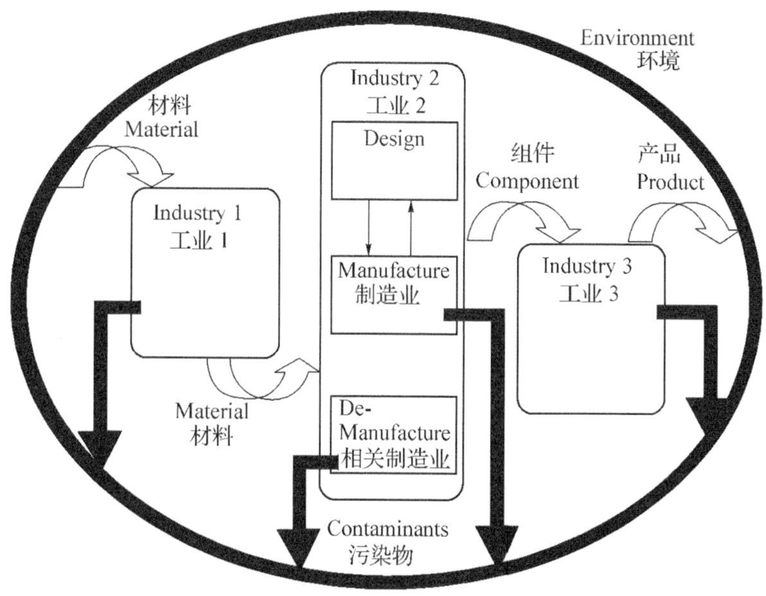

图 3－7　产品与环境的物质交换过程

Fig. 3－7　Substance exchange process between product and environment

(2) 作为设计参照对象的环境因素——自然意趣

如前所述，中国文化中的“天人合一”思想主张从精神上与审美上吸取自然的精神和易趣，所谓“仁者乐山，智者乐水”（《论语・雍也》）就是从山水之间寻求德行之根本。同样，在现代设计中以自然意趣为表现特征的理念也非常突出，尤其是在家具设计之中。家具本就是空间环境的组成部分，其风格通常要与环境和谐统一，因此除了自然环境给予家具内在语义的参照之外，家具所处环境的风格特征同样是家具设计的参照要素。就现代中式家具设计来讲，可供参照的环境要素应当包含中国传统文化中对自然审美的意境理解，也应当包含对现代中国家居空间环境构成的分析。因此，现代中式家具设计中对自然意趣的参照主要体现在：①师法自然，提炼并纳入自然元素；②融入现代家居环境，塑造并表现自然意趣。

① Jason F. McLennan. The Philosophy of Sustainable Design. Ecotone Publishing LLC，2006：9.

第2章 现代中式家具设计系统宏观层次的环境诉求

现代制造业对自然环境影响日益严峻,因此自然环境问题逐渐成为现代设计关注的重点,家具行业也不例外。从使用上来看,家具与人们的生活、学习、工作、休闲息息相关,其功能性、安全性、审美性及舒适性等都是人们所需要的。但从生产上来看,从原材料采购到生产制造再到废弃处理的整个生命周期中,每个环节都不同程度地与自然环境发生着物质或能量传递。就当前现代中式家具生产流程(如图3-8)来看,其生产过程需要消耗大量的自然资源和能源,很多是宝贵的不可再生资源。同时生产过程中释放的气体、水、固体废弃物等都要排放到外界环境,家具产品的生命终结物质最后也要归于环境,这既对人类的工作生产环境具有直接影响,同时也是对自然环境的破坏。此外,受现代家具制造工艺的影响,家具产品中所含的甲醛、挥发性有机化合物、苯、甲苯、苯酚、氨、氡、氯乙烯及可溶性铅、汞、砷等有害元素都严重影响着人体健康和生活环境。因此现代中式家具设计不仅要考虑家具的功能和审美,而且要将整个生命周期中的环境诉求纳入到设计中来,使现代中式家具不但是审美意义上的形式产品,而且应成为具有可持续发展意义的产品系统,因此塑造基于环境诉求之上的现代中式家具设计美学是极为必要的。

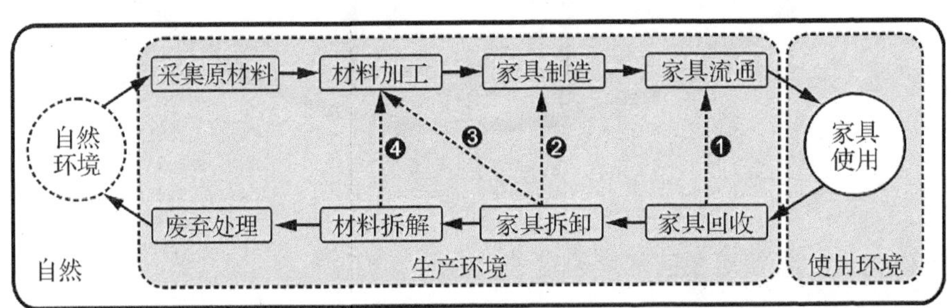

注:❶直接循环再利用 ❷直接利用成分再制造 ❸可循环材料再加工 ❹单体原材料再生

图3-8 现代中式家具生产过程

Fig. 3-8 The production process of modern Chinese furniture

2.1 现代中式家具与自然环境的和谐

2.1.1 可持续设计思想的提出及其设计原则

1961年美国生物学家R·卡逊发表著作《寂静的春天》首次提出了人类行为与环境诉求的矛盾,1972年罗马俱乐部在《增长的极限》报告中就正式提出了可持续发展的思想。同期美国设计理论家维克多·巴巴纳克在其著作《为了真实世界而设计——人类生态学和社会变化》和《绿色当头:为了真实世界的自然设计》中提出了“有限资源论”,首次阐述了绿色设计的思想理念。他强调设计师从事设计工作的社会伦理价值，在考虑为人民大众服务的同时应重视地球资源的使用问题，并为保护地球的环境服务。但直到20世纪80年代，绿色设计与可持续设计才受到普遍重视，1987年世界环境与发展委员会发表《我们的共同未来》的报告，1992年联合国环境与发展大会通过《里约环境与发展宣言》及《21世纪议程》，逐渐将环境诉求与人类生存发展形成紧密关联性，并提出了可持续发展的战略思想，随之在设计领域也相应提出诸多创新概念，如生态设计、绿色设计、可持续设计及为自然而设计等，这都反映出现代设计对环境诉求及社会可持续发展的关注和积极反应。

近10年内关于生态设计与可持续设计等概念的研究主要集中在可持续设计原则、理念及内容的探讨上，而对于实现可持续的设计方法并未形成明确的概念。就产品创新开发方式（如图3－9）来讲，当前可持续设计主要集中在①、②两个层次上，即产品改良和产品再设计，而对于功能创新与系统创新层次则涉及较少，这中间的主要障碍未能有效解决环境诉求与产品开发的关系，其原因一方面在于生产技术与商业价值的考虑，另一方面可持续设计不单单是一件产品或一个公司生产的问题，还是需要对环境诉求进行深层次的理解与规划，不仅要考虑当前用户和眼前效益，而且要考虑未来用户和长远价值，这需要整个行业和社会进行系统性的协作才能实现。对于解决环境诉求的可持续设计原则应包括以下几点：①自然资源的可持续性，指人类在开发自然与利用自然过程中应维持生态系统及自然资源的可持续性，调节人的需求消耗与自然承受能力之间的平衡；②生态文化主导下的审美与文化，指人类应用生态的观点来重新审视造物行为及活动，确立以人和自然和谐相处的新的文化与审美观念。

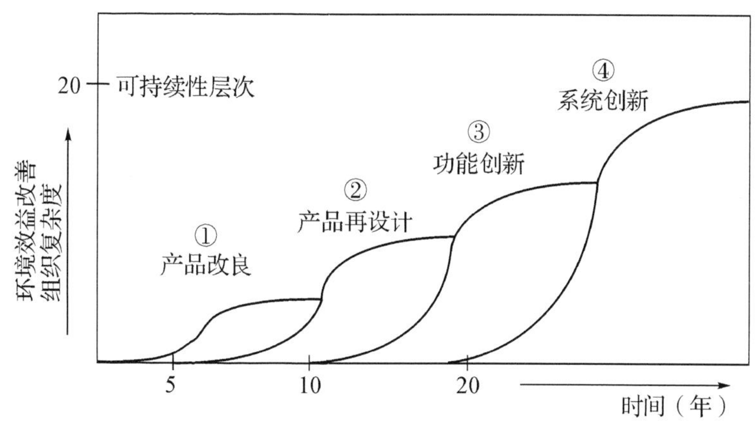

图3－9　*产品创新开发方式*

Fig. 3－9　The modes of product innovation and development

2.1.2　现代中式家具用材的可持续性

与其他工业产品不同，家具材料选择直接影响着最后的成品造型与审美体验，因此通常被作为家具设计的第一步，也是体现家具可持续设计理念的重要内容。但相关调查显示，当前国内家具企业对现代中式家具的用材基本延续传统中式家具的材料体系，以深色名贵木材为主，并在推崇红木文化的基础上形成了特殊的红木材料审美，这也使得现代中式家具在红木应用上较为普遍，如黄花梨、紫檀、酸枝木、鸡翅木等。诚然，红木材料作为家具材料具有质坚、耐磨、耐久性等诸多优点，但其树种生长周期较长，大多生长于热带和亚热带原始森林，由于人类的乱采滥伐，已经遭到严重破坏。目前大多数国家，如印度尼西亚、菲律宾及南非等，都通过国家立法禁止硬木原木采伐和出口，这既是出于对国家利益的保护，更是对自然环境可持续发展的考虑。同样，中国国家环保局HJT303－2006《环境标志产品技术要求——家具》标准中也有规定，“如果木材占产品总重量(指家具)的10%以上，则产品所有的木材，不得来自受保护的天然林，不得使用珍贵树种(通过FSC-可持续森林认证的木材除外)”。这同样对现代中式家具使用木材提出了限制和要求。而就设计理念上来看，仅仅选材用材这一环节，现代中式家具还停留在功利性层面，这里面既有名贵材料的经济效益，也有人们对红木材料收藏价值的考虑，而对家具的功能性和对自然环境的影响则考虑较少，因此要实现现代中式家具与自然环境的和谐，首先应考虑家具用材的可持续设计。

就现代家具应用材料来看，木材、金属、塑料、玻璃、皮革、纤维等不一而足，评价家具风格及价值的标准也并不是完全依赖材料属性的，材料选用的目的也是以其良好的性能和使用舒适性为基础的，所以现代中式家具不应囿于传统中式家具硬木用材的限制(中国传统民间家具大部分采用榉木、榆木等软木材料)，应综合考虑材料的环境协调性、先进性、安全性、合理性及适应性等①，尽量使用可循环的原材料，并将循环的观念应用到其废弃和生产过程中；尽可能少地使用不可循环原材料，合理地选用替代性材料，或通过技术研发改善材料属性，使其适应使用需求和生产条件。从自然资源的可持续性及环境保护的角度出发，现代中式家具设计的材料选择及应用应遵循“4R原则”：减量利用原则、重复利用原则、循环利用原则、再生资源利用原则。这在实际过程中主要体现在以下几点：

①选材：现代中式家具选材应在满足功能需求及造型创新的基础上纳入对环境因素的考虑，优先选用环境协调性好的绿色材料或低影响材料，不应限于硬木或天然木材，应提倡使用复合材料，如木塑复合材料、合金材料、塑料、玻璃、纸质等节约资源、不污染环境和损害人体健康的各种材料，这些材料在现代家具设计中都得到广泛应用，并拓展了现代家具的整体形貌，是现代中式家具概念延伸的极好借鉴。现代中式家具选材应具有科学性并参照环境标志认证、M1认证及FSC可持续森林认证等标准进行，选材方式应对相关属性和要素进行综合考虑，具体流程参考图3－10。

---

① 吴智慧.绿色家具技术[M].北京：中国林业出版社，2006：134.

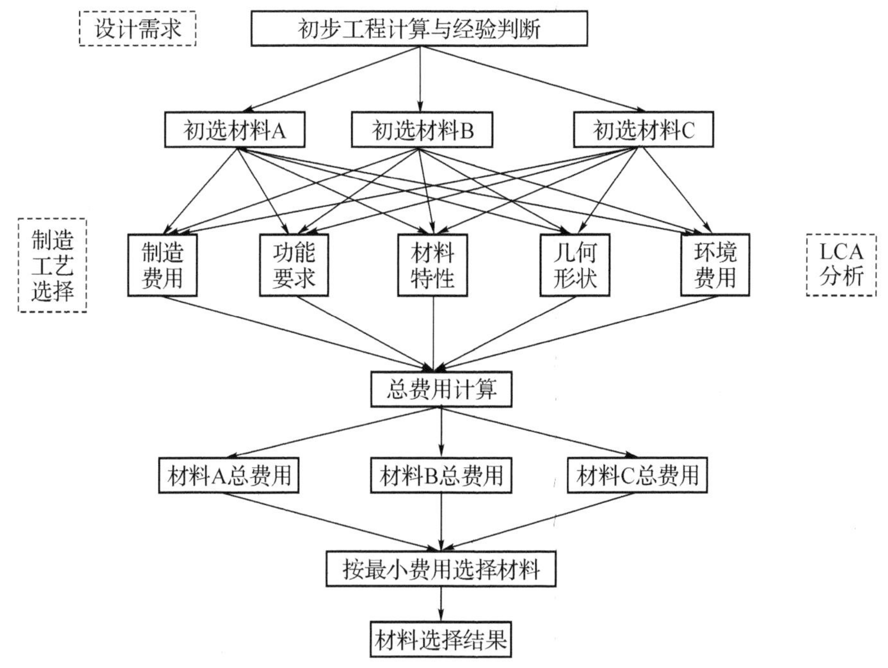

图 3-10　材料选择流程图

Fig. 3-10　The flow chart of material selection

②节材：调查显示，当前国内现代中式家具在用材上沿用传统中式家具用材，而造型、装饰及体量上则糅合了诸多清式家具和西方古典家具要素，因此木材用量较大，导致大量珍贵木材浪费。所以，现代中式家具应尽量简化家具结构，转厚重为典雅轻盈，借鉴明式家具中以线条表现为主的造型，既可以减轻家具重量，利于移动和存储，又降低生产成本，提高材料利用率。同时应提高生产过程中原材料的科学分析与应用，如木材的旋切、打磨、贴面及雕刻等，并对边角料及废料等进行回收或转化应用。

③代材：主要指选用可再生材料替代不可再生材料，低影响材料代替高影响材料，易加工材料代替难加工材料，人工林木代替天然林木等，如以竹代木、以藤代木等概念，既可以利用竹、藤自身材料特性制作相应家具，同时也可以利用竹胶合板等制作家具部件。材料替代还可以采用"普材优用、小材大用、废材利用、优材附加值"①等方式，如经过化学防腐处理的橡胶木可替代高档木材，经过木材改性工艺处理的压缩木、层积木、浸渍木和强化木等在强度、密度及力学性质上都相当于红木材料，可以作为替代材料使用。

④制材：指对各种节约资源、不污染环境和不损害人体健康的新型材料的研制与开发，使其成为现代中式家具主体用材，从而减少木材尤其是珍贵木材用量。如秸秆人造板、木塑复合板等，既可以充分利用自然资源，又可以增强原材料的使用性能。此外，应对材料的特殊工艺、结构及属性进行开发利用，如木材的弯折、扭曲等，使材料适合更广

① 王铁球. 绿色设计在家具产业中的应用[J]. 家具与室内装饰，2001(1)：22～25.

泛的造型需要，对家具局部材料造型及应用方式进行技术处理，如人造装饰薄木、精细贴面技术等，都可以在体现实木纹理的同时减少名贵木材的用量。

⑤用材：现代中式家具多采用机械化生产方式，材料的应用和处理也应适合机械加工与批量化生产，因此材料的使用应根据功能、结构、工艺等需求进行合理设置和处理，如板式家具中采用的 32 mm 系统可以将家具连接部件采用整体拍钻打孔技术，增强家具部件互换性，利于家具部件变换、更新、扩展及循环再利用，这对于现代中式家具的用材是值得借鉴的，可以考虑在相同家具系列中采用统一的材料加工系统，形成用材的模数化或系列化，从而降低生产加工过程中的耗能和材料浪费。

⑥检材：现代中式家具材料尽管大多以实木为主，其本身对人体健康及报废后对自然环境影响较小，但在涂装等表面处理环节会使用胶黏剂、油漆、填充剂及着色剂等化学材料，从而需要对应用材料的成分和性质进行严格检测，避免其中有毒物质对人体健康、室内外空气及自然环境的影响，如甲醛含量、挥发性有机化合物 VOC、苯及同系物甲苯、二甲苯、游离甲苯二异氰酸酯、氨、氡、重金属、酚类物质、放射性核素及有毒玻璃、五金配件等。① 此外，应对材料初始使用寿命进行检测，结合功能、价值及环境影响因素尽量延长材料使用寿命。

⑦理材：指对现代中式家具用材的科学化管理，一方面是对家具整个生命周期中材料的转换与流通进行详细规划与分析，充分安排、设置材料加工流程与方式，减少人为程序上的材料与能源浪费；另一方面对家具用材进行数据库管理，并对各种家具性能及加工工艺、方式形成量化数据，以合理设置家具用材。

2.1.3 现代中式家具的生态审美

材料作为“家具艺术创造的载体，是家具风格艺术得以具体体现的物质基础”②，也构成了人与自然环境之间直接的物质交换，材料应用量与方式都反映着自然资源的输出和环境的承载，而同时材料的选用及用量则受到家具审美的直接影响，如明式家具审美倾向“出水芙蓉”的典雅，材料应用强调精简，而清式家具则体现出“错彩镂金”的富贵，材料应用贵重而且量大，如清式太师椅用料要比明式官帽椅用料量高出约 60%（如图 3－11）；清式雕花大柜的木材用量则要高出明式顶箱柜的 3～5 倍甚至更多（如图 3－12）。因此，在当前国内外木材资源相对紧缺，尤其是珍贵硬木资源稀缺、自然生态遭到严重破坏的情况下，现代中式家具应充分考虑木材资源的可持续性，不应将家具审美建立在材料应用与表现的基础上，而应依赖于造型、结构、工艺、装饰与材料等综合因素的有效结合。材料的选用是表现现代中式家具的民族特征的主要因素之一，但是其相对于家具造型、结构甚至装饰等内容来说并不是必要条件，并非只有红木（或硬木）才能表现中式家具特征，现代中式家具的审美观念应该是建立在人与自然和谐发展基础之上的生态审美，只

① 吴智慧. 绿色家具技术[M]. 北京：中国林业出版社，2006：128～132.

② 黎敏. 工业化形势下的古典家具用材概略[J]. 家具与室内装饰，2005(6)：16～17.

有这样才能从人类主体观念中形成对人与自然关系的本质性认知，正如深层生态学创始人挪威哲学家阿恩·纳斯(Arne Naess)所说："不仅要从科学技术的角度来研究环境问题，而且要从哲学、伦理、政治、社会的高度来探讨怎样的价值观念、生活方式、社会范型、经济活动、文化教育有益于人类从根本上克服目前所面临的生态环境危机，保证人、社会、自然环境的协调发展。"①这与中国传统哲学中"天人合一"的自然本体意识是一致的。

图 3-11　清太师椅与明官帽椅用料比较

Fig. 3-11　Comparison of material between Qing armchair and Ming official's hat armchair

图 3-12　清雕花柜与明顶箱柜用料比较

Fig. 3-12　Comparison of material between Qing Compound wardrobe and Ming cabinet

所谓生态审美，是"以生态观念为价值取向而形成的审美意识，它体现了人对自然的依存和人与自然的生命关联……是人把自己的生态过程和生态环境作为审美对象而产生的审美观照，它把审视的焦点集中在人与自然关系所产生的生态效应上"②。所以说，人们生态审美的体验是在主体的参与和主体对生态环境的依存中取得的，它体现了人的内在和谐与外在和谐的统一，也是将人本主义的美学角度转向人与自然系统的美学观念，强调在人的审美体验中增加对自然、生态及环境的考虑。如在生态审美观念下，人们对于家具的审美评价不只限于造型样式及装饰的艺术性，而且要考虑其对家居环境的影响，生产过程对自然环境的影响等，既包含对"物美"的知觉感受，也包含对自然价值的理性评价。可见，现代中式家具的生态审美有助于建立人与自然环境有机联系的整体，并可以拓展现代中式家具的美学评价体系，克服现代家具美学中主客二分的思维模式，避免纯粹依赖材料、装饰的内容的主观审美判断。

现代中式家具的生态审美可以将人类对自然生态的关注转化为影响精神层面的体验，并将客观理解延伸到感性认同，并直接影响现代中式家具设计行为中的生态思维和价值取向，从而推动可持续理念的执行。就审美范畴来讲，现代中式家具的生态审美主要体现在以下几点：

(1) 价值纯化。现代中式家具应该形成适当的、准确的与针对性的价值取向，避免在家具设计过程中形成多样化与多标准的价值诉求。现代中式家具不同于仿古家具或艺

---

① 王正平. 环境哲学：环境伦理的跨学科研究[M]. 上海：上海人民出版社，2004：235～236.

② 徐恒醇. 设计美学[M]. 北京：清华大学出版社，2006：157.

术家具，其满足现代生活需求的功能性是最基本的价值取向，而收藏价值、艺术价值、商业保值与增值等等都是不必要的附加，这些附加往往使家具设计的价值取向复杂化，也忽视了设计的本质价值，在增加利益的同时也导致对材料、能源及人力的浪费。

（2）造型简化。繁复的造型必然增加生产加工的难度与资源、能源的消耗，这是有悖于生态原则的，现代中式家具应在保证功能需要与创意构思的基础上尽量采用简约化造型，从整体体量、结构及用材上节省资源并简化生产环节，但是简化并不等于简陋或简单，而是在设计中寻求整个系统的优化，以简约的形式呈现理性的概念。

（3）生态物化。现代中式家具应将生态概念与环境友好概念加以物化，使之在家具形式、工艺及美学中有所体现，并以相应的形式对生态概念加以诠释。

2.2 现代中式家具与生产环境的和谐

现代中式家具的生产环境指家具整个生命周期中涉及的工厂、车间或制造单元，既包括生产制造、工艺处理等阶段也包括家具维修、材料处理及分解等阶段的制造环境，这其中的设备和设施、加工方式及人员安置、物流状态等都对资源、能源和环境产生着重要影响，因此现代中式家具要实现与生产环境的和谐，应对整个生命周期中涉及的生产环境进行系统地管理域规划，最终实现绿色制造。

2.2.1 现代中式家具生产与环境的物质交换

现代家具生产的工业化程度远非传统手工方式可比，但同时对机器设备操控能力和环境协调能力的要求也就增强，单纯凭借人力资源的集约化生产是不够的，更重要的是在生产技术与生产模式上进行系统规划与管理。基于现代生产与环境的关系，联合国环境规划署与环境规划中心（UNEP IE/PAC）对现代工业生产提出“清洁生产”的概念：“将综合预防的环境策略持续地应用于生产过程和产品中，以便减少对人类和环境的风险性。”①从而将生产与环境策略综合起来，尽量降低生产过程对环境的影响。传统家具的制造加工多为手工作坊制造模式，其制作方式也以手工为主，家具生产过程对环境的影响一般也限于木材加工过程中的木屑、粉尘及边角废料等对空间的影响，这对于环境破坏程度并不高（如图 3－13）。现代中式家具的生产加工多采用机械化工业量产方式，其过程涉及的机械设备、材料种类及场所空间都更为庞杂，而家具批量化生产过程与环境的物质交换也更广泛，影响也更为突出。如图 3－14 为现代中式家具生产与环境的物质交换，从中可以看出环境在此过程输出资源和能源，但是却输入生产过程中的废气、废水、粉尘、固体废弃物及有毒气体等杂质，这既消耗了自然的供应力也破坏了生态环境的协调力，直接影响着人类的生活与身体健康。因此，现代中式家具生产应避免单纯地采用“末端治理”技术来治理破坏和污染后的自然环境，而应从生产过程中就采取有效的措施尽量减少对环境的影响，这也就是所谓的家具绿色制造系统。

---

① 叶翠仙．家具工业生态设计的战略与实施[J]．福建农林大学学报（哲学社会科学版），2006(2)：80～83.

图 3-13　手工制作家具过程

Fig. 3-13　The handicraft process of making furniture

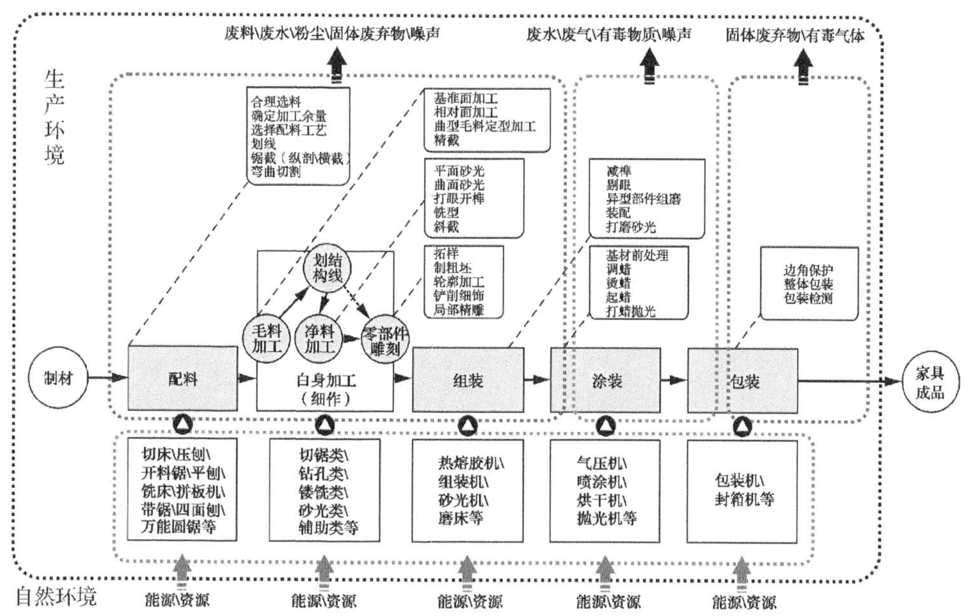

图 3-14　现代中式家具生产与环境的物质交换

Fig. 3-14　The product's and environment's material exchange of modern Chinese furniture

2.2.2　现代中式家具绿色制造系统的构成

家具绿色制造是指“要根据制造系统的实际，尽量规划和选取物料与能源消耗少、废弃物少、对环境污染小的工艺方案、工艺路线和生产环境，以保证节能省料和清洁生产”①。这也是家具产品整个生命周期中的关键过程，主要表现为材料的物化过程，即由原材料到成品的过程。现代家具的物化过程基本是在工厂环境中实现的，从原材料加工厂（木材加工

① 吴智慧. 绿色家具技术[M]. 北京：中国林业出版社，2006：153.

厂、塑料化工厂、钢铁厂等)到家具生产车间再到成品仓储等,都会相应产生一些废气、粉尘、噪音及废弃物等,造成生产环境和周边环境的污染,因此,优化生产环境需要与生产制造技术及生产环境管理相结合,这也构成了现代家具绿色制造系统的主要内容。现代家具绿色制造系统是一个庞杂的系统,涉及诸多领域和相关学科的内容,如管理学、家具制造技术、设备、工艺、污染治理等,而且在具体实施过程中在经济效益、产品价值和企业理念上也会存在一定的冲突和矛盾,这也是当前国内家具企业的绿色制造应用程度较低的原因之一,家具绿色制造也是生态评价和绿色评价的重要内容。根据当前工业企业实施绿色制造的过程,可以将现代中式家具绿色制造系统归纳为三部分(如图 3-15)。

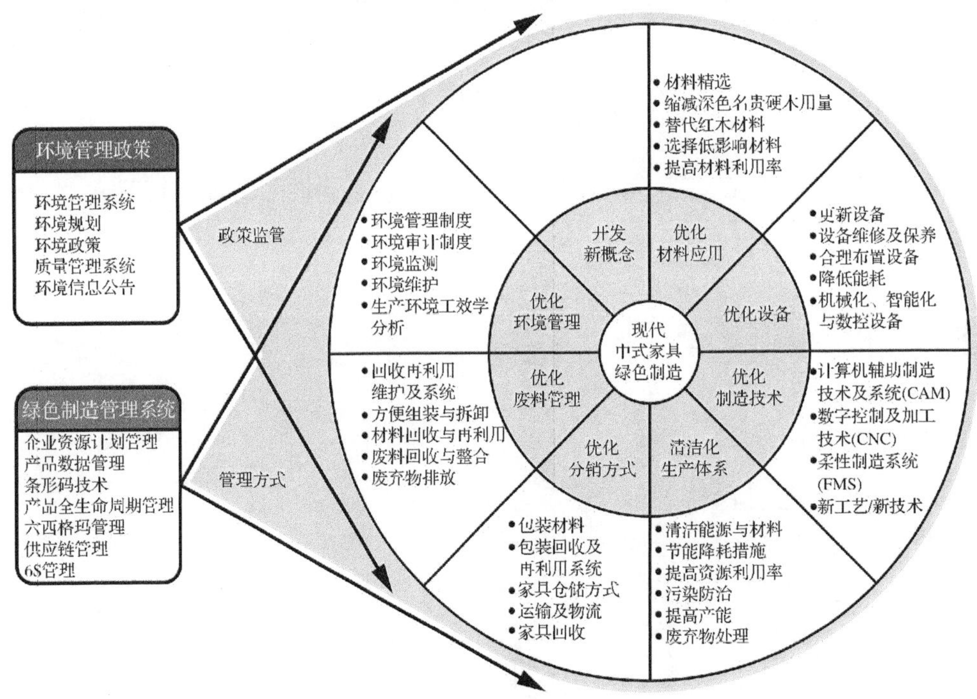

图 3-15 现代中式家具绿色制造系统

Fig. 3-15 The green manufacturing system of modern Chinese furniture

①环境管理政策:指由国际或国家相关管理部门制定的产品质量认证和环境认证及政策,对产品的质量及环境标准进行认证。这里指对现代中式家具绿色制造具有政策监管作用的政策及标准,如 ISO9000 质量管理体系和 ISO14000 环境管理体系等(如图 3-16)。

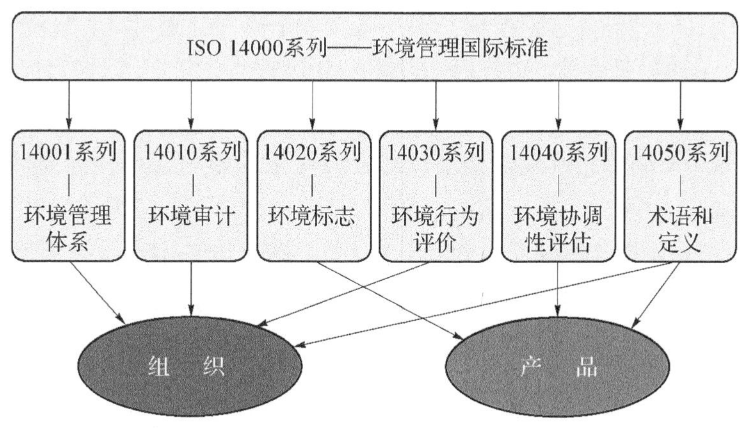

图 3-16　ISO14000 环境管理体系

Fig. 3-16　The environment management system of ISO14000

②绿色制造管理系统：指将环境保护意识与观念融入现代中式家具制造业的生产管理之中，注重的是"绿色管理"方式，在对家具全生命周期的管理中对设备资源、生产流程、人员配备、物料配备、绩效薪酬等内容实施系统管理，将环境保护及绿色生产理念深入到生产制造的每一个环节。

③现代中式家具绿色制造措施：指在现代中式家具生产过程中针对不同阶段所采用的具体策略和应用技术，其主旨是节约资源、节省能源和清洁环保，其中既有生产技术与工艺的改良和革新，也包括新概念和新思路的开拓。

2.3　现代中式家具与使用环境的和谐

现代中式家具的使用环境指人应用家具或放置家具的居住空间或场所，基本包括人生活、工作与休闲活动涉及的多数室内空间和部分室外空间，因此现代中式家具与使用环境关系主要在于家具影响环境、环境影响人的转化，也就是说，现代中式家具通过环境而直接影响人的行为，所以其对环境的影响也就集中在对人的行为影响上。这一方面表现为对人的生理健康的直接影响，另一方面表现在对人的行动与行为的影响。前者主要是由于现代中式家具材料及制作工艺中含有甲醛、苯、氨、氡及挥发性化合物等对人体有害的物质，对家居环境的空气质量有直接影响；后者则是由于现代中式家具的造型、体量、结构及布置方式与环境的协调性差而造成人的行为与行动的不便。调查显示，目前市内空气环境污染物约有 300 余种，其中有毒物质和挥发性气体可以通过人们呼吸或者污染皮肤侵入体内，是造成人们健康危害的主要因素，我国 68%的人体疾病与室内空气污染有关。① 而家具造型的不合理、不耐牢、安全性差及摆放不合理等因素则是导致儿童和老人受伤的重要因素，约 56%儿童受伤是由于家具引起的②。可见，要获得现代中式

① 吴智慧. 绿色家具技术[M]. 北京：中国林业出版社，2006：153.

② Grenville Knight, Jan Noyes. Children's behaviour and the design of school furniture. ERGONOMICS, 1999,42(5):747～760.

家具与使用环境的和谐,就必须使家具本身具有安全性与健康性,并与现代居住环境和形式相协调。现代中式家具的安全性与健康性主要在于家具用材及加工工艺的绿色化,这在前文已有表述,这里主要分析现代中式家具与居住环境的协调性。

首先,受城市空间形态及建筑格局形式发展变化的影响,中国当代居住空间与传统建筑空间存在较大差异。受传统礼制中"尚中"理念的影响,中国传统家居中的家具布局与陈设基本以虚置中轴为原则呈左右对称分布,一般厅堂正中设一长条案,摆放一组陈设。案前放一方桌,略低于长条案面。方桌上陈放茗瓶茶具,方桌两侧各放一把圈椅或官帽椅,显得庄重严肃。正厅两厢一般还要纵向平设数椅(如图 3 - 17 苏州网师园万卷堂、安徽黟县宏村承志堂与周庄沈万三古宅松茂堂的对称家具布局)。这种陈设格局既是围合方形空间构成"聚中"的形式,也是出于传统礼仪制度的规范。在这里家具不仅仅是厅堂布置和人们休息或工作的用具,而更多时候是代表着伦理道德观念与象征的等级制度,桌案椅凳的形式都具有等级和身份的语义象征,主客、长幼、尊卑的关系都在家具陈设及形制中得到体现,所以说传统中式家具的形式与布置影响着空间的秩序性与等级性,而传统的礼制观念也约束和限制着家具的样式。而且,传统建筑的梁柱结构与坡屋顶的形式造成室内空间的纵向线性分割,这与传统中式家具的竖直中正的纵向线条是协调一致的(如图 3 - 18)。但是现代家居空间由于建筑物纵向里面的重复而使得室内单元的横向平铺特征更为突出,而且室内布置相对灵活且空间布局陈设重视实用功能性,传统严谨的礼制秩序已经淡化,并代替以人性化的格局方式,家具陈设更注重舒适性美观,如客厅通常以聚谈、会客空间为主体,常通过家具分割体现安全感、稳定感和休闲感,而卧室家具陈设则更多专注私密感和亲和力。所以现代中式家具尽管承继传统中式家具的某些因素和特征,但是其形式应当与现代家居相统一,并根据实际的空间需要进行相应的调整和改良,使之与现代家居空间有机融合。

图 3 - 17 传统厅堂中对称式家具布局
Fig. 3 - 17 The symmetrical furniture placement in traditional halls

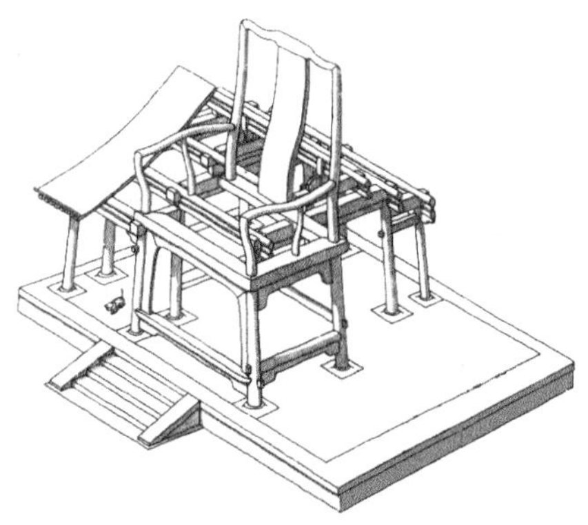

图 3－18　南官帽椅与传统建筑的结构比较
Fig. 3－18　The structure comparison between southern official's hat armchair and traditional building

其次，现代家居中陈设物品数量和种类远远多于传统家居，如各种家电设施、休闲娱乐设备及卫浴设施等，其功能和造型都对空间环境的分割和格调形成了一定影响，现代中式家具要与整个家居环境相协调，就必须在造型、色彩、体量、材料及工艺上与这些元素获得相融相通的共性，而不能一味延续传统中式家具的表现形式。传统家居环境中构成空间分割的主体是家具，而且没有庞杂设施的影响，因此相对容易形成和谐统一的空间氛围。而要在现代家居环境中营造具有传统中式家居特征的空间形式，就必须在装饰形式、家具样式及家电造型上谋求一致性或共通元素。如图 3－19 所示为戴勇设计的中国风家居，突出了现代中式家居中"东情西韵"的融合，其中家具的设计与室内空间及其他产品保持了形式上的一致性。

图 3－19　戴勇设计的中国风家居
Fig. 3－19　The Chinoiserie interior design by Dai Yong

最后，现代家居环境的尺度、功能性受到所在地域气候、生活方式与传统习惯等方面的影响而存在相应的差异性，因此现代中式家具的体量、尺度、形式和材料选择应充分考虑家居空间的承载力、尺度与布局规划，尤其是以居室空间作为参照体系的家具样式，如收纳柜、架格、台面等，在考虑家具自身尺度的同时应注重于家居空间的配合与谐适，从而避免其尺度、形式和风格与现代家居空间条件的矛盾，这就要求现代中式家具在具有更广泛的空间兼容性的同时也要考虑特定空间的个性化特征。

第3章 现代中式家具设计系统宏观层次的自然意趣

自古以来,中国造物及艺术行为都秉持“崇尚自然”的理念,重视自然规律与自然意趣对人类行为及心性的约束和引导,“天人合一”思想则构成了这种理念的基础。自然界不仅为人类设计及造物提供物质资源,而且在精神及审美上也是很好的参照,正如老子所说:“人法地,地法天,天法道,道法自然。”(《道德经》第二十五章)这里的“自然”既指客观存在的大自然,也指天然,自然而然,是以自为然,自在、自为、自由,理所当然的意思。而“道法自然”也指“自然而然乃是宇宙万物的运行规律”①。这一思想也直接影响着中国传统造物及艺术行为审美评价,“外师造化,中得心缘”即强调对山水自然的观照和效法而形成内在灵性的感悟,在这里“自然”被作为道的载体而存在。作为设计行为的参照,自然既是设计取法的对象,同时也是设计表现或追求的理想境界。尽管在20世纪以来的工业发展和科技进步的影响下,设计更倾向技术美学的表现,但效法自然,以自然法则为原理,仍旧是人们获取设计灵感与抽象概念的重要原则之一。现代中式家具是在继承中式传统家具美学特征及内涵语义的基础上结合现代生活方式形成的家具类型,其设计应延承并拓展中式传统家具中的自然理念,并通过对相关原理、原则的析理与应用,在家具中表现具有美学内蕴的自然意趣。

3.1 传统中式家具对自然的观照

3.1.1 传统中式家具对自然观照的方式

传统中式家具重视对自然的观照,除了受“天人合一”思想的影响外,还受中国传统审美观念的影响,所谓“制器尚象”“巧法造化”都是强调对自然的模仿与参照,中国传统审美中对自然意象和气韵的推崇则直接影响着传统中式家具的气质和韵味,而中国山水画中空间、虚实、线条等处理方式也影响着传统中式家具造型及构造,工匠们为了在家具中塑造自然意趣往往将自然界的事物和人们的美好愿望相结合,将自然界中的动物、植物以及美的事物经过艺术加工与变形,或是雕刻或是镶嵌,使之在家具中得以生动再现,从而体现“人与自然、理性与情感、物质与心灵的交融和统一,使家具充满天然和淳朴的设计思想”②。而受道家隐逸思想、禅宗虚静美学影响下的中国文人审美也促使中国传统家具追求清雅、脱俗的自然之美,在造型及家具空间形式上更倾向于中国画“重写意,轻写实”的表现方式,因此其对自然意蕴的表达通常都隐含在家具的整体造型与线性关系

---

① 王晓.新中国风建筑设计导则[M].北京:中国电力出版社,2008:116.

② 余肖红.明清家具雕刻装饰图案现代应用的研究[D].北京林业大学,2006:22.

之中。

作为传统中式家具“观物取象”的自然概念，既包括真实的自然界及其中万物，也包括人内心体悟或体验到的内在自然。前者通常被工匠直接加以应用，如山水树木、花鸟虫鱼等等，几乎都可以在传统中式家具的装饰内容中找到，而且经过艺术联想后形成美好的寓意，如清代家具中为了取义“福、禄、寿、喜”而常常雕刻有蝙蝠、梅花鹿、怪兽与喜鹊的纹样，这既体现了家具贴近自然、亲和自然的美感，也使家具具有了丰富的文化寓意；而具有人格品质象征意义的自然事物，如梅、兰、竹、菊，被应用于家具之上，则使家具本身的气韵更加明晰与突出。后者则专注于自然意境和自然体验的表现与传达，所谓“仁者乐山，智者乐水”，就是要领会山水之间蕴含的内在精神，将这种自然的精神在家具中得以体现，即是对自然之美的追求也是对心灵品性的外显，故《中庸》曰：“能尽人之性，则能尽物之性；能尽物之性，则可以赞天地之化育。赞天地之化育，则可以与天地参矣。”（《礼记·中庸》）

综合来看，传统中式家具对自然观照的方式主要表现在两方面：一是师法自然，既通过对自然物象、自然意象及自然状态的模拟和模仿来构造家具形态及韵味；二是表现自然，指将自然元素、自然形态及自然体验纳入家具造型之中，使家具形成自然美。

3.1.2 传统中式家具师法自然的体现

受“天人合一”思想及老子“道法自然”思想的影响，中国古代匠人在设计制造家具的活动中非常重视对自然事物及现象的模仿与效法，但这种模仿与效法并不是简单地或肤浅地临摹物象，而是结合自身体悟而进行的主观创作。庄子讲“原天地之美而达万物”（《庄子·知北游》）。在禅宗则是“法尔自然”“万法如如”，都是强调对山水自然的观照。又如南朝宗炳在《画山水序》中所说：“圣人含道映物，贤者澄怀味象。”（宗炳《画山水序》）也就是说，在反映自然和师法自然的过程中需要有自身完整的主观境界，并在逐渐凝练、抽象并剔除杂质的过程中观察、体验、品味物象的内在情韵，从而在不断否定、不断明晰又不断融合的过程中达到对自然的再现。白居易所讲“大凡地有胜境，得人而后发；人有心匠，得物而后开”（白居易《白萍洲五亭记》）亦是此理。如宋代黄伯思所做《燕几图》中记载的燕几，是指一种按一定比例制成大（二）、中（二）、小（三）七种长方形桌具，经过周密的计算和摆布，其桌面能灵活变换组装成 25 体 76 种组合，“纵横离合，变态无穷”，作者根据组合出的形态分别命名，如“函三”“屏山”“磬矩”“瑶池”“金井”“鼎峙”“斗帐”“球门”“石床”“悬帘”“杏坛”“双鱼”①；明代戈灿的《蝶几谱》中记载的蝶几则将长方形桌面转化成十三面三角形和梯形桌面，排布方式更加灵活多样，可组成亭、山、鼎、瓶、蝴蝶等一百三十多种形式，这些组合形式大多来自于自然物象，而使家具布局摆设具有自然意趣（如图 3 - 20）。

① ［宋］黄伯思，［明］戈灿. 重刊燕几图、蝶几图、匡几图［M］. 上海：上海科学技术出版社，1984.

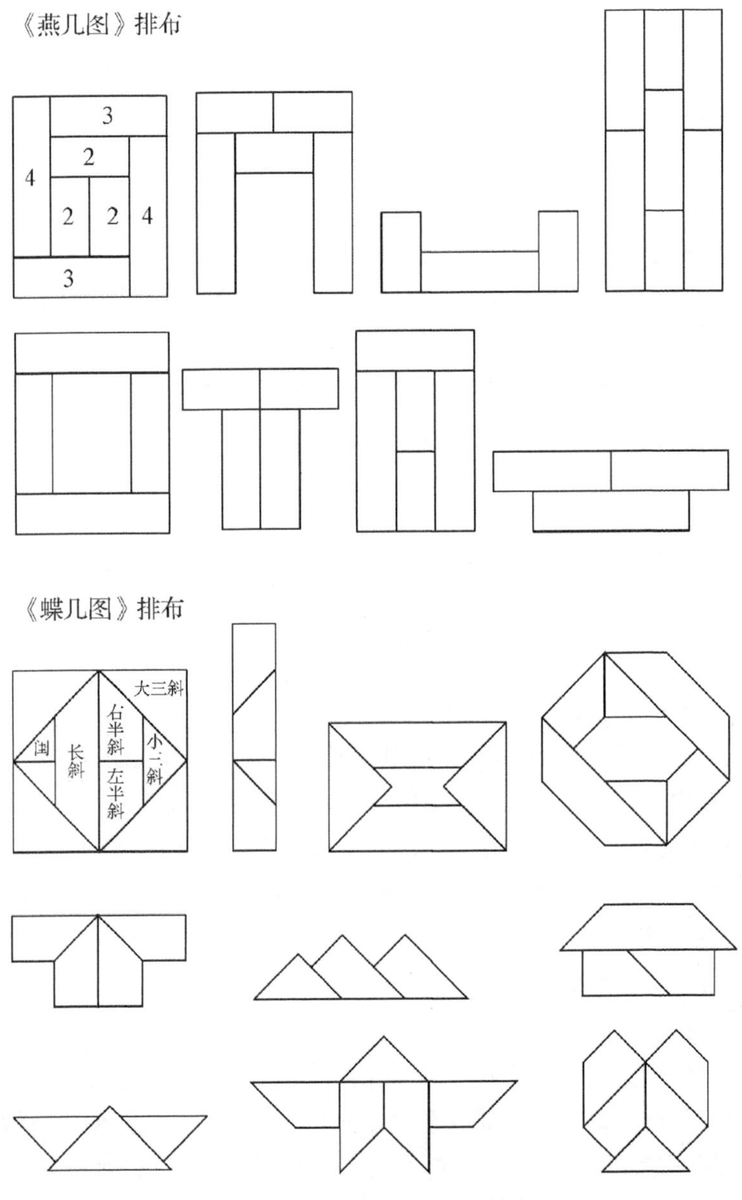

图 3-20 《燕几图》与《蝶几图》排布形式
Fig. 3-20 Arrangement of “Yanji Tu” and “Dieji Tu”

在中式传统家具设计中,“师法自然”主要表现在对自然物象的模仿及对自然界秩序原理的应用。

(1) 模仿自然物象

“观物取象”作为古代文化最朴素的实践认识法则①,也是中国传统文化衍生出的重要设计思想,圣人以天地自然为本,造物者莫不“仰观俯察”“观物取象”,将从自然观照中

① 张乾元.象外之意:周易意象学与中国书画美学[M].北京:中国书店,2006:136.

获得的灵感与妙悟灵活运用于创作之中，书画艺术诗词歌赋如是，家具设计亦如是。传统中式家具不单纯是满足使用功能的需要，受中国传统哲学及审美的影响，其中也暗含着诸多象征天地万物关系的阴阳五行的概念，并结合事理观念形成特殊的内涵性语意。自然物象精意微妙，如南朝刘勰在《文心雕龙·原道》中谈及自然之道时说："傍及万品，动植皆文：龙凤以藻绘呈瑞，虎豹以炳蔚凝姿；云霞雕色，有逾画工之妙；草木贲华，无待锦匠之奇；夫岂外饰，盖自然耳。"这尽管是指自然对文学艺术创作的启迪作用，但对于家具设计同样说明"自然是启发设计师创作灵感的最好教材，自然物象的建构秩序是设计形式的重要演化资源"①。

在传统中式家具中，对自然物象的模仿往往将形、神、意融为一体，不仅具体地模仿自然万物的形象，而且将其意象与神态进行提炼抽象应用到家具整体或局部之中。如中式传统家具中的框架结构几乎可以看作是传统木构建筑中梁柱框架的微缩版，腿足四仰八叉的"侧脚"与建筑中柱子的与"收分"相似，几乎都取自人体站立时的稳定姿势，而搭脑形式则多模仿建筑中的庑殿式或歇山式坡屋顶的造型(如图 3－21)。如果说家具和建筑具有同宗同源的关系的话，那中式传统家具中诸多结构、造型则直接取象于自然界的动植物，如桌椅中采用的内翻马蹄足、外翻马蹄足以及蜻蜓腿(螳螂腿)，灵芝形搭脑、梅花形座面、涡旋形桌面等(如图 3－22)。如图 3－23 所示的红漆嵌珐琅面梅花式香几的腿足上粗下细呈"S"形，至脚头带弯外翻，形式柔媚而富有弹性，尾部直接模仿花叶卷曲之形态，将植物自然舒展形态摹写得淋漓尽致。除了在家具局部采用自然形态之外，部分中式传统家具还通体模仿或应用自然形态，如图 3－24 明紫檀有束腰带托泥宝座，除座面和束腰外，全身布满了用莲花、莲叶、枝梗及蒲草构成的图案，花叶的向背俯仰，枝梗的穿插回旋，与宝座造型巧妙结合起来，脚踏也采用莲叶造型，整体构成了对"出水芙蓉"的曼妙摹写，在尽显自然情趣中又毫无牵强生硬之感。而如图 3－25 所示清乾隆御用鹿角椅则直接应用四只鹿角构成主体框架，脚跟部分做足外翻成马蹄形，前后两面椅腿处横生出叉形成托腿枨，靠背与扶手由另外两只鹿角相连而成，整体连贯而自然顺畅，又与传统家具形制相合。此外，中国传统中式家具对自然物象的观照还体现在对宇宙图示及阴阳象数等方面的应用，如明式圈椅采用上圆下方的形式即是对"天圆地方"模式的模仿；座椅靠背板的"S"型曲线则是来自于对自然状态下人体骨骼曲度的模仿；家具材料应用则注重对自然事物阴阳关系的处理，如阳面即观看面、迎人面，要选美材、施造型、重雕刻、多打磨；阴面乃背面、内部，则强结构、设榫卯。

---

① 郭廉夫，毛延亨. 中国设计理论辑要[M]. 南京：江苏美术出版社，2008：80.

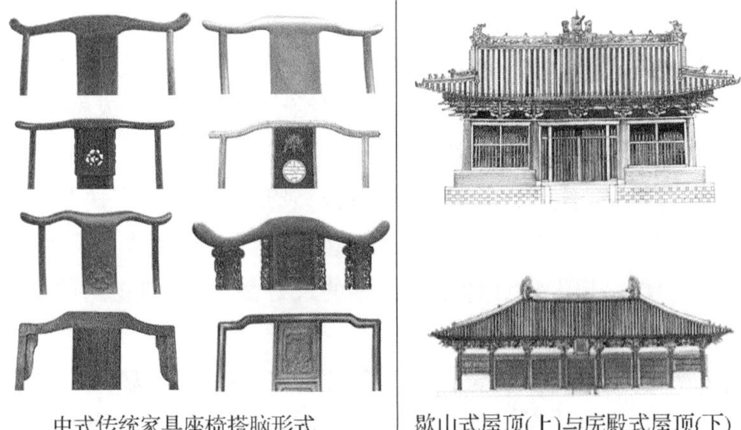

图 3-21 搭脑与屋顶形式的比较
Fig. 3-21 The formal comparison between top rail and roof

图 3-22 传统中式家具结构中的自然形式
Fig. 3-22 The natural style of traditional Chinese furniture's structure

图 3-23 明红漆嵌珐琅面梅花式香几
Fig. 3-23 Plum type incense table on Ming dynasty

图 3-24 明紫檀有束腰带托泥宝座
Fig. 3-24 The lotus throne with Zitan on Ming dynasty

图 3-25 清乾隆御用鹿角椅
Fig. 3-25 The antler chair used by Qianlong

(2) 应用自然秩序原理

事实上,“自然界的秩序原理是设计的最高原则”①。所以,以“师法自然”为主旨的传统中式家具亦非常重视自然界的秩序原理的应用,这对于受儒家“中和”思想影响颇深的造物观念来说,主要体现在对中正、对称、比例适度等和谐数量的应用上。首先,作为自然界最基本的秩序原则之一的对称形式无疑是来自大自然的朝熏暮染,这在传统中式家具中应用最为广泛,几乎成为传统中式家具设计的最大特色。传统中式家具的中轴对称形式自不必说,在传统家具中往往可以找到一条或者多条中轴线(如图 3-26)。而对于数学意义的对称形式——由反射、平移、旋转和滑动反射四种刚体运动形成的 17 种二维图案组合形式②(如图 3-27)——也几乎都可以在传统中式家具的装饰结构中找到,如图 3-28 为明三屏风攒接围子罗汉床的围子的曲尺图案,即是采用滑动反射形成的;图 3-29为明柜面四簇云纹,为旋转运动形成的对称图案。其次,传统中式家具采用严谨的榫卯结构连接,榫头与卯眼的配合形成了固定的模数和比例关系,这也保证了家具的标准化实施,家具的尺度和比例关系也与人体尺度相适应,并形成了一系列和谐的比例,如明式南官帽椅造型中存在着几种和谐比例关系:黄金比(1∶1.618)与白银比(1∶2.414)(如图 3-30),正是这种近似巧合的比例应用使得此椅造型凝重而协调,加上选材整洁,造工精湛,而成为传统中式家具中的无上精品。

图 3-26　传统中式家具中的中轴对称形式
Fig. 3-26　The symmetrical form in traditional Chinese furniture

① 冯冠超. 中国风格的当代化设计[M]. 重庆:重庆出版社,2007:206.

② [美]多萝西·K. 沃什伯恩,唐纳德·W. 克罗. 设计·对称性设计教程与解析[M]. 天津:天津大学出版社,2006.

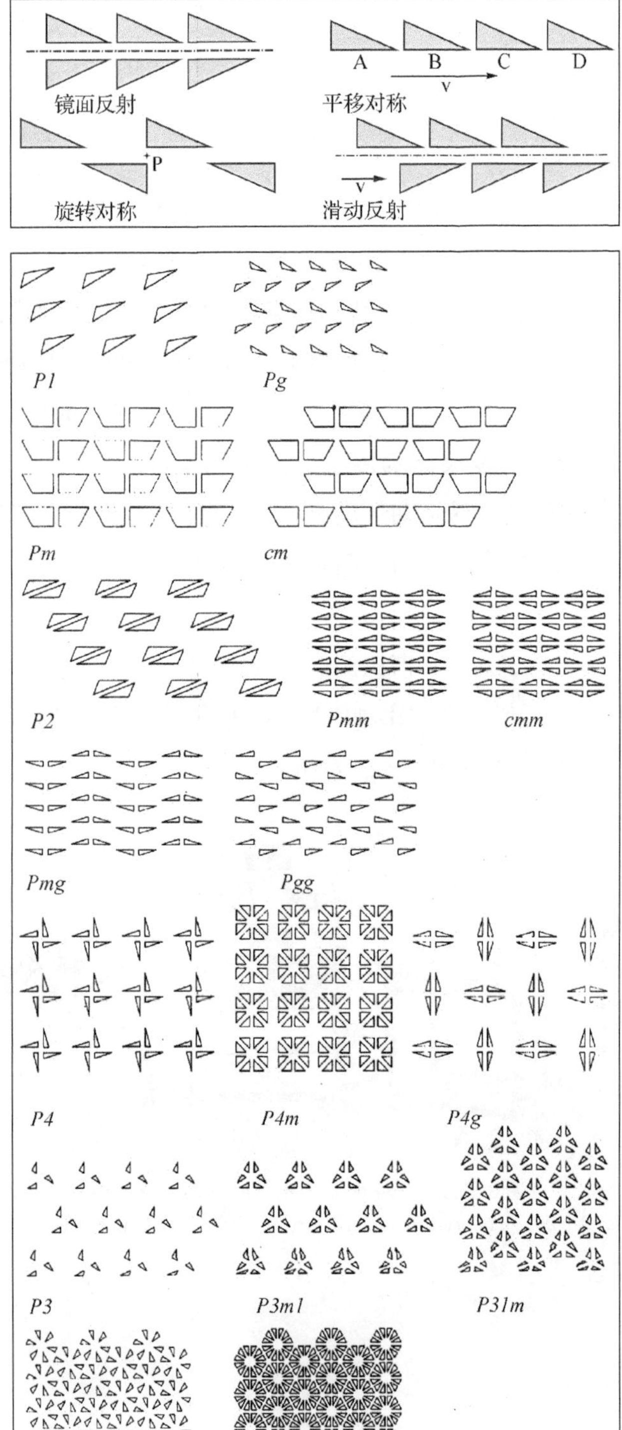

图 3-27　17 种二维图案的对称形式
Fig. 3-27　17 2D patterns of symmetrical form

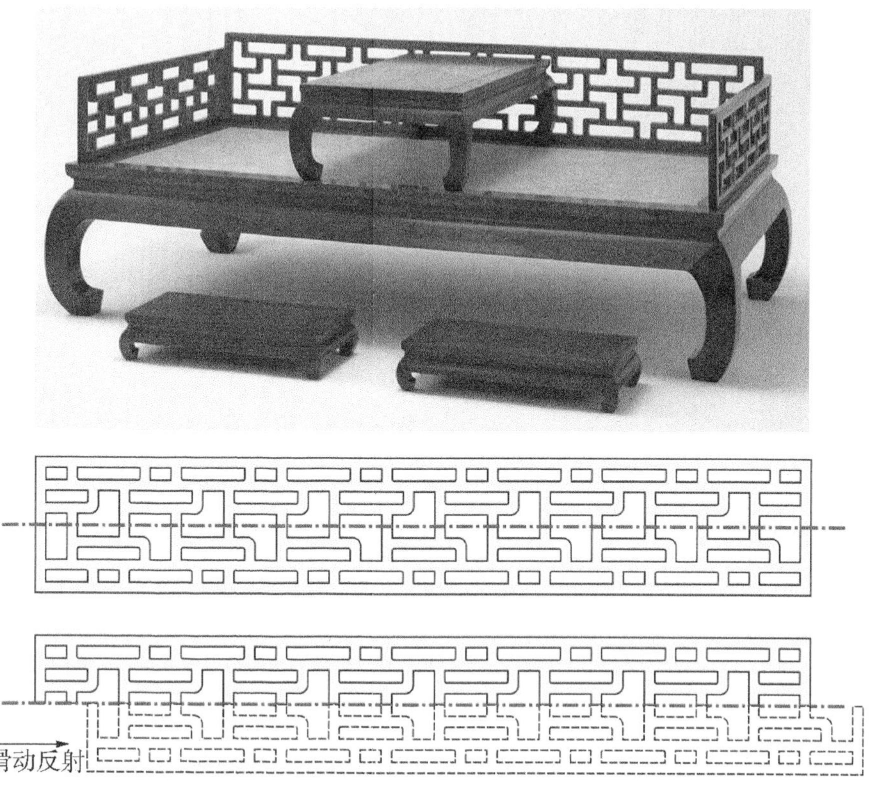

图 3－28　明罗汉床围子的曲尺图案

Fig. 3－28　The L-shaped pattern on the Ming arhat-bet wai

图 3－29　明柜面四簇云纹

Fig. 3－29　The clond pattern on Ming Cabinet

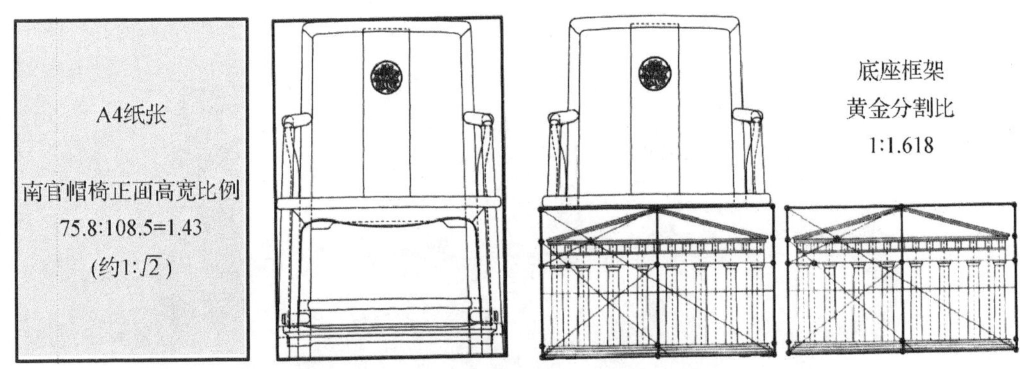

图 3-30 明式南官帽椅造型中的比例关系
Fig. 3-30 The property relation in Ming southern official's hat armchair

3.1.3 传统中式家具表现自然的方式

中国古人将天地自然看作是化生万物的根本，在师法自然的造物过程中也在通过自身的主观体悟表现着自然，使所造之物具有自然的属性或意趣，从而实现在"形物"上的"天人合一"，这种表现既是出于对自然之美的赞叹和认同，也是对艺术审美的一种理解和延伸。受庄禅哲学影响，中国传统美学非常重视"自然"的表现，并将其作为重要的美学范畴来指导艺术与造物行为。从美学表现角度来看，"自然"一方面代表着来自自然万物的物象与意象，或是具有内在美感的自然界的无机物或有机物的语意、符号、元素，重在自然形式的应用和表现，山、水、草、木、鸟、兽、云、气等都可以作为表现自然的对象；另一方面则是一种自然而然的艺术境界，强调艺术表现的圆融顺畅，不晦涩，不勉强，不生硬，随物而化，因类而施，重在体现"同自然之妙有""本乎天地之心"(唐·孙过庭《书谱》)的自然意境。"自然"在唐代司空图的《二十四诗品》中的描述为："俯拾即是，不取诸邻。俱道适往，著手成春。如逢花开，如瞻岁新，真与不夺，强得易觅。幽人空山，过雨采萍，薄言情悟，悠悠天钧。"(唐·司空图《二十四诗品》)这说明自然意境讲究"无意乎相求，不期然相遇"①，而在表现中强调"信手拈来""俯拾即是"的不隔之境。在传统中式家具中，表现自然的方式主要有：①显性自然表现，即将自然界的动植物等纳入家具造型之中，直接表现自然物象或意象；②隐性自然表现，指在家具造型中表现自然而然的意境，或是空灵秀逸，或是圆融顺畅，着重表达自然内在的美感和情趣。

(1) 显性自然表现

在古人眼里，造物的目的不仅仅是"致用"，而且强调"物以载道"，将造物作为载道比德的工具。传统中式家具尽管是匠人百工所为，其审美表现却受到文人士大夫审美理念的影响，将文人在书法绘画及音乐艺术中对自然的关照融入家具之中，使造物与艺术获得理念上的融通。中国传统绘画中的自然题材，如山水、花鸟及人物，几乎都以演化的变体出现在家具的装饰之中，这也构成了传统中式家具显性自然表现的主要内容。与书画中应用笔墨表现自然不同，传统中式家具主要通过雕刻、镶嵌及攒接、斗簇等手法在木材中表现自然事物，所表现的内容也多种多样，就装饰题材来说，主要有：植物花卉类、动物

① 朱良志. 中国美学名著导读[M]. 北京：北京大学出版社，2004：128.

禽兽类、人物故事类、自然景物类、吉祥纹样类、几何纹样类等(详见表 3-1)。其中吉祥纹样与几何纹样虽然不是直接表现自然事物,但大多是对自然现象或人造物中的和谐形式的应用,如盘长、曲尺等,因此也可以看作是显性自然表现的内容。

前四类虽直接取材于自然界,但往往也与后两类结合在一处以增加吉祥寓意,如凤穿牡丹、杏林春燕、玉堂富贵、麒麟送子、龙凤呈祥等等。由传统中式家具形制演变来看,魏晋时期家具就吸收了佛教中莲花、宝相等自然纹样,而到明式家具中对自然的显性表现已较为突出,但主要集中在局部装饰上,起到画龙点睛的提神作用,如图 3-31 所示为明式典型座椅中对自然事物的表现和刻画,都集中在视觉中心点位置,或对称于家具中轴线分布于左右两侧,并靠近手扶握部位;而到清后期的家具中对自然事物的表现与应用则极为普遍,甚至到了繁缛与滥觞的地步,自然元素的应用几乎涉及家具的任何部位,甚至通体雕刻、镶嵌或剔红(如图 3-32)。这种应用尽管使自然要素得到广泛应用,但是却在注重装饰性和工艺性的同时淡化了家具的功能性,反而失去了家具与自然的平衡与和谐,使家具更多展现的是"人工",而非自然。因此对于自然要素应用与表现需要有"度"和"量"的把握,并非多多益善。

装饰部位在视觉中心点，或对称于中轴的两侧，靠近手抚握点。

图 3-31　明式典型座椅中对自然事物的表现
Fig. 3-31　The natural expression in Ming chairs

图 3-32　清式家具中对自然事物的表现
Fig. 3-32　The natural expression in Qing furniture

表 3-1 传统中式家具中自然表现题材

Table 3-1 The natural subjects in traditional Chinese furniture

类别	主要样式	主要装饰部位	典型图例
植物花卉类	灵芝、卷草、莲花、牡丹、菊花、梅花、竹节、葡萄、兰花、宝相花、芙蓉、石榴、海棠、佛手、桃、树皮纹等	椅背、牙子、腿足、端头、面板、围子、搭脑、券口、柜门、柜膛、屏心、中牌等	
动物禽兽类	龙纹、凤纹、螭纹、麒麟、狮、虎、鹿、鹤、孔雀、喜鹊、蝙蝠、鱼纹及生肖纹样等	椅背、牙子、腿足、端头、面板、围子、券口、柜门、柜膛、屏心等	
人物故事类	神话故事、历史故事、神仙、儿童、仕女等	椅背、面板、围子、柜门、屏心等	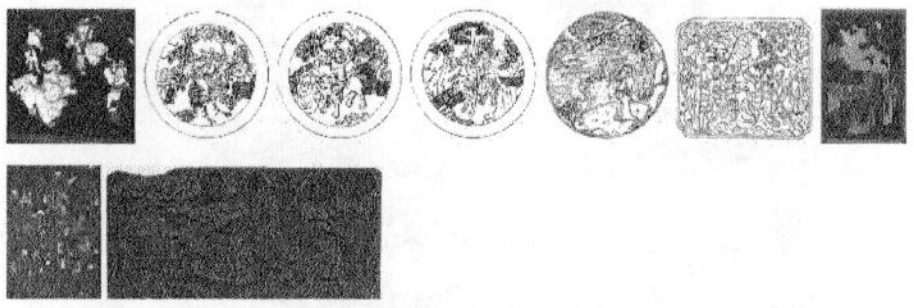
自然景物类	云气纹、山石、流水、村居、楼阁、桥榭等	椅背、面板、围子、券口、柜门、屏心、中牌等	
吉祥纹样类	方胜、如意、盘长、万字、龟背、曲尺、连环、八宝及融合福禄寿喜综合纹样	椅背、牙子、腿足、端头、面板、围子、券口、柜门、柜膛、中牌、绦环板、屏心等	
几何纹样类	波纹、灵格纹、回纹、绳纹、什锦纹、冰裂纹等	牙子、腿足、围子、绦环板等	

(2) 隐性自然表现

由于中国传统美学受道家或庄禅思想影响颇深，作为美学范畴的“自然”通常被看作是“属于‘道’本体的品格……是最高的审美理想”①，如《通玄真经》卷八《自然》篇，唐代默希子题注称：“自然，盖道之绝称，不知而然，亦非不然，万物皆然，不得不然，然而自然，非有能然，无所因寄，故曰自然也。”可见其不仅指客观的自然物象，而且指蕴藏在自然界生命本体中的自然而然的状态，强调的是非人工的天然气韵，一方面要求内容上契合自然物象，另一方面指在表现途径和形式上自然而然，要求形式任其自然而得，不刻意去修饰或雕琢，所谓“既雕既琢，复归于朴”（《庄子·山木》）就是指不假修饰的自然质朴之感是美的根本所在，及“朴素而天下莫能与之争美”（《庄子·天道》）。对于“自然”美学范畴的理解也是非常丰富的，唐代司空图《二十四诗品》中“自然”一品就表达了艺术创作的随意性与自由度，不受形、质、物的影响和限制，强调内在美感与灵性的自然舒张，而其他各品，如“精神”“飘逸”“清奇”“含蓄”“疏野”等也都流露出自然之旨趣。张彦远在《历代名画记》中提出“自然、神、妙、精、谨细”的品格等级，指出“自然者为上品之上”②，这里的“自然”具有“逸”的特征，即指“迹简意淡而雅正”。徐复观在《中国艺术精神》则直接将“自然”等同于“逸”：“逸即是自然，自然即是逸。”此外，北宋苏轼在《东坡谈艺录》中将“随物赋形”看作是一种自然而然的境界，明代计成的《园冶》则表达了“虽由人作，宛自天开”的自然旨趣，明代徐上瀛在《溪山琴况》中提出的“十六法”——轻、松、脆、滑、高、洁、清、虚、幽、奇、古、澹、中、和、疾、徐——也是儒家“清丽而静，和润而远”乐感自然的体现。王世襄先生在《明式家具研究》中提出的明式家具“十六品”——简练、淳朴、厚拙、凝重、雄伟、圆浑、沉穆、秾华、文绮、妍秀、劲挺、柔婉、空灵、玲珑、典雅、清新——尽管没有直接应用“自然”，但各品家具的美感却包含着“自然”的意趣，尤其是与“八病”——繁琐、赘复、臃肿、悖谬、滞郁、纤巧、失位、俚俗——所体现出的刻意、强加或做作之感相比，“自然”美感体验更显突出。综合来看，“自然”在中国传统审美中主要表现为：质朴的原初感、雅逸的气韵感、随性的自由感。这也构成了传统中式家具隐性自然表现的主体。

首先，传统中式家具十分注重木材天然纹理的自然美，不管是细木还是柴木，都强调天然原初的质感表现，尤其是硬性木材所表现出沉穆雅静、生动瑰丽的艺术美感。这一方面是由于木材纹理本身具有的古朴、自然的美感，另一方面在于中国传统审美（尤其是文人审美）对质朴的原初感的推崇和追求。如明式家具多用黄花梨，颜色从浅黄到紫赤，纹理古朴美好，备受明代文人所推崇，如图 3-33 黄花梨三棖矮靠背南官帽椅和图 3-34 大灯挂椅通体皆素，不施彩绘和装饰，完全靠黄花梨材质质感和纹路来表现自然的古朴之美，配以中正稳固的框架形体，使传统中式家具的自然美感得以彰显。此外，传统中式家具惯用木材中的紫檀、鸂鶒木、铁力木、红木、楠木、榉木

① 刘晓陶. 论唐代书法美学的“自然观”[J]. 美术观察，2008(7)：105～107.

② 唐·张彦远《历代名画记》：“夫失于自然而后神，失于神而后妙，失于妙而后精。精之为病而成谨细。自然者为上品之上，神者为上品之中，妙者为上品之下，精者为中品之上，谨而细者为中品之中。”

等也由于纹理色泽及木性的不同而呈现出不同的自然意趣，如紫檀色泽有沉郁之感，宋代赵汝适《诸蕃志》评价为“气清劲而易泄，爇之能夺众香”。楠木纹理曲线纵横，有的近似山水人物形象。

图 3－33　黄花梨三根矮靠背南官帽椅

Fig. 3－33　The Huang hua li southern official's hat armchair with 3 lattice short backs

图 3－34　明式大灯挂椅

Fig. 3－34　The Ming Lamp－hanger chair

其次，传统中式家具造型表现注重“雅逸”的气韵感，强调对自然本真、自由及灵动的动态美感的表现。雅，即典雅、清雅，是自然和谐适度的表征；逸，即逍遥、动逸，是“一种不拘形似，重在传神的审美洞见……一种简约清新的艺术表现形式。”①传统中式家具受中国书画艺术影响在造型上强调线性表现，以线结形，以线达意，而在线的形式上则不拘一格，变化多样，根据家具形体、结构及部位的不同而灵活运用各种线形，最为典型的是座椅靠背板的“S”型曲线，其既体现了与人体骨骼的配合适度，同时在美感上也显出超逸自然之感(如图 3－35)。再如图 3－36 所示马蹄足霸王枨条桌中桌腿的直线与霸王枨的

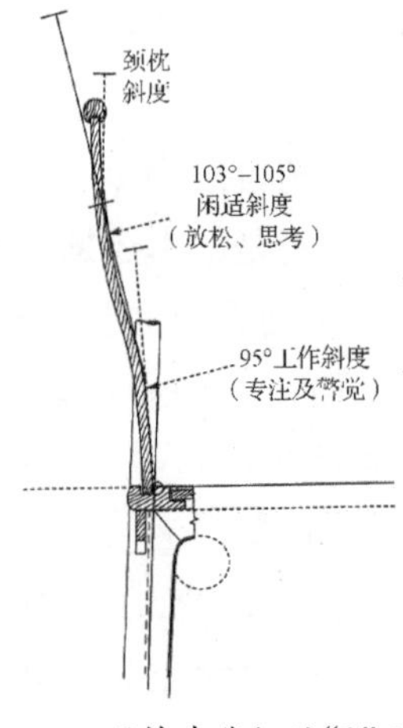

图 3－35　明椅靠背板的“S”型曲线

Fig. 3－35　The “S” curve of back in Ming chairs

图 3－36　明马蹄足霸王枨条桌

Fig. 3－36　The Ming table with Giant's arm brace and Horse-hoof foot

① 陈望衡，陈明艳. 中国古代美学中美的概念辨析[M]. //武汉大学中文系. 武汉：长江学术(第一辑). 长江文艺出版社，2002.

曲线连接配合，有如树干侧生枝丫，粗细适度，整体秀逸。总体来看，传统中式家具中的明式家具尤为重视“逸格”的表现，而到清中后期的家具则较多充满了雍容华贵、富丽堂皇的“富贵气”，与“逸”之自然感相去甚远。

最后，传统中式家具尽管有着明确的形制规范，但在具体家具设计制造过程中又具有较大的自由度，并不受固定式样的严格约束，工匠往往“因材施技”“随物赋形”，根据实际需要并结合自身的审美理解加以改造与再设计，从而使家具造型具有随性的自由感。如座椅靠背板的装饰形式，或是通体皆素不做装饰，或是做圆形、如意形浮雕或透雕等，都旨在视觉中心点形成“点睛之笔”，其自然随意之感尤为重要(如图 3 - 37)。

图 3 - 37　明式座椅靠背板的装饰形式
Fig. 3 - 37　The decorative form of back in Ming chairs

3.2　现代中式家具师法自然的方式

由前文可知，“师法自然”是传统造物的基本原则和共同特征之一，传统中式家具对自然的关照也是基于这一原则基础上的。但现代中式家具开发是基于现代工业生产技术条件之上的，不同于传统中式家具的手工艺制作方式，其设计受西方理性思维与功能主义的影响，更注重功能性与技术美的表现，造型倾向于抽象形态或简单几何形的组合，而在自然要素的应用上大多沿用或照搬传统中式家具的样式，缺乏对自然物象和状态的理解，因此往往造成形式上的悖谬。诚然，传统中式家具对自然的关照相对比较成熟而且应用广泛，有许多是值得现代中式家具借鉴和吸取的，但是必须明确的是，那毕竟是传统的，而不是现代的，在继承的过程中必须去粗取精，结合现代生产实际需要加以取舍和改良。如传统中式家具中采用诸多繁复的雕刻对动植物进行刻画和装饰，甚至是通体雕刻花纹，这等无利于功能的表现自然对现代审美是不足取的，而且与可持续设计原则是相违背的。现代中式家具同样应重视“师法自然”，但师法的对象与方式应结合现代审美与实际需求来确定。对于采用现代家具结构及造型而沿用传统家具装饰的“化妆”做法是应当摈弃的，而当前诸多中式家具之所以被认为“墨守成规，泥古不化”或“东施效颦”，也往往是由于装饰内容和方式上缺少创新，这正如刘禹锡对当时工匠的针砭：“今之工咸盗其古先工之遗法，故能成之，不能知所以为成也，智尽于一端，功止于一名而矣。”(唐·

刘禹锡《机汲记》)

可以说“师法自然”并不存在时代或地域上的差异,而是源自人类热爱自然的本性,是“人们对自然环境的一种生物本能的亲和力……当人们在同自然接触过程中获得极大满足感时,他们将从这种亲近生物本能的价值观中得到重要的身心愉悦”①。按照美国斯蒂芬·R·凯勒特等人的研究,人类这种热爱自然的本能价值观会对人们的生理和心理带来益处,“可能获得基本的物质和服务,更有可能找到解决问题的关键点,更有创造性和探索精神,更好地抒发情感和发展同社会的联系,甚至有更强的社会正义感和责任感,更加地坚定自己认为正义和有意义事物的能力”②。所以,现代中式家具设计同样需要满足这种热爱自然的本能价值需求,吸收并发展传统中式家具“观物尚象”“含道映物”的方式,在适应当代审美理念和实用需求的基础上去对自然进行观照,从而在家具设计中实现对自然的亲近与表现。总体来说,现代中式家具“师法自然”的方式主要有模仿自然物象与效法自然状态。

3.2.1 模仿自然物象

模仿自然物象,指在现代中式家具外形及形式上直接模仿、吸收或借鉴自然物象,使家具与被模仿对象具有明显或不明显的相像之处,反映出对自然特征和自然过程的一种亲和力,如模仿自然界动植物的外形或形式的装饰风格,材料应用上模仿自然材料质感等。这种直接模仿自然物象的理念在传统中式家具中应用较为广泛,现代的设计师也习惯于向自然寻找灵感。始于仿生学③的仿生设计就是以自然事物的“形”“色”“音”“功能”“结构”等为研究对象,有选择地在设计过程中应用这些特征原理进行的设计,同时结合仿生学的研究成果,为设计提供新的思想、新的原理、新的方法和新的途径。而且仿生设计“对自然形态内在的亲和性有着千丝万缕的联系,一旦设计中成功表现了生物形态的特征……则有助于提高人类的身心健康。”④在现代家具设计中,仿生设计应用非常广泛,不仅包括对自然界动植物形态的模仿,而且包括对生物分子结构、功能及意象等层次的模仿,既可以是具象的模仿或抽象的模仿,也可以是整体的模仿或局部的模仿,只要具有自然美感特征的物象都可以成为现代设计模仿的原型。现代中式家具设计应在继承和借鉴传统中式家具模仿自然物象方式的基础上,重新审视并研究现代人对自然的感受和体验,结合现代审美及实际需求选择模仿的自然要素或效法的自然对象,而不应不假思索地照搬或沿用过去的要素和内容。基于自然物象特征认知与家具构成要素的相关性,可以将现代中式家具模仿自然物象的方式归纳为以下两种:自然物象的具象模仿和自然

---

① [美]斯蒂芬·R·凯勒特. 生命的栖居:设计并理解人与自然的联系[M]. 北京:中国建筑工业出版社,2008:46.

② [美]斯蒂芬·R·凯勒特. 生命的栖居:设计并理解人与自然的联系[M]. 北京:中国建筑工业出版社,2008.

③ 作为一门独立的学科,仿生学正式诞生于1960年9月。由美国空军航空局在俄亥俄州的空军基地召开了第一次仿生学会议。会议讨论的中心议题是“分析生物系统所得到的概念能够用到人工制造的信息加工系统的设计上去吗?”斯蒂尔根据拉丁文“bios(生命方式的意思)”和字尾“nic(‘具有……的性质’的意思)”构成“Bionics”作为这门新兴科学的命名,希腊文的意思代表着研究生命系统功能的科学,1963年我国将“Bionics”译为“仿生学”。斯梯尔把仿生学定义为“模仿生物原理来建造技术系统,或者使人造技术系统具有或类似于生物特征的科学”。

④ Y. Joye. Positive Effects of Biomorphic Design on Human Wellbeing. Netherlands: Ghent University, 2004: 102.

物象的抽象模仿，从“观物取象”的角度来看，前者重在“物”的模仿，后者则倾向于“象”的提炼及转换应用。

（1）自然物象的具象模仿

自然界中的物象，如动物、植物、山峦、岩石、水波、日月、细胞及分子结构等都具有具象的形态或组织结构，对于其外在特征的直接模仿和移用则构成了现代仿生设计的基本方式之一，这同样适用于现代中式家具的设计创新，从而使现代中式家具避免沉浸在“传统的故纸堆”中。对自然物象的具象模仿不仅可以增加家具的趣味性，而且可以使人们在使用过程中形成一种体验生命与亲和自然的情感(如图 3 - 38)。由于现代中式家具在风格特征上需要与传统中式家具保持文脉一致性，因此其对自然物象的模仿或仿生应是在保持中式风格前提下进行的，如果只是简单的模仿自然物或仿生，尽管可以获得很好的设计方案，但家具的“中国特征”不明显或不存在，也是与现代中式家具设计目的相背离的。如图 3 - 39 所示为现代模仿树根家具与传统中式家具的对比，尽管二者都是对根藤形态的直接模仿，但是在审美及形式上却很难建立必然的联系。因此现代中式家具对自然物象的模仿必须兼顾传统家具形式及审美表现，重视在中式审美或中式家具文化下的自然仿生。如图 3 - 40 所示为中国家具设计大赛获奖作品“花枝招展”椅，其造型模仿盛开的花卉形态，仿生的花朵形态幻变为家具的靠背、把手等细节，红色的坐垫构成花蕊，整体富于生机与动感，但整体形态及比例又与中式扶手椅颇为契合，可以看作是现代中式家具模仿自然物象的典范。总体来看，现代中式家具设计具象模仿的自然物象主要集中在植物、动物的整体或局部形态上，色彩或肌理或明显的结构形式上，在模仿方法上主要通过简化、转换、材料替代、形态联想等方式将自然物形态演化为木材表现。此外，现代中式家具设计还重视取象于传统建筑、艺术或工艺造物中的典型事物，如民居形态、陶瓷形态、园林花窗、剪纸年画等，并将其与家具形态相结合，从而形成别具风味的现代家具(如图 3 - 41 为 2008 首届中国“华邦杯”传统家具设计大赛的设计作品：①“古里新来”椅，李位凛设计；②园林椅，符振威设计；③琵琶椅，魏少凡设计；④车轮椅，李军设计；⑤“渔歌唱晚”椅，蔡序引设计)。

图 3 - 38　现代家具中仿生设计形式
Fig. 3 - 38　The bionics design in modern furniture

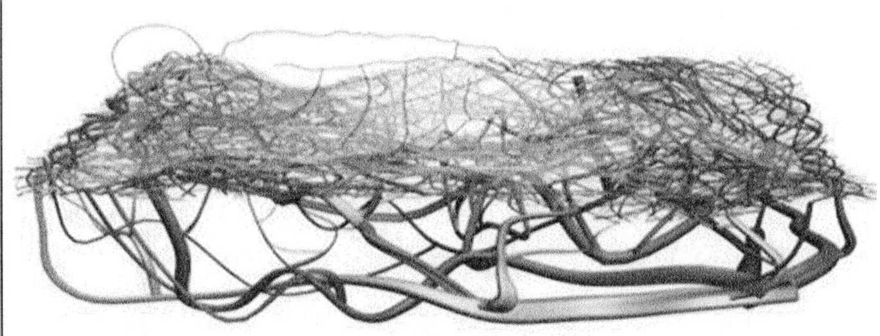

图 3-39 现代树根家具与传统树根家具造型对比
Fig. 3-39 The form comparison between modern and traditional root furniture

图 3-40 “花枝招展”椅盛开
Fig. 3-40 The flourishing flower chair

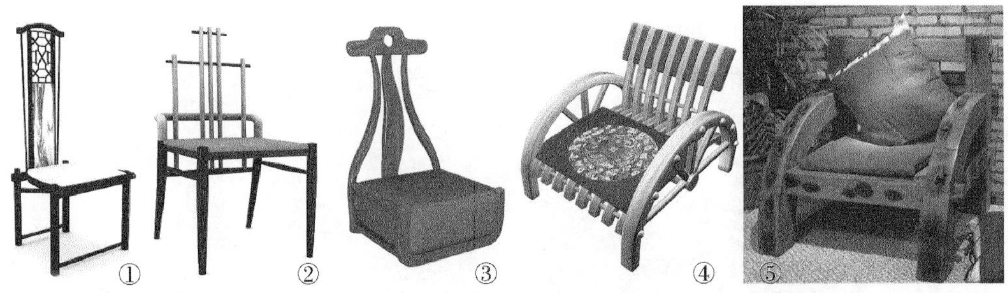

图 3-41 2008 首届中国“华邦杯”传统家具设计大赛的设计作品
Fig. 3-41 The furniture design in ‘Huabang-cup’ Chinese furniture design competition 2008

(2) 自然物象的抽象模仿

与具象模仿相比，对自然物象的抽象模仿更容易与传统中式家具特征相结合，并适合应用抽象形态或几何形态来诠释自然物象的内在美感，更能够发挥现代家具工艺及材料的特点，并适合现代工业化生产方式。如图 3-42 所示为联邦家私的“龙行天下”与“凤仪九州”系列中两款座椅分别对龙、凤形象进行抽象和概括，从中提炼出颇具古韵的典型元素加以符号化应用，进而在现代家具中很好地传达出传统家具中龙、凤的内蕴。与传统家具注重在装饰内容上模仿自然物象不同的是，现代家具更倾向于采用抽象形态或几何形态来构造家具形态，因为自然要素被抽象化处理后便淡化了物象表层意义，会让人更加关注到抽象化自然要素背后的自然本质，因此其在模仿自然物象的过程中首先需要对模仿对象进行要素提炼，使之转化为利于参考或表现的视觉图形(二维图形或三维影像)，以强化和凸显某些具体特征，然后针对家具的设计概念和目标对相关特征进行演变和转换，可以通过渐变、联想、类比、逆向思维、夸张、特异等方式获得所需形态。自然物象的抽象模仿能够更为概括或抽象地表现自然物象的形态特征和自然属性，并赋予家具自然生物的感觉和生命活力，在审美上能够以更为深刻的语义象征获得使用者的文化认同和情感体验。

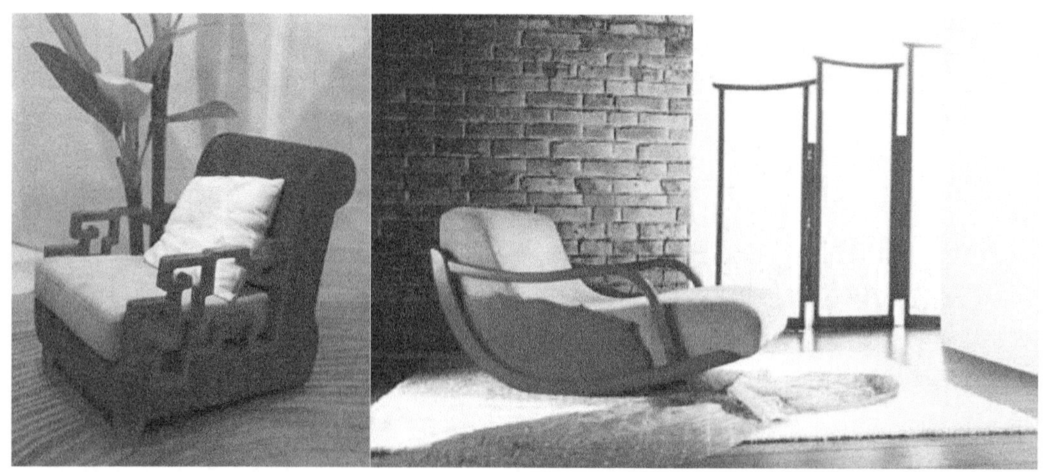

图 3-42　联邦家私的“龙行天下”与“凤仪九天”家具
Fig. 3-42　The Dragon and phoenix furniture by Landbood

3.2.2　效法自然秩序与状态

如果说自然物象还为现代中式家具设计提供了可供模仿的具体形态的话，那么蕴藏在自然界中的诸多秩序原理及和谐与美的状态则是无形的，或者说只能依赖知觉体验或心理体悟才能得到的，如人们处于风景秀丽的山水或田园之间总会感到身心舒畅，有自然惬意之感，这种感受不是来自某山某水的具体形态，而是这种自然而然的状态感染人的内心。所以对自然秩序与状态的理解构成了“观物取象”的深层结构，即凭借主观心意对自然物态进行归类、综合和抽象，注入情感和意志而使之成为具有美感体验的形式。譬如，古人对天地自然的认知未能依靠科学来判定，而只能依靠主观感受以方论地，以圆体天，而“天圆地方”也就构成了基本的自然状态，并在艺术、造物设计中加以效法，如明式圈椅中上部的栲栳圈与底座的方形框架就传达了“天圆地方”的概念。可见，“观物取象”的目的是为了“尽意”，而“意”的所在就是人的主观精神与深层心理体验。刘勰在《文心雕龙・明诗》中说：“人禀七情，应物斯感，感物吟志，莫非自然。”就说明主体发自然之情性是在艺术创作中形成自然风格的关键，依照“天人合一”的观点，主体自身体现造化的创造规律，发乎情，则其情乃从心灵中自然流露。同样在现代中式家具设计中“观物取象”的目的也是在家具中表现人对自然的理解、情感、认知和体验，因此需要设计者探索幽深、至赜的自然状态，获取隐藏其中的秩序性与本质体验，从而使最终设计臻于化境，于无形处现出自然之本真，这也是老子所说“大象无形”(《道德经・第四十章》)的体现，而探索的方式也正印证了《周易》所倡导的“探赜索隐，钩深致远”①(《周易・系辞上》)与“穷神知化”“穷理尽性”的必要性。总体来看，现代中式家具设计对自然秩序及状态的效法主要体现在效法静态秩序和效法动态状态上。

(1) 效法静态自然秩序

由《周易》始，中国古人认为宇宙万象表面是静态的，但却处于不停的运动变化之中，“动”与“静”是相互依存的，没有绝对的静，也没有绝对的动。但在传统美学领域，受老子“空无”与庄禅“虚静”思想的影响，“静”比“动”具有更为广泛的应用，而对于源于山水意象的自然更是以静态呈现的，尤其是在艺术表现中呈现出的静谧、静逸、清静、雅静等含蓄内敛、空灵悠远的本然状态往往形成无限的遐思，表现出禅的意趣。如元代倪瓒在《安处斋图》中通过三段式构图描绘了近处坡坨和枝叶疏落的树木、远处一抹平缓缥缈的沙渚岫影，占据画幅主体的湖水则以中间大片空白代表，整体呈现出幽淡静谧、萧肃空旷的自然状态(如图 3 - 43)。不仅书法绘画着力于表现自然的静态特征，中国传统建筑园林、工艺美术及家具设计等也同样重视对静态秩序的效法。中国传统建筑的对称均衡结构显示出稳定的静态秩序；园林对山水意境的效法更是表现出“静”的自然氛围，即便是水景也往往以静态为主；中国传统家具也通过质朴的天然纹理和中正谐适的造型显出静态秩序美，即便是采用自由流畅而具动感的曲线构成家具形体，其置于厅堂之中，仍是让人感觉安谧宁静，中正素雅，具有沉郁静逸之感(如图 3 - 44)。可见，对自然静态秩序的效法及展现构成了中国传统审美的重要内容，并以具体的形式在艺术及造物中呈现出来，进而直接影响人们对自然意境的观感和体悟，现代中式家具设计应秉承这种对自然静态秩序的效法，并通过对现实自然中的静态秩序的效法以显现传统中式家具中的“静逸”美。如图 3 - 45 所示为联邦家私推出的江南世家系列家具，分别以“荷塘月色”“静月听蝉”“琵琶行”等概念命名，既取其中蕴含的文化意义，又旨在突出不同场景和气氛中的静态自然状态，而家具造型也体现出静逸的品格。就现代中式家具效法静态自然秩序的途径来看，通常可以从传统书画、诗词音乐等文艺作品中获得静态自然秩序及美感的素材，经过与传统中式家具表现手法及形式的结合与变化，能够获得兼具中式特征与自然意趣的现代家具。此外，现代中式家具可以借鉴中国传统园林、建筑中对于静态意境塑造的手法，与重视优雅闲适生活方式的现代家居理念相合，塑造自然而然随意随性的家具品格。

---

① 《周易・系辞上》有：“探赜索隐，钩深致远，以定天下之吉凶，成天下之亹亹者，莫大乎蓍龟。”

图 3-43　元代倪瓒的《安处斋图》
Fig. 3-43　The An Chu Zhai Tu by Nizan

图 3-44　现代家居中的中式家具
Fig. 3-44　The Chinese furniture in modern house

图 3-45　联邦家私的江南世家系列家具
Fig. 3-45　The Jiangnan well-known family furniture by Landbond

(2) 效法动态自然状态

与静态自然呈现出的“静逸”相比，动态自然则表现出“动逸”的特征，即在表现效果上强调一种“势”的趋向或变化，如曲线的飘逸灵动，形体结构的舒展或收缩形成知觉力的张弛等。在中国传统美学中，静态自然以清、冷、幽、远等为主要特征，常表现出静谧的优雅；而动态自然则以旷、古、壮、疏等为主要内容，主要体现出运动的气势与张力。中国传统书画对于动态自然的效法也颇为广泛，如书法中的行书和草书主要以动态的变化、运动、穿插、避让和险绝取胜，表现出“山风海涛”般的运动美与气势美(如图 3-46)，同样，绘画中笔墨的浓淡变化，线条的起承转合也会突出明显的动势，如石涛、傅抱石等人的山水画往往在笔墨变化中显出大自然的蓬勃生机，如李安源[①]形容石涛绘画“笔锋捭阖，汪洋恣肆”，傅抱石绘画“毫飞墨喷，风旋水泻，狂放飘逸，大气磅礴”，皆是对自然之“动”的有力表现(如图 3-46，图 3-47)。传统中式家具整体造型主要呈现出静逸特征，但在具体造型要素上则多采用具有动感的曲线线条，如靠背、腿足多用“S”形曲线，尤其是在床榻、桌案等体量较大家具的腿足上采用膨胀线性，更使得家具形成稳定感的同时具有坚实的张力(如图 3-48)。这种增强动感特征的做法既可以避免家具造型的呆板僵滞，而且能够赋予家具生命的律动，是现代中式家具应该予以借鉴和继承的。现代中式家具设计更注重造型的灵活性，力求家具造型有利于家居空间氛围的塑造，相对于现代横平竖直的居室构造来说，家具中的动感线条无疑是调节视觉平衡的最好形式。如图 3-49 为朱小杰设计的铜钱椅，在借鉴明式圈椅的基础上采用两个流畅的弧形曲线完成上下部分的连接，加上水曲柳的材料柔韧质感，使整体呈现出“弱柳拂风”般的动态特征。再如图 3-50 联邦家私“家家具”系列靠背椅则是整体以曲线为主，其自然流动之感尤为强烈，但却能在增加悠闲情调时仍不失圆融典雅的东方情调，可以看作是效法动态自然状态的典范。可见，现代中式家具对动态自然状态的效法通常体现在曲线线条的应用上(西方现代家具则较注重曲面表现)，而且需要结合传统家具造型中曲线应用特征，从而在造型表现中即丰富自然意趣又不失中国特征，但就曲线的形式及表现手法，则不必拘泥于传统家具的用法，可以根据现代审美观念和自然动势的表现手法加以创新应用。总之，现代中式家具对动态自然状态的效法应注重“逸”的韵味表达，而不单单为“动”而“动”，应兼顾整体的“静”。

图 3-46 石涛《黄山图》
Fig. 3-46 The Huangshan Tu by Shi Tao

图 3-47 傅抱石《观瀑图》
Fig. 3-47 The Guan Pu Tu by Fu Baoshi

① 李安源. 虚静与旷放——中国画“逸品”图式探微[J]. 齐鲁艺苑，2005(1)：14～17.

图 3 - 48　传统中式家具中"S"形腿
Fig. 3 - 48　The "S" feet in traditional Chinese furniture

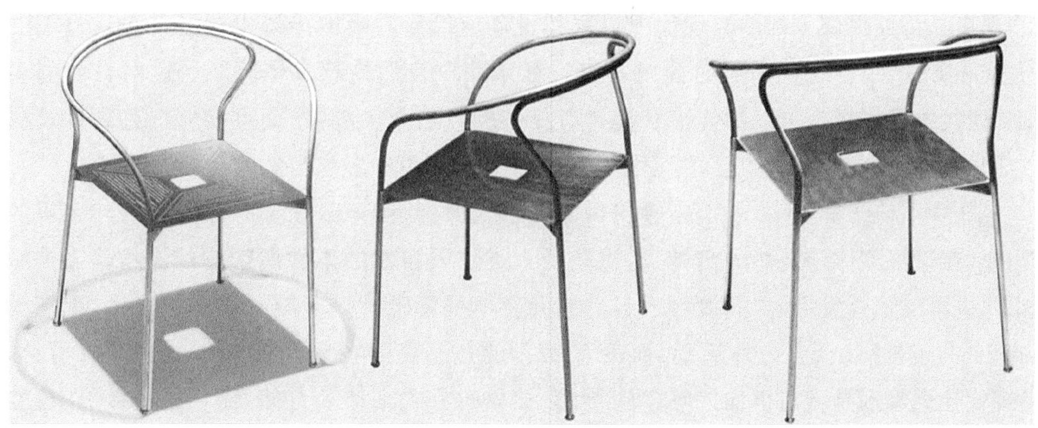

图 3 - 49　朱小杰设计的铜钱椅
Fig. 3 - 49　The copper cash armchair designed by Zhu Xiaojie

图 3 - 50　联邦家私的"家家具"系列靠背椅
Fig. 3 - 50　The JiaJiaJu furniture by Landbond

3.3 现代中式家具表现自然的方式

如前所述，自然在汉语中有两层意思：一是指相对于人生和艺术的自然界及其物象；二是指自然而然，即一种率真、随性的本真流露，在艺术审美中通常表现为“初发芙蓉”的天然美感，而与雕饰和矫揉造作相对。但这并不是说雕饰就不能表现自然，而是在于雕饰的对象与“度”的把握。诚然，“不假乎人之力而万物生焉”（王安石《临川集》）是一种最本质的自然，但对于家具这等人造物来说本质上包含着主体的创造精神，自然的表现应是借人力来表现“天工”，强调原初的质朴和不露人为斧凿巧饰的痕迹，而对于审美来说，则是要求顺应对象的本然状态，形成返璞归真的艺术特征。所谓“妙造自然”（南朝谢赫《二十四诗品・精神》）“笔补造化天无功”（唐李贺《高轩过》）也是强调人工在师法自然的基础上可以获得自然的艺术境界。对传统中式家具来说，从整体到局部细节几乎都着力于表现自然，既有显性的也有隐性的，尽管清代中后期家具对自然的表现过于繁缛而且到了炫技的程度，但也增加并拓展了表现自然的素材和方式，同样为现代中式家具设计凸现自然特征提供了帮助。现代中式家具设计应借鉴并吸取传统中式家具表现自然的方式和形式，结合现代家居时尚及审美特征来获取自然的感官体验。通过对自然的表现，现代中式家具既可以与传统家具具有相似的自然审美趣味，而且能够提升现代家居空间的自然氛围，从而在充斥着钢筋水泥等非自然环境中融入自然的意趣。

在中国传统美学中，表现自然的目的在于全面亲近自然，在于同无限自然与宇宙的沟通，在于深刻体验自然的精神，这也是受人类热爱自然的本性所影响的。随着人类城市化进程的迅速发展，人们接触大自然的几率明显降低。据美国一项调查显示，现在只有 31%的孩子每天在户外活动，而只有 22%的孩子能够在户外待到 3 个小时[①]，可见，“现代社会特别是城市更加依赖于间接的、抽象的方式来体验自然，而不是直接的、自发的体验和感受”[②]，美国环保生态学家罗伯特・派尔（Robert Pyle）则直接用“体验的灭绝”[③]来形容这种接触自然、体验自然的机会处于减少趋势的严重性。因此，现代中式家具设计对自然的表现应重视体验自然、感受自然的实际需求，在传统中式家具重视自然要素和自然意趣表现的基础上增加切实的自然观感，让身心确实获得客观自然界的体验。就表现自然的方式和途径来说，主要包括以下两种：直接自然体验设计与间接自然体验设计。

3.3.1 直接自然体验设计

直接自然体验设计，就是指在设计中通过纳入自然元素或融入自然环境等方式获得及时的自然感受和体验，在无生命的人工物中获得与真实自然相接触的观感。这在现代

---

① R. White. Young Children's Relationship with Nature: Its Importance to Children's Development and the Earth's Future. Kansas City, MO: White Hutchinson Leisure & Learning Group, 2004:12.

② ［美］斯蒂芬・R・凯勒特. 生命的栖居：设计并理解人与自然的联系［M］. 北京：中国建筑工业出版社，2008：80.

③ R. Pyle. The Thunder Tree: Lessons from an Urban Wildland. Boston: Houghton Mifflin, 1993:148.

建筑、产品及家具设计中应用较为普遍，赖特的"有机设计"理念就强调在建筑或产品设计中吸收自然的外观或形式，特别是在住宅设计中需要纳入自然元素或将住宅直接融入自然环境之中，获得对自然的最直接体验，如赖特的流水别墅(图 3-51)及西塔利埃森住宅(图 3-52)都展现了直接自然体验设计的元素和特征：纳入自然要素，融入自然环境。同样，现代家具设计常通过植入盆栽花草、采用天然材料等方式来触发对自然的体验(如图 3-53)。人们之所以能够从这些要素中获得直接的与真实的自然体验，主要是由于这些自然要素与人工物存在的结构与形式的差异性，人们能够从这种有机的、自然的形态中获取与自然交流的趣味性与惊奇感。现代中式家具设计要体现最直接的"天人合一"理念，就应当让家具近距离亲近自然，并根植于自然，具有自然形态的情感，从而在家具功能及形式上充满自然的生命力特征。就直接自然体验设计方式来看，现代中式家具设计可以通过纳入自然要素和融入自然形式来实现对自然的表现。

图 3-51　赖特设计的流水别墅
Fig. 3-51　The falling-water house designed by Frank Lloyd Wright

图 3-52　赖特设计的西塔里埃森住宅
Fig. 3-52　The Taliesin West designed by Frank Lloyd Wright

图 3-53　现代家具中的自然体验
Fig. 3-53　The natural experience in modern furniture

(1) 纳入自然要素

纳入自然要素，就是将具有明显自然特征及视触觉体验的自然物直接或转化应用于家具设计之中，使家具也具有该种自然物的品性特征。诚然，自然界中的山石树木、花鸟虫鱼等林林总总，都能够对人的心理形成自然体验，但对于现代中式家具设计来说，自然要素的选用应具有典型性、沿承性，并具备绿色环保等特征，否则家具设计在获得自然体验的同时却对自然构成了破坏和污染也是不足取的。相比之下，现代家具中通常纳入的自然要素主要有绿色植物、木材质感与肌理、石材、竹、藤、麻等具有浓厚乡土气息的天然材料等。由于处理工艺及造型手法的不同，各种要素的影响效果也不尽相同(如图 3-54)。但需要注意的是，仅仅是将自然要素移用到家具中未必对人类的自然情感产生很大影响，就好比一株盆栽摆放在桌案之上也往往被看作是装饰物而已，这种对自然的体会也只会停留在表层。因此，现代中式家具设计纳入自然要素通常需要经过巧妙的创意、结合自然要素的特性及美学属性，从而以一种更能激发人类感官意识、情感、智力及心灵的方式表达自然意趣。就现代中式家具设计来说，木材是各种材料中与自然亲和力最明显的，但由于应用的广泛性而且加工工艺的技术感相当强烈，反而降低了人们对其自然特征的体验和感受，反而是未经斧凿雕饰仍保持朴拙天然质感的木材会给人们带来更有价值的自然感受，所以，在设计过程中可以尝试保持其原始天然的状态，或是根据木材的材质属性选用加工方式，用适当的手法造就浑然天成的本初质感。如图 3-55 所示为联邦家私的“素榆”系列家具就保持了榆木厚拙粗犷的纹理，使自然体验更为强烈；图3-56所示为台湾红屋家具公司生产的“禅床”，延续了中国传统罗汉床的妙意，主体由纵向锯切的松木构成，各部分都保持树木原来状态，造型颇具中式意象却毫无刻意之感，在不期然而然之间流露出自然意趣。除木材外，竹、藤、麻及蒲草等天然材料更具田园意味与乡土气息，现代中式家具设计可以将这些元素纳入造型或材料组合之中，以塑造不同于木材的自然异趣。对于这些自然材料的应用方式既可以直接利用其材料属性制作具有中式特征的家具(如图 3-57)，也可以利用其材质质感或肌理附着于其他材料之上，从而获得整体系统的自然体验。如图 3-58 为春在中国的“咏竹”系列家具，设计师从传统的精神中提炼出竹的形象，选取经风历雨的陈年竹材，将其平铺附着于高档木材之上，从而获得自然感与艺术性的和谐统一。

图 3-54 现代家具设计纳入自然要素的形式
Fig. 3-54 The natural elements in modern furniture

图 3－55　联邦家私的“素榆”系列家具
Fig. 3－55　The Suyu series furniture by Landbond

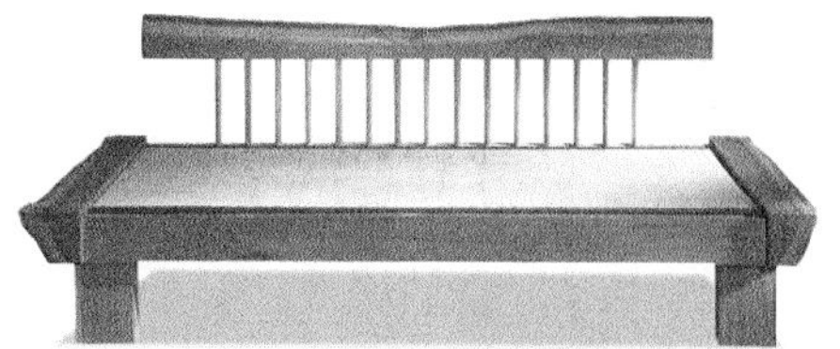

图 3－56　台湾红屋家具公司设计的“禅床”
Fig. 3－56　Zen bed by Taiwan Redhouse

图 3－57　以竹材为主的现代中式家具设计
Fig. 3－57　Modern Chinese furniture design with bamboo

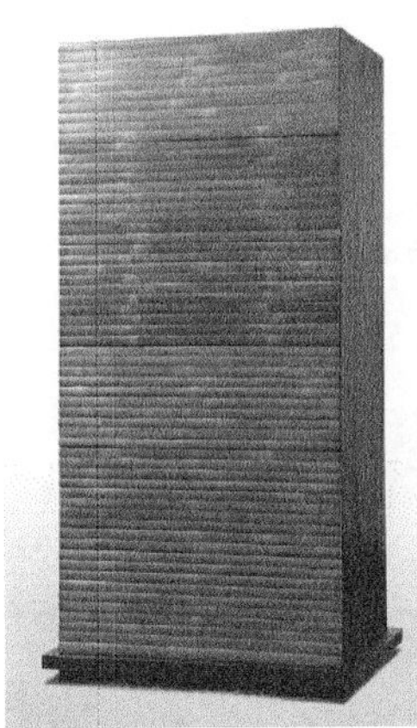

图 3-58 春在中国的“咏竹”系列家具
Fig. 3-58 The Bamboo Sing furniture by Aam.

(2) 融入自然形式

图 3-59 仿竹纹紫檀官帽椅
Fig. 3-59 The Zitan official's hat chair to imitate bamboo

融入自然形式，指将具有自然观感或象征意义的内容或素材经过艺术化处理应用到家具形态创意之中，使人们在连贯的、有组织的与具有意涵指向的形态中获取对自然本性的领悟与体会。这种方式虽然不像纳入自然要素那样直接，但是经过概括、提炼或抽象出的自然形式在“妙造自然”上则更加深刻，而且更容易与家具形式进行组合。传统中式家具融入自然形式的方式主要有两种，一是以木材模仿竹、藤等材料质感和形式，二是将自然界的花卉树木抽象成为艺术化的纹样雕刻在家具的相应部位。这两种方式都不同程度地增强了人们对自然的感知与想象(如图 3-59)。现代家具设计对于自然形式的表现则更丰富，在家具材料应用上也不局限于木材，而是在综合运用天然材料与人工材料的基础上采用更加艺术化的装饰形式，表面印花、织物刺绣、雕刻镶嵌等，其工艺也与造型、结构相配合，从而整体在展现技术美的同时将自然体验融入其中(如图 3-60)。现代中式家具融入自然形式的方式通常也借鉴这些途径，但重要的是对自然形式的选择和提炼抽象应强调创新，而不只是移用传统中式家具的自然纹样，尤其是传统家具中自然纹样的设置过于注重吉祥寓意及风俗礼制内容，这与现代家具的审美诉求相去甚远，相比之下，现代家居装饰更注重趣味性与艺术性，在自然形式及素材上追求的是自然的本色意味，如传统中常常采用的卷草纹、灵芝纹及云纹等则适合以更为新颖别致的造型或装饰方式来应用，否则会强化家具的仿古意味，而缺少时代的属性。同时，应避免采用过多的装饰内容或过于复杂的装饰技术，纯粹的或无功能意义的装饰以简而精为原则，旨在增强意蕴，不在于炫技，这也是“自然”不事雕琢的客观要求。如图3－61 所示为嘉豪何室的“孔雀蓝”系列家具，通过在黄金柚木上雕刻出具有独特自然意趣的海草纹和藤编纹等，使家具的自然体验更为明显与强烈。由此可见，现代中式家具在融入自然形式的过程中需要对选取对象、形式、装饰方式、处理工艺、材料表现及艺术效果等进行综合考虑，力求使自然形式与家具形体融合谐适，达到浑然天成的艺术境界。

图 3－60　现代家具设计融入自然形式的方式
Fig. 3－60　The method of expressing nature in modern furniture design

图 3－61　嘉豪何室的“孔雀蓝”系列家具
Fig. 3－61　The Peacock Blue furniture by Jiahouse

3.3.2　间接自然体验设计

现代中式家具虽然通过纳入自然要素可以获得对自然的直接观感，但这种方式不得不依赖自然材料的天然质感与可加工属性，其表现方式也基本是针对体现某种特殊材料性质而展开的。相比之下，通过对家具造型或形态的设计并使之具有自然美感，反而会从本质上凸显家具的自然风格特征，这也是间接自然体验设计的目的所在。诚然，“自然”是客观的自然，但对于“自然”的体验确是由人的主观感受反映出来的，真实的草木山石会形成自然体验，而不规则的形状、错落相间的组合同样也能形成自然感，而这种由人们精心设计而构成“行云流水”般的自然状态反而更令人满意，而且促使人们对自然进行考虑与想象。如图 3－62，图 3－63 所示分别为天然石材制作的长椅与采用不规则形状的坐凳，二者反映出不同的自然异趣：前者直观而明确，后者含蓄而富有趣味。对于形成间接自然体验的要素，在不同设计领域有着不同的看法。美国地理学家杰伊·阿普尔顿(Jay Appleton)和格兰特·希尔德布兰德(Grant Hildebrand)经过多年研究总结了六个成对元素：前景和隐蔽、诱惑和冒险、秩序和错综①。其中秩序和错综(复杂)通常反映在人造物形式、结构和组织中的自然特征表现。心理学家雷切尔·卡普兰和斯蒂芬·卡普兰(Rachel and Stephen Kaplan)则在建筑学研究中提出连贯性、复杂性、易读性和神秘性所产生的自然象征及想象是形成间接自然体验的关键②。综合以上研究观点，在现代中式家具中，间接自然体验设计的方式主要有：秩序与复杂的平衡，象征性要素应用。

图 3－62　天然石材家具

Fig. 3－62　The natural stone furniture

图 3－63　不规则形态家具

Fig. 3－63　The irregular form furniture

(1) 秩序与复杂的平衡

秩序和复杂构成了自然物的基本状态，所谓复杂反映在自然物的细节、组织和结构的不规则性与无规律性，而秩序则相应反映了自然物中所蕴含某些合乎秩序与规则的形式。在间接自然体验设计中通常包括了复杂性，也含有秩序性，只有二者有机结合并彼此平衡才能获得最佳的表现效果(如图 3－64)。然而，一味强调复杂性或只强调秩序性都会使设计形式走向极端，缺乏秩序感的复杂形式会造成混乱或繁缛的体会，相反缺乏复杂性的秩序则会显得单调而重复，两种形式都会强化人工特征，而淡化自然形态。现代中式家具设计中对秩序与复杂的处理方式应结合具体的材质、工艺、结构及造型进行平衡和调节，如对于具有复杂纹理或质感的木材，应注重采用秩序性强的结构及造型加以平衡，使材质的复杂性与造型的秩序感有机结合，形成最佳的自然体验。如图 3－65 为朱小杰设计的"清水长椅"，在突出乌金木精美纹理的同时在造型和结构上尽量简洁，在体验天然纹理的"水波"时不至于感觉形式的单调，获得了秩序与复杂的和谐。图 3－66

① G. Hildebrand. The Origins of Architectural Pleasure. Berkeley: University of California Press, 1999: 22, 102.

② S. Kaplan, R. Kaplan. The Experience of Nature. Washington, DC: Island Press, 1998.

为台湾青木堂"自然·理画"系列家具则采用纹理细腻的花梨木，着重通过家具结构、线条的舒展和优雅来强化其自然生命力，几乎所有部件都包含优美的弧线，这种结构与形式的相对复杂与材料装饰的相对简洁也形成了很好的对比组合，仍能让人从中体悟到自然的妙趣所在。此外，现代中式家具应借鉴现代家具设计中表现自然的方式，不应只是停留在木材纹理及质感的表现上，而应拓展材料应用及造型手法，并结合现代人对自然的生理和心理体验，寻求更好的表达自然意趣的形式与途径。如通过调节家具色彩使之与家居环境对比协调，整体产生自然清新的视觉体验；或通过整体系列的共通元素塑造居室空间的自然氛围等。总之，在设计过程中要使家具造型要素获得复杂与秩序的有机结合，能够让人从对比与协调中获得对客观自然的触动或体验。

图 3-64 现代家具中秩序与复杂

Fig. 3-64 The orderliness and complication in modern furniture

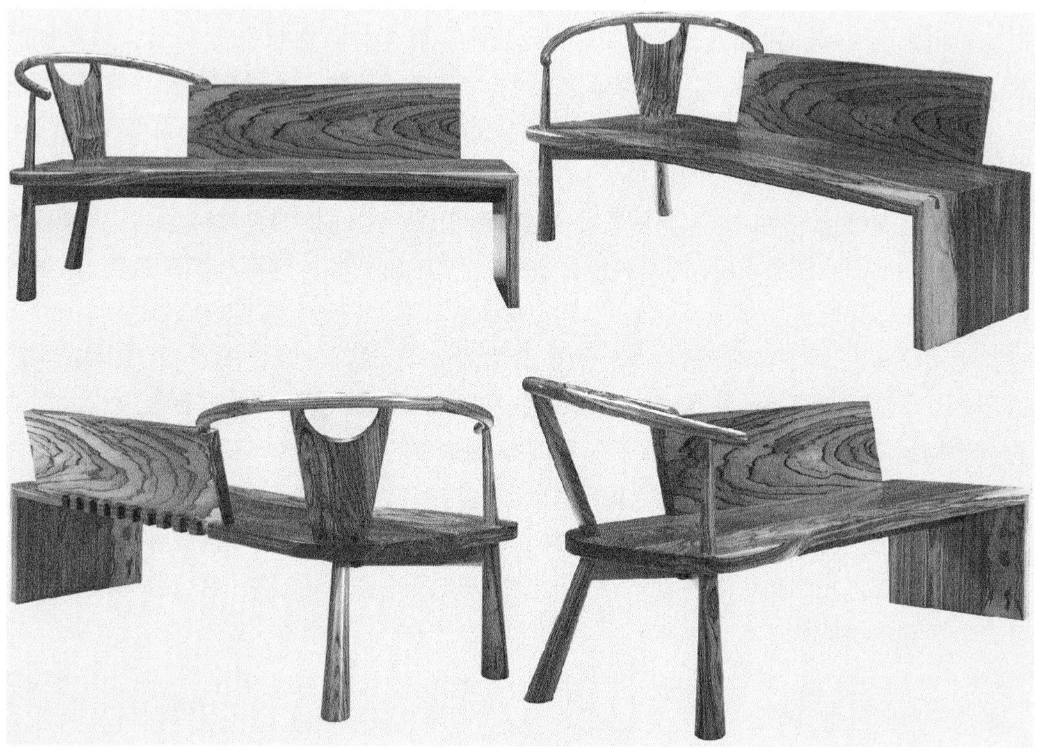

图 3-65 朱小杰设计的清水长椅

Fig. 3-65 The Qingshui bench designed by Zhu Xiaojie

图 3－66　青木堂公司的“自然·理画”系列家具
Fig. 3－66　The Nature Painting furniture by Woody chic

(2) 象征性要素应用

人工环境中的自然体验也常常以抽象性的或象征性的形式出现，传统中式家具通常用谐音联想、暗示或隐喻的形式来表现主观愿望与自然事物之间的关系，从而使人在与家具接触的过程中获得心理享受与自然体验，如传统家具中常用卷草纹、灵芝纹及龙凤瑞兽等都具有特殊的象征寓意，人们在对这些元素的热爱中也常常会激发出对自然的感悟与想象，尽管这些元素有时并不受人们关注或理解。现代中式家具虽然不需要采用这些装饰化、修饰化和图案化的元素来反映自然的特点，但同样需要在家具造型、结构及工艺上形成某种自然的象征性，使人能够从中获得强有力的自然情感与想象力。相对于人工制造出来的规则形式或几何形态，人类更偏爱自然界中具有象征意义或联想性的质感、动感、可塑性或曲线形、圆形或球形表面等，正如庄子所说：“天地有常然。常然者，曲者不以钩，直者不以绳，圆者不以规，方者不以矩，附离不以胶漆，约束不以绳索。”(《庄子·骈拇篇》)这也就为我们的家具设计提供了赋予造型象征性意义的基础。现代家具设计也往往通过抽象性地融入自然界的外观、形式以产生间接的自然体验，如从藤蔓植物中抽象出的曲线线条，花瓣样式的自由曲面，乃至生物细胞的内部组织结构等，其重在从中剥离出体现自然生命意识的形式要素，并在家具造型中进行转换应用(如图 3－67)。现代中式家具设计同样需要这种对自然生命力的表现，进而将家具赋予自然的象征性，而不再是单纯的“物”。如从传统中式家具造型中的曲线、弧线及圆融过渡等形式入手结合自然物的体貌特征，在家具中赋予各种线条以生命的节奏与律动感；或通过对自然物形态的提炼和抽象，使其形成新的象征意义以适应家具的表现形式。但需要注意的是，这种象征性形式的设计不只靠对自然物的模仿或移用，更重要的是在认识并理解自然物本质的基础上进行新的构思与创造，创造出的新形式并不依赖于某一自然形式而存在，并具有更深层次的象征性。

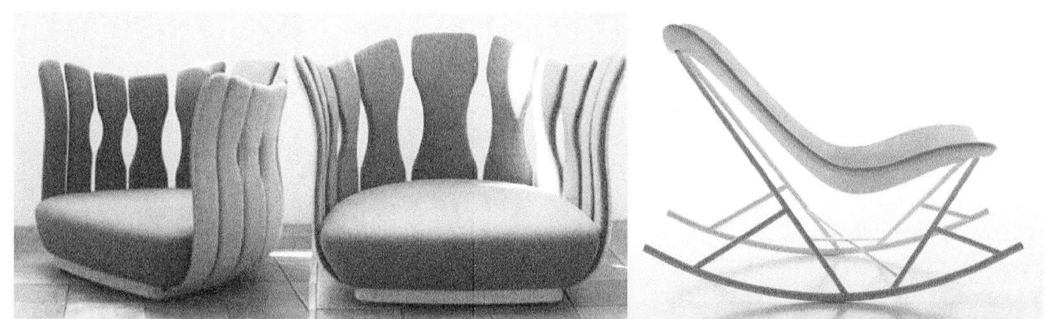

图 3－67　现代家具设计中的象征性要素
Fig. 3－67　The symbolism elements in modern furniture design

04 /
现代中式家具设计系统的中观层次

第 1 章　现代中式家具设计系统中观层次的建构

第 2 章　现代中式家具设计系统中观层次的设计方式

第 3 章　现代中式家具设计系统中观层次的设计实现

从人—家具—社会—自然(环境)系统来分析,家具与自然的关系是从横向空间轴来分析家具与自然环境的物质与美学关系,而家具与社会的关系则是在纵向时间轴来讨论传统文化及时代属性对家具风格及审美的影响和作用。现代中式家具作为一种具有时代意义和传统承载内容的结合体,其在时间轴向上的文脉关联性构成了评判其美学归属及设计特征的重要因素。同时,传统中式家具及其文化范畴又构成了现代中式家具承继、延续、拓展及创新的历史"原型",但这一"原型"并不是作为现代的设计的简单摹本,而是需要从历史的恒定面来看待和审视传统,并结合当前时代的生活方式、技术条件及审美倾向来改良或创造新的形式,正如杨耀先生所说:"传统的东西是指古代劳动人民对家具设计所创造的手法、技巧以及多种多样的形式……新的东西总是从旧的东西中间产生出来的。但时代的不同,生产力的发展,家具功能的新的要求,技术条件和审美观点等也会有所变化,因此,应该利用现在的物质技术条件,创造和设计适应今天生活所需要的家具类型和品种,而不是原封不动地搬用旧形式。"①

第 1 章　现代中式家具设计系统中观层次的建构

1.1　现代家具设计的社会因素及其文化映射

1.1.1　现代家具设计的社会因素

社会进步到今天,家具不再只是简单地作为解决实用问题的用具或工业产品,满足物质层面的需求,而且包含着更为深刻的文化内涵与社会特征,尤其是中式家具,自古以来就带有浓厚的社会性色彩,其在礼教、伦理、等级观念、行为方式及审美心理上都有所体现,如家具的摆放与陈设方式用于区分主客尊卑,家具的形制和样式都代表相应的等级层次,家具的造型和形式则对人们的使用方式及仪态做出了要求和限制等。现代中式家具要承继并延续传统中式家具历史文脉特征,虽然不需要考虑太多的礼制与等级观念问题,但随着现代社会人们思想观念、生活方式及审美观念的改变,与生活行为及审美相关的文化形态、社会因素同样影响着家具设计的理念与形式,在设计过程中必须对涉及的传统文化及社会因素加以考虑并做出相应的调整,以使其适应现代生活方式的需求。

从一般意义来说,社会因素是指社会的各项构成要素,内容非常广泛,涉及人们生活的各个环节,几乎包括环境、人口、经济基础和上层建筑等诸项内容,既有宏观群体的意识及行为,也包括微观个体的行动及心理等,但总体来说,社会因素并不是一个固定而且明确的定义,在不同学科领域中都有着不同的所指范畴。在人—家具—社会—自然(环境)系统中,社会因素指与自然环境相对的社会环境要素,是以特定时期、特定地域内的

---

① 杨耀.明式家具研究[M].北京:中国建筑工业出版社,2002:48.

人类群体意识观念和行为方式为基础的，包括社会生产方式及人的生活方式所形成的各种社会关系内容，如政治、经济、文化、道德伦理、宗教信仰等都属于社会因素范畴，其对家具设计的理念、方式及形式等都有直接或间接的影响。就家具设计过程来说，所处时代和地域的社会因素，如社会经济构成及消费能力、心理和观念；知识层次及文化素养水平；社会潮流及时尚需求；风俗习惯及大众行为；审美理念及评价标准；甚至社会特殊事件及运动所带来的文化效应等，都会以直接或间接的形式转化为相应的设计要素并在家具设计中得到体现，如图 4 - 1 所示为皇朝家私为 2008 年北京奥运会设计制作的限量版奥运家具，其中所应用的鸟巢纹样、祥云纹样等都来自奥运会场馆、火炬的造型元素。可见，在家具设计过程中，通常需要对相关的社会因素进行定性或定量的分析，并从中获取对家具设计具有切实价值的内容，总体来看，家具设计中的社会因素可以总结为三类：社会文化因素、社会心理因素与社会行为因素。社会心理因素与行为因素通常是从社会群体的意识和行为层面来影响家具设计，主要集中在“人”的因素对家具的影响，而社会文化因素则直接影响着家具的概念定位与设计方向，而且往往能够以具象化的形式呈现出来，所以通常是设计过程中的重点分析内容。

图 4 - 1 皇朝家私设计的奥运家具系列座椅

Fig. 4 - 1 Series of armchairs and sofa for Olympics 2008 by Royal

在家具设计中，社会文化因素指影响家具设计理念、表现及评价的文化内容，是心理要素与行为要素的整体反映。社会中的各种现象都可以映射为相应的文化现象。美国学者克鲁克洪(C. K. M. Kluckhohn，1905—1960)认为：“文化是历史上所创造的生存式样的系统，既包含显性式样又包含隐性式样，它具有为整个群体共享的倾向，或是在一定时期中为群体的特定部分所共享。”①可见，社会文化因素主要表现在文化传统的真实延续性上，并且能够在器物或物质层面获得显性式样、元素或符号认知，如传统中式家具的装饰纹样、榫卯连接及框架结构都形成了文化的“显性式样”，而其“隐性式样”则往往是蕴涵在物质形态中的观念、意识及思想的文化表征，如明清时期的文人审美及民间俚俗文化等内容，这也就为现代家具设计提供了定量与定性分析基础。

① [美]克鲁克洪. 文化与个人[M]. 高佳，译. 杭州：浙江人民出版社，1986：3.

1.1.2　现代家具设计社会因素的文化映射

家具设计属于器物文化的领域，其除了具有可感觉的物理特性之外，还包含大量超感觉的文化内涵，这是与自然物相区别的“文化产品形态”。“人通过自己的活动按照对自己有用的方式来改变自然物质的形态。例如，用木头做桌子，木头形状就改变了。可是桌子还是木头，还是一个普通的可以感觉的物。但是桌子一旦作为商品出现，就变成一个可感觉而又超感觉的物了。”①从家具的“文化形态”②概念来分析，现代家具概念应包含多层次性的结构(如图 4－2)，而且在传统到现代的时间轴向上不同层次的文化构成也相应有所变化，总体来说，其核心层面应是由家具功能性及实用性的物质属性构成的；形式层则主要指构成家具实物形态的诸要素，如造型、结构、材料及工艺等；处于外围的则是体现或映射家具意义和归属问题的文化属性、社会属性及价值属性等内容。这一层次结构既突出了家具设计的价值所在，同时也反映出各部分之间的相互影响关系：纵向时间轴向为家具文脉的影响，而在广度上则是由核心层辐射表层要素，表层内容则反过来影响核心价值的实现。从实践来看，家具设计的核心层是明确而且清晰的，但是形式层的构成则往往受到意义层诸要素的影响，而且这些影响并不完全是以具体的物质或形式要素呈现的，更多是隐性的、潜在的要素，并以相应的文化形态折射出来。总的来看，与现代家具相关联的社会因素包括社会思想意识、伦理道德、社会生活、文学艺术、科学技术、行为方式等，这些因素通常不同程度地显现或映射在以下三种文化形态之中：器物文化、行为文化及观念文化。

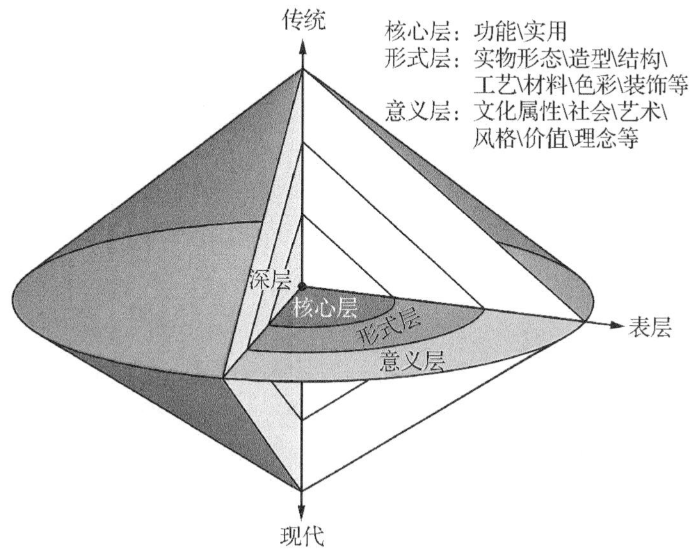

图 4－2　家具产品概念的多层次构成

Fig. 4－2　The multi-layers concepts of furniture

① 马克思，恩格斯. 马克思恩格斯全集(第 23 卷)[M]. 北京：人民出版社，1972：87.

② 刘文金，唐立华. 当代家具设计理论研究[M]. 北京：中国林业出版社，2007：24.

（1）器物文化。

器物文化指与家具产品直接相关的物质层面的文化，是由家具形式层直接表征或显现的文化内容，集中反映出家具形式与社会因素的关系，通常也包含了器物的实物形态。如传统中式家具的尺度、比例及结构所映射的文人审美与“天人合一”的美学特征等，龙凤瑞兽的装饰纹样所表征的中国“吉祥”诉求等。不同时期和不同地域的器物文化也承载着相应的历史文脉要素，并将无形的非物质内容物化在具体的形式之中，这也就成为现代设计还原并拓展这一文脉关系的基础。同时，器物文化也折射出当时社会的经济、政治及美学特征，是设计过程中予以参照和体现的最直接层面。

（2）行为文化。

行为文化指制度层面的文化，它反映在“人与人之间的各种社会关系中以及人的生活方式上”①，这种社会关系是形成家具使用功能及非功能性价值的重要影响因素，如传统家具对礼仪、规矩及等级观念的重视就是受传统社会中“君臣、父子、夫妇”等尊卑关系的影响而具有复杂的阶级属性，建筑厅、堂的社交性职能设置也影响着室内家具的布局、数量及造型。此外，社会的生产方式则决定了家具生产及制作的规模及管理模式，影响着家具的工艺水平及技术程度，中国古代的农业经济模式下使得家具生产集中在手工作坊模式上，技术及工艺水平主要依赖于木匠的设计能力和手艺。人的行为方式则主要表现在生活方式上，包括起居、工作、社交、休闲、娱乐等行为，通常需要与家具发生直接关系，因此影响着家具的形制、材质、功能等深层要素。

（3）观念文化。

观念文化指精神层面的文化内容，是基于前两者之上的意识形态与思想观念等内容，它是以社会价值观和文化价值体系为中心的。通常观念文化构成了造物及行为的潜在决定意识，并直接影响着行为的方式和造物的价值取向，如中国传统观念中的“致虚极，守静笃”（《道德经》第十六章）的虚静观及“中庸致和”的中和观就使得传统中式家具倾向中正典雅的审美表现，在形式上讲究对称与平衡，在审美上注重虚实对比、动静结合，凸出虚静之逸品。就观念文化的构成来看，其包括理论观念、文化意识、文学艺术、宗教伦理等内容，其中也包括大量无意识成分，它们存在于社会文化心理、历史文化传统和民族文化性格之中，往往在潜移默化之中对造物行为产生极为重要的影响。

1.2 现代中式家具设计的文化承继与整合

如前所述，文化因素往往是具有时间、地域区隔性与差异性的，如传统与现代、东方与西方的文化差异，其在“物”的层面所呈现的文化形态或效应也因此而不同。现代中式家具本身概念就是具有明确的时间和地域区分的——现代、中式，凝聚其上的文化因素也同样应具有这样的时间与地域的特征或属性，而同时这种时间或地域上的文化因素又

① 徐恒醇. 设计美学[M]. 北京：清华大学出版社，2006：89.

不是凭空产生、与生俱来的，其在纵向时间轴和横向层次上都存在相应的延续、进化及整合的过程。

1.2.1　纵向时间轴的文化承继

实质上，文化承继是指文化在时间轴向的传递与进化，是新时代对以往时代文化内容及要素的过滤过程，这种过程是以社会组织形式通过文化的传承和积累而实现的。正如美国心理学家斯金纳(B. F. Skinner，1904—1990)所说："在文化习俗的传递过程中，根本没有染色体及遗传基因制之类的东西，文化的传递就是获得性行为的传递，在这一意义上，文化演进是拉马克式①的。"②这说明，文化的演进和承继并不是自然而然就跟随"基因或染色体"而随时间遗传的，而是以"超有机体的、社会的形式取得的"。③ 同样，在设计领域中，文化属性及特征的体现也不是直线传递或自然形成的，而是经过实践与社会行为来获得的。

从纵向时间轴向上，传统中式家具与现代家具文化存在着"断层"，二者在文化的传递或进化中存在较大的反差，而现代中式家具设计的主旨则是获得传统家具文化与现代家具文化的交融与衔接，并促使悠久而优秀的传统家具文化得以延续与发展，使其不至于在时代进程中淡化或消逝，因此现代中式家具在文化形态上应延续并拓展传统中式家具文化，这种承继关系的实现不只是靠某些具体元素、符号及装饰内容的跨时代移用，更重要的是从传统文化内蕴的理解及解读中获得深层的、本质性的"原型"，这种"原型"应是具有典型性、恒定性的，并能够被社会群体普遍认同与接受的，按照瑞士心理学家荣格(Carl Gustav Jung，1875—1961)的说法，"原型"来自于社会群体世世代代普遍性的心理经验的长期积累，是以"种族记忆"的形式呈现的。④ 传统中式家具中就蕴涵着这种被普遍认同的"原型"，也是使中式家具文化形成链条式连续性的关键所在，而要在设计中将现代家具文化的链环扣紧传统的文化链环，就必须对传统家具文化涉及的表层和深层要素进行疏离与解码，使之能够以合适的形式应用到现代中式家具设计之中，这也是现代中式家具设计的重点内容。

1.2.2　横向层次的文化整合

在文化沿历史纵向进化的过程中，在横向层次上也存在着不同类型和模式的文化冲突和交融，并相互作用、相互影响，整体上呈现为融突整合的关系。文化整合不仅存在于某个地域或某个民族内部文化间的融合与吸收，而且在不同地区、民族及社会层级间都存在相应的融突过程。在现代中式家具的文化整合过程中，其重要的影响是西方现代家具文化与传统中式家具的相互吸收、融化、调和而趋于一体化、整体性的问题，尤其是现

---

① 拉马克(Lamarck，1744—1829)，法国生物学家，在其《动物学哲学》(Zoologique Philosophie)中，用环境作用的影响、器官的"用进废退"和"获得性的遗传"等原理解释生物进化过程，创立了第一个比较严整的进化理论。其"用进费退"说与达尔文的"物竞天择"说相对。

② [美]斯金纳. 超越自由与尊严[M]. 贵阳：贵州人民出版社，1988：134.

③ 徐恒醇. 设计美学[M]. 北京：清华大学出版社，2006：91.

④ [瑞士]F. 弗尔达姆. 荣格心理学导论[M]. 沈阳：辽宁人民出版社，1988.

代家具中的技术美学、工业化生产模式与传统中式家具工艺美学、手工艺模式之间的矛盾，都与中、西家具文化有着直接的关联，并影响着消费者的审美及消费观念。中国文化本就具有包容性与开放性的特征，在漫长的历史进程中，它能够允许其他的价值观、审美文化的存在，并在“和而不同”“厚德载物”思想的影响下对各种文化中的精华及优势进行兼收并蓄，求同存异，使之与本土文化融合一处而推动文化演化，正所谓“沧海不遗点滴，始能成其大，泰岱不弃拳石，始能成其高”。在家具上，汉代胡床是中式家具交椅的雏形，魏晋时期西域佛教家具的传入推动了平座式家具向高座式家具的转变，民国时期西方巴洛克及洛可可式家具也使清后期、民国时期的家具呈现出“中西合璧”的装饰形式，并在品种样式上大为改观(如图 4－3)。可见，文化整合是在不同文化或异质文化之间通过吸收、融化、解构及重组过程，逐步接近，彼此协调，使之在内容与形式、功能和价值目标的取向上不断修正，为共同适应社会的需要而渐渐融合，组成新的文化体系。

图 4－3 民国时期的中国家具
Fig. 4－3 The Chinese furniture in CHI dynasty

部分学者认为，当前时代文化是以西方文化为主导的，而且在现代化的进程中，“人类在文化上正在趋同，全世界各民族正日益接受共同的价值、信仰、方向、实践和体制”①。这未必表现在所有文化层面上，但在以经济主导的消费文化领域，这一趋势却是极为明显的。从文化角度来看，当代中国家具文化正在认同并接受西方现代家具的设计理念与美学标准，相比之下却放大了传统中式家具的缺点和不足，从而使之归于古董与收藏品的行列，而未能从概念及文化层面上体现出包容性，尽管在民国时期有过与西方家具的短暂接触与碰撞，但也只是昙花一现未能延续。因此现代中式家具要在设计过程中体现中式传统、中式文化的特质，而不是简单地取中式之“表皮”去装饰西方现代家具的“骨架”，这种简单地、机械式地组合并无多大效用，而实际上需要的是对传统家具文化的内在特质、结构形式的扬弃与否定，并在借鉴、吸收或探索现代家具文化的基础上形成新的家具形式与文化形态。

1.3 现代中式家具设计系统的中观层次的建立

西班牙著名诗人卡洛斯·巴拉尔(Carlos Barral，1928—1989)曾经说过：“根据地理

① [美]塞缪尔·亨廷顿. 文明的冲突与世界秩序的重建[M]. 北京：新华出版社，2002.

和历史，我们进行观察和思考。”①这对于形容现代中式家具设计中对社会文化要素中的传统性、地域性的融合是非常合适的，只有通过对历史上的中式家具类型的理解和认知，对具有地域性、民族性风格的家具形式的挖掘和抽象，才能够在设计中完美地呈现蕴藏在其中的文化特征，而不只是依靠几个纹样、元素或符号的置换和移用来完成文化的象征和标榜。传统和现代不仅存在形式上的差别和距离，在内涵性要素、文化语义以及深层审美结构上也存在着区别，因此过去的元素和符号不等于传统，当然也未必适用于现代，尤其是在与人的行为关系密切的家具上。传统家具中图腾式的龙凤麒麟、吉祥纹样尽管具有明显的传统文化内涵，而且与其他传统工艺、艺术及审美密切相关，但在现代人的审美理念中，这些要素却很难与精工细密、光亮润滑的工艺感和技术美相提并论，因此时代属性中所决定的文化观念、审美意识促使人们重新解读传统、认识传统，在发展和变化中延伸传统才是对传统最重要的承继。

在中西的文化传统中，中国倾向于“中和”式的渐融、渐化的递进发展，强调对矛盾事物、对立事物的兼收并蓄和“万物为我所用”，因此中式家具虽历经数千年却在形式、结构及内在意蕴上形成了“超稳定结构”（如附件 2），虽然装饰纹样千变万化，工艺炉火纯青，但整体特征却始终体现出对外来家具形式的吸收和包容。相比之下，西方文化则热衷于“对立统一”的斗争、突变的质变过程，新旧之间、过去与现在往往呈现出质的差异，新事物始终以一种绝对的优势取代旧事物。这在西方家具的演变过程中也可见一斑，从埃及家具到古希腊罗马家具、哥特式、巴洛克、洛可可、维多利亚式家具等古典家具形式之间的反差和风格差异就非常明显（如图 4－4），而现代家具出现后则几乎完全替代了西方古典家具的地位，而成为西方家具风格的代表。现代中式家具则兼有中西两种家具文化的特征，其对于中式的承继体现了传统中式家具文化的递进与衔接，而现代性则更多集中在对西方现代家具文化的吸收和借鉴，而且在设计理念和生产模式上更多是替代性的质变过程，因此，在现代中式家具设计系统的中观层次中，如何在家具设计中获得传统与现代、西式与中式深层次结构的和谐关系是解决家具与社会文化关系的关键和重点，这也就涉及文化整合过程中理性逻辑与感性创造的综合运用。

图 4－4　不同时期的西方家具
Fig. 4－4　The Western furniture in different dynasties

① Carlos Barral. Diecinueve Figures De Mi Historica Civil（19 座历史城市的形象）. Barcelona：Jaime Salinas，1961.

现代设计是一个从目标到实现的分析与综合过程，不仅对生产方式、工艺材料等技术因素进行理性的、量化的分析，而且对于社会文化因素的影响也采用理性的逻辑方式加以考虑，因此在现代家具设计中通常体现出文化内涵性与技术外在美的有机组合，如图 4-5 为日本设计师 Fumio Enomoto 设计的“冥想”椅，图 4-6 为韩国设计师 Jang Won Yoon 设计的“刀锋椅”和图 4-7 丹麦设计师 Ib Kofod-Larsen 设计的扶手椅，都采用了现代极简主义的外观形式并体现出了精致的技术美感，但通过材料质感、形态语义传达出了对各自民族性格与家具文化的理性观照。从中也可以看到，现代家具设计不只是单纯的外观造型，而且涉及更为广泛和复杂的材料处理、加工工艺和技术的问题，这就需要设计师对各种要素的综合分析，尤其是对于有形的或无形的社会文化要素的观照，仅仅凭借感性的形象思维往往使设计流于表层符号或装饰元素的借用，而不能触到隐藏在物质深层的文化意涵，这也就显示出理性逻辑对文化整合的重要性。而随着语言学和符号学等在设计学科中的应用，针对文化整合的理性分析则更为重要。

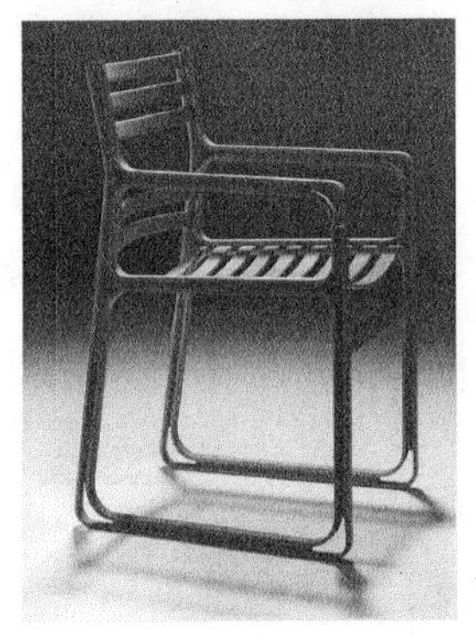

图 4-5 “冥想”椅
Fig. 4-5 Meditation chair

图 4-6 “刀锋”椅
Fig. 4-6 Blade chair

图 4-7 扶手椅
Fig. 4-7 Armchair

就现代中式家具中文化整合的特点，本书引入类型学的设计方式以解决传统与现代、中式与西式家具文化的整合问题。类型学的分析方式本就是人类思维方式中最基本的理性分析方式，而且对于任何事物都存在相应的类型，家具也不例外。自古以来，人们就应用各种方式对家具的品类、属性和风格特征加以类型化，这也就构成了文化分析的基本特征。在类型学看来，特定的家具类型与某种形式和生活方式相联系，尽管具体形状在各个社会中极不相同，却构成了家具的基础，这个事实已为理论和实践所证明。本书在引入类型学，主要应用其理性分析的方式，旨在从纷繁杂多的传统家具形式中获取抽象的、本质的构形原则，即“先于形式且构成形式的逻辑原则”，①以此作为承继和延伸传统家具文化的原型参照，结合具体的形式表现和感性思维创造出适合现代生活方式的新形式。

① Aldo Rossi. The Architecture of City. Boston：The MIT Press，1982：42.

第 2 章　现代中式家具设计系统中观层次的设计方式

在中观层面上，现代中式家具设计要获得纵向时间轴向与横向层次轴向的整体和谐，就必须解决家具与社会文化因素的关系，传统与现代、中式和西式的关系是纷繁芜杂的，尽管中西和谐思想都主张“中和”的思想观点，但在实际设计过程中，“中和”思想仅限于设计理念与指导原则上，而具体的设计方式应当是具有可操作性与可执行性的，并能够将宏观理念与微观层次进行衔接的，这里引入类型学的方法来探讨现代中式家具的设计方式，并希冀用现代设计语言来表达传统中式家具设计中的历史、文化及象征性内涵，将传统的、地域的文化因素物化为现代家具特征并使之适应现代生活方式。

2.1　关于类型学

2.1.1　“类型”的词义解释

对于类型学的起源可以追溯到“类型”一词的应用和意义。在我国古代，“类型”一词分别独立为“类”和“型”。其中“类”是指种类、类别的意思，《说文解字》中有“类，种类相似，唯犬为甚。从犬頪声。”“型”则与“模”“范”“法”等字意相近，指铸造器物用的模子，《说文解字》中有：“型，铸器之法也，从土荆声。”《礼记 · 王制》中则记载：“水曰准，曰法；木曰模，竹曰笵，土曰型。”由先秦诸子百家的著述中可以看出，当时“类”已被作为基本的推理原则和分析逻辑之一了，如《周易》中就有“方以类聚，物以群分”“各从其类”等说法，而《考工记》中记载的“国有六职”则是对国家六种社会人群①的分类，而且进一步根据工作性质对“百工”进行详细分类②，这是分类逻辑方式最典型的应用，并成为文学著述的常用逻辑方式。

在西语里，希腊语从史前文字中继承了“typto”这个动词，意思是“打”、“击”、“标记”。③ 而构成的“typology(类型)”一词，则是指铸造用的模子、印记，与中文“型”的意思相近，与之相近的词语还有“idea”，也指模子或原型，有“形式”或“种类”的意思，后引申为“印象”“观念”或“思想”。④ 后来“typo”延伸为“type”并作为词缀频繁出现在西文文献中，如“prototype”“archetype”“typologize”等，常常与“model”“structure”“species”“system”等词并用，可见这些词汇都是围绕性质相同或极其相近而形成的组群为其主要

① “国有六职”指：王公、士大夫、百工、商旅、农夫、妇功。

② 《考工记》有：“凡攻木之工七，攻金之工六，攻皮之工五，设色之工五，刮摩之工五，抟埴之工二。攻木之工：轮、舆、弓、庐、匠、车、梓；攻金之工：筑、冶、凫、栗、段、桃；攻皮之工：函、鲍、韗、韦、裘；设色之工：画、缋、锺、筐、㡛；刮摩之工：玉、楖、雕、矢、磬；抟埴之工：陶、瓬。”

③ Tullio De Mauro. Typology. Casabella，1985：89.

④ 朱光潜. 朱光潜全集[M]. 第七卷. 合肥：安徽教育出版社，1991：363～366.

内容的,组群则成为类型形成和区分的基础。但在英语字典中对"typology"一词的解释相对较为简单,指"the study of types"。而实际上,在专业领域的应用,如人类学、生物学、心理学、语言学、城市建筑学等,意义则更为复杂和深刻。

2.1.2 类型学的理论基础

几乎在任何领域都存在分门别类的研究方式,而这种分类意识和行为也是人类理智活动的根本特性,是认识事物的一种方式。心理学研究成果显示,人类认识事物具有多维视野和丰富的层次,认识过程和艺术创造过程本身就是类型学的,由此产生了庞杂的分类途径。在自然学科中,分类行为称为分类学,在社会学科领域则称之为类型学。尽管如此,二者之间并不存在严格的界限,二者都是"在现象间建立组群系统的过程,都要求系统内部元素和类型具有排他性和盖全性——诸元素或诸类之间不交叉,而它们的集合却可完整地表明一种更高一级的类属性……二者都要依赖于研究者的意图和从相应组织了的现象中抽出特定秩序——分类的尺度,这种秩序限定了材料被诠释的方法"。①

类型思想早在亚里士多德的《诗学》和《修辞学》中就得到应用,亚氏将其作为严谨的逻辑方法,把所研究的对象和其他相关的对象区分出来,找出它们的异同,然后再就这对象本身由类到种地逐步分类,找规律,下定义。② 维特鲁威则将亚氏这种类型方式应用到建筑设计之中,并通过将建筑与自然、人体的类比和比拟中分离出 6 个基本要素:法式、布置、比例、均衡、合式与经营,其中"合式(decorum)"指艺术品应符合艺术惯例和业已形成的规范,即"式",这也成为维特鲁威类型学的最重要的范畴。此外,黑格尔在《美学》中同样采用了类型学的方式对古典建筑和艺术的美学观加以分析,确立了象征型、古典型和浪漫型三种建筑类型。这种在文学、建筑和艺术中的分类逻辑方式构成了类型学的基本理论基础,并是以人类自身的分类行为和意识为基础的。

而类型的归纳和抽象方式则主要体现在生物学、生态学等方面为动植物物种的分类上,而且在人类考古学等领域也通常采用对器物形式的类型学归纳,但这种类型的归纳基本上集中在"模型"或"样本"的具象因素的区别性和差异性。直到 20 世纪初,语言学领域的符号性研究、心理学领域荣格(Carl Gustav Jung,1875—1961)的基于"集体记忆"与"集体无意识"基础上的"原型"理论都极大地促进了类型学的研究和应用,并逐渐在思想界获得了一种新的中心地位,并以生物学和心理学的分类方式为基础,逐渐形成了一种系统性的学问被引入诸多不同领域,如建筑学、艺术学、语言学、社会学、经济学、考古学等社会科学领域。

2.1.3 类型学的概念与范畴

类型学在不同学科领域有着不同的应用方式,如在考古学上为"标型学",主要根据器物形态进行分期分式的研究,在语言学上则集中于语句结构、属性和层次的分析上,在

---

① 汪丽君.建筑类型学[M].天津:天津大学出版社,2005:10.
② 朱光潜.朱光潜全集[M].第七卷.合肥:安徽教育出版社,1991:84.

心理学上则是对人的心理"原型"、意识及人性类别的区分。在艺术和设计领域最为广泛的是建筑类型学，从理论到实践上都得到了较为深入的延伸和发展。简单来说，类型学是按具有相同形式结构及具有特征化的一组对象进行描述的理论。① 但对于类型学的权威定义是由法国建筑理论家德·昆西(Q. D. Quincy)在《建筑百科词典》中提出的："'类型'这词不是指被精确复制或模仿的形象，也不是一种作为原型规则的元素……从实际制作的角度来看，模型是一种被依样复制的物体；反之，类型则是人们据此可以构想出完全不同的作品。模型中的一切是精确和给定的，而类型中的所有部分却多少是模糊的。由此可见，对类型的模仿需要情感和精神。……我们也看到，一切发明创造尽管在以后会出现变化，但却始终明确保留和表现了自身的基本原则。这与原子核的情况类似，它在周围集聚了不同形式的发展和变化，每一种物体都有成千上万个变体流传下来。科学和哲学的一个基本任务，就是要探究它们的起源和主要成因，以把握其出现的目的。像其他人类发明和制度分支一样，这就是建筑中'类型'的含义。"②在这里，昆西将"类型"与"模型"的概念相区分，指出"模型"的具体性与"类型"的本质化，也就是说模型是可供抄袭和模仿的，而类型则是隐含于逻辑内部的根本原则。而意大利建筑理论家阿尔多·罗西(Aldo Rossi)则将类型定义为"某种经久和复杂的事物，定义为先于形式且构成形式的逻辑原则"，认为"类型的概念就像一些复杂和持久的事物，是一种高于自身形式的逻辑原则"，"类型就是建筑的思想，最接近建筑的本质，尽管有变化，类型总是把对'情感和理智'的影响作为建筑和城市的原则"。③ 由此可见，类型是一类事物的普遍形式(或者说理想形式)，其普遍性来自类特征，类特征使类型取得普遍意义，并成为一个恒量或一个常数，成为事物延伸和拓展的内在原则和建构原理。

在实际的应用中，类型并不像模型那样直观而且具体，其需要通过对大量相似形式的提炼、概括和抽象化处理才能获得，而且根据不同的内容和层面所抽象出的"类型"并不是完全一致的，而且是没有符号意义的。在建筑及艺术领域中，类型学的应用范畴不限于对形式、样式及特征的分类和属性划分，重要的是根据对同类相似形式的归纳和提炼，从中抽象出具有典型性、概括性和原理性的"原型"，并通过对"原型"的延伸来创造新的形式，而这一"原型"的获得是具有内在关联性的，如阿尔多·罗西(Aldo Rossi)等人专注于建筑中的历史连续性，意在从中获取传统建筑的内在"原型"；法国建筑师路易·迪朗(J. N. L. Durand，1760—1834)则通过对建筑构图的几何式排列形式，建立了方案类型的图式体系，并依此可以演化出无限建筑形式，如图4-8迪朗的方案类型：轴线和网格作为构图法的根源，使得所有可能的建筑图形产生出来。根据罗西等人的研究，"类型"不仅具有形式上的意义，而且是一个文化因素，并且具有文脉上的联系性，通过类型的提炼和演绎可以在传统和现代、地域文化之间构建起具象化的关联性。

---

① 黄伟平. 居住的类型学思考与探索[J]. 建筑学报，1994(11)：44～48.

② Aldo Rossi. The Architecture of City. Boston：The MIT Press，1982：42.

③ Aldo Rossi. The Architecture of City. Boston：The MIT Press，1982：43.

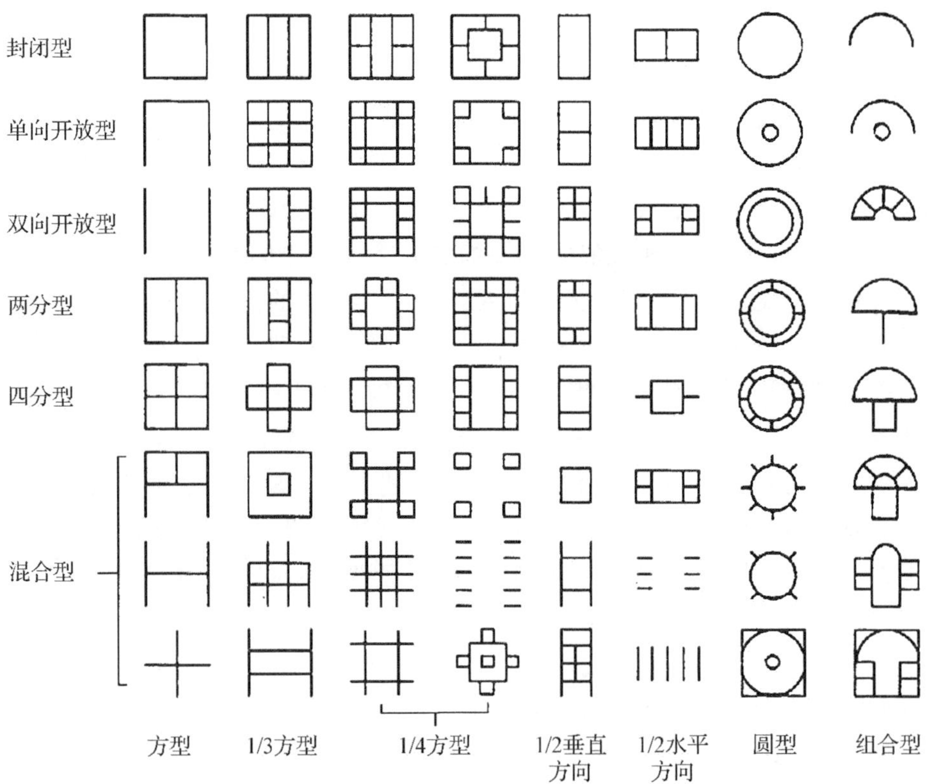

图4-8 迪朗的方案类型
Fig. 4-8 The typology of Durand

2.2 类型学的形态设计方式

作为一种设计方法论，类型学设计方式在本质上是从社会文化和历史传统角度来分析形式和意义间的辩证关系，通过对同一类事物的"原型"抽取，剥离出能够唤醒"集体记忆"的事物"类型"，这些"类型"是经过历史的淘汰与过滤，而沉入并储存于人类的深层心理之中的，不单单是指存留下来的具体形象。按意大利著名建筑师阿尔多·罗西的观念，"类型是隐藏于现实中单体事物无限变化的形式背后的常数"①。这一"常数"是对丰富多彩的现实形态进行简化、抽象和还原而形成建构模型的内在原则，是我们再设计过程中进行形式类推的一种测度。设计创新的过程即是结合具体场景和内容对抽取出的"类型"进行多样的变化、演绎，最终产生多样统一的形式。可以说，类型学方法在前工业社会或传统社会中是常用的甚至是"唯一的设计方法"②，不仅在建筑上，在手工艺造物方面亦是如此，如传统家具、陶瓷等领域通常根据以往的样式或形制来演变和延伸，因此其整体形式和内在意义上保持着紧密的连续性。但在工业社会中现代生产模式的背景下，

① Aldo Rossi.：The Architecture of City. Boston：The MIT Press，1982：32.
② 汪丽君.建筑类型学[M].天津：天津大学出版社，2005：164.

受现代主义功能思想的影响，产品设计形式通常依附于功能，而对社会文化及历史文脉关系较为忽视，这也导致了文化意涵的割裂感，因此，类型学方法有利于重建传统与现代、地域文化之间的文脉关系。

2.2.1　类型学的设计要素构成

如前所述，类型学方法应用的目的是在“原型”与对象形式之间获得文化意义上的连续性，其方法是将“本质”视为设计的“原型”，人通过意识中的“自由想象的变换”，将属于同一类型的各种事物与一个本质（原型）进行比较，从而创造延承“原型”的新形式，其逻辑思路是“具体—抽象—具体”的过程，设计过程也就是“形式—类型—（新）形式的循环变异方式”①。因此，类型学的设计要素主要包括以下几点：

（1）初始形式

初始形式是指具体的设计过程中作为类型提取和抽象的现实形态的形式，通常不是指一种或几种具体形式，而是针对特定历史时期或特定地域的对象物形态的归纳和整合，可以说是由一类“模型”组成的，但这类“模型”并不是设计用来解构或提取元素的对象，而是从中获取关联性、统一性的共同本质。类型学的设计不是由形式到形式的直接过程，初始形式只是获取抽象类型的样本或参考。由初始形式到类型的过程其实是本质还原的过程，即由特殊到一般，由具象到抽象、由表象到本质的过程。但是，初始形式的选择应是与所针对的历史时期、文化形态及地域特征紧密相关，因此初始形式的选择应是具有目的性和典型性的，而且是能够以图形、图示等具体形式表现出来，具有实体性或视觉性特征的，如在建筑类型学研究中，初始形式通常将收集的传统建筑或地域性建筑形态以基本几何形式——方形、圆形和三角形等——来表示，以获取各种建筑图示或意象的内在关联性。如图 4-9 为菲利普·帕尼莱（Philip Panerai）在其著作《类型学》中总结的民间住宅建筑类型的基本形态变化；图 4-10 为湖南大学魏春雨教授应用立方体构建的系列建筑形态类型。

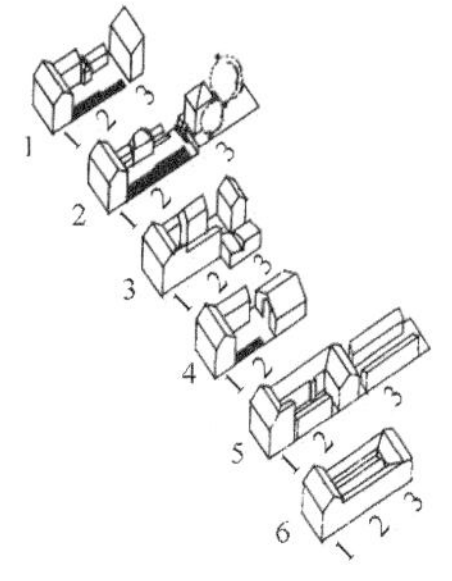

图 4-9　帕尼莱的民间住宅类型
Fig. 4-9　The typology of folk building by Panerai

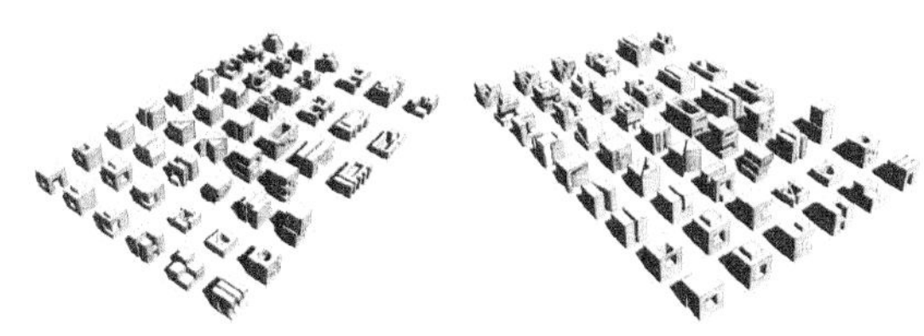

图 4-10　魏春雨的立方体建筑类型
Fig. 4-10　The typology of cubic building by Wei Chunyu

① 汪丽君. 建筑类型学[M]. 天津：天津大学出版社，2005：170.

(2) 类型与原型

类型是指从一类或一组现实形态中提炼和抽取出来的形式构成原则，现实形态是具象化与多样化的，但类型确具有抽象性与恒定性。设计中的“类型”基本上来源于瑞士心理学家荣格的“原型”论，类型的本质也贴近于荣格“原型”的概念。在荣格看来，人们对外界的认知依赖于人的心理结构，而人的心理结构分为自觉意识、个体无意识和集体无意识三个层次，其中集体无意识是与生俱来的，但是在生命过程中却不能被人自觉感知，这种集体无意识或是人类心理经验中反复出现的“原始意象(Primordial image)”被荣格称之为“原型”。荣格认为，原型存在于任何现实事物和形态之中，“人生中有多少典型情境就有多少原型，这些经验由于不断重复而被深深地镂刻在我们的心理结构之中。这种镂刻，不是充满内容的意象形式，而是最初作为没有内容的形式，它所代表的不过是某种类型的知觉和行为的可能性而已。”①因此，原型“决定的是现象显现的原则，而不是具体的显现”②，这种显现往往是通过象征的手法来实现的，即自然象征和文化象征，自然象征源自心理的无意识内容，代表基本原型的众多变异；文化象征则表现着“永恒的真理”，并演化为具有“集体记忆”的形象。类型学中的“类型”与荣格的“原型”具有一致性，同样是指存在于具象化形式中的某种普遍性和原初性的结构或意象，这种形式原型的获得则需要对现实形态的归纳和抽象，即在已完成的具体形态的推论中获得，因此在实际设计中，原型或类型的两端都是具象化的形式，只是作为样本的初始形式构成了原型的载体，而新形式则是依靠原型延伸出的实现形式，原型或类型则是初始形式和新形式间关联融通的规律性原则。

(3) 新形式或实现形式

新形式则指依据提炼和抽象出的原型或类型而设计创新出的具体形态，可以说是原型的实现形式或具体外化形式，通常与初始形式保持着内在的关联性，而不只是外在形态上的相似或相近，甚至二者在外观形态上截然不同或存在对立，但就类型学的分析上二者在本质层面确是具有文脉承继关系的，通常这种关联是基于传统文化或地域文化基础之上的。

2.2.2 类型学的设计层次和方法

类型学的设计方法不是纯粹的形象思维，而是理性逻辑与感性思维的统一。西班牙建筑师拉斐尔·莫内欧(Rafael Moneo)在《关于类型学》中认为类型学的设计过程存在两个彼此分开的阶段：“一个类型学的阶段和一个形式生成的阶段”。可见，类型学的实现过程与逻辑思维方式可以分化为两个层次：一是由具象形式到抽象的类型；二是抽象的类型转化为具象的形式。前者是类型选择和抽象的过程，即从对历史和地域模型形式的抽象中获取设计的原型或类型，这需要设计者从自身体验中寻找人们行为方式、心理

① [瑞士]荣格. 荣格文集[M]. 北京：改革出版社，1997：48.

② 滕守尧. 审美心理描述[M]. 北京：中国社会科学出版社，1985：402.

结构相契合的类型，分析其内在的形式结构，并将其还原为具有某种普遍性和原初性的“原始意象”，即“一种有规律性的造型原则”①。后者则是类型转换与形式生成的过程，将抽象出的类型结合具体要素还原成具象形式，需要设计者根据特定的设计要求和限定，将选择的类型作为基本形式结构与具体的设计要素相结合，进而使之转化为新的形式。

（1）类型选择与抽象

设计类型的选择和抽象不是简单的分类或筛选，同样也是“创造的过程”。② 首先，初始形式的选择应是与设计要求和目标具有关联性，应是与特定文化背景的人们头脑中认同的共有形象相关的。因此，设计之初应根据设计要求对初始形式进行收集和选择，收集的过程中，设计者应将自身的主观判断与理性的分析方式相结合，避免极端的主观意识和判断，通常设计师与用户或使用者的知识结构存在较大差异，因此在信息选择、传递和识别过程中会产生误差（如图 4－11）。在实际产品设计中，设计师需要通过自身对相关产品形式的表象感知，获取最为直观和直接的形式特征，并将其形成具象化的视觉图形或图示，以成为表象识别的最简化形式。然后通过知觉感知，将这些表象形式与相关的传统文化、地域特征相联系、比较，进而在体量、形态、结构等细节上获取典型特征，并通过对用户或使用人群的调研分析，确定适合提炼和抽象的样本。根据心理学的研究，通常人类习惯于以简单的基本形，如方形、圆形和三角形等来构建事物的基本形式，这与人类知觉偏爱简单结构和简单秩序相关，因此在初始形式的收集过程中，对样本形态的分析可以选择通过简单几何形来构建形态图示，以避免各种复杂因素对纯粹形态的影响。其次是将初始形象抽象为类型。抽象不等于简单的“抽样”，而是指对样本的具体形式进行提炼、概括与升华，将特殊性的、具象化的形态转化为普遍性和抽象性的类型。作为合理的抽象过程，应能够从纷繁芜杂的初始形式中获取本质性的特征或规律性的概念，抽象出的原型或类型应能够体现初始形式特征，但又比初始形式的具象形态更具内涵性语意。而在设计中，类型选择和抽象的目的是明确的，即获取或发现存在于一组初始形式之中的构成原则和基础，也就是和谐的秩序（harmonic order）。这在阿尔多・罗西、迪朗、克里尔兄弟、莫内欧等人的建筑设计中主要被归纳为两点：比例、归线和模矩；空间模式和尺度。总的来说，类型选择和抽象就是在设计过程中从样本中分离出“元设计”内容和层次，并构建

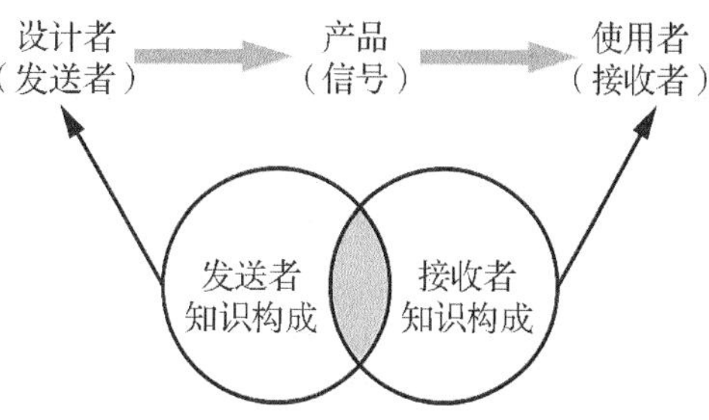

图 4－11　Mayer-Eppler 的传讯模型
Fig. 4－11　The communication mode by Mayer-Eppler

① ［瑞士］荣格. 心理学与文学［M］. 北京：生活・读书・新知三联书店，1987：120.
② Alan Colquhoun. Typology and Design Method. Essays in Architectural Criticism. Boston: The MIT Press, 1981.

相应的一套属于“元语言”层次的形式单位和要素来指导具体设计。类型的抽象不应是经验的实证主义研究，也不应是先验的形式主义研究，而应是理性的结构主义研究。[①] 而抽象出来的“原型”或“类型”必须在与实际需求结合起来并还原为具体鲜活的新形式才有意义。

(2) 类型转换与形式实现

在获得设计“原型”后就进入抽象到具象的实现过程，这通常采用“转换”的构成方法。转换的方式多种多样，有感性的，也有理性的。类型学中常用转换方式是在深层结构基本相似或不变的情况下，表现结构所进行的不同组合，因此往往表现在形式上变形、变化、发散和整合，而在具体的设计中则会结合相应的设计目标采用适当的演绎方式，这在索绪尔的《历时性语言学》中被看作是类推的设计(Analogical design)，所谓类推就是类比推理，“即根据 A、B 两类对象在一系列性质或关系上的相似，又已知 A 类对象还有其他的性质，从而推出 B 类对象也具有同样的其他的性质。”[②]在建筑设计中，这种转换方式则主要表现为：结构模式的拓扑变换；比例尺度的变换；空间要素的转换；实体要素的变更(如图 4－12)。就类型转换的构成形式，阿甘(G. C. Argan)认为：“如果，类型是减变过程(reductive process)的最终产品，其结果不能仅仅视为一个模式，而必须当作一个具有某种原理的内部结构。这种内部结构不仅包含所引出的全部形态表现，还包括从中导出的未来的形制。”[③]经过类型转换的形式同样是一种图式的表现，但却是基于类型统一性和共性基础之上的，既不同于以往形式而又与以往形式相关联，这也构成了创新形态的概念基础，在具体实现过程中，则需要对这种概念图式进行具象化和细致的考量，通过与技术、功能和实际的经济条件等相结合，从而实

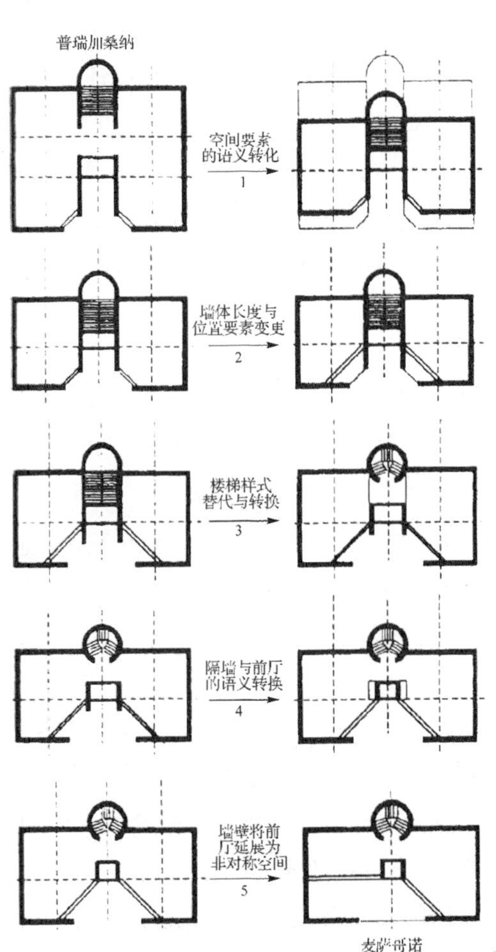

图 4－12 从普瑞加桑纳住宅到麦萨哥诺住宅的设计过程
Fig. 4－12 The design procession from Pregassona to Massagno

① 汪丽君. 建筑类型学[M]. 天津：天津大学出版社，2005：204.
② 张巨青. 科学研究的艺术[M]. 武汉：湖北人民出版社，1988：90.
③ 魏春雨. 建筑类型学研究[J]. 华中建筑，1990(2)：89.

现最终的设计目标。由此可见，类型转换是在原型和类型的基础上拓展、延伸和演化出若干乃至无限多的具象形式，演化出的新形式不是对厨师形式的简单复制或结构重组，而是基于同一本质性的不同变体，因此可以实现新形式与旧形式的本质性关联。

2.3　现代中式家具设计中类型学的应用方式

类型学理论在设计中强调对历史传统的尊重、对地域文化的深度挖掘以及对现代主义批判的继承，旨在谋求历史与现代的交汇点，保持传统文化意象的连续性。这也正是现代中式家具设计中观层面的主要内容，即解决传统与现代、中国本土文化与国际形式的融合问题。尽管当前类型学方法的应用主要集中在建筑设计与城市规划设计领域，但家具设计与建筑存在较大的相通性，尤其是中式家具与传统建筑在形态、结构、装饰、部件、材料及工艺上都具有“同宗同源”的关联性(如表 4 - 1)，因此，在现代中式家具设计中应借鉴建筑类型学的分析方式，从而使得家具设计方式从理性思维的角度去分析传统与现代、中西方文化与形式的关系。通过类型学方式的应用，既可以研究中国传统家具形式的特征及其变化与发展，获取指导现代家具设计的基本“原型”，又可以研究家具与传统文化的映射关系，并获得二者融合的和谐形式，创造出既承袭文化精髓又彰显时代风貌的新家具形式。

表 4 - 1　传统中式家具与建筑的对应关系

Table 4 - 1　The congruent relation between traditional Chinese furniture and building

<table>
<tr><th colspan="2">对应层面</th><th>传统家具形式</th><th>传统建筑形式</th></tr>
<tr><td colspan="2">理念</td><td>天人合一、中庸</td><td>天人合一、中庸</td></tr>
<tr><td colspan="2">材料</td><td>木材为主</td><td>木构、木作</td></tr>
<tr><td colspan="2">结构</td><td>框架结构</td><td>梁柱枋构成的框架结构</td></tr>
<tr><td colspan="2">色彩</td><td>深色系(黑、红、黄)</td><td>红、黑、黄、白、青</td></tr>
<tr><td colspan="2">接合方式</td><td>榫卯接合</td><td>榫卯接合</td></tr>
<tr><td rowspan="3">装饰</td><td>雕刻</td><td>透雕、浮雕、圆雕</td><td>透雕、浮雕、圆雕</td></tr>
<tr><td>镶嵌</td><td>包镶、填嵌</td><td>包镶、填嵌</td></tr>
<tr><td>纹样</td><td>龙凤瑞兽、动植物、吉祥纹样、几何纹样等</td><td>龙凤瑞兽、动植物、吉祥纹样、几何纹样等</td></tr>
<tr><td colspan="2">排布方式</td><td>对称</td><td>中轴对称、平衡式</td></tr>
<tr><td colspan="2" rowspan="5">构件</td><td>拖泥</td><td>台基</td></tr>
<tr><td>横撑、扶手</td><td>梁、桁、椽、枋</td></tr>
<tr><td>腿足</td><td>柱</td></tr>
<tr><td>枨子</td><td>斗拱</td></tr>
<tr><td>牙子</td><td>雀替</td></tr>
</table>

续 表

构件	搭脑	坡屋顶
	翘头	反宇飞檐
	柱头雕兽、云头	鸱吻
	柜门、屏风	门窗
	束腰	须弥座
	拉手提环	铺手

纵观中国家具史，各个时期的家具形态都不尽相同。但无论家具形态如何发展变化，蕴涵在家具上的某些形式要素总是能够触发人们对文化传统的记忆，如何在现代中式家具中触发人们对文化传统的记忆则是设计的关键所在。运用类型学方法，可以对传统家具的具象形式进行抽象加工，进而将隐藏在家具中深层结构——“集体记忆”在设计中表现出来。因此，现代中式家具设计需要通过一种辨识和分类的过程，将中国传统造物中具有相似结构特征的形式还原归类、整合并再现民族文化和传统形象。以下为本书中对类型学方法的设计方式的具体规划。

2.3.1 传统中式家具类型的选择和抽象

通过对中国家具史的研究，可以发现不同时期的中式家具尽管在外观造型、结构工艺、材料及装饰等方面都有所区别，但新的形式大多从历史上的家具类型中衍化而来，家具形式类型的选择直接影响最终设计出的家具形态。按类型学方法，家具“类型”的确定是一个选择、提炼和抽象的过程，即首先从众多传统家具中收集某类家具的典型样本，对其进行客观真实的分析，获得该类家具样本的感性信息，如基本视图、尺寸、结构、色彩和材料等；其次对感性信息加以提炼，去除非结构性的或附加的要素，并将其图示化为简单的几何图形，从提炼和简化过程中可以逐步从“变化”的要素中确定出“固定”的要素，如连接方式、结构形制、典型部件等。最后对“固定”的要素进一步抽象加工，获取或捕捉具有最普遍意义的“原始要素”，即能够保持连续统一的“原型”，如比例关系、框架结构等。

2.3.2 传统中式家具类型的转换

转换过程是将抽取出的“原型”进行重构和“还原”，并与现代生活和审美相结合，寻找新的可能性组合和“变体”。这一过程是在深层结构基本相似或不变的情况下，对表现形式或表层结构进行不同的组合、变化和延伸，故可以保持本质的连续性而同时也获得创新的形式，即在新旧形式之间形成一种“整合”效果，使“原型”结合新的要素从而获得新的形式。类型转换的方式一般从形态组合关系入手，可以对结构模式进行拓扑变换，对比例尺度进行缩放调整，对实体要素进行增删变更等，但需要指出的是，这种转换是针对抽象出的“原型”的转换，而不是对具体的家具样本直接进行变更，二者的区别在于类型转换为后期的设计创新提供的是形态类推的基本原则和参照标准，而后者则是家具样式的直接模仿，因此两种方式所获得的最终结果有着本质的区别。

2.3.3　现代中式家具的形式创新

通过家具类型的选择和转换，已形成一个基于中式古典家具“原型”基础上的形态组群。这一组群为新中式家具的创新提供了置换、组合、重构提供了必要参照和基本骨架。创新过程则是将这一“骨架”置于现代家居环境或应用场所之中，给以血和肉（具体的表现形式，如材料、工艺、装饰等）即可以构拟出“神似形异”的新中式家具形态。其创新设计思维方法可以采用“反置设计”“置换设计”“断置设计”及“穿透设计”等手法①，如在保证功能与结构的基础上，重构家具零部件的造型，改进连接方式，综合利用新型材料，更新装饰样式和题材，融入现代造型符号，增加现代时尚要素等。此外，表现形式不应局限于家具领域，应融入其他领域的文化与艺术内容，借鉴并利用其他领域的科学和技术，促使创作出来的新中式家具形态不再是古代样式与生活方式的照搬照用，而是在延承中国传统文化内蕴和民族气质的同时，也适于现代生活习惯和意识形态。

---

①　王默根. 家具造型设计的思维方法[J]. 包装工程，2007(6)：174～176.

第3章 现代中式家具设计系统中观层次的设计实现

如前文所述,类型学方法在现代中式家具中应用过程是分层次的,首先需要从丰富的传统中式家具或具有民族特征、地域风格的家具形态中简化、提炼和抽象出某种经久性的特征或要素,也就是所谓的“元(meta)”,“将其图示化为简单的几何图形并发现其‘变体’,寻找出“固定”的与“变化”的要素,或者说是从变化的要素中找寻出固定的因素,也即某种‘元逻辑(meta logic)’的东西,某种原则的内在结构,以便据此进行‘对象设计(object design)’”,①然后将这种深层结构的“原型”进行多样的转换、变形、整合与演绎,构想出一系列多样而统一的方案,并与传统、历史、文化、地域和文脉等相互联系,创造出既有“历史”意义,又能满足现代生活方式和实际需求的现代中式家具形式。

3.1 传统中式家具类型的选择和抽象方式

在现代中式家具设计中应用类型学方式的关键是对传统中式家具的“类型”选择与抽象,这就需要针对设计目标来收集适当的初始样本,并通过科学的分析方法获取使用群体对这些样本的认知度与认同度,从而结合设计师自身对传统中式家具内涵的知觉体验做出判断和选择,进而在归纳、简化、演绎的过程中抽取出相应的设计“原型”。本书对于样本的确定采用了定量统计与理性分析的方式,通过调研统计获得社会群体对传统中式家具构形特征的认知程度,并结合专业设计师的设计分析情况,最终确定现代中式家具设计的“原型”。

3.1.1 研究中的定量统计方法

传统中式家具的种类和形式是多样化的,而且所表现出的物化特征和文化形态也是多元的,其整体上的概念始终具有一定程度的模糊性与混沌性,因此本书分为两部分展开:第一部分进行先期的抽样问卷调查,其目的是获取社会人群对传统中式家具的构形特征的基本认知程度,并选出认同度较高的构成要素;第二部分进行实际的观测性量表评定,通过对筛选出的样本进行直接观测和评分,获取专业人士对传统中式家具特征要素的评价数据,然后通过统计软件SPSS17.0对数据进行主成分分析、因子分析等,以获得各特征要素的关联度,从而提炼出相关的设计要素,以之作为类型提炼和抽取的基础。

① 黄伟平.居住的类型学思考与探索[J].建筑学报,1994(11):44~48.

3.1.2　先期问卷调查分析

(1) 问卷设计

研究之初,通过对当前家具设计过程主要考虑因素的分析,初步确定出影响传统中式家具造型特征的主要因素,包括整体外观、榫卯接合、框架结构、材料、工艺、色彩、比例关系、体量、雕刻、镶嵌、细节处理、木材纹理、线条和结构性零部件 14 项,然后应用李克特五点量表针对这 14 项指标制定问卷内容(参见附件 4),让受测者根据自己对传统中式家具的认知来评价各项指标的重要程度,以此确定各要素在传统中式家具构形特征中的认同度。

本次问卷调查共发放调查问卷 200 份,回收有效问卷 172 份。受测人员构成情况见图 4－13～图 4－16,其中女性 98 人,男性 74 人;已婚 109 人。其中对传统中式家具的了解程度见图 4－17,由此可见其中 9%(16 人)完全不了解传统中式家具,因此对于后面量表的分析不能被列入统计数据,故实际统计问卷数为 156 份,总有效率为 78%。

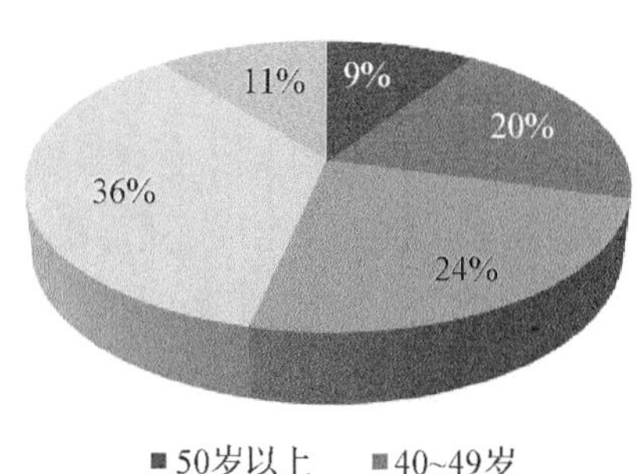

图 4－13　受测者年龄构成
Fig. 4－13　The age construction of testees

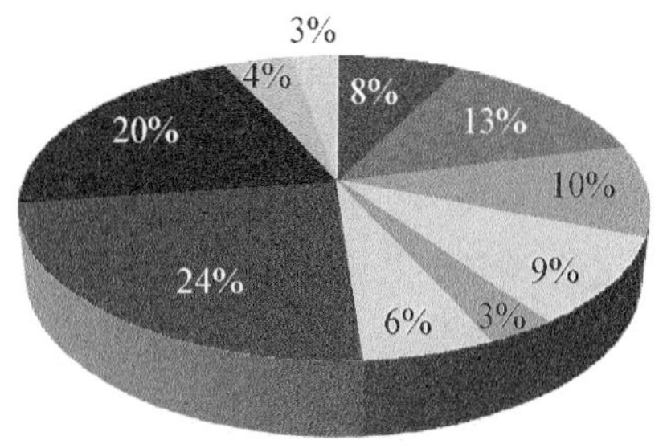

图 4－14　受测者职业构成
Fig. 4－14　The profession construction of testees

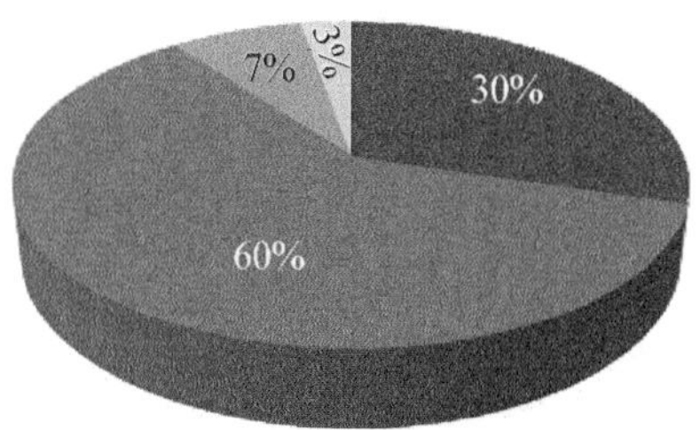

图 4－15　受测者学历构成图
Fig. 4－15　The education construction of testees

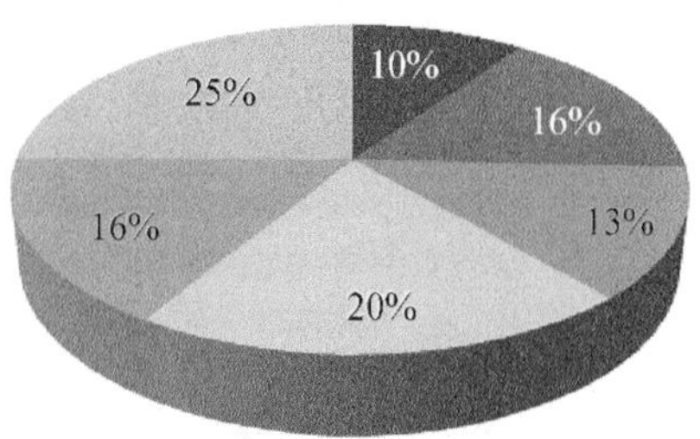

图 4－16　受测者月收入构成
Fig. 4－16　The monthly income construction of testees

(2) 问卷量表统计结果及分析

本次问卷量表的设计抽取了影响传统中式家具的造型要素和社会因素,其中与设计直接相关的造型要素 14 项。通过对 156 份有效问卷的数据统计,得到如图 4－18 影响传统中式家具的特征要素评价分布图。由图可见，普通社会人群对传统中式家具的一般性认识，以及普通人群对传统中式家具的关注点所在，这在一定程度上显示了传统中式家具在社会人群中的视觉印象或“集体记忆”。可见，社会人群对传统中式家具特征的认识最明显的为整体外观、榫卯接合、材料三项，这也是传统中式家具最明显的特征构成，并且与其他家具体系的区别性较明显。而对于木材纹理、色彩及镶嵌等内容则评价较低，其中镶嵌的装饰形式相对于广泛应用的雕刻工艺来说并不为普通人群所熟悉，而木材纹理和色彩则与其他木制家具差别性不明显。而居于中间的 8 项内容也在相对重要的评价之中。

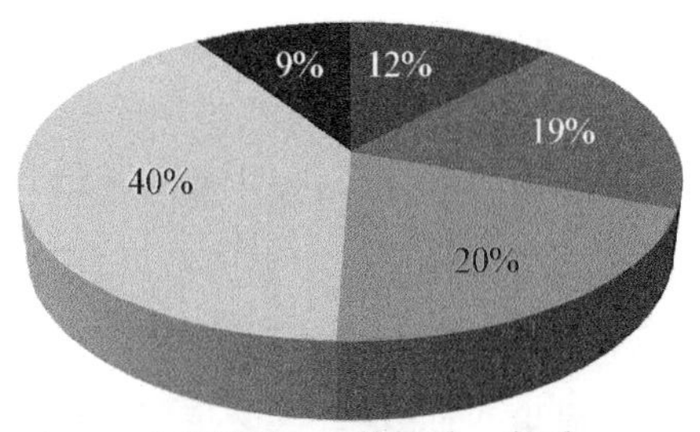

图 4－17 受测者对传统中式家具的熟悉程度

Fig. 4－17 The familiarity for testees to traditional Chinese furniture

根据本次初步问卷调查，我们可以发现普通社会群体对于传统中式家具造型特征的认知和理解主要集中在家具较为明显的外观特征上。相比之下，在影响传统中式家具特征的社会文化因素的调查中(如图 4－19)，自然感、民族性、艺术性和耐久性的评价最高，可见这些属性也是传统中式家具特征表现的重点，而对于家具的人文价值、社会价值等则往往不被现代人群所关注，相反传统中式家具所体现出的收藏价值则更为明显。但值得注意的是，基于功能设计的舒适性与科学性要素则评价不高，这也反映出传统中式家具在人性化、技术性等方面与现代人生活理念存在一定的差距。

经过本次问卷调查，我们可以初步筛选出传统中式家具的基本构形要素，并获取普通社会人群对各个要素的关注程度与认知度，基于图 4－18 与图 4－19 的量表评价结果，

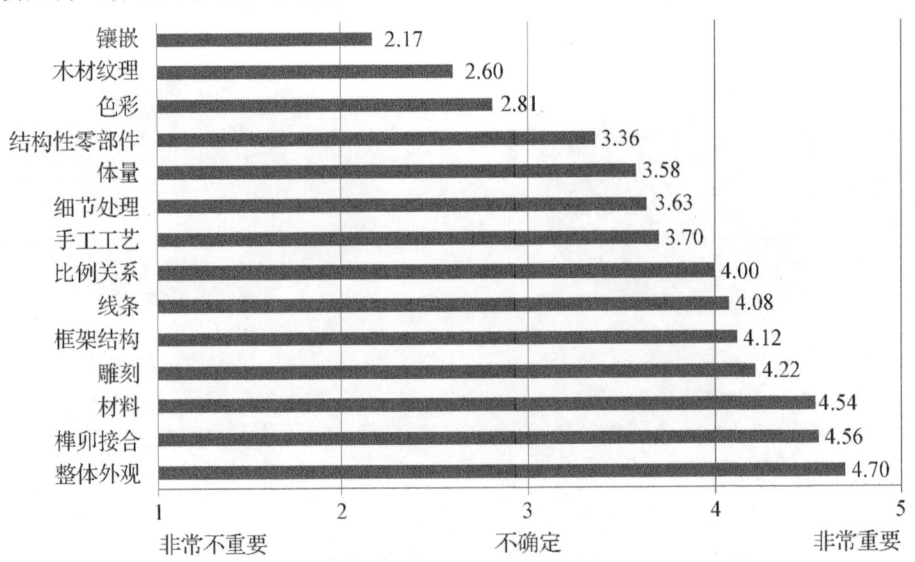

图 4－18 影响传统中式家具的造型特征因素评价分布图

Fig. 4－18 The evaluation scattergram of form attributes to traditional Chinese furniture

并结合实际的设计思维方式，将影响传统中式家具特征的造型因素进行简化合并，其中“镶嵌”与“雕刻”合并为“装饰”，“木材纹理”并入“材料”之中，进而获得12项基本构形要素来做进一步的观测性量表分析。

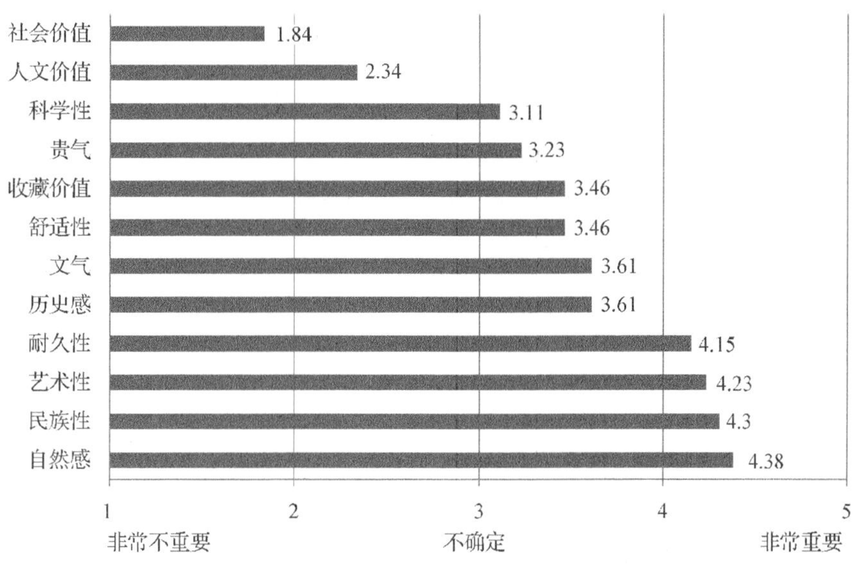

图4-19　影响传统中式家具的社会文化因素评价分布图

Fig. 4-19　The evaluation scattergram of society and culture attributes to traditional Chinese furniture

3.1.3　观测性量表调查分析

为了进一步明确存在于传统中式家具构形特征要素之间的相互关系，本书选取了传统中式家具中的典型的扶手椅作为研究样本，从各时期的扶手椅中选取75款进行模型化分析(75款扶手椅样本详见附件5)。首先，通过现场观测样本图片获得对各项要素的评价分数；其次，将评价分数汇总后输入SPSS17.0，进行因子分析；最后，针对因素分析的各项结果来确定构形特征要素关系及内容。

(1) 观测性评价方式

本次观测性评价采用图片投影观测方式，分为两种形式进行。第一种为现场投影观测，先后邀请江南大学设计学院、太湖学院、继网学院的112名设计类本科、专科学生对75款样本进行观测；观测过程中观测者每隔20分钟休息5分钟。第二种为显示器观测，由受测者通过电脑显示器观测样本图像进行评价，先后于无锡、南京、上海、杭州、宁波、广州、东莞等地家具公司、设计公司邀请设计人员参与测评，共收集有效评价数据53份。经过两种形式的观测性评价，共获得有效数据165份，其对各项要素的评分汇总详见附件6。

(2) 因子分析(factor analysis)

因子分析是一种多元统计分析方法，可以用来对复杂的测量数据进行化简并可以探讨各因子之间隐含的关联关系。本书主要针对12项特征要素进行主成分分析，以获取主成分、公共因子的特征值和方差值、方差贡献度、因子载荷矩阵和旋转后的因子载荷矩阵，进而得到因子分计算技术矩阵和回归方程式。

首先将原始数据(附件6)导入是SPSS17.0建立数据文件75个个案行、12个变量行，选择“数据缩减(dimension reduction)”进行因子分析，针对各项分析条件可以输出以下结果：

①因子分析的适合度检验

如表4-2所示，因子分析适合度的检验结果中：KMO=0.814；Bartlett球形检验达到显著的水平，说明原变量之间具有明显的结构性和相关关系。根据Kaiser给出的KMO度量标准，这些变量适合进行因素分析。

表4-2 因子分析适合度检验结果

Table 4-2 KMO and Bartlett's Test

KMO检验统计量		0.814
巴特利特球形检验	卡方	279.567
	自由度	66
	显著性水平	0.000

②变量的共同度

表4-3是输出的变量共同度，结果显示，当系统确认提取4个公共因子时，各变量的再生共同度(extraction)主要集中0.637～0.758之间，有两项低于0.5，可见整体变量的共同度基本符合分析要求。

表4-3 变量的共同度

Table 4-3 Communalities

变量	初始值	提取值
整体外观	1.000	0.642
榫卯接合	1.000	0.468
框架结构	1.000	0.679
材料	1.000	0.741
色彩	1.000	0.742
工艺	1.000	0.681
比例关系	1.000	0.637
结构性部件	1.000	0.492
细节处理	1.000	0.659
体量	1.000	0.704
装饰	1.000	0.714
线条	1.000	0.758

提取方法：主成分分析法

③相关矩阵表

表4-4为各因素相关系数矩阵和零假设为相关系数的单侧显著性检验概率矩阵，数据显示各概率值均大于0.05，可以认为各因素之间尽管不存在明显的相关性但其关联度适用于主成分分析。

表 4-4 相关矩阵表

Table 4-4 Correlation Matrixa

		整体外观	榫卯接合	框架结构	材料	色彩	工艺	比例关系	结构性部件	细节处理	体量	装饰	线条
相关矩阵	整体外观	1.000											
	榫卯接合	.225	1.000										
	框架结构	.465	.003	1.000									
	材料	.098	.143	.155	1.000								
	色彩	.307	.028	.118	.290	1.000							
	工艺	.130	.242	.011	.562	.157	1.000						
	比例关系	.217	.034	.270	—.080	.289	—.042	1.000					
	结构性部件	.248	.066	.226	—.091	.057	.154	.262	1.000				
	细节处理	.434	.326	.160	.326	.339	.379	.288	.249	1.000			
	体量	.196	.171	.101	—.149	.310	—.112	.631	.100	.295	1.000		
	装饰	—.259	.141	.010	.220	—.303	.280	—.140	—.054	.105	—.190	1.000	
	线条	.151	.118	.051	—.260	.340	—.353	.504	.126	.094	.466	—.568	1.000
显著性水平	整体外观												
	榫卯接合	.026											
	框架结构	.000	.489										
	材料	.202	.110	.092									
	色彩	.004	.406	.156	.006								
	工艺	.133	.018	.462	.000	.090							
	比例关系	.030	.388	.009	.248	.006	.360						
	结构性部件	.016	.286	.026	.219	.313	.093	.012					
	细节处理	.000	.002	.085	.002	.001	.000	.006	.016				
	体量	.046	.071	.193	.100	.003	.170	.000	.196	.005			
	装饰	.012	.114	.467	.029	.004	.008	.115	.323	.185	.051		
	线条	.098	.157	.331	.012	.001	.001	.000	.141	.212	.000	.000	

a. 相关系数矩阵的行列式

④主成分、公共因子的特征值和方差贡献

表 4－5 的输出数据显示了三部分内容：第一部分是未进行因子提取时主成分的特征值、方差贡献率和累计的方差贡献率；第二部分是提取四个公共因子后的方差贡献率和累计的方差贡献率，确定提取的四个因子依据是默认的提取标准，即特征值大于 1 的主成分可提取出来作为公共因子；第三部分为旋转后因子的特征值、方差贡献率和累计的方差贡献率。可见，第一个因子解的特征值为 3.073，它解释了所有 12 个变量变异信息总量的 25.61％，是方差贡献最大的一个主成分。第四个因子解释了 9.86％，从第五个因子解开始，特征值都小于 1，所以只提取了前面四个因子解作为公共因子，并且前四个因子解共解释了所有变量变异信息总量的 65.97％，基本符合要求，提取 4 个公共因子是比较恰当的。如图 4－20 为主成分特征值的变化碎石图，可以直观地显示出因子解的变化趋势。

表 4－5 主成分和提取的因子的特征值与方差贡献

Table 4－5 Total Variance Explained

F	相关矩阵特征值			未旋转的因子提取结果			旋转后的因子提取结果		
	合计	方差占比	累积占比	合计	方差占比	累积占比	合计	方差占比	累积占比
1	3.073	25.605	25.605	3.073	25.605	25.605	2.258	18.813	18.813
2	2.429	20.242	45.847	2.429	20.242	45.847	2.175	18.128	36.941
3	1.232	10.265	56.112	1.232	10.265	56.112	1.761	14.676	51.617
4	1.183	9.858	65.970	1.183	9.858	65.970	1.722	14.354	65.970
5	0.958	7.986	73.956						
6	0.867	7.227	81.184						
7	0.583	4.862	86.045						
8	0.466	3.880	89.926						
9	0.420	3.498	93.424						
10	0.323	2.695	96.119						
11	0.272	2.268	98.387						
12	0.194	1.613	100.000						

提取方法：主成分分析法

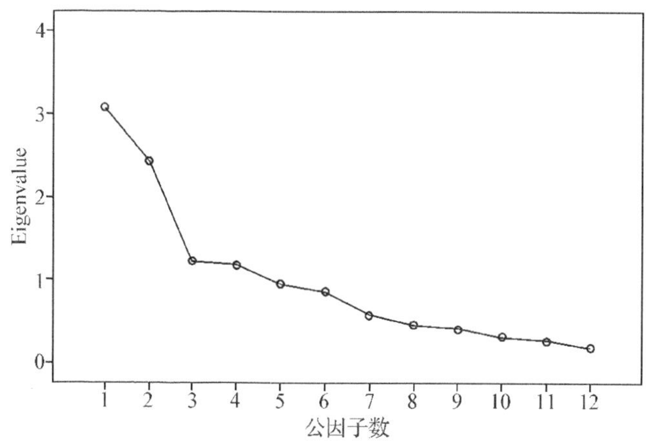

图 4-20　主成分特征值变化的碎石图

Fig. 4-20　The stone diagram of principal component eigenvalues

⑤因子载荷矩阵

表 4-6 与表 4-7 分别是输出的未经旋转的因子载荷矩阵和旋转后的因子载荷矩阵(低于 0.5 的未显示)，显示的原变量与公共因子之间的对应关系。其中未经旋转的因子载荷矩阵显示 6 个变量在第一个因子上的载荷比较高，分别为 0.729、0.691、0.650、0.622、0.605、0.573；有 5 个变量在第二个因子上的载荷较高，有两个变量在第三个因子上的载较高。但没有变量在第四个因子上表现出较高的载荷。因此采用方差极大化方法进行因子旋转，载荷大小进一步分化，使变量与因子的对应关系更加清晰，可以更容易地标识出各个因子所影响的主要变量。如表 4-7 显示第一个因子影响的变量主要有：材料、工艺和细节处理；可以称为“物质技术因子”；第二个因子影响的变量主要有：体量、比例关系和线条，可以命名为“形式表现因子”；第三个因子影响的主要变量为：装饰、色彩，命名为“装饰与色彩因子”；第四个因子影响的变量主要有：框架结构、整体外观和结构性部件，可以称之为“视觉与功能因子”。

表 4-6　未经旋转的因子载荷矩阵

Table 4-6　Component Matrixa

	公共因子			
	1	2	3	4
比例关系	.729			
体量	.691			
线条	.650	−.539		
整体外观	.622			
色彩	.605			
细节处理	.573	.543		
工艺		.811		
材料		.749		
装饰		.534		
框架结构			.634	
结构性部件			.545	
榫卯接合				

表 4-7　旋转后的因子载荷矩阵

Table 4-7　Rotated Component Matrixa

	公共因子			
	1	2	3	4
材料	.832			
工艺	.792			
细节处理	.600			
体量		.810		
比例关系		.712		
线条		.600	.558	
榫卯接合				
装饰			−.789	
色彩			.698	
框架结构				.816
整体外观				.685
结构性部件				.629

⑥因子分的计算

经过上述分析过程，公共因子基本可以确定下来，系统会根据设置的方法计算出每一个被试的所有因子分。本次分析共抽取得到4个公共因子分，采用回归方法计算得到的因子分计算系数矩阵如表4-8所示。用回归方程的形式表达为：

$$\begin{cases} F_1=0.064X_1+0.146X_2-0.063X_3+\cdots-0.100X_{12} \\ F_2=-0.089X_1+0.339X_2-0.181X_3+\cdots+0.232X_{12} \\ F_3=0.139X_1-0.256X_2+0.010X_3+\cdots+0.228X_{12} \\ F_4=0.389X_1-0.129X_2+0.551X_3+\cdots-0.089X_{12} \end{cases} \qquad \text{公式(4-1)}$$

表4-8 因子分析计算系数矩阵

Table 4-8 Component Score Coefficient Matrix

	公共因子			
	1	2	3	4
整体外观	.064	-.089	.139	.389
榫卯接合	.146	.339	-.256	-.129
框架结构	-.063	-.181	.010	.551
材料	.403	-.148	.171	-.063
色彩	.262	-.020	.458	-.102
工艺	.347	-.004	-.073	-.020
比例关系	-.065	.322	-.046	.083
结构性部件	-.119	.075	-.223	.407
细节处理	.241	.210	-.067	.051
体量	-.027	.413	-.033	-.104
装饰	.071	.117	-.484	-.005
线条	-.100	.232	.228	-.089

由方程式可见，在第一个主成分“物质技术因子”上，“材料”变量有较高的载荷(0.403)，说明第一主成分主要是由“材料”决定的；同样，第二主成分则是由“体量”(0.413)决定的；第三主成分则是由“色彩”(0.458)决定的；第四主成分是由“框架结构”(0.551)来决定的。

3.1.4 传统中式家具类型的抽象

经过以上量化统计分析，可以发现在传统中式家具构形特征中可以归纳为：物质技术因子、形式表现因子、装饰和色彩因子、视觉和功能因子以及独立的榫卯结构。其中物质技术因子、榫卯接合主要从结构、材料及生产技术等方面对家具造型产生影响，更多是在家具实现和具体化的过程中起作用，而对于传统中式家具内在“原型”来说，主要从其他三方面入手，也就是说传统中式家具的类型抽象应集中在形式表现因子（体量、比例关系和线条）、视觉和功能因子（整体外观、框架结构和结构性部件）、装饰和色彩因子。

（1）形式表现因子

形式表现是所有人造物的共性特征，比例、体量和线条是构成事物形态的基本条件，比例决定了各部分的对比，体量则决定了整体尺度，线条则是构建形体轮廓和内部造型关系的基本方式。对于传统中式家具来说，其形式表现因子的独特性与和谐性是形成风格特征的基本内容，而且比例关系和体量都可以转换清晰的数量关系，而线条则具有明晰的图示形式，因此原型的抽象过程中，三者是共通地组织在一起的整体，从而可以对选择的初始形式进行提炼和抽象。而抽象的方法则是对初始形式各主要构件与整体之间的数字（倍数）关系进行整理、归纳和简化，并采用基本的线型加以表现，使之构成与初始形式具有对应关系的简单图示，以此作为类型转换的“原型”。针对形式表现因子的类型抽象通常根据家具的实际尺度、结构布局采用几何学的分析方式，从众多样本中获得各部分的比例关系和体量，然后根据相应的模数关系进行适度调整，最终形成较明确的数量关系。如图 4－21 为根据 16 把玫瑰椅的测量数据进行的体量和比例关系的提取，通过将椅子宽度、通高、扶手高度、座高等输入坐标图，进行平均值计算后得到近似比例曲线，从而确定出各部分的比例结构。分析显示，明清玫瑰椅的椅宽：通高≈2：3；座面高：通高≈3：5；扶手高：通高≈4：5。

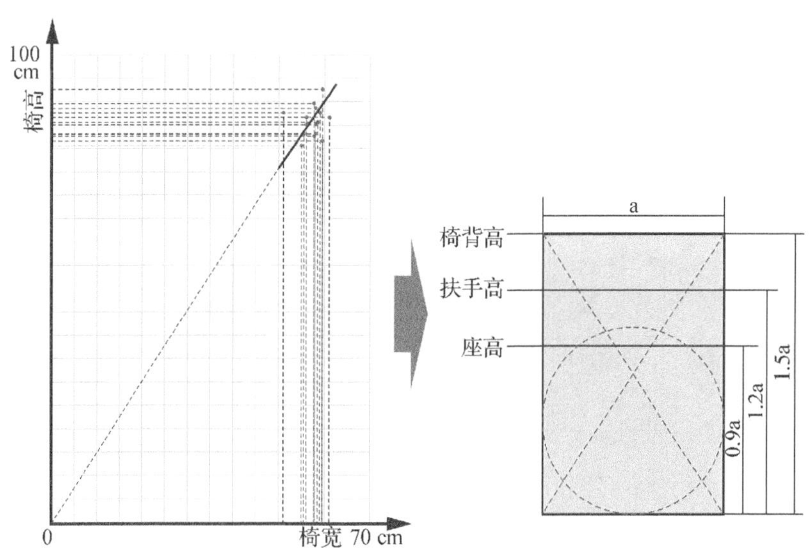

图 4－21　玫瑰椅的体量和比例关系的提取

Fig. 4－21　The typology extraction of size and proportional relation ship of Rose armchairs

（2）视觉和功能因子

视觉和功能因子中的各要素是传统中式家具整体视觉效果中最为直接的体验和感受，通常是人们对家具形态的“原始感受”，并在人的心理上形成概念的特征区分和界定，因此该因子主要是通过典型的形式特征取得风格上的差异性和独特性。就传统中式家具来说，其风格特征已经物化在典型的视觉功能要素上，类型抽象的目的就是将这些视觉功能形式重新提炼和还原出来。其中，框架结构主要表现在横材、立材之间的穿插、交合所形成的“框架”，之所以成为“框架”，则要能够体现出框架与围合空间的实虚对比，即便是框架围合的内部需要装板、铺面，也要使框架突出显出来。整体外观则是整体形式的和谐，应保持其主体造型语言的一致性，这包括家具主要部件的形式、结构和表现手法的对比。结构性部件是传统中式家具造型中区别于其他家具形式的重要元素，牙子、枨子、券口及壶门等既具有机构功能上的作用，同时也是增强家具形式感的重要元素，应从众多样本中提取出最为典型的形式特征来体现造型特征。如图 4－22 为针对明式官帽椅的视觉和功能因子进行的类型抽象，主要通过对样本的去装饰化、结构简化与图示几何化等几个阶段，获取样本之间共通的基本结构关系，形成“骨格式”的形态对应，进而将官帽椅的基本造型特征显示为简单的几何图示，以利于在类型转换过程中进行相应的拓扑变形处理。

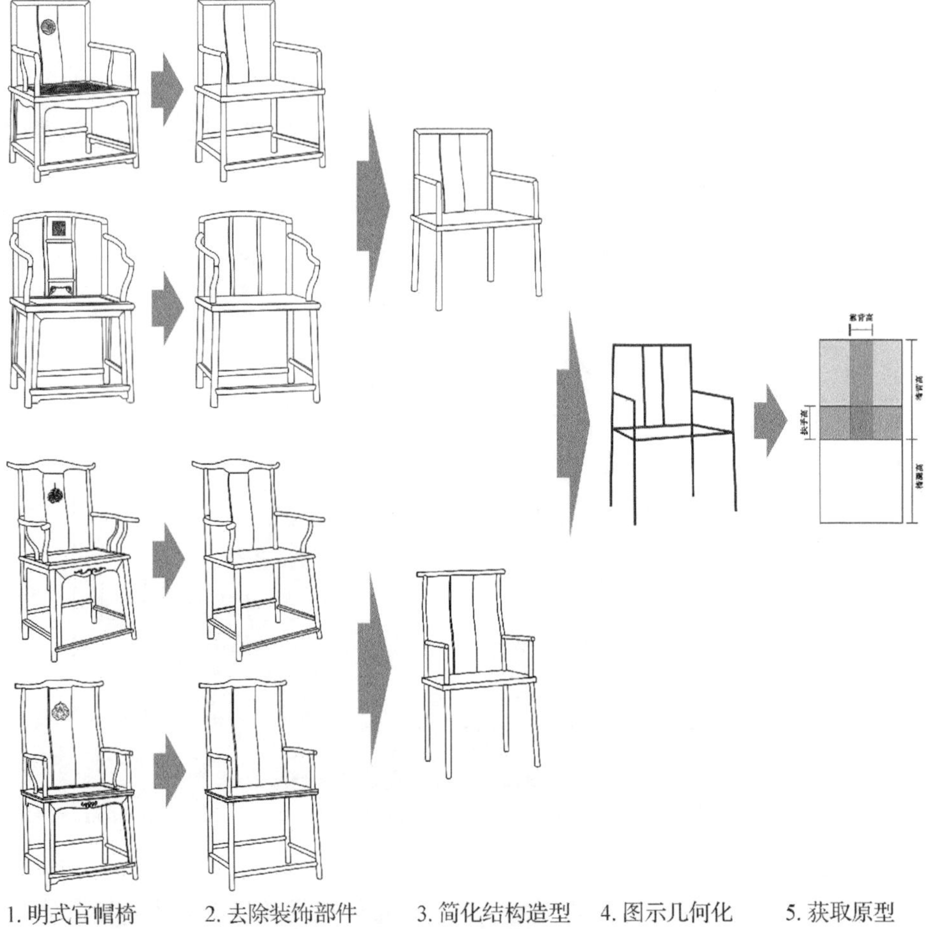

图 4－22 明式官帽椅原型的选取和抽象过程

Fig. 4－22 The selection and abstraction of Ming-style officer's hat armchair prototype

(3) 装饰和色彩因子

装饰和色彩因子主要从艺术性和视觉意象的角度影响传统中式家具的特征。装饰内容和形式不仅在家具上应用，而且在建筑和其他手工艺中都有广泛应用，基本上以自然事物、吉祥纹样和几何纹饰等为主，这也是中国传统文化和民族特征的体现。但作为家具的类型来说，装饰内容只是表层的，更重要的是装饰手法在传统中式家具中应用的规律性，如位置、布局等。只有明确了传统中式家具基本装饰规律和原则，才能在保持类型特征的基础上简化、转化和变形装饰的形式。而对于色彩来说，更多是依附于木材肌理和纹质的基础上，因此对于色彩的类型抽象主要是从具有典型材料的肌理色彩中提取出家具的色彩意象，使整体上表现出中国人的家具色彩喜好。

3.2 传统中式家具类型的转换方法

类型和原型并不是现代中式家具设计的本质和最终目的，只是家具形式变换的媒介，而类型提取和抽象的目的是获得新的形式，这就必须将隐藏在客观形式背后的类型或原型向着新的具象形式转换。转换是结构的基本属性和构成方法之一，是在理性逻辑和推论的基础上展开的形式类比推演、变形和转化，而不是随意的、无限制的变化。因此，类型转换是基于理性的类推设计基础之上的，对于类推设计，G·勃罗德本特认为存在图形式类推(iconic anologies)和准则式类推(canonic anologies)①，前者可以针对具象的形态、图案、装饰及元素进行意象构想，后者则是基于类型系统及几何式构成图示上的抽象延展，如笛卡尔格网格(Cartesian grids)和柏拉图体(Platonic solids)②等(如图 4－23)。在传统中式家具类型转换的过程中，图形式类推和准则式类推都能够为理性分析形式之间的结构关系有所帮助，经过提取和抽象的传统中式家具的类型在形成最简化的几何图示后，其结构性的约束相对于具体细节和要素的约束条件更为简单，但更具刚性

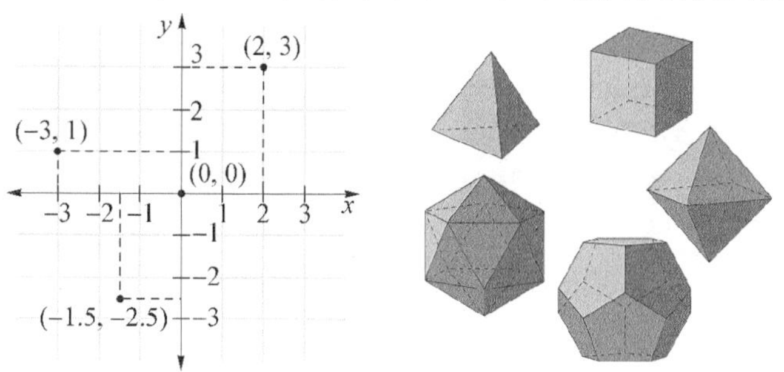

图 4－23　笛卡尔格网格和柏拉图体
Fig. 4－23　The Cartesian grids and Canonic anologies

---

① G. Broadbent. Emerging Concept in Urban Space Design. VRN, 1990.

② 笛卡尔格网格，指建立在笛卡尔直角坐标系基础上的网格系统，各维度两两正交。柏拉图体，指正多面体。几何图形中存在无限多种正多边形，而正多面体只有五种：正四面体、正六面体、正八面体、正十二面体和正二十面体.

特征，因此，在进行类型转换过程中对于数量化的、几何化的演绎则比较重要。根据类型学中常用的转换方式，我们在传统中式家具的类型转换中可以采用：拓扑推演、引用移植和裂变聚合等。

3.2.1 拓扑推演

拓扑推演的方式是结构主义的重要方法，是以拓扑学(Topology)理论为基础的。所谓拓扑推演就是指不拘泥于几何形式，而抽取类型要素组合的拓扑形态，以要素间的接近性(proximity)，连续性(continuity)及闭合性(closure)来描述和重组类型要素，从各组成部分之间的结构关系上从事理性的推演，因而推导出一系列与类型相似、相关的方案，为进一步的形式实现提供基本构想和参照素材。拓扑推演强调的是类型的等价性，但不是“完全相等”，如圆形、方形和三角形尽管形状完全不同，但在拓扑变换中却是等价的，拓扑是在保证原型结构关系不变的基础上，对构成图示的要素进行变形、延展、拉伸、缩放、秩序重组及等量性的转换以产生新的表现形式。拓扑变换可以表现在细部结构和特征要素的延展性变换，如通过抽取出典型性的部件、图形、图案进行重复、位置变换、体量缩放等处理，使之形成系列化构形要素，以取得形式之间的内在关联性。如图 4 - 24 为嘉豪何室“中国红”系列家具，就从传统中式家具中提取出云纹元素进行拓扑变换，通过不同材质、位置、尺度、圆缺等手法而构成不同的形式。同样，联邦家私的“龙行天下”系列家具则对“龙纹”形式进行拓扑变换，并在形式上做了较为明显的改变，使形式更具变化性(如图 4 - 25)。此外，拓扑推演可以用作整体形式的构思转换，对整体结构关系从几何图示的关系上进行调整、演绎和变化，如可以打散局部结构进行重组、调整尺度比例及虚实空间的面积对比等，这种方式的应用对于形成现代中式家具的基本形式构想是非常重要的。

图 4 - 24 嘉豪何室“中国红”系列家具
Fig. 4 - 24 The China Red series furniture by Jiahouse

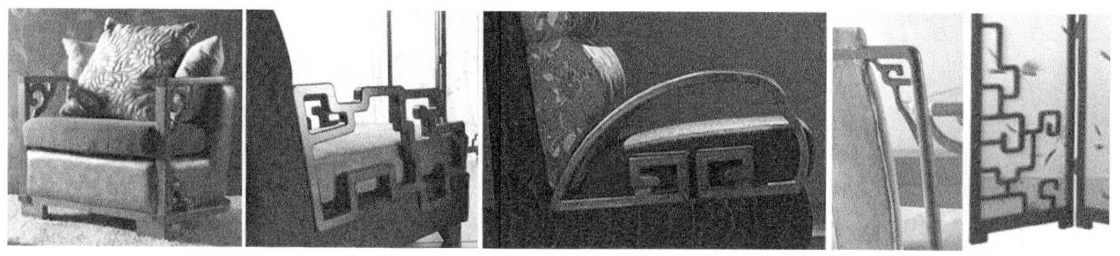

图 4 - 25　联邦家私的“龙行天下”系列家具
Fig. 4 - 25　The Dragon series furniture by Landbond

根据前文提炼和抽象出来的传统中式家具原型，我们可以对“视觉和功能因子”进行拓扑推演，将由家具整体外观、框架结构和结构性部件形成的图示进行几何形式的变换，以获得不同于原有形式的结构图示。如图 4 - 26 为针对明式扶手椅类型的拓扑推演，通过对整体框架及结构图式的重复、缩放、变形和替代等转换可以延伸出众多转换方案，这些方案都与图示原型保持了内在的一致性，但形式上又存在差别，可以作为延伸设计的构思“骨格”。

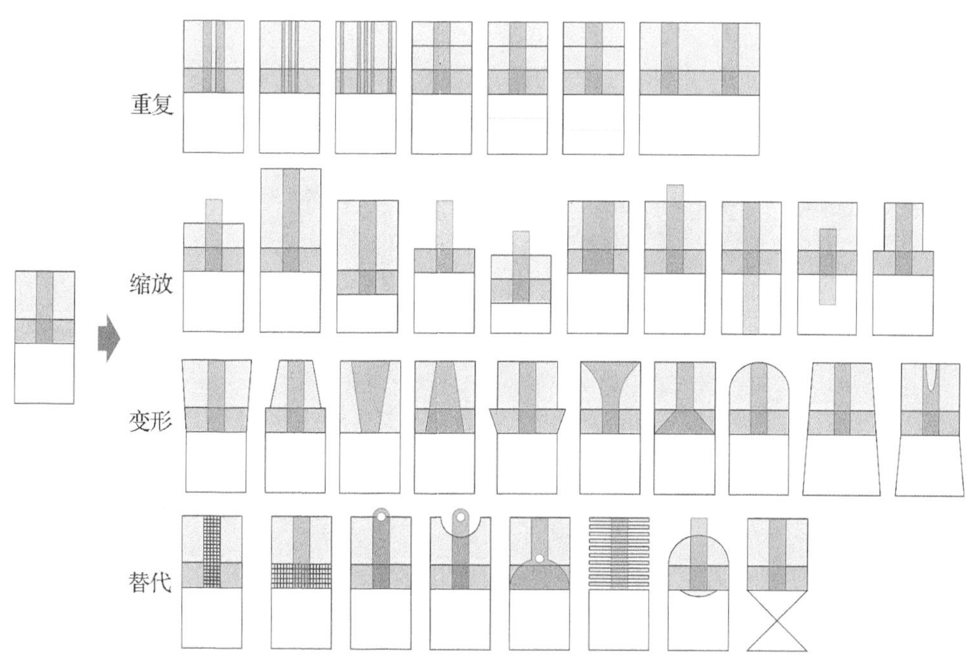

图 4 - 26　明式扶手椅类型的拓扑推演
Fig. 4 - 26　The topology derivation of Ming-style armchair

3.2.2　引用移植

引用移植指选取与原型类型具有相似性或等价性的要素、图示及概念等对抽象出的原型进行借鉴性的转换，使新形式与原型保持质的同构性。这里的引用移植不是将传统家具中的特征元素或零部件直接应用到现代中式家具之中，而是将自然的、和谐的或科学的图示、形式或结构关系与提取出的原型进行比较，从中选取适用的、理想的形式加以替代和转换，从而使原型保持内在一致的基础上，获得丰富的新形式。譬如，人类在长期的造物实践中，从自然中抽象提取出诸多和谐的比例关系、模矩和数列关系，这些都是构成和谐形式的重要内容，这对于现代家具的比例、体量等特征则具有可借鉴性，因此在进行类型转换的过程中，家具结构的比例关系和体量可以引用或移植这些相应的数量形式，以增强家具的和谐性(如图 4 - 27)。此外，人体结构之间的比例、音乐的节奏和韵律等都具有一定数量关系，在实际设计过程中亦可以引用移植。在对传统中式家具类型“形式表现因子”的转换中，家具部件与结构之间的体量、比例和线条变化可以在适度的范围内进行调整变换，如高度与宽度的比例可以尝试采用黄金比、白银比或根号比等，而座椅靠背、桌面高度、柜门高度等则可以在人体模数的范围内进行数量调整；对于线条形式的变化，则可以在原有几何线性的基础上借鉴自然界中动植物、人体和某些几何曲线的形式进行调整，使之更富于节奏和韵律感。如图4 - 28 为以明式黄花梨玫瑰椅为样本进行的类型转换过程，其中对提取出来的玫瑰椅比例、尺度和线条进行了引用移植变化，将和谐的比例关系(黄金矩形和正方形)应用到结构图示之中，而且结合人机关系，将座椅各部分形成和谐的数量关系，从而在转换后的图示下进行形式创新和演绎。

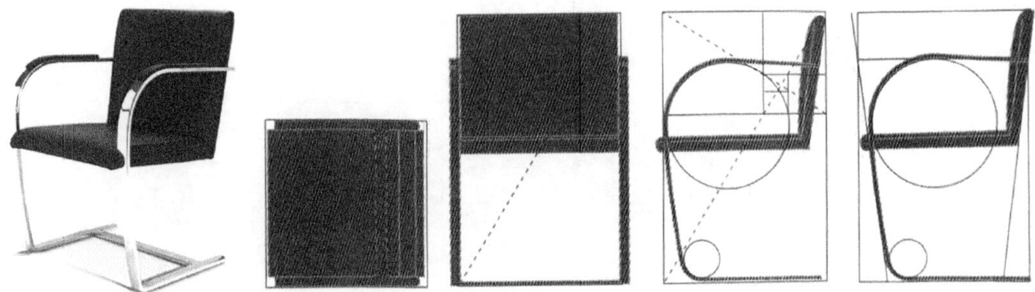

图 4 - 27 密斯的布尔诺扶手椅中的黄金分割比
Fig. 4 - 27 The golden ratio in Brno Flat Chair by Mies

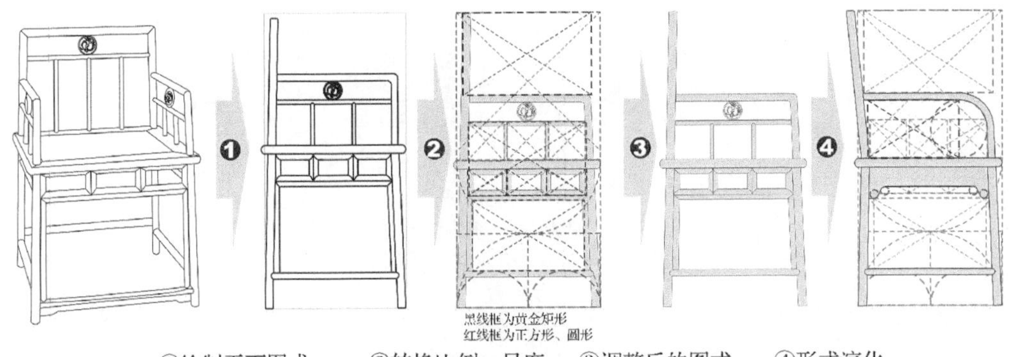

图 4 - 28 明式黄花梨玫瑰椅的类型转换过程
Fig. 4 - 28 The typology conversion procession of Ming-style Huanghuali Rose armchair

3.2.3　解构聚合

从概念上说，解构意味着打散、分解、破碎、凌乱、模糊甚至“不和谐”，是相对于整体的、系统的、结构的对立面，但从方法上，解构是对固有的、既定的、单元化的、同一化的形式的重新解读和重组，这种重组是基于原有结构的本质基础之上的，但却在语意、形式和构成上呈现出多元化的融突关系，是在打破常规结构关系基础上的重新组合与创新。按解构主义创始人雅克・德里达(Jacques Derrida，1930—2004)的观点，解构是一种揭露文本结构与其西方形上本质(western metaphysical essence)之间差异的文本分析方法。解构阅读呈现出文本不能只是被阅读成单一作者在传达一个明显的讯息，而应该被阅读成在某个文化或世界观中各种冲突的体现。一个被解构的文本会显示出许多同时存在的各种观点，而这些观点通常会彼此冲突。① 可以说，解构作为一种设计方法或思维方式，能够帮助我们打破既定观念和固定模式的约束和限制，通过相贯、偏心、反转、回转等方式有效地对原型中概念性的、特征性与典型性的元素做出反应，并通过重组、变形、转换等形式将这些要素聚合为和谐的整体。经解构聚合后的类型和特征要素之间往往存在着本质上的内在联系和严密的整体关系，并非是无序的杂乱拼合。这在弗兰克・盖里、扎哈・哈迪德等人的设计作品中表现得较为充分。如图 4 - 29 为哈迪德(Zaha Hadid)设计的家具与建筑作品，都体现出对自然中曲线造型的解构重组，并以盘旋、扭曲、贯穿、反转等方式体现出自然生命的律动。从中可以看出，其作品中所蕴含的是自然类型的内在一致性，而不是某种自然事物或形象的拼接。这也是解构方法的关键，即任何解构(destruction)都需要某类原型建构(construction)的存在，这是对灵活变奏而强烈地建构一种恒常期望。

图 4 - 29　哈迪德设计的家具与建筑作品
Fig. 4 - 29　The furniture and building designed by Zaha Hadid

在对传统中式家具原型或类型进行转换的过程中，解构方式同样可以针对抽象出的类型进行对比性的、打散式的解构聚合，抽象出的原型为我们提供解构所必需的原型建构，而解构所需要做的则是充分挖掘和表现类型的局部特征，而将真正的完整性寓于各

① [法]德里达. 解构与思想的未来[M]. 长春：吉林人民出版社，2006.

部件的独立显现之中。如针对“视觉和功能因子”中的整体外观和框架结构特征，则可以将构成整体的基本形式进行打散、分离和重组，组成框架的横向、纵向及内部构件都可以成为独立的表现要素，而经过适当的变形与组合成为新的结合体。这种解构聚合的关键是局部的解体和重组，但整体依然需要保持完整性和意象的一致性。同样，对于“装饰与色彩因子”则可以对典型的装饰要素进行位置、形态、方式、材料、肌理等特征的解构变换，进而获得与原始形态“本质相通，意趣各异”的新形式。如图 4－30 所示分别为联邦家私、台湾青木堂、朴素堂和台湾耀邦的现代中式家具设计，其在方法上都采用了结构聚合的方式，主要是将中式椅子中的靠背板、后腿（座面上部）和扶手等部位进行分离和解构，通过改变它们的比例、形式和穿插关系，使之呈现出不同分割、变异、独立的形式变体。

图 4－30　联邦家私、台湾青木堂、朴素堂和台湾耀邦的现代中式家具设计
Fig. 4－30　The modern Chinese furniture by Landbond, Woody chic, Pusutang and Yaobang

3.3　现代中式家具的形式实现

通过前面的分析，我们从传统中式家具的具象形式抽取了抽象的原型或类型，并通过不同的方式途径转换为诸多同质异构的形式“骨格”，这种“骨格”体现了原型类型的内在结构，但只是概念结构和意象的图示，需要结合具体条件和设计目标实现最终的家具形态，也就是说，类型的抽象和转换过程只是为现代中式家具设计建立了传统和现代、地域文化之间的内在关联和具有相似结构的图示，对于最终的表现形式则需要结合工艺、材料、装饰、造型及各种生产技术来实现，在实际中，这些因素并不是简单意义上的“表皮”或附加形式，相反会对转换获得的形式产生影响，甚至是矛盾性的、对立性的作用，因此，在形式实现的过程中依然存在着调整、融合与转化，但在和谐化设计理念的基础上，“中和”理念应贯穿始终，强调各要素的谐适性调整，使具体表现形式与内在的“骨格”合理、有效的整合。

3.3.1　集体的记忆与个性的显现

原型和类型给我们提供了传统中式家具深层次的结构，甚至可以说是隐藏在家具形式之中的“灵魂”，这些也都体现出现代人对传统的集体记忆和认同，在还原这种记忆的过程中，家具与人的关系则成为主导内容，这种集体的记忆往往成为意象式的观感，而具体的知觉体验则通常受到具体的元素或符号的刺激和触动。在人们的知觉体验中，任何元素和符号都存在一种约定俗成的对应关系，色彩、材料、肌理和形体的对比等都在指向某种内在的意义，家具中的元素和符号也不例外，而且结合历史的、地域的文化特征影响，这种隐喻和意指则更为明显和突出，如传统中式家具的硬木肌理和色泽暗含的古朴、凝重、沉穆和富贵等意涵是西方浅色系木质及金属材质所难以比拟的，因此在现代中式家具的设计中，要通过外在形式来解释并强化这种集体的记忆，不仅需要原型类型的“骨格”支撑，而且需要特征元素和符号的表现，这种表现则更多体现出独立的、思考的、个性化的特征，而不应是模仿的、趋同的甚至是无意义的。原型和类型是来自于多样化的外在形式的抽象，而其还原为具象形式的过程同样是发散的、多元化的，这种造型形式的多元化、个性化是促使家具获得更加鲜明的标识性、象征性和精神性的关键，这种个性的显现几乎是由先天注定的个性所决定的。尤其是现代中式家具设计不是一件艺术品或工艺品的打造，也不是古代工匠手中的活计，而是牵连着工业化的模式、市场化的销售和群体化的使用，其个性的显现同样是为了满足各种社会因素的需要和要求。如图 4 - 31 为根据传统中式扶手椅类型进行的形式创新，分别应用了不同的类型“骨格”，在色彩和材质上突出中式意象，但分别针对不同的使用需求和环境进行形式创新，使整体表现出集体记忆与个性显现的融合。

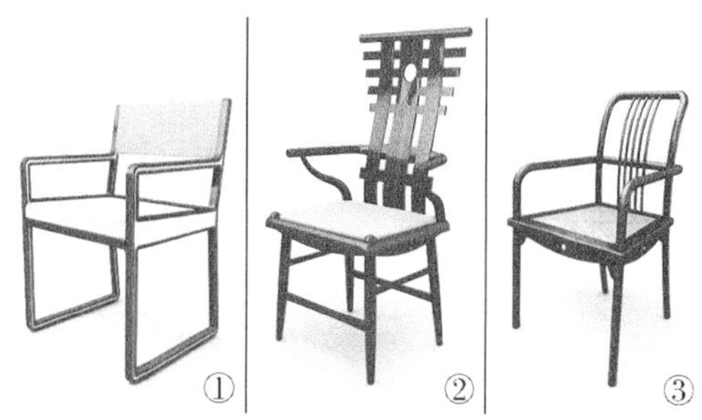

图 4 - 31　现代中式扶手椅创新设计方案
Fig. 4 - 31　The design proposals of modern-Chinese armchair

3.3.2　“形”与“骨”的结合

如罗西所说，类型是先于形式且构成形式的逻辑原则，其作为一种“恒定常数”存在于事物之中，在中式家具中亦是如此，从传统中式家具中抽象出的类型“骨格”只是为我们将内在的、隐形的类型概念化或视觉化了，而对于新形式的创新则依然需要诸多具有象征意义的外在形式，这种内在类型与外在形式的结合需要把握“度”的平衡。在现代中式家具的类型学设计中，原型和类型决定了家具的内在结构和规律性的原则，而各种形式构成要素则是使家具生动鲜活的“血肉”，二者必须有机地结合才能实现最终的家具形态。在实际设计中，原型类型构成了家具的气骨梗概，构建了整体的意象和“态势”，而具体要素则塑造家具的外在形貌和视觉效果。这与中国传统书画中所讲的“骨法”与“象形赋彩”的关系相近。相同或相似的家具类型，可以通过采用不同的形式表现手法来显出差异，并可以呈现出截然不同的意趣和体验。如图 4 - 32 为 2008“华邦杯”中国家具设计大赛获奖作品中的四款圈椅设计，其基本骨架或原型基本上是一致的或相同的，都具有明式圈椅的构形图示和框架骨格（如图 4 - 33），但分别别从靠背、扶手、腿足、座面及穿插连接形式上进行了相应调整，或是展现家具的轻巧灵动，或是显示敦厚稳重，这就需要结合具体的设计概念和意图运用相应的表现手法，从而实现“形、骨、神”的完美结合。另外，在类型一致，外观形式相似的情况下，通过不同材料、工艺和表面装饰灯物质技术条件的改变，同样可以塑造不同的家具品貌和风格意蕴。如图 4－34 分别为汉斯·维格纳设计的 V 形椅、朱小杰设计的清水椅，二者都是在明式圈椅类型下的延伸设计，而且在外观形式上也几乎相同，但由于采用了不同的木材而使二者意趣反差较大。前者应用了清新柔质感的白蜡木，显出家具纯真娴静的幽雅品质；后者则选用了朴拙凝重的乌金木，更多显示出质朴闲适的自然感。因此，在“骨”赋“形”的过程中，重点是把握设计的目的性与概念的表现性，选用合适的素材和表现形式来增强骨格的表现力，这也是现代中式家具设计微观层次所需要解决的主要内容。

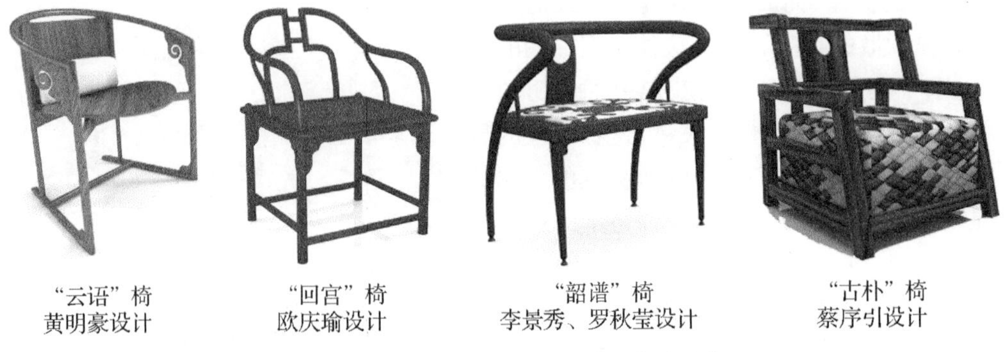

“云语”椅
黄明豪设计

“回宫”椅
欧庆瑜设计

“韶谱”椅
李景秀、罗秋莹设计

“古朴”椅
蔡序引设计

图 4－32 2008“华邦杯”中国家具设计大赛获奖作品

Fig. 4－32 The furniture design in ‘Huabang-cup’ Chinese furniture design competition 2008

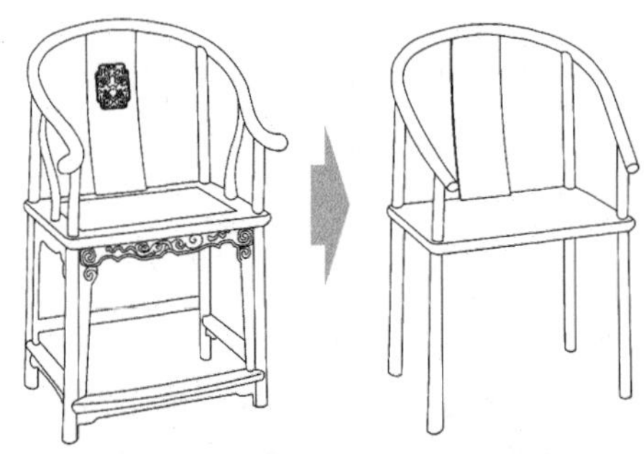

图 4－33 明式圈椅的骨格框架

Fig. 4－33 The lattice-type frame of Ming-style round-backed armchair

图 4－34 维格纳设计的 V 形椅、朱小杰设计的清水椅

Fig. 4－34 The V chair by Wigner and Qingshui chair by Zhu Xiaojie

05 /
现代中式家具设计系统的微观层次

第 1 章　现代中式家具设计系统微观层次的建构

第 2 章　现代中式家具设计系统微观层次的“人”因分析

第 3 章　现代中式家具设计系统微观层次的形式分析

从宏观到微观是一个由理念到实践的层次递进过程，现代中式家具设计系统的微观层次也集中在设计基础层面——家具与人的关系，这也是现代设计区别于传统造物的关键所在。众所周知，家具是与人关系最为密切的一类人造物，不仅从物质功能上满足人体行动、休息的使用需求，而且是人们社会生活中品味、尊严、地位的体现和象征。人的不同需求也就构成了家具设计的不同指向、语义诉求和形式表现。家具是因“人”而存在的，正如古希腊普罗太格拉所说：“人是万物的尺度，是存在的事物存在的尺度，也是不存在的事物不存在的尺度。”①这也是家具与人和谐的前提和基础。同样，现代中式家具设计也必须针对“人”的需求展开，并根据人的实际需要和需求层次进行功能创新和形式变化，以实现家具与人的和谐。

第1章　现代中式家具设计系统微观层次的建构

在人—家具—社会—自然(环境)系统中，人与家具构成了最基本的系统关系，而且是设计过程中最为直接、密切的两个要素，人对家具有着直接的主体性诉求，而家具则以满足人的诉求为基本目标。对于现代中式家具设计系统来说，家具的形式美不是建立在文化的存在和艺术表现之上的，而是由家具的实质功能性决定的，因此对于其微观层次的形式美分析应是基于“人”因与“家具”因的综合考虑。

1.1　现代中式家具设计中的“人”因

1.1.1　以人为中心的设计理念

《管子·霸言》中有：“夫霸王之所始也，以人为本。本理则国固，本乱则国危。”讲的是国家的管理应以人为本，民心向背关系到国家兴亡，治国兴邦的根本问题是政顺民心，但“以人为本”却是中国传统哲学与文化的基本思想。自文艺复兴时期，“人本主义”概念在西方世界也得到普遍认同，人的价值和尊严、人性、人的有限性和人的利益等以“人”为尺度的内容逐渐成为哲学与科学关注的焦点。在设计领域，“以人为本”逐渐从一个新口号演变为设计的基本宗旨和行动纲领，成为现代设计的核心理念。以人为中心或以用户为中心的设计都是建立在“以人为本”的思想之上，而且将抽象性的、概念性的人本要素转化为可度量、可操控的具体层面进行实际分析，如人的心理量度、知觉体验以及需求层次等。现在，如何解决“人”的问题，为“人”服务也就成为设计的主要任务和目的。人性化设计、用户为中心的设计、通用设计等都是“以人为本”的设计典型。“以人为本”所蕴含的人文思想则成了现代设计中“以人为中心”理念的演绎和拓展的基础。

---

① 北京大学哲学系外国哲学史教研室.古希腊罗马哲学[M].北京:生活·读书·新知三联书店,1957:138.

以人为中心的设计，即 Human-Centered Design(HCD)，与用户为中心的设计(User-Centered Design，UCD)和人性化设计意义相近，是指在符合人们的物质需求的基础上，强调精神与情感需求的设计。它综合了产品设计的安全性与社会性，就是要在设计中注重产品内环境的扩展和深化。以人为中心的设计作为当今设计界与消费者孜孜追求的目标，带有明显的后工业时代特色，是工业文明发展的必然产物。仅从工业设计这一范畴来看，大至宇航系统、城市规划、建筑设施、自动化工厂、机械设备、交通工具，小至家具、服装、文具以及盆、杯、碗筷之类各种生产与生活所联系的物，在设计和制造时都必须把"人的因素"作为一个首要的条件来考虑。

以人为中心的设计，主要表现在以下几方面的特征：

①以人为中心的设计是建立在人的需求和人的行为基础之上的。设计的目的在于满足人自身的生理和心理需要，需要成为人类进步的原动力。而要切实做到"设计为人"就必须要了解人，了解用户，并对用户的需求和行为进行科学的、理性的分析研究。人类设计由简单实用到除实用之外蕴含有各种精神文化因素的人性化走向正是这种需要层次逐级上升的反映。作为人类生产方式的主要载体——设计物，它在满足人类高级的精神需要、协调、平衡情感方面的作用却毋庸置疑。设计师通过对设计形式和功能等方面的"人性化因素"的注入，赋予设计物以"人性化"的品格，使其具有情感、个性、情趣和生命。当然这种品格是不可测量和量化的，而是靠人的心灵去感受和体验的。设计人性化的表达方式就在于以有形的"物质态"去反映和承载无形的"精神态"。

②以人为中心的设计旨在调整人与技术、产品之间的关系，使产品和技术适应人，而不是让人适应产品。传统的设计观念通常强调对产品或设计对象本身的形态、功能和结构等内容，尽管也是为人而作的设计，但结果却要求人去适应产品(或机器)，从而造成《摩登时代》影片中人与机器的矛盾。以人为中心的设计则是尽量使产品能够完美地融入到人的使用行为中，并以一种自然的、方便的、舒适的形式来支持这种行为。如现代办公家具中的座椅设计通常需要考虑人工作状态中的肢体姿势、活动范围及行为频率等内容，并通过家具部件的造型曲线、可调节性能及自适应等保持与肢体状态的配合(如图5-1)。因此，以人为中心的设计首先是基于人机工程学基础上的，使产品尽量满足人的使用和肢体尺度；其次是符合人的认知习惯和知觉能力，使产品尽量舒适、安全、可靠并具有高效率；再者是要适应人的审美心理和情感诉求，使产品能够传达高情感、高审美的"精神语义"。如图5-2，不同形式的椅子对"情感"的传达，从左至右分别为美国设计师Daisuke Nagatomo 和 Minnie Jan 设计的华尔兹椅，传达优雅的情感；Marti Guixé 的Xarxa 休闲椅，传达自由闲适的情感；以色列设计师 Omri Barzeev 设计的 Zaza 椅，表达幽默诙谐的情感诉求。

图 5－1　现代办公家具的造型与结构设计
Fig. 5－1　Style and structure design in modern office chair

图 5－2　现代家具的情感表达
Fig. 5－2　The emotional expression of modern furniture

③以人为中心的设计所针对的“人”，不是固定的群体，而是根据设计内容确定的动态对象。传统设计通常从“设计什么”开始，而现代设计展开之初首先要确定的内容是：为谁设计。不同的“人”有着不同的需求，因此设计必须要满足适当人群的需求，如老年人、青年人、儿童之间的需求差异；不同收入人群的差异；男性与女性的差异；健康人群与残障人士的差异；等等（如图 5－3）。这些差异或是明显，或是细微，但都对设计的成败起着重要作用。

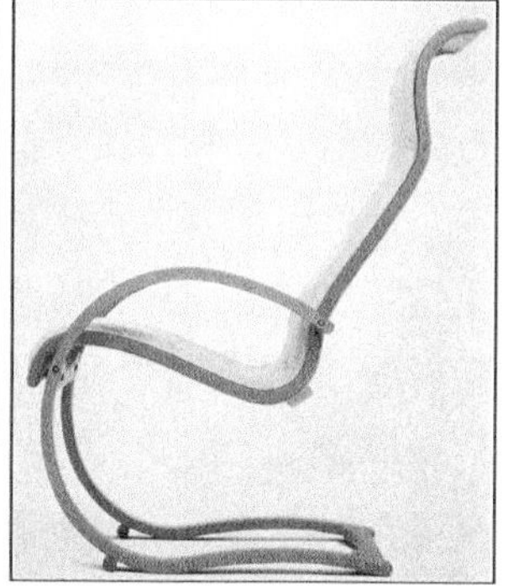

图 5－3　儿童座椅、青年人座椅和老年座椅实例
Fig. 5－3　The examples of chair for children, the youth and the elderly

以人为中心作为一种设计理念，看似简单，而执行起来却并不容易，设计不是简简单单的选择题，而是一项综合性的行为。一件产品最终要转化为人们能够使用并乐意使用的用品，在其设计过程中不是只考虑用户需求因素就能够完成的，而必须能够平衡生产、营销、管理及设计等各方面因素。

1.1.2 设计中的“人”

设计不同于艺术，产品也不同于艺术品。艺术家可以凭借自身的主观设想或个人技艺完成艺术品的创作，而产品从开发设计到最终成品，仅凭设计师的个人能力是难以完成的，一般要经过不同部门的协作或团队的合作才能实现。简而言之，艺术品通常是针对个人或少数人的，而产品则是面向大众或某个社会群体的，具有普遍的社会性。这也就决定了设计不是设计者的个人行为，而是由多种“人”决定的社会行为。由于不同的人群有着不同的知识结构和思维方式、各异的文化品位和观念角度，从而对设计的影响作用也各异。从决定设计的影响因素来看，设计中的“人”主要有以下四类：产品的消费者或使用者、产品生产提供者、设计管理者和设计者（如图 5-4）。① 但就各种人因的属性和影响层面来分析，管理者是从商业行为的角度看待产品设计；生产者则是从技术层面与生产方式上考虑产品实现；而消费者与设计者则分别是产品设计的目标所向与主体，也是与产品直接相关联的两端，设计者设计产品的目的是满足消费者的需求。因此，从设计行为的本质来分析，产品设计中需要关注、满足、解决的“人”因应是消费者或使用者，也就是说设计行为的出发点和归属点都应集中在消费者和使用者层面。

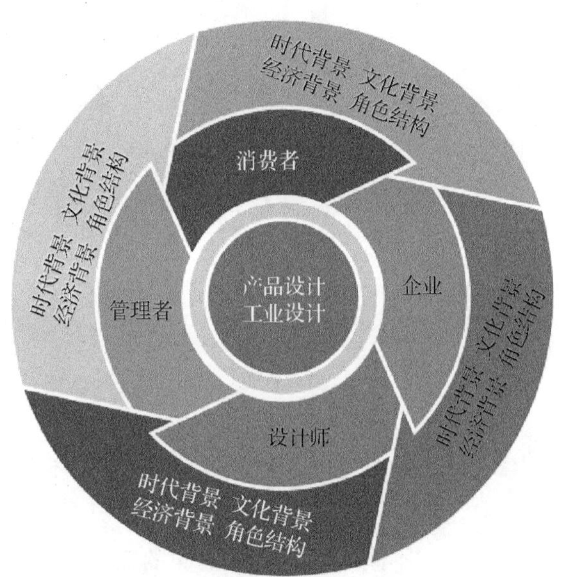

图 5-4 产品设计中“人”的构成和关系
Fig. 5-4 The Constitution and relationship of man in product design

消费者的需求是产品存在的基石，消费者的认同是产品设计成功的决定性因素。这也是“以人为中心的设计”中“人”的概念所指和基本构成要素。诚然，产品最终是属于消费者的，而消费者之所以购买产品在于产品能够满足使用者的生理的、心理的以及行为的相应需求。因此，消费者是产品的最终评价者与决定者。设计要获得成功，就必须研究潜在消费者在某一生活领域的文化品位特征，依靠现实情况来区分有效的目标群，然后研究群体形成的根本原因，从他们的文化背景、生活经历、经济状况和现在的社会角色

① 花景勇. 设计管理——企业的产品识别设计[M]. 北京：北京理工大学出版社，2007.

扮演中寻找存在的问题和需求，从他们的视角去定义产品的设计问题，最终用生产的产品来营造他们的个性化文化生活。当然，消费者和使用者是一个整体性的和宏观性的概念，不同产品所面向的使用群体在人员构成、需求层次、文化心理及情感动机等方面都存在较大的差异性，这就需要设计者从不同的层面上进行多样化设计，以满足不同人群对相应产品的“需要(needs)”和“想要(wants)”①。

1.1.3　现代中式家具设计中的“人”因构成

作为一种产品类型，家具设计同样需要考虑消费者与使用者的需求和认同，而且相对于其他工业产品，家具是与人体接触最为亲密与频繁的产品，人对于家具的功能性、舒适性、审美性以及象征性等都更为重视，因此在家具设计过程中对“人”因的分析就更为全面与深入。现代中式家具要适应现代人的生活方式与审美需求，也必须在传统中式家具的基础上增强对人的使用行为与心理情感等要素的考虑，使之在科学性、审美性与情感性上更贴近现代人的生活和工作需要，才能使之成为真正的现代家具。

从人因分析的角度来看，现代中式家具设计对用户或消费者的关注层面不仅包括人机工程学或人类工效学中对人体尺度、肢体行为与人机关系的生理性和心理性分析，而且包括感性工学中对消费者的审美、情感与精神等内容的考量。综合来看，具体的设计过程中的“人”因分析的方式可以从以下两点展开。

(1) 基于个体的行为分析

在设计过程中，“人”首先是作为与家具相对的整体性要素存在的，其行为的主动性与产品的被动性构成了对应关系，因此，相对于产品而言，在生理结构和机能上具有共性特征的“人”是作为独立的个体存在的，对其生理结构、心理知觉、行为尺度等内容的分析也是在每个个体分析的基础上形成的统计数据。通过对人的行为分析可以确立人在现代中式家具设计中的主导性地位，并使家具在基本功能、使用方式和尺度上适应自然人的生理和心理承受能力，同时可以提高人对家具的感知、适应、控制等的准确度与舒适性。通常对于人的行为分析是基于人的生理和心理阈限的基础上对人体结构特征、机能特征和知觉体验等进行分析，如人体各部分的尺寸、体重、体表面积、比重以及人体各部分在活动时的相互关系和可及范围对家具形式、尺度及控制方式的影响等，而人对于材料质感、色彩意象以及形态体验等方面的心理感知则直接影响着家具的外观形式和使用范围(如图 5-5)。

---

① ［美］Donald A. Norman. 情感化设计[M]. 付秋芳，程进三，译. 北京：电子工业出版社，2005：25.

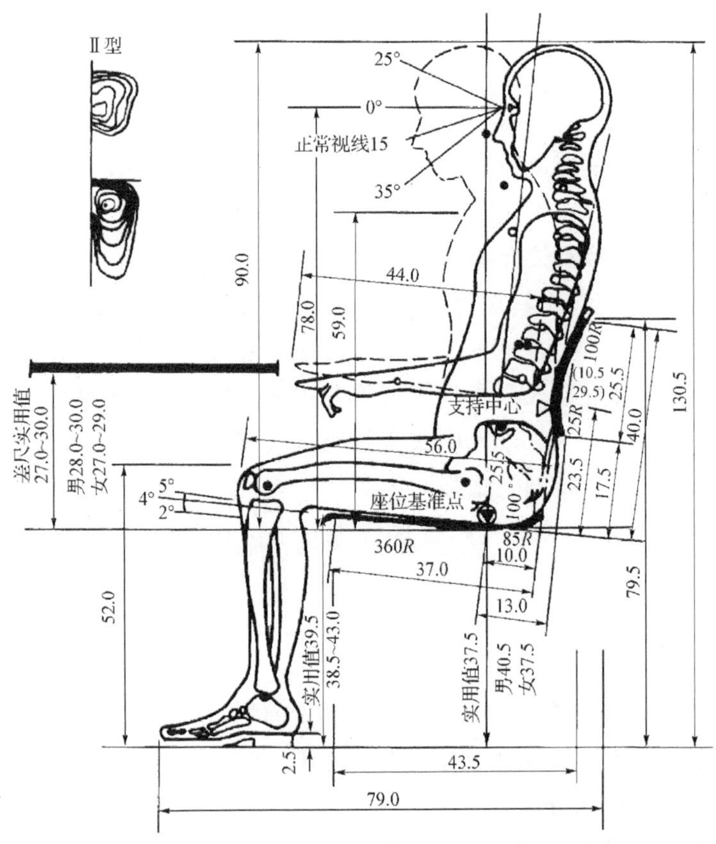

图 5-5　根据人体结构确定的座椅和桌面尺度

Fig. 5-5　The size of seat and desk according to the human body

(2) 基于群体的需求分析

相对于人的生物性特征，人作为“社会的产物”还具有群体性和层次性的归属特征，不同层次的社会群体对产品的认知、喜好、评价与认同也存在着相应的差异，这也就导致人们对物质的需求具有多样性特征，其中包含物质的和精神的不同层面的需求。这也就使得现代中式家具设计应根据不同的层次需求进行相应的功能设置和形式表现。对于人的需求层次划分，可以从不同的角度进行多种划分①(如表 5-1)。在设计领域中，通常针对具体的市场区隔与定位确定相应的群体构成，而在理论层面的需求分析，美国人本主义心理学家马斯洛的需求层次理论(Maslow's hierarchy of needs)应用最为广泛。马斯洛将人类需求从低到高分成五个层次即生理需求、安全需求、归属与爱的需求、尊重需求和自我实现需求(如图 3-3)。这五个层次是逐级上升的，较低级的需求是优先的，越是高级的需求对于维持纯粹的生存就越不迫切，但是高级需求的满足能够引起更合意的主观效果，产生更大的满足感、幸福感和内心生活的丰富感②。与之相比，美国西北大学

① 徐恒醇. 设计美学[M]. 北京：清华大学出版社，2006：47.

② Maslow, A. H. Motivation and Personality. New York: Harper and Row, 1954.

教授唐纳德. A. 诺曼(Donald A. Norman)则将人的需求分为本能的(visceral)、行为的(behavioral)与反思的(reflective)三种水平,设计行为需分别针对三种水平展开并获得三种水平的平衡(如图5-6)。① 尽管两者的层次划分有所区别,但就所对应的设计内容却基本一致,诺曼所谓本能水平的设计主要专注于外形;行为水平的设计集中在使用的乐趣和效率;反思层面则主要是自我形象、个人满意和记忆,这分别对应着马斯洛需求层级的各个阶段,只是层次划分数量上的差异。因此,在针对需求层次的设计分析中,重点是分析相应人群对现代中式家具的基本功能、审美诉求和情感体验的差异和目标指向,进而确定相应的设计语义和表现形式。这也是拓展现代中式家具应用范围与品种样式的主要方式。

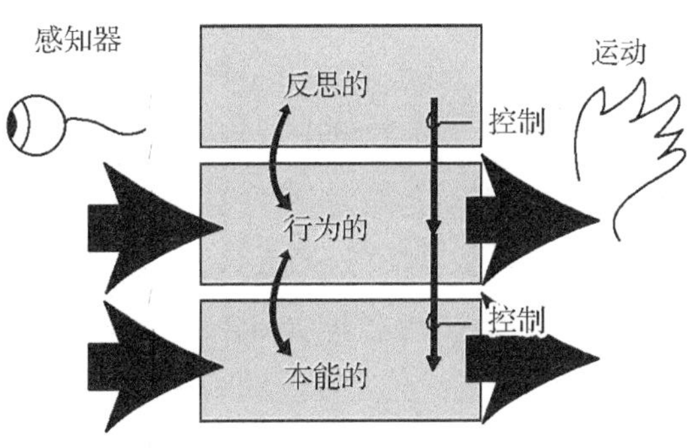

图5-6　诺曼的三种水平需求
Fig. 5-6　Three levels of demand by Noeman

表5-1　人的需求分类一览表
Table 5-1　The classification schedule of man's needs

分类原则	类别	特征
依发展过程分	天然性需求	以本能的形式出现
	社会性需求	具有社会文化的特征
依功能类型分	物质性需求	以满足人的生理需要和生存为主
	精神性需求	以真善美为追求的价值目标
依存在状态分	现实性需求	有具体指向和目标对象
	潜在性需求	指向未来,需通过设计创新来满足

1.2　现代中式家具设计中的"形式"因

1.2.1　"形式"的意涵

作为一个重要哲学概念,"形式"一直被相当多义地理解和使用。亚里士多德将其作为哲学概念,并就其与"实体"意义相近,提出了形式和质料这样一对范畴。他认为质料是构成世界一切事物的最基本的东西,而形式是指一事物之所以成为这一事物的东西。质料是基质,而形式是事物的本性和现实,是实体的根本。与之相近,在黑格尔的著作中,形式总是作为与本质、质料、内容相对的范畴,在其辩证的联系中被规定和讨论。其中,形式与内容的关系往往被应用于文学、艺术及设计等领域。黑格尔认为,内容是形式和质料的统一和基础,内容"具有一个形式和一个质料,它们属于内容并且是本质的;内

① [美]Donald A. Norman. 情感化设计[M]. 付秋芳,程进三,译. 北京:电子工业出版社,2005.

容是它们的统一……它构成两者的基础”①;但同时内容“在自身那里就有着形式,甚至可以说唯有通过形式,它才有生气和实质”②,也就是说形式是内容的外部表现方式、类型和结构。黑格尔在《美学》中也指出,艺术的内容是理念,艺术的形式是感性形象,艺术就在于把这两方面结合成为一种“自由的统一的整体”。《论语・雍也》中也有“质胜文则野,文胜质则史,文质彬彬,然后君子。”其中的“文”与“质”的关系即可以看作是形式与内容的对比统一。相比之下,培根则将“形式”指称事物的内在结构或规律,认为物质性的事物才是实体,形式则是物质的结构。他坚持形式与事物的性质不可分。他在《新工具》中明确指出:形式“不是别的,正是支配和构造简单性质的那些绝对现实的规律和规定性”。③ 他认为形式是物体性质的内在基础和根据,是物质内部所固有的、活生生的、本质的力量。物质之所以具有自己的个性,能形成各种特殊的差异,都是由于物质内部所固有的本质力量,即形式所决定的。人们只要认识和掌握了形式,就可以在极不相同的实体中抓住自然的统一性,就可以在认识上获得真理,在行动上得到自由。他把发现和认识形式看作是人类认识的目的。

在艺术与美学上,“形式”概念与哲学意义既相联系又存在区别。首先,作为感觉现象的形式,是对立于内容的概念。“内容是事物的内在因素,形式则是表现内容的方式。”④相对于审美对象之精神观念来说,它意味着感觉的所有实在方面。也就是说,这种形式是内容的存在方式(daseinsweise),对象的表面现象(oberfl ahenerscheinung)。这种感觉的形式,主要是指直接提供给我们知觉的线条或色彩、声音的复合体,但进一步也包括伴随着知觉在我们内心唤起的想象直观形象。⑤ 其次,对于造型艺术来讲,形式通常指表现内容的手法和方式,既表现为具有可视化的、实体性的物质形态,同时也存在于设计过程中意念化的非物质形态。从形态学的角度分析,影响形式构成方式和表现语义的因素主要有两方面:一是形式构成要素;二是构成形式的各种关系机制。前者是对形式的分解和细化,从最基本的构形要素入手分析形式的内容,通常是无数综合设计活形态中概括出的抽象要素,包括点、线、面、体、空间、色彩、肌理等方面;后者则是对形式的组合与关联,从要素关系上分析形式的表现方式,一般指构成形式美的基本原则,如尺度关系、比例关系、节奏和韵律、对位关系等。

1.2.2 作为家具存在的“形式”

家具作为一种功能形态的产品存在,它要以人的需求为目标,并应用相应的技术、结构和材料等使之转化为看得见、摸得着、用得上的物质“形式”,这种形式使家具获得了最终的形态以及存在于空间环境中的物质属性。由此,家具之所以称其为家具,一方面在

① [德]黑格尔.逻辑学(下卷)[M].北京:商务印书馆,1976:85.
② [德]黑格尔.逻辑学(上卷)[M].北京:商务印书馆,1976:17.
③ [英]培根.新工具[M].北京:商务印书馆,1984:45.
④ 田自秉.论形式美[J].装饰,2008(1):76~77.
⑤ [日]竹内敏雄.美学百科辞典[M].长沙:湖南人民出版社.1988:211~214.

于其具有的非物质性的功能和功利价值，另一方面则在于其外在的、实体性的物质性“形式”和审美价值，这两者的有机统一才能真正体现家具的“造物之美”和“综合之美”。[①] 对于家具形式的分析与评价，通常也需要将艺术性的审美与技术性的功能相结合，脱离了家具的实用价值和功能目的，家具形式只能是一件雕塑品或艺术品；而缺少艺术性美感的家具，也只是供人使用和操控的“用具”或者“机器”。而在通常的观念中，家具的功能与形式则分属技术和艺术两个层面，往往呈现出“二元对立”的关系，功能主义者强调家具的“实用即美”，而往往忽视形式的创新，倾向于简单或平庸的几何式构造，所谓的“形式”则成为牵强附会的一些所谓“元素”或“符号”的装饰性内容；而重视家具形式表现的设计者则往往突破功能方面的规定性，将各种艺术化的、主观化的甚至是超表现性的、行为主义的表现方式都应用到家具设计中，使得家具只保留一丝意象式的功能性。这两种做法的“症结”所在就在于将家具的形式与功能截然分开，而在设计过程未能形成相对独立的“和谐”的家具审美观。

作为家具存在的“形式”在意义和价值上是以功能属性为基础的，但作为审美的对象则具有与功能性不同的非理性特征，也就是说，人们对于家具形式的评价往往是基于人的知觉感知、心理体验基础之上的，相比之下对于家具功能性的考虑则是在理性分析基础上形成的，如对于一把椅子的功能，人们考虑其怎样使用、怎样摆放、就座的姿势如何，舒适程度和承受重量如何，都是经过一系列的对比、比较和分析的过程；而对于其形式的美与丑，则是由人们的审美倾向、喜好以及个人的经历和经验决定的。正如德国建筑学教授约狄克(J. Joedicker)所说：“椅子的功能好像是很明确的，可是只要看看本世纪内曾发展了那么多样的形式，而这些形式却是难以都从理性上去找依据……总有一些超乎理性可以把握的方面，总带有与不能以理性解释的价值观相联系的考虑。”[②]在这里，家具的形式不像功能那样明确而且固定，也往往不是通过直接的理性推理和逻辑分析就能得出最终的形式，而是需要设计师的感性思维(包括经验、灵感、想象和激情等)将所需要传达的情感渗入理性的功能之中，使家具整体呈现出赋予情感表现力并能够被官能感知的“形式”，因此说，家具的功能是基于人的物理性需求基础上的，而家具的形式则更多是出于心理情感方面的考虑，就如康定斯基所说：“形式是内在含义的外观。让我们用钢琴来做比喻：如果用形式代替颜色，那么艺术家就是弹琴的手，它弹奏着各个琴键(即形式)，有意识地以各种方法弹拨着人类的心弦。显然，形式的和谐必须完全依赖于人类心灵有目的的反响。人们一向把这一原则称为内在需要的原则。”[③]

总之，家具的形式不是作为纯粹的、孤立的形态而存在的，其存在着与功能相对应的内在规定性，而且形式的实现和创造不只是停留在意象中、图纸上的图形表现或结构图示，在其物化为可以被官能感知的实体形态的过程受到各种技术条件的限制，如

---

① 刘文金，唐立华. 当代家具设计理论[M]. 北京：中国林业出版社，2007：101.

② [德]约狄克. 建筑设计方法论[M]. 武汉：华中工学院出版社，1983：1.

③ [俄]瓦·康定斯基. 论艺术的精神[M]. 北京：中国社会科学出版社，1987：37～38.

材料、工艺及加工制造方式等，只有各种要素的有效组合才能塑造完美和谐的形式。

1.2.3 现代中式家具的形式构成要素

同所有家具一样，现代中式家具的形式是受家具功能属性影响的，所采用的方式和最终构成的物质形态应是满足功能的需要并符合技术规定性的，但同时，现代中式家具作为一种具有明确的文化归属和传统承继关系的家具风格，其形式则需要具有相应的文化象征和情感语义。而要实现相应的功能性和文化语义，首先要明确形式构成要素的"形态语义"，在这里根据形态构成学的分析将现代中式家具的形式构成要素区分为：型、质、色三种。

(1) 型。型即造型要素，指构成现代中式家具形式的理论形态或抽象元素，是通过科学的分析方法从众多自然物或人造物中概括、分类、提炼得出的抽象形态，以利于使用简化和理性的方法来研究它们的特性和构成关系。对造型要素语义和表现的研究始于康定斯基的《点、线、面》(1923)，康通过对各种形态进行系统研究之后认为点、线、面是所有形态最基本的造型要素，而且不同的点、线、面表现出不同的情感语义。与之相应，罗伊娜·里德科斯塔罗则在其构成教学中将造型元素归纳为点、线、面、体和空间，这也是现代设计中普遍采用的分类形式①。对于现代中式家具的造型要素来说，其构成既包含点、线、面、体和空间的抽象形态要素(如图 5-7)，同时作为实体性的物质，其现实形态中的点、线、面、体和空间表现也同样应包含在内，如家具的节点、端角、轮廓线型、面板和形体等(如图 5-8)，二者具有本质上的一致性，但在形式构成上也存在一定的差别。抽象形态的点、线、面、体和空间只具有几何概念上的意义，用以规定形式的基本组成合结构关系，而不具有实体的意义。现实形态的造型要素则具有明确的实体特征。

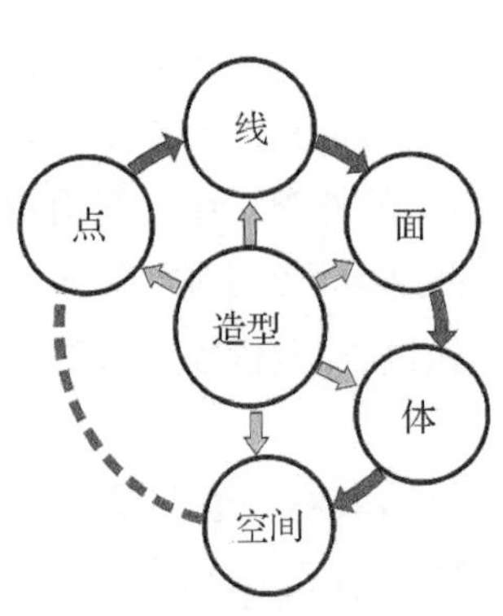

图 5-7 造型要素

Fig. 5-7 Form elements

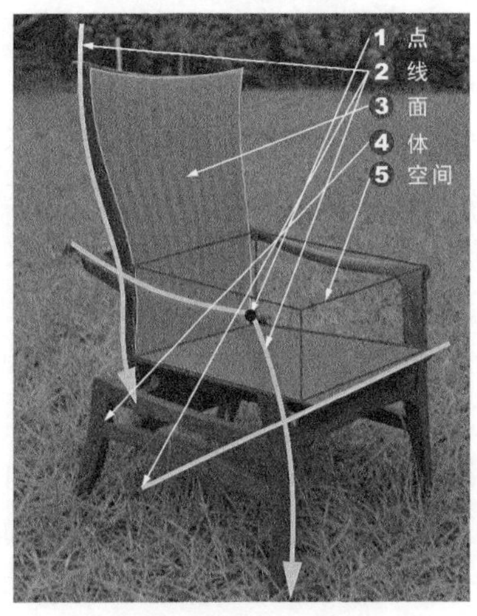

图 5-8 现实形态要素

Fig. 5-8 Form elements in furniture

① [美]盖尔·格里特·汉娜. 设计元素. 李乐山，等，译. 北京：中国水利水电出版社，2003.

(2) 质。质即材质要素，指构成现代中式家具形式的材料和质感。对于家具这种具有长、宽、高三维关系的实体，其形态构造必然“涉及所使用的材料和材料的结合方法与成型工艺即结构问题。而不同的材料，由于各自不同的接合方法与成形工艺，而形成自身的形态特点。”①不管是自然材料还是人工材料，都有其自身特定的材料属性，如木材的硬度、韧性、含水率等，这些都是材料的“自然法则”，即任何材料都有最适合自身结构而存在的形式。而这些结构属性又使得材料在人的使用和体验过程中形成一定的语义和情感，通过结构工艺特征和质感肌理效果影响着人们对形态的认识和理解。因此，材料作为构成家具形式的物质载体，与家具造型紧密相关。造型是在空间维度上形成立体的结构形体，而材质则富于这种空间形态以具体的触觉体验。材料的属性决定并限制着能够实现的造型和适用的工艺方法，而造型则在一定程度上拓展着材料的应用范围和方式。正如丹麦设计权威卡雷·克林特所言：“用正确的方法去处理正确的材料，以率真和美的方式去解决人类的需要。”在现代家具设计中，依据材料特性设计造型和依据造型选择材料都是实现家具形式的重要内容。

(3) 色。色即色彩要素，指现代中式家具所应用的色彩和呈现出的色彩意象。相对于造型和材质的空间感与触觉体验，色彩主要是从视觉刺激上呈现形式的整体效果，并通过色彩阈限区分形状的组成部分，正如阿恩海姆所说：“一切视觉表象都是由色彩和亮度产生的。那界定形状的轮廓线，是眼睛区分几个在亮度和色彩方面都决然不同的区域时推导出来的。”②同时，色彩又是最具情感表现力的要素，其通过自身对光的反射呈现出色相、明度和饱和度的区分而具有了冷暖、明暗、远近、张弛的视觉感受，在与特定时代、特定地区和特定文化背景的结合中形成了各具特色的色彩偏好与使用倾向，这些都对造型的样式、材质的应用产生着影响。现代中式家具的色彩同样需要考虑现代人的色彩喜好以及传统家具色彩应用的影响，从而在色彩上赋予更为丰富的视觉体验。

1.2.4　现代中式家具的形式美

形式构成要素是形式的最基本单元，而要构成美的形式还需要各要素之间形成和谐的、规律性的组合关系，这也就是构成形式的关系机制。在艺术与设计活动中，能够获得肯定性审美价值的关系机制就构成了形式美原则。所谓形式美，是指“事物的形式因素的结构关系所产生的审美价值”③，是“各种形式因素(线条、形体、色彩、声音等)的有规律的组合构成的美，包含了美的形式的一些共同特征”④。德国哲学家卡西尔(Enst Cassirer，1874—1945)认为：“外形化意味着不只是体现在看得见摸得着的某种特殊的物质媒介如黏土、青铜、大理石中，而是体现在激发美感的形式中：韵律、色调、线条和布局，以及具

① 吴祖慈. 艺术形态学[M]. 上海：上海交通大学出版社，2003：136.
② [美]鲁道夫·阿恩海姆. 艺术与视知觉[M]. 滕守尧，朱疆源，译. 成都：四川人民出版社，1998.
③ 徐恒醇. 设计美学[M]. 北京：清华大学出版社，2006：126.
④ 吴祖慈. 艺术形态学[M]. 上海：上海交通大学出版社，2003：205.

有立体感的造型。在艺术品中，正是这些形式结构、平衡和秩序感染了我们。"①这正说出了形式美的本质。

形式美的运用构成了形式美法则，体现了不同的形式结构的组合特征，可以产生各异的审美效果。形式美的形态特征和规律原则有很多，其中最基本的原理是"多样性统一"②即和谐。多样性统一原理要求美的对象在其构成要素尽可能复杂多样的情况下统一为整体，体现了形式结构的秩序化，而且它恰好与自然规律相吻合，并与人的形式认知和审美心理相适应。在这一点上，它成为所有其他形式美法则的根本原理。在艺术与设计领域的研究中(如表 5-2)，形式美法则既运用于概念形态的造型分析，也在现实形态的研究中有所体现。具有普遍性认同的形式美法则主要包括：多样性统一(和谐，变化与统一)、节奏与韵律、比例与量度、对称与均衡、对比与协调。

表 5-2 关于形式美法则的研究汇总表

Table 5-2 The summary table of the studies on formal beauty rules

作者	著作	形式美法则
托伯特·哈姆林	《20 世纪建筑的功能与形式》1952	统一、均衡、比例、尺度、韵律、布局中的序列、规则的和不规则的序列设计
竹内敏雄	《美学百科词典》1988	多样性统一、对称、均衡、节奏、比例、对照、反复、累积
张道一	《工业设计全书》1994	变化与统一、对称与平衡、重心与比例、反复与节奏、对比与调和、统觉与错觉
张福昌	《造型基础》1994	对称和均衡、对比和调和、节奏和旋律、比例和级数
彭一刚	《建筑空间组合论》1998	多样性统一、以简单的几何形状求统一、主从与重点、均衡与稳定、对比与微差、韵律与节奏、比例与尺度
梁启凡	《家具设计学》2000	比例与尺度、对称与均衡、统一与变化、调和与对比、韵律与节奏、安定与轻巧、仿生与模拟
许柏鸣	《家具设计》2000	比例、尺度、平衡、和谐、统一与变化、重点的突出、节奏与韵律、透视原理
吴祖慈	《艺术形态学》2003	单纯与群化、对称与均衡、安定与轻巧、尺度与比例、节奏与韵律、对比与调和、统一与变化
杨永善	《陶瓷造型艺术》2004	变化与和谐、对比与协调、平衡与适称、节奏与韵律、比例与尺度、力度与气韵、安定与态势、透视与错觉、
诸葛铠	《设计艺术学十讲》2006	和谐、对称与平衡、比例和尺度、节奏和韵律
徐恒醇	《设计美学》2006	节奏与韵律、比例与尺度、对称与均衡、对比与协调、变化和统一

① [德]卡西尔.人论[M].上海:上海译文出版社,1985:187.
② [日]竹内敏雄.美学百科辞典[M].长沙:湖南人民出版社.1988:211～214.

对于现代中式家具的形式美的分析，旨在探讨各形式要素构成关系的和谐性以及获得和谐形式的方式，而且由于现代中式家具在文脉上需要承继传统中式的家具的美学特征，其形式美与传统中式家具息息相关，而不只是纯粹形式关系的分析。因此，本文对现代中式家具形式美的分析主要从多样性统一（和谐，变化与统一）、节奏与韵律、比例与尺度、对称与均衡、对比与协调等几方面分析如何通过家具形式和构成关系来体现家具的审美价值，同时又能突显中国的审美特征。

1.3　现代中式家具设计系统微观层次的建立

格罗皮乌斯曾经指出："为了设计一个物品——一个容器、一把椅子或一座房子——使它发挥正常的功能，首先就要研究它的本质，因为它要用于实现自身的目的，也就是说，实际地完成它的各种功能，耐用、经济而且美观。"[①]由此可见审美、经济与耐用等都可以归入产品的功能范畴之中，而对于现代中式家具而言，其功能是建立在人的需求基础之上的，对人的需求分析构成了家具功能的来源，而实现功能的方式则有赖于家具的结构和具体形式，功能则是表明人的需求和实现家具价值的中介，因此在现代中式家具设计的微观层次，首先应通过对人的需求分析来明确家具的功能，然后则是选择能够完成相应功能的结构形式。

现代中式家具不只是在外观形式或装饰纹样上继承传统中式家具的风格特征，而更应是针对现代生活方式的新类型，因此家具功能与人的需求本质上是相互关联的，其一方面应满足人的生理和心理的客观条件和能力限制，另一方面则是针对具体的人群的个性化需求选则多样化的实现方式，而以人为中心的设计恰恰是以消费者、产品受众或用户作为设计目标主体的，在设计和应用媒介时要顾及人的身心双重需要，力求使媒介适合人的身体存在并满足人的心理需要，从而避免强迫人去适应媒介，避免让媒介变成一种对人的专制力量，强调人、家具、环境、社会之间相互依存、互促共生的关系。现代中式家具设计同样应采用以人为中心的设计理念，通过对人的生理和心理参数的测度以及人的行为规律和能力范畴的分析，以确定家具形式的限制性条件和要素，以保证最终的家具形式能够满足人的生理和心理需求，同时能够作为人的功能的一种强化、延伸或替代。同时，人又具有相应的社会属性，具有经济、政治、文化、民族、宗教、阶层和素养等方面的差异，从而构成了不同的社会群体，相应的需求层次和目标也具有一定的差异性。现代中式家具设计也需要针对各类群体的具体需求进行相应的层次设计，而不能以单一化、固定化的家具形式来强迫所有群体来适应家具。本研究选择较为广泛而具权威性的马斯洛需求层次理论作为需求分析的层次划分，分别针对人的基本需求层次确定相应的设计目标，并就具体设计内容来构建相应的设计模型。

现代中式家具的形式也应是对功能的物化表现，而不是将传统元素与现代家具结构

---

① ［德］贝西勒等. 美学—人—人工环境. 柏林：柏林德文版，1982：46.

拼接的结果，因此其构成要素及其关系应是依据人的审美心理并符合视觉体验规律的。在形态学基础上发展形成的形态美学在现代设计中得到了广泛应用，从包豪斯伊顿的著作《点、线、面》开始，对构成形式的基本要素型、色、质等的形态表现和象征语义分析成为形态分析的基本内容，而且直接影响最终形式的风格特征，相比之下，对造型、结构、材料、工艺及色彩等方面的分析则偏向于技术实现层面的研究，而对形式构成要素及形式美原则的分析则是采用细分原则从美学角度去研究形式表现。这种形式表现的美学特征则是体现造型风格的重要因素，因此现代中式家具的形式分析主要集中在采用如何的形式来强化风格特征，并使之与现代生活方式和人的审美相适应，相对于具体技术的物质属性，形式因素的分析则属于美学属性的分析，这也是现代中式家具微观层次的关注点所在。

第 2 章　现代中式家具设计系统微观层次的"人"因分析

家具中的"人"因分析是人类较早关注的内容之一，可以说，从原始人第一次坐在石块上或木桩上休息，人类就在意识中具有了舒适与否的概念。在家具的演化过程中，人们对于家具使用的舒适性、合理性的研究也更为深入和细致，并逐渐形成较为明确的家具标准，包含了家具的基本尺度、公差范围、检测检验方式等，如 GB/T3326－1997"家具桌、椅、凳类主要尺寸"、GB/T3327－1997"家具柜类主要尺寸"等，这些基本上都是以人的肢体尺度及行为能力范围为基础的。同样，现代中式家具不能只是追求概念上或语义符号上的"中国风"，而忽视了作为家具的本质功能性。科学合理的"人"因分析不仅可以增强现代中式家具的可用性和适用性，同时也可以改良并创新传统中式家具的造型和结构，进而形成多样化的家具品种样式与多元化的适用层次。

2.1　现代中式家具设计中的行为分析

2.1.1　传统中式家具中"人"因分析的科学性

尽管传统中式家具非常重视礼仪教化和装饰表现等内容，而且清式家具更加注重富贵奢华之意象，但传统中式家具也不乏对"人"因的分析和研究，尤其是明式家具在诸多方面体现着人体工学的科学性，而且在家具细节的考虑上通常是基于人的肢体结构和行为习惯进行设置的，这些内容都为现代中式家具的"人"因分析提供了相应的借鉴和参考，而且带有较为明显的中式家具特征。

(1) 在家具尺度上，明式家具十分注重与人体尺度的适应性。传统中式家具的尺度和体量是基于所处时代的人的生活方式以及应用情景进行设计的，因此其尺度的合理性与否不应根据现代人体工学尺度来评价。譬如，通过对明式家具中座椅的测绘可以看出，其座面高度集中在 48～52 cm 之间(如图 5－9)，这与现代座椅的座面高度(37～43 cm)相差约 10 厘米，这显然不符合现代人体工学的要求。但实际上，传统座椅通常搭配有相应的脚踏(高约 7～10 厘米)，这样人在就座的时候则使座面至脚面的高度在 37～43 之间，从而获得最舒适的座高。明式立柜的高度与空间分割设置也经过了对人体尺度的考虑，如图 5－10 所示为对几种明式柜子的尺度分析，以人体工学的分析数据，距地面 20 厘米高度为难以触及的区域，明式柜在此高度内基本上不设置功能，而是形成通风透气的底部虚空间，有利于柜体内物品的储藏，柜体的主操作高度也集中在人手容易触及的高度：40～165 cm，柜子通高也控制在 195 cm 之内。再如明式桌案的高度设置集中在 80～87 cm 范围内，这比现代办公桌的高度标准(70～76 cm)偏高近 10 厘米(如图 5－11)，这同样与古代人采用毛笔书写、绘画的坐姿和站姿相关，坐姿上由于座面的高比现代椅偏高 10 厘米，因此其桌面相应偏高；同时古人又习惯书写、绘画时多采用站姿，因此其高度设置以符合站立时的书写状态为标准，这些都决定了桌案的高度设置。

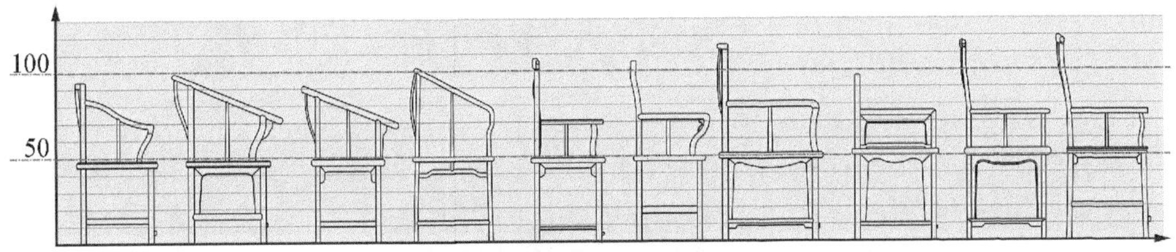

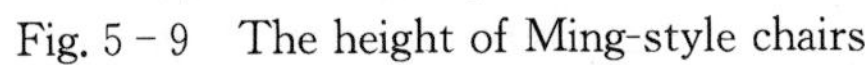

图 5－9　明式椅的高度分布

Fig. 5－9　The height of Ming-style chairs

图 5－10　明式柜子的高度分布

Fig. 5－10　The height of Ming-style cabinets

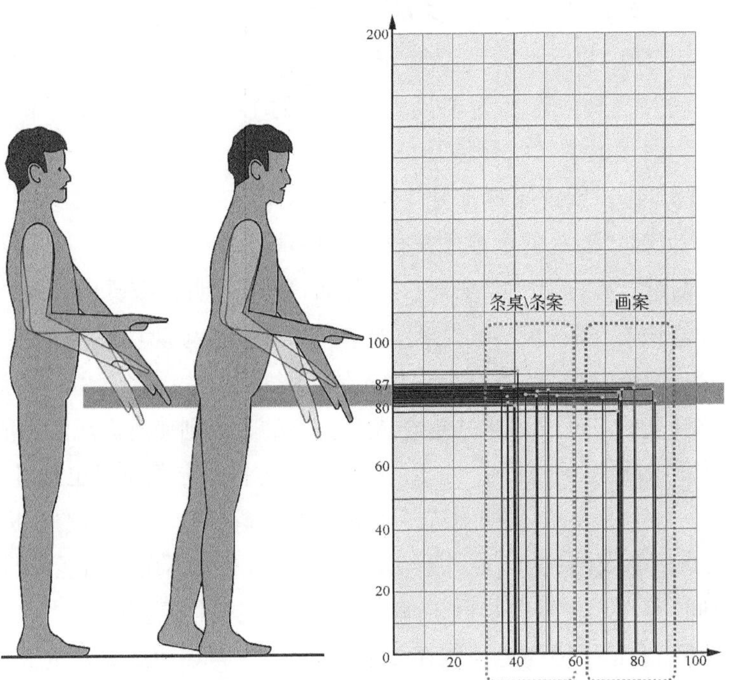

图 5－11　明式桌案的高度分布

Fig. 5－11　The height of Ming-style tables

（2）在家具结构和造型上，传统中式家具在强调工艺美感的同时注重考虑与人的肢体结构和姿势的配合，尤其是在坐具类和卧具类等与人体接触面较大而且频率较高的家具中，其细部结构和造型通常考虑到人体接触部位的舒适性。宋代赵希鹄在《洞天清录》中就有关于琴桌的记载："琴桌需做维摩样，庶案脚不得碍人膝。连面高二尺八寸。可入膝于案下。"从中可以看出当时人们对于人体坐姿、容膝空间的考虑。如图 5－12 所示明式座椅中的"S"形靠背板，与人体脊柱的曲线极为契合，从而使得人在就座时能够保持脊柱的自然舒展，通过测量可知，明式座椅靠背板"S"形曲线主要介于直背板和圆弧背板之间，其曲率转折主要分为两个区域，第一个区域集中在距椅面 15～20 cm 的高度内，这正是人就座时腰椎的转折部位；同样第二个区域分布在 35～40 cm 高度区域，恰好在胸椎的曲度转折部位，因此可见明式座椅的靠背设计与现代人体工程学的要求是相符的。此外，明式座椅的靠背都略微向后倾斜 5°～10°，上沿控制在肩胛骨上下，比较适合人的背部倚靠；圈椅的椅圈和部分扶手椅的扶手与水平面呈 20°～30°，扶手前端距座面高度为22～28 cm，恰好使人的手臂自然倾斜搭靠，而且许多椅子的搭脑的斜度和造型非常适合颈椎和后脑的角度，适于休息。这些都反映出传统家具对于人体结构和姿势的考虑和分析。

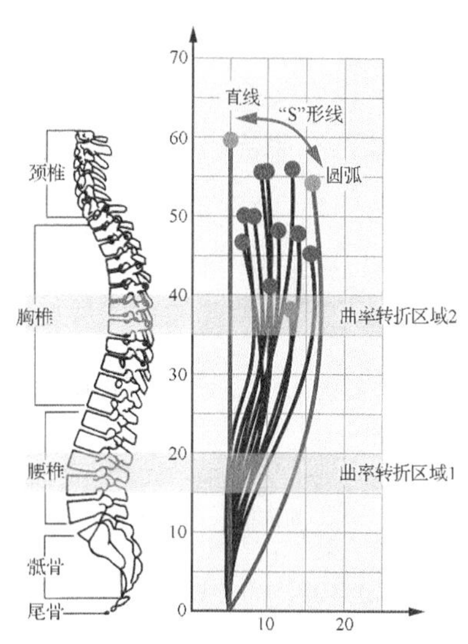

图 5－12　明式椅靠背板的曲线分布
Fig. 5－12　The back curves of Ming—style chairs

（3）在家具功能和造型上，传统中式家具重视对人的实际需求和身心修养等方面的考虑。相对于现代家具室内的建筑分割形式，传统中式建筑的空间分割相对比较简洁而有秩序，室内空间更多是依靠家具来区隔，因此家具的功能性则比较明确，这也使得家具的种类和样式涉及生活的方方面面，如用于抚琴的琴桌、对弈的棋桌；书写绘画的书几和画案；饮酒的酒桌，吃茶的茶几；圈椅、官帽椅和靠背椅也分别应用于厅、堂中的不同位置等，这些都是基于人的使用行为而进行的具体设计。在形式上，传统中式家具采用了线性的框架结构，尤其是座椅，腿足、扶手、靠背及结构性部件都体现出明显的线性结构，各部分形成了木材实体和透、漏的虚空间的对比，从而使家具具有较好的空气流通和易干燥的特点，避免人在长时间就座时的臀部和背部与座椅的粘连而造成的筋骨疲劳，而且可以缩短人的肢体调整运动的频率，避免肌肉和骨骼的僵硬，这也是传统中式座椅的深度和宽度都偏大的原因之一，主要是利于人的肢体调整。此外，明式家具的造型在一定程度上也渗透了中医的经络学说，其结构部件的设置与人体的经络运行和调息有着一定的关联①。

① 邱志涛. 大明境界[M]. 长沙：湖南人民出版社，2008：75～79.

2.1.2 现代中式家具设计中人的静态行为分析

现代中式家具要实现与人的和谐，使其成为能够被人使用、方便使用并且舒适地使用的家具，这就需要在基本尺度和功能设置上符合人的生理尺度和需求，这也是家具设计展开前需要明确的内容。但是，当前市场上的现代中式家具之所以未能得到消费者的普遍认同和广泛接受，其中主要原因在于这些家具基本上延续了传统中式家具的样式、功能，甚至是尺度和比例关系，而未能站在现代人的生活方式上去考虑变化的要素，因而一味地沿用旧制、“以古为师”，导致了家具形式过于因循守旧、泥古不化，使得家具的尺度和功能设置与现代生活相脱节。总体来看，现代中式家具设计中对人的静态行为分析主要包括以下几点：

(1) 在尺度上，以人体工学的尺度要求为参考，结合相应的国际或国家标准对家具尺寸进行设置和调整，并根据具体的设计对象和目标进行合理的功能设定。现代人体工学的研究已经从纯粹的人体尺度测绘延伸到人与家具(产品)的交互行为的各个方面，并给出了相应的参考数据和系数，能够为现代中式家具设计提供较为详细的分析数据(如图 5－13)。对于现代中式家具来说，尺度上与现代家具存在差异主要由于传统中式家具尺度的影响，因此在设计中应调整相应的尺度关系，如座椅中的座面高度、宽度和纵深，应调整至最舒适的尺寸设置，而且应根据不同空间环境、不同使用用途的要求进行相应的调整。现代居室环境与传统家居环境差别较大，家具的布置和摆放相对比较紧凑，因此各种家具

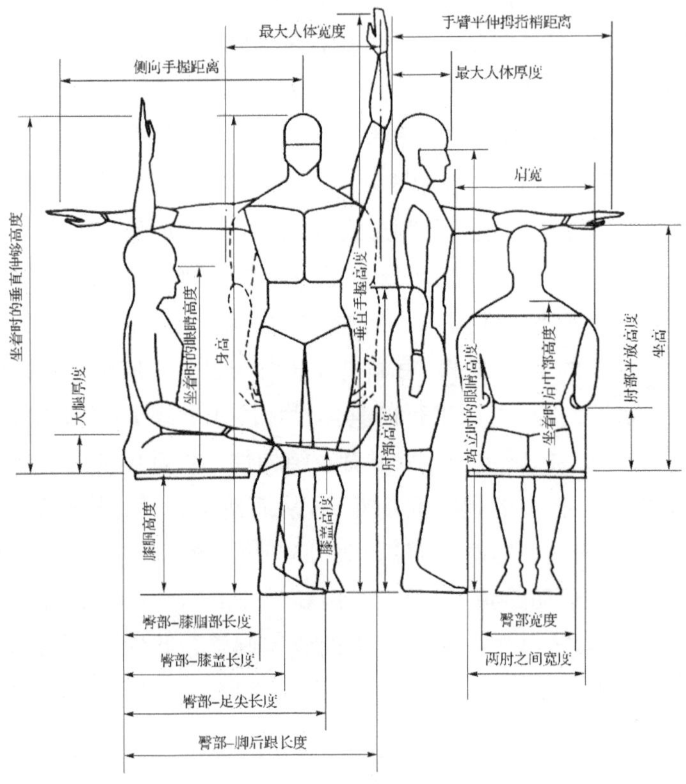

图 5－13 人体工学中的尺度测绘

Fig. 5－13 The survey and mapping in ergonomics

之间的关联性、组合性、连接性以及系列化等则显得尤为重要。在客厅中，家具功能以会客、娱乐休闲等为主，与传统建筑中的中厅有较大区别，其家具布置和造型也更趋向于舒适性和人性化，通常以沙发类坐具形成半围合空间，与之近似的现代中式家具则将座椅、罗汉床和西方的沙发形式进行组合创新，形成新颖的客厅系列家具(如图 5－14，图 5－15)。

图 5－14　联邦家私的客厅家具
Fig. 5－14　The furniture in living room by Landbond

图 5－15　华伟家具的客厅家具
Fig. 5－15　The furniture in living room by Huawei

(2) 在功能设置上，现代中式家具应根据现代家居空间和生活需求进行改良或创新设计。传统中式家具种类比较全面，其功能是适应当时的生活方式和家居环境的，如炕桌、炕几以及用于火炕或床榻上的矮柜等，都与中国传统的生活方式相适应。而现代家居环境逐渐“西化”，居住空间也几乎形成模块化功能性空间的组合，客厅、卧室、工作室、餐厅、厨房、卫浴室、儿童房、阳台及玄关等几乎就是现代住宅的基本组成，各个空间的尺度、朝向、功能性都较为明确，这也就对室内的家具给出了具体而明确的功能性，现代中式家具要融入这样的家居结构，就必须在功能上满足各个功能性空间的要求，并在尺度和体量上与空间尺度相平衡。如现代家居中的卧室通常是相对比较重视私密性的，但同时又强调舒适性、开敞性、阳光充足、温馨而且易于空气流通和交换等，这与传统卧室兼会客场所的功能设置差别较大，因此传统中式家具中的架子床或拔步床无论在体量上还是在方便性、开敞性上都难以适应现代卧室的环境，故在现代中式家具的设计中应在整体上考虑空间的布置、人就寝和休息的状态以及室内环境的协调等。如图5－16 分别为华伟公司的“写意东方”卧床、友联为家的明式梳子床和嘉豪何室的“孔雀蓝”系列卧床，三者都在功能和尺度上进行了相应调整，并且各自从架子床中借鉴了不同的要素加以改良和创新，使之更适应现代家居环境和人机尺度。此外，随着时代的进步和发展，人们在家居生活中也增加了许多新的功能需求，并随之舍弃一些需要，如电视柜、CD 架、音响架、电脑桌等针对电器装置摆放的家具；橱柜、酒柜(架)、玄关柜、餐台、卫浴家具等特殊空间的家具，这些功能需求并不是现代中式家具的盲点，而是必须做出设计回应的内容。相比之下，传统中式家具中的挂衣架、灯台、镜架等则可以进行功能性转换，如灯台可以用作台灯或落地灯的基座，镜台也可以设计为梳妆台，挂衣架可以转化为晾衣架或衣帽架等。

图 5-16　华伟、友联为家和嘉豪何室的卧床设计
Fig. 5-16　The bed designs by Huawei, Yaulian and Jiahouse

2.1.3　现代中式家具设计中人的动态行为分析

相比人的静态姿势(坐姿、站姿和卧姿等),人在与家具接触的过程中存在更多的动态行为,一方面是由于受生理机能的影响和限制,人的肢体器官要进行姿势调整;另一方面在于人在空间中运动和状态的变化。这些动态行为都是家具设计应该分析和考虑的内容,也为现代中式家具与人的和谐关系提出了相应的要求,主要体现在以下几点:

(1) 肢体的动态调整

实际上,人体并不存在纯粹静止的行为状态,骨骼、肌肉、筋及关节等都在适时地进行调整,人即使坐着也会不断地变换姿势,“与其说坐是一种休息姿势,莫如说改变坐姿的变换过程才是真正意义上的休息”①,人在站立时,也通常会变换左右脚的支撑点来改变身体重心和腿足的承重力,即使在睡眠时,人的卧姿也存在着间断性的调整和变化(如图 5-17)。这些肢体的动态调整体现出人的内在生理结构寻求舒适性和自然状态的过程,因此在家具设计中尽量适应这种动态行为或根据这种动态行为进行相应的造型设计,则有益于家具和人的肢体的契合。从而提高人体对家具的感应度和认同度。在人与家具的交互行为中,最主要的几种姿势是:坐姿、卧姿和站姿。其中站姿主要影响收纳类

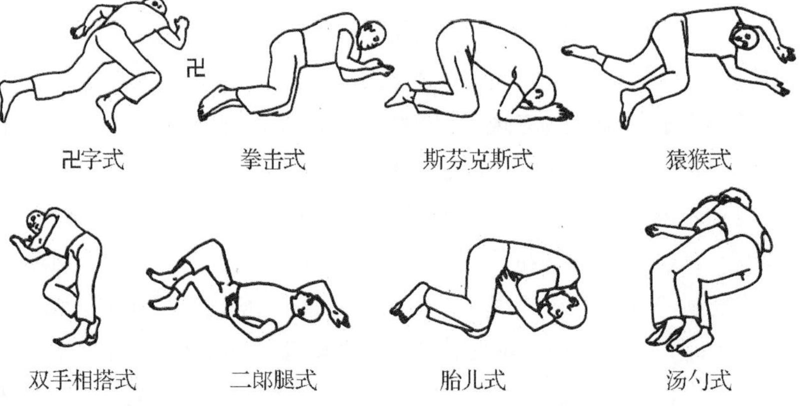

图 5-17　人在睡眠中的不同卧姿
Fig. 5-17　The different sleeping postures

① [日]高桥鹰志,EBS 组. 环境行为与空间设计[M]. 北京:中国建筑工业出版社,2006:16.

家具(如柜、橱、架格等)、承具类(桌、案、台面等),包括人手所触及的高度、深度等空间范围以及直立、弯腰、蹲坐时的疲劳程度与易操作方式等。卧姿主要对睡床、睡榻等寝具有影响,需要根据人体睡眠时的姿势、变换频率及活动范围确定床面的尺度,并根据各种卧姿状态下的人体压力分布考虑床面的弹性、柔软度和相应的材料质感等。坐姿则是最为重要的一种休息姿势,主要与坐具的舒适性和造型合理性相关,针对坐具的设计也是家具中最具科学性的内容。如图 5－18 为人在连续坐 3～4 小时内出现的各种坐姿①,其变换姿势的部位主要有:上身、腿足、臀部位置,通常在静态行为分析中,座椅考虑的人体姿势主要是第①种(上身笔直、双腿下垂、臀部位于座面后缘),但在实际调查中,这种姿势持续的时间平均为 5～11 分钟;持续时间最长的姿势是⑭(上身后倾、双腿前伸、臀部位于座面后缘)和⑯(上身后倾、盘腿坐、臀部位于座面后缘),可以达到 22～25 分钟,而且⑯也是出现频率最高的一种坐姿。调查显示娱乐时的坐姿中上身习惯于后倾,双腿前伸,而

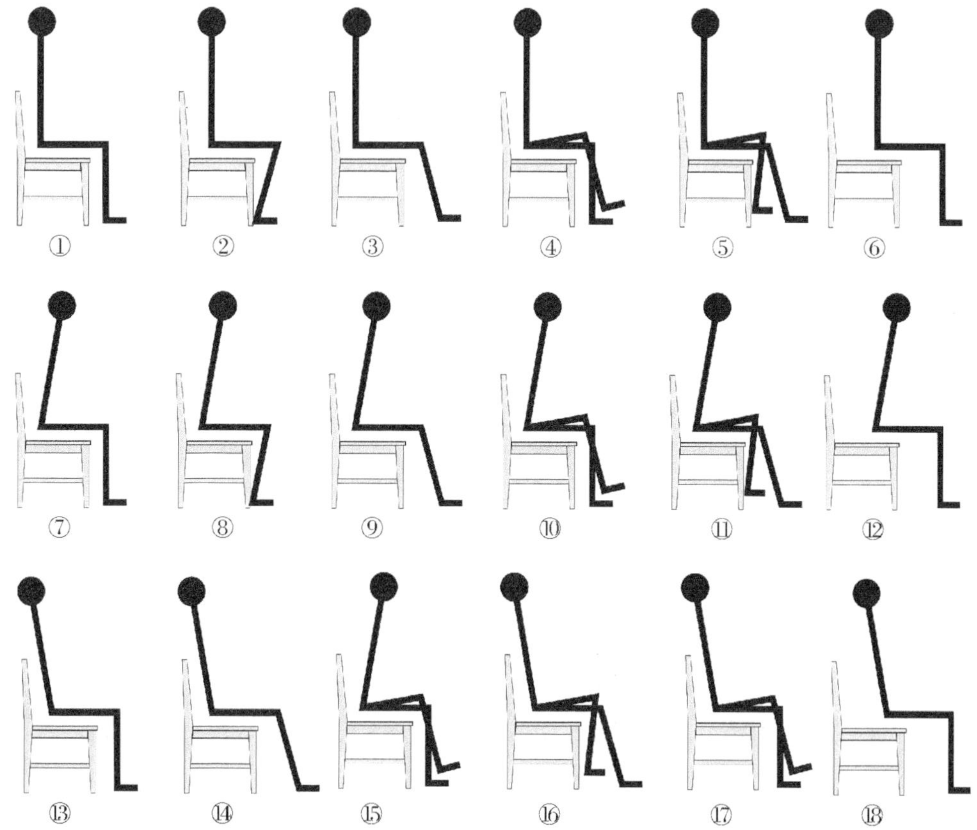

图 5－18　各种坐姿分析

Fig. 5－18　The different seat postures

① 本调查根据日本渡边秀俊、安藤正雄等论文《落座中姿势的变换——对人类·环境中的坐姿动态的研究(报告 1)》(日本建筑学会计划类论文报告集第 474 期)的测量方式重新测定,被测人数为 30 人,分为娱乐、交谈和操作电脑三种方式。

操作电脑或交谈时恰好相反，上身前倾，双腿下垂或后伸。各种坐姿之间的变换也存在一定的规律性，如图 5－19 为调查绘制的坐姿变换图。基于这种坐姿的持续时间和变换规律，现代中式家具应在造型中予以调节，用于休闲娱乐的、会客的与工作的座椅在材质上、尺度上和结构上应有所区别，以适应各种坐姿的需要，如明清太师椅、玫瑰椅中的直角靠背形式不适宜应用在客厅家具中，而其宽大的椅面空间则适合于人体姿势的自由变换和调整，可以作为客厅坐具体量上的参考和借鉴。相比之下，住宅餐椅、梳妆椅、玄关椅的就座时间较短，对靠背舒适性的要求相对较弱，因此其形式上自由度更宽泛。用于书写和工作的座椅对于靠背、椅面舒适性和整体的移动性要求则较高，其在尺度、曲度和材料上应增强对肢体的适应性，如图 5－20 分别为嘉豪何室的休闲沙发、莫霞家私的"墨客"餐椅和华日的中式办公椅设计。

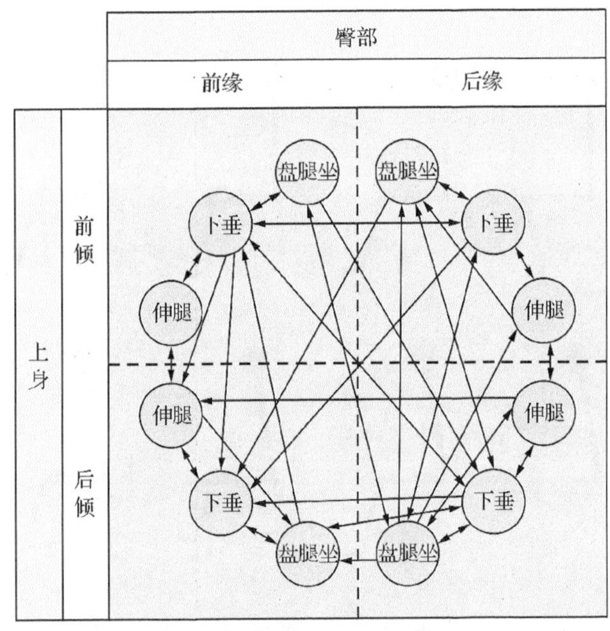

图 5－19　坐姿变换图

Fig. 5－19　The alternation of seat postures

图 5－20　不同功能属性的现代中式座椅

Fig. 5－20　Modern Chinese furniture with different function attributes

（2）居家环境中的动态行为方式

现代家居空间与传统建筑空间存在较大的差异，现代人在室内的休闲娱乐、学习、餐饮及休息就寝等行为也不同于古人的生活方式，进而相应的家具造型和功能设置也就要发生相应的变化，使之满足特定生活行为的需要。现代人的居室环境因为个人的生活习惯、思想观念、富裕程度、工作方式等的差异而构成了不同类型的空间形式，家具的选择和布置也跟随建筑形制、空间环境及个人审美的变化而有所差异。就现代家居环境来看，根据居室空间环境型式的不同可以区分为：格式型、会客型、作业型、公私室型、劳动型、食寝型和卧室型①，其分别对应着相应的居住意识、居住生活型式和阶层划分（如图 5-21），这也就直接关系到人在室内的行为方式。如附件 8 所示，通过对现代居家环境中人的各种行为方式进行统计分析，基本可以确定所需要的家具功能和类型，并可以根据不同的行为方式的属性明确家具功能和造型设计的目的性，以选取适当的造型方法和表现形式。当前现代中式家具的范围主要沿袭明清家具的品种和样式，在家居生活中的诸多行为需求尚未得到满足，如洗涤、烹调、游戏及手工创作等，在这些行为中都需要相应的家具产品，而且满足不同行为需求的同一类家具在尺度、造型和功能设计上应具有明确的针对性和区别性，如不同室内空间、不同使用需要的桌面尺度应进行合理设置，茶几、餐台、办公桌、工作台及梳妆台等台面的长度、宽度应结合人手臂活动范围和室内空间的尺度进行相应调整（如图 5-22，图 5-23）。

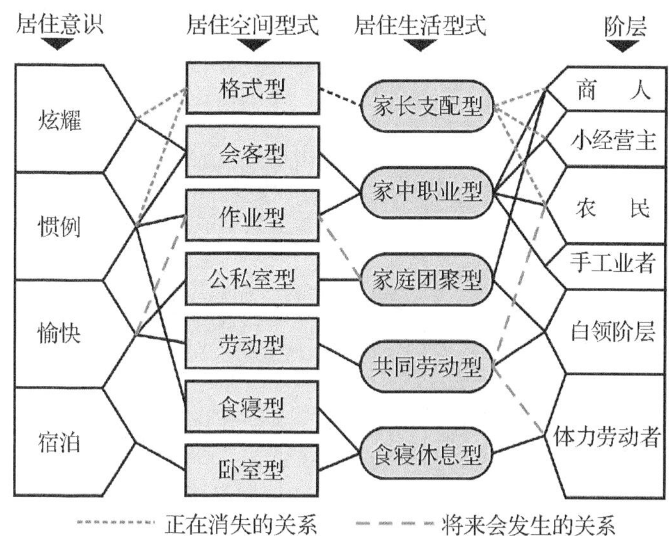

图 5-21　居住意识、居住空间、生活型式和阶层的关系图

Fig. 5-21　The relationship among resident consciousness, space, type and hierarchy

① ［日］小原二郎，家藤力，安藤正雄. 室内空间设计手册［M］. 北京：中国建筑工业出版社，2000：132.

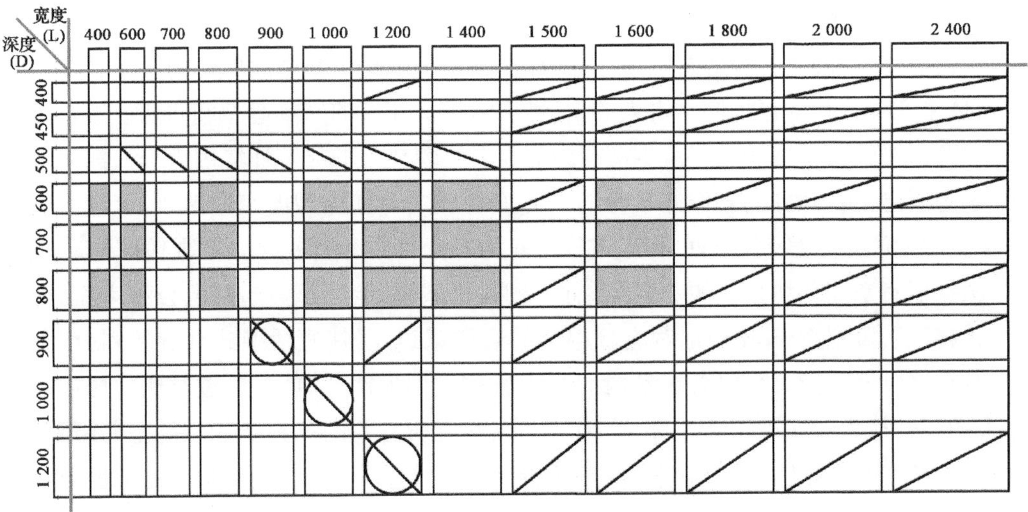

图 5-22 桌面尺度的标准设置

Fig. 5-22 The standard size of tabletop

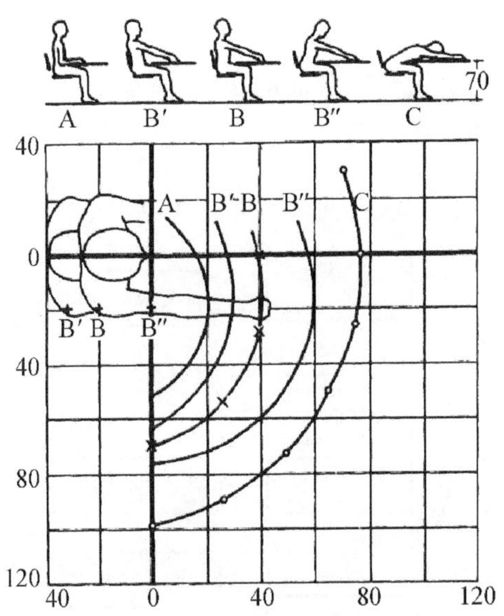

图 5-23 人坐在椅子上时手在桌面上触及的范围

Fig. 5-23 The touch range of hands

2.2 现代中式家具设计中的需求分析

对于现代中式家具设计，人体结构与尺度属于客观性需求，而人对于家具造型、款式、品质、材料及艺术性等方面的评价和喜好则是出于主观性的需求，这直接决定着现代中式家具的设计趋向与表现方式。“需求是人对世界作用的动因，也是人的生存和发展的必然表现。它一方面反映出人的内在的质的规定性，另一方面又通过人的活动作用于外部世界。"[①]因此，现代中式家具在满足人的使用功能的同时，还需要结合不同人群的阶段性、层次性需求进行多样化设计，以满足多元化的需求。

2.2.1　马斯洛需求层次理论的引入

如前文所述，对于人类的需求层次划分有很多种，或是根据经济收入、种族、政治阶级等，而比较有代表性和权威性的层次划分是来自美国人本主义心理学家马斯洛的需求层次理论(Maslow's hierarchy of needs)，亦称"基本需求层次理论"，是人本主义心理学和行为科学的重要理论之一，由美国心理学家亚伯拉罕·马斯洛于1943年在《人类激励理论》论文中所提出。马斯洛认为人类价值体系存在两类不同的需要，一类是沿生物谱系上升方向逐渐变弱的本能或冲动，称为低级需要和生理需要。一类是随生物进化而逐渐显现的潜能或需要，称为高级需要。按照层级递进关系，马斯洛将人类基本需求分成五个层次，即生理需求、安全需求、社交需求、尊重需求和自我实现需求，依次由较低层次到较高层次排列，人们会首先寻求较低层次需求的满足，进而追求更高层次需求的满足(如图3-3马斯洛需求层次金字塔)。[②]

(1) 生理需求

生理需求是维系个体基本生存所需的各种资源，并能促进个体处于均衡的状态。包括个体需要的食物、水、衣服和住所等基本资源，以及个体维持生理平衡必需的呼吸、睡眠、运动与休闲等。

(2) 安全需求

安全需求是指对人身安全、工作保障、生活稳定等的需求，以使个体免于焦虑、混乱、害怕、威胁或紧张等情况，并使其觉得有保障、有秩序、安全与稳定的需求；亦即对安全的、可以预测的、有组织的和秩序的社会环境的需求。

(3) 归属和爱的需求

归属和爱的需求指情感具有归属的需求，包括对友谊、爱情以及亲情的需求，以使个体免受孤立、陌生、寂寞、疏离的痛苦，并与他人建立亲密、友好的关系。

(4) 尊重需求

尊重需求指获得自尊与受到他人尊重的需求，即个体需要自信、成就、能力及支配力、独立或胜任感来肯定自身价值，并需要名望、地位、优越感获得他人的尊重、赞美和认同。

(5) 自我实现的需求

自我实现的需求主要指成全、展现个体自我的个性与目标，并能发挥自己的潜能及帮助他人获得成长等，进而产生意志自由、成熟健康的感觉。包括个体对创造力、解决问题能力、公正度等实现目标和发挥潜能的需求。

---

① 徐恒醇.设计美学[M].北京:清华大学出版社,2006:47.

② Maslow, A. H. Motivation and Personality. New York: Harper and Row, 1954.

马斯洛的需求层次理论尽管并未提供各类需求属性的具体科学测量数据，但在一定程度上反映了人类行为和心理活动的共同规律，并清晰地表明了人的需求是依次由较低的层次到较高的层次递进的过程，其上升的主线也就是围绕着“人”这一主体在不同阶段的需要与满足，人们在不同的生活阶段和消费情境下会有不同的需求目标和层次。

当前中国人的生活质量和消费标准在不同区域和不同社会阶层上存在着较大的差异性，人们对于家具的需求层次也不尽相同，这也就需要家具设计师对人们的需求属性进行准确的解读，并在实际的设计中体现相应的价值，从而满足不同消费层次人群的需求。

2.2.2 基于需求层次理论的产品设计模式分析

以人为中心的设计是指设计应满足人们的物质和精神需求，而且应像威廉·莫里斯所倡导的，设计应是具有民主性的，而不只是属于贵族的，通过多样化的设计来满足不同人群的需求。也就是说，设计应针对马斯洛的需求层次选择相应的设计方式，最终实现相应的产品形式，其设计模式基本上是将需求向产品转换的过程。在此过程中，设计师需要对概念化的需求层次的表象和意涵加以调查、分析和解读，并针对其有形的、物质的、行为的、社会的、意识形态的、无形的等属性确定设计方式和理念，进而达到需求和产品之间有效、合理与对位的关联性。

产品设计的目的在于将人性的需求转换为可实现的产品，这需要将需求概念、设计创意和文化内涵等内容赋予产品，并使其与人性需求之间建立语义上的关联性。由图5-24所示的人性需求到产品的转换过程可以看出，最初的人性需求并不是直接以产品需求的形式呈现的，而是需要设计师通过分析与整合设计方式、设计属性、文化内涵等内容逐渐将概念清晰化的，最终通过商品化转换为满足需求的产品形式。整个过程涉及层级界定、概念关联、设计关联、文化关联、产品关联5个阶段，实际转换模型见图5-25。

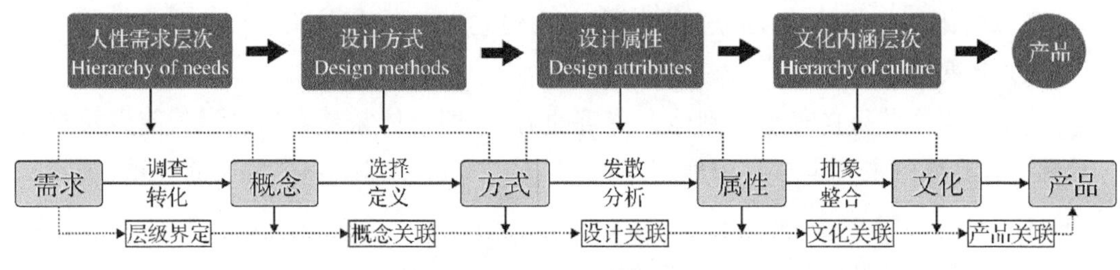

图5-24 从人性需求到产品的设计过程

Fig. 5-24 The design process from human needs to product

(1) 层级界定阶段是将不同消费人群的需求按照马斯洛需求层次进行分类，通过对人群属性、消费层次、生活状态、文化观念等的调查，将其不明确的、意向性的需要转化为具体的、明确的概念，从而确定设计的方向。

(2) 概念关联阶段是根据确定的设计方向来选择和定义相应的设计方式或理念，使

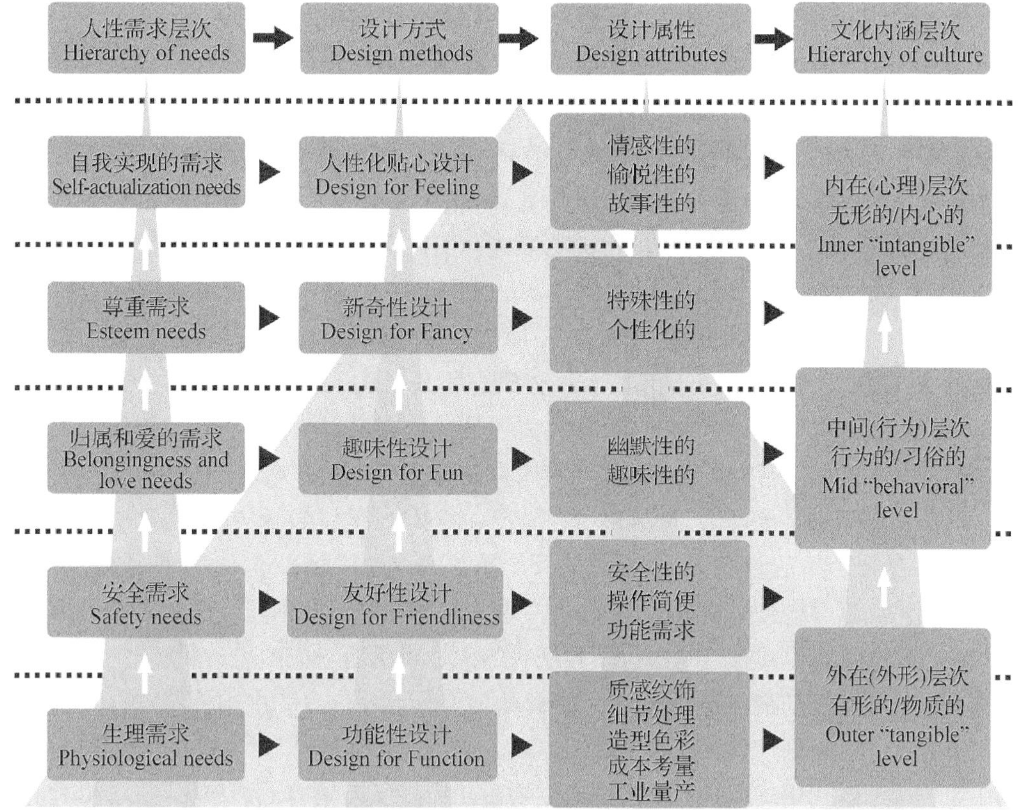

图 5-25　基于需求层次理论的设计模式

Fig. 5-25　The design model based on Maslow's hierarchy of needs

设计方式和理念具有倾向性和针对性。通常针对马斯洛的 5 个需求层次可以分别采用 5F 设计法(5F 指:功能 Function、友好性 Friendliness、趣味性 Fun、新奇性 Fancy、人性化 Feeling)。

(3) 设计关联阶段是依据设计方式的原则和要求对设计属性加以界定,进而确定设计延伸的目标和具体表现特征,如针对新奇性设计的设计属性被定义为:特殊性的、个性化的。此外,设计属性是对设计方式进行的发散式构思和延伸,而且需要兼顾消费者的需求概念。

(4) 文化关联阶段是将相关的文化内容根据设计需要进行创意附加,即对地域的、传统的、民族的文化内容通过提炼抽象、解构整合后赋予设计方案,从而使设计增加文脉语义上的关联性。文化内涵层面可以从外形、行为、心理等层面进行综合考虑。

(5) 产品关联阶段主要是设计方案的表现与商品化转换,重在设计概念的可行性、科学性与经济性的有效表达。

2.2.3 基于需求层次理论的现代中式家具设计模型构建

与其他家具风格不同，现代中式家具是兼具现代感和中式特征的一类家具，含有工业产品和文化产品双层概念。作为工业产品的家具设计，需要对功能、造型、结构、材料及色彩等要素进行分析与创新；作为文化产品，需要针对家具本身所蕴含的文化因素，加以重新审视与省思，以中国传统文化作为基础，寻找适当的文化题材来赋予家具文化以表征，透过家具的形态、结构、色彩和材质等方面加以形塑，以满足消费者精神层面的需求。此外，国内家具企业对现代中式家具的开发模式多是基于“设计、市场与制造”的三角形架构，重在市场效益与制造技术层面，而现今的产品设计模式已转变为架构在文化背景上的“使用者、设计师、制造商三位一体概念”，其差别在于后者多了对“人性需求”的考量，因此，“工业产品与文化产品的转换关键是文化因素，而将技术领域转化为人文领域的重点是人性因素。”①这也是现代中式家具设计模式构建的关键所在。

马斯洛的需求层次理论为我们提供了“人性需求”的基本层级，在此基础上的设计模式通过对需求关联、设计关联、文化关联及产品关联等阶段将人性因素、设计因素、文化因素和技术因素等进行递进式附加，最终实现文化产品的开发创新。在此基础上构建的现代中式家具设计模式重点是区分不同层次的人性需求所对应的设计目标的差异性、设计方式中物质属性和精神属性的比重、具象化的家具设计内容和中国传统家具文化的内涵语意等。通过对现代中式家具人性需求的分析研究，其设计模式可以整理为图 5 - 26。其中人们对于现代中式家具的需求层次主要由功能层面向精神层面演化，与之相对的设计方式也应从物质属性的考虑向精神属性的层面转化，但设计过程应兼顾两者设计要素。就现代中式家具的设计属性来看，面向生理需求的功能设计主要是对家具设计的技术因素进行理性分析和再设计，对成本、工业量产等内容更为重视；随着人性需求层次的递升，现代中式家具设计因素考虑也逐渐向人机工学、情趣化、表现性、人性化和艺术性等内容转化，设计过程中对精神内容和个性需求的考虑增多。在确定设计属性之后，需要对传统家具文化的内涵层次进行界定与归纳，并根据需求层级采用相应的设计手法萃取相应的文化概念，通过移用、抽象、隐喻、象征、再现等方式使文化概念在家具形式上得以体现，最终创造出具有中式家具文化特征的现代家具形式。如图 5 - 27 所示：①、②为联邦家私的座椅设计，采用松木材料，以使用功能为主，无装饰内容；③为潘志刚、陈坚佐设计的单人沙发，靠背板曲线和软体座面增强了座椅的舒适性，偏重于家具友好性设计；④、⑤为嘉豪何室的“中国红”系列中的圆台和卧床，在造型上分别提取了古钱币和马褂的造型，赋予中国式的情趣内涵；⑥为春在中国的长椅设计，将马扎的形式转化为托几与长凳组合，显出别出心裁的个性化与新奇感；⑦为春在中国“赞直”系列的红堆红直腿高柜，极简的造型配以精美的工艺和传统特色的装饰纹样，突出了家具艺术化品质，是设计师情感体验的体现。

---

① 黄元清，林荣泰. 跨文化设计[J]. 工业设计，2006，34(2)：105 - 110.

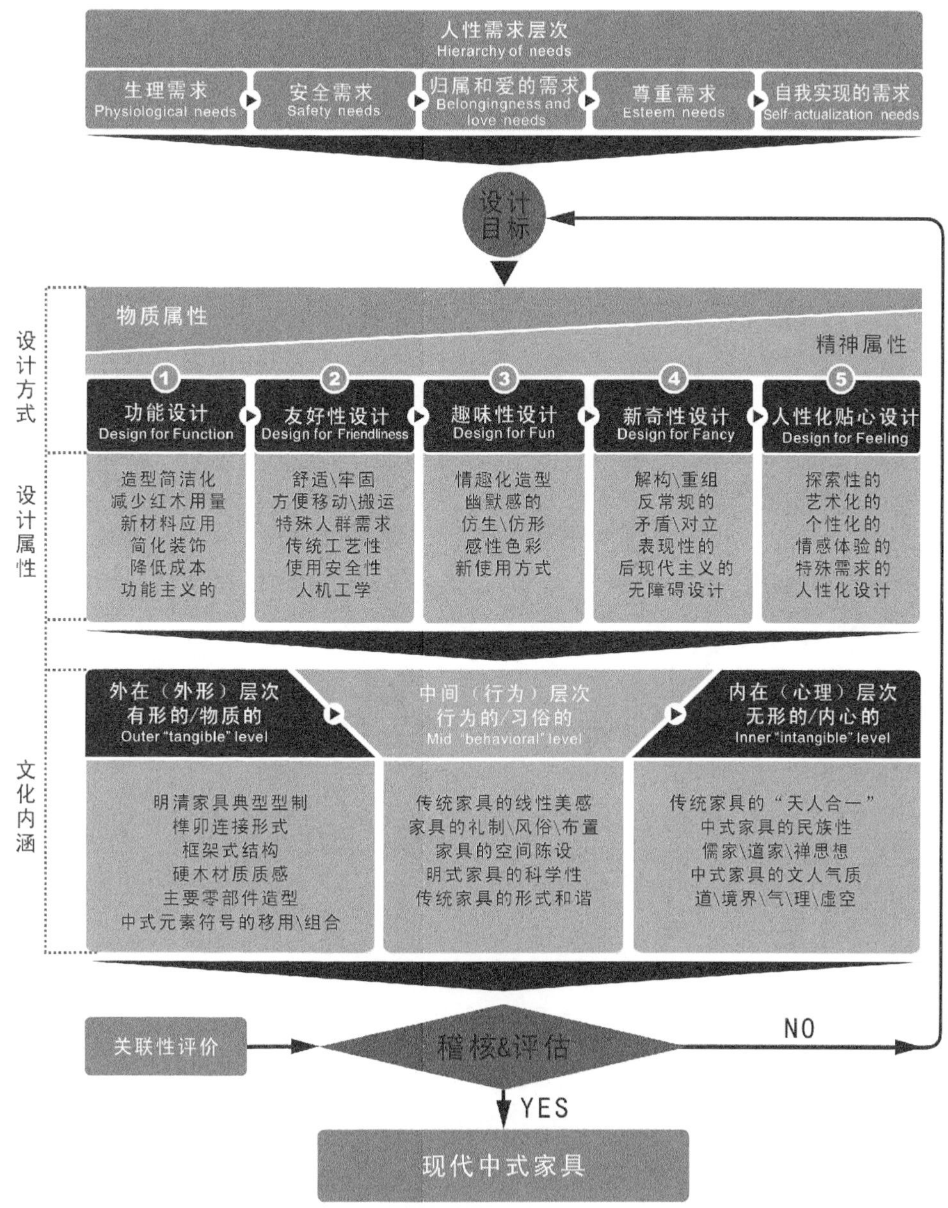

图 5-26　基于需求层次理论的现代中式家具设计模型

Fig. 5-26　The design model of modern Chinese furniture based on Maslow's hierarchy of Needs

通过对马斯洛需求层次理论的分析可以发现，人类在不同时期、不同情境下存在着生理及心理上的需求内容，而且迫切程度也存在差异，产品设计只有对需求层次和迫切程度加以界定才能明确设计目标，并实现产品设计多样化。在现代中式家具的设计开发与研究过程中，引入对人性需求层次的分析，既可以使设计增加对人性因素的考量，也可以将文化概念与设计因素相融合，避免家具开发流于对传统形式的模仿和功能模块的堆叠，从而使现代中式家具设计能够满足更多人群、更多层次的需求。但需要指出的是，现代中式家具的设计开发需要对中国传统文化概念、家具的时代性和人性的需求进行科学的、系统的分析与研究，从宏观和微观层面加以剖析和解读，以实现需求与产品形式之间紧密的关联性。

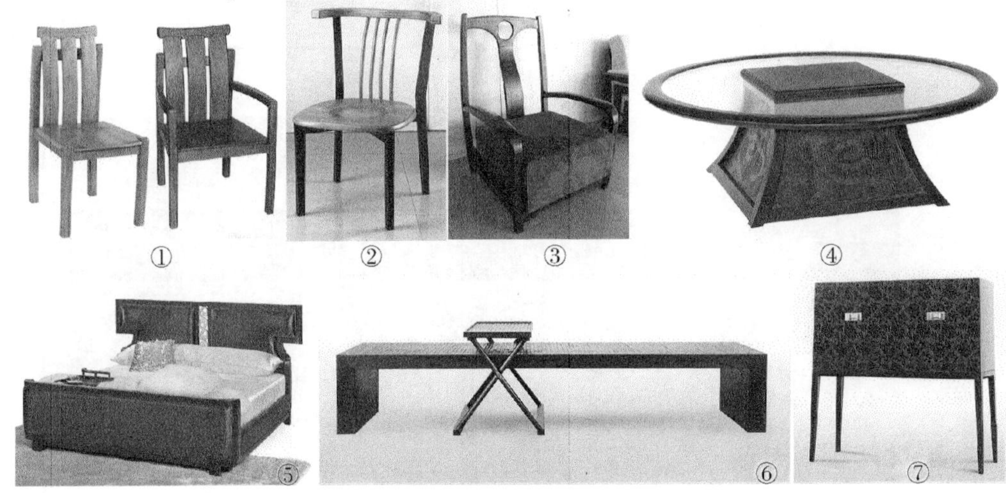

图 5－27 针对不同需求层次的现代中式家具设计
Fig. 5－27 The design of modern Chinese furniture based on different hierarchy of needs

第3章　现代中式家具设计系统微观层次的形式分析

3.1　现代中式家具形式构成要素的和谐化设计

形式构成要素是现代中式家具结构形态和视觉表现效果的基本载体，也是传达家具形态语义和情感特征的“基本语素”。作为审美概念的形式构成要素是根植于人类的审美意识和观念之中的，不同文化、地区和民族的人们在形式构成要素的应用和理解上存在着一定的共性和差异性。现代中式家具在造型风格上是承继传统中式家具文化特征并具有时代文化性的一类家具，因此需要结合现代形态美学来借鉴或创新传统中式家具的形式构成要素的应用方式和表现手法，从而创造出适合现代中式家具风格展现的视觉语言。在这里重点探讨型、质、色三种基本形式构成要素的和谐性。

3.1.1　型的和谐性

造型是人们把握空间形态和结构关系的最基本的要素，人对于三维空间中事物的感觉和体悟首先来自于形式的尺度、体量、比例关系等，这些则是依靠最基本的造型元素：点、线、面、体和空间的对比与组合形成的，现代中式家具也不例外，其形体构成和空间形态可以分解为具有一定组织关系的点、线、面、体的元素，这在计算机辅助设计(CAD)或虚拟展示中可以清晰地显示出来，这些造型元素是概念性的、抽象的或者几何意义的，我们称之为概念元素，而在实际设计分析中，还包括现实要素，即现实形态的造型元素，是具有具体的形态特征的、具象的而且是存在现实差异性的实体元素。在现代中式家具的设计过程中，应透过概念元素把握和理解形体的构成关系，而利用现实元素的有机组合与变化来塑造和谐的家具形态。

(1) 点的定位与表现。

点要素是造型的最基本单位，在几何概念上，点是只有位置没有大小的几何存在，也就是所说的“概念要素”或抽象的点，是来自几何概念中点的定义，存在形式体现为线的转折点、交叉点；在具体的造型上，现实要素的点作为视觉表现要素，是具有大小、面积和形态的，而且因色彩和材质的不同会形成不同的知觉体验，如点状装饰、点状突起、点状镂空等，都是切实存在于造型中的构成形态和元素，“它不仅是功能结构的需要，而且也是装饰构成的一部分”①。在传统中式家具中，抽象的点主要用于形体定位或表征曲线的停顿、交叉和曲率的转折等方面，因此其数量的多少通常反映着形体的复杂程度或曲线的流畅性，如圈椅的栲栳圈的弧线曲率的连续性，只由首尾两个端点确定，中间不存在间

① 梁启凡. 家具设计学[M]. 北京：中国轻工业出版社，2000：89.

断的或转折的节点，以保证曲线的自由弯曲和过渡（如图 5－28）；在牙子、券口上则往往通过设置间断点或转折点来获得富于变化的曲线，但节点的设置通常呈中轴对称分布（如图 5－29）。相比之下，现实要素的点则更具识别性，而且往往形成视觉关注的焦点，如传统椅子靠背板中部的圆形雕刻，便是最典型的点装饰，用于橱、柜上的铜件（合页、页面、钮头、吊牌、抱角、环子等）也形成了区别于木材质的点构成，在腿足中常镂刻出的球形及相对于家具的线条而形成的视觉集中的小构件，都是点要素的表现。这些点要素的构形原则几乎都遵循中正、对称与视觉集中的方式，从形体定位的基础上影响着其他造型要素的分布和形式。相对而言，现代家具对于点要素的表现则往往利用点要素作为装饰的内容，如镂空、镶嵌、雕刻、刺绣等而形成断续感的图案（如图 5－30），而对于点要素

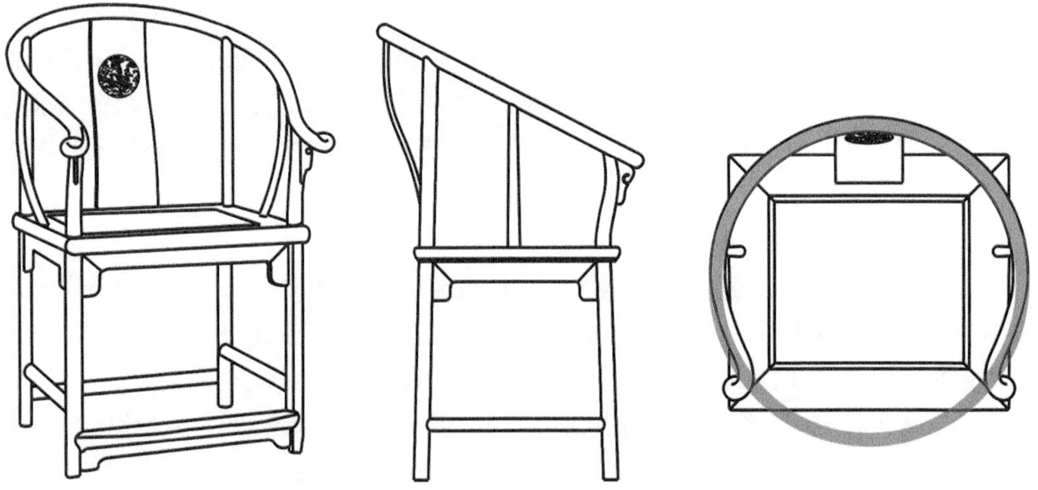

图 5－28　明式圈椅栲栳圈的曲率

Fig. 5－28　The back curvature of Ming-style round-back armchair

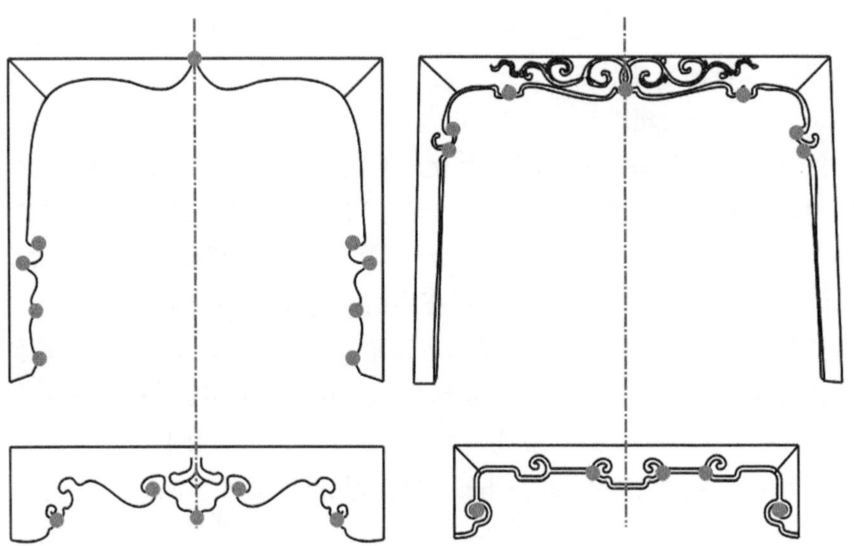

图 5－29　牙子或券口中对称分布的节点

Fig. 5－29　The symmetrical point in piping

对位置的规定性则不明显。因此在现代中式家具设计中，应强化点要素的定位功能，以凸显中式家具“尚中崇正”的文脉特征，并创新的应用点要素对家具关键部位进行适当装饰，以增强家具的艺术性。如图 5－31 分别为东莞大宝的“元曲”立柜、河北华日公司的“五福临门”立柜、广东列奇的格柜。三者都在拉手位置采用了不同形态的点，且都形成了对称中正的构成关系，形成了明显的视觉识别性。

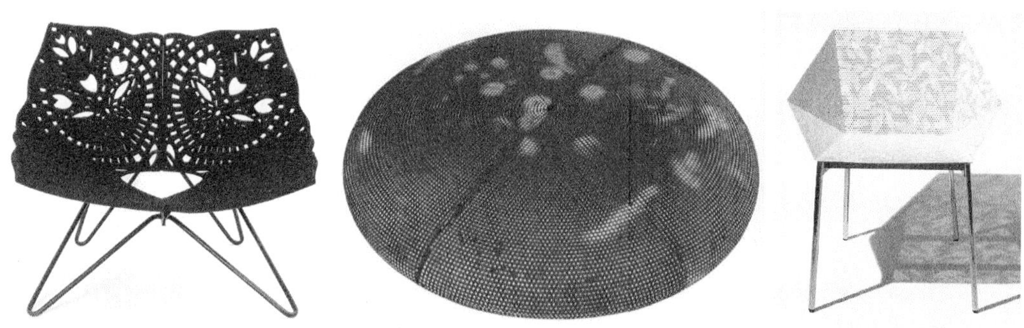

图 5－30　现代家具中点的表现形式

Fig. 5－30　The form of point in modern furniture

图 5－31　现代中式家具中点的应用形式

Fig. 5－31　The form of point in modern Chinese furniture

(2) 线的构造与意蕴。

作为造型的基本构成要素，线是表达形态特征的基本形式和传达形态性质的基本手段，正如内森・卡伯尔黑尔认为的“艺术语言的基本组成分子是线”。“线是宇宙构造的一个基本部分”①，自古至今，中国人就对线一往情深，特别热衷线的造型和表现方式，并创造了灿烂的线的艺术和文化。中国画中的线条、书法中的线性以及各种手工艺中的造型曲线，无不体现着中国传统文化对“线”的热衷，而传统中式家具更是以线的构造为主导，形成了形体的框架结构和适应各种功能性的线性结构，甚至在装饰纹样上也通常以线为主要表现形式。由于“线”能够直观地、明晰地表现对象的形态特征，而且线的曲直变化能够形成不同的情感表现，因此在传统中式家具（特别是明式家具）中线条的运用是

① 张福昌. 造型基础[M]. 北京：北京理工大学出版社，1994：146.

最为典型的特征之一。由于榫卯接合方式的运用，使得家具各部件的连接点和部位都隐藏在内部而不影响线的变化和连接，从而使线的穿插关系更加明显和连贯。传统中式家具中线的运用主要包括：结构性线条、装饰性线条及线脚。①结构性线条指形成家具造型和构造的框架性线条，贯穿于传统家具的整体造型之中，也是把家具形体的主要线性，通过木料的曲、直、粗、细和连接、穿插、贯穿等方式来体现，即使在立柜、桌面等以面为主的形式中同样存在明显的线性边框（如图5－32）。②装饰性线条指存在于装饰部件和装饰纹样中的视觉表现性线条，通常是基于平面图形线条基础上的线性装饰（如图5－33）。③线脚，即指家具部件或结构的轮廓线和截面线型，这在传统中式家具中是一些程式化的线形，与之对应的叫法有阳线、凹线、洼线、碗口线、皮带线、泥鳅背线、鳝肚线、捏角线、文武线和芝麻梗等几十种，通过线脚的运用可以使素洁光整的平面减少呆滞感而产生神秀超逸的线性效果，“线脚的语言近乎成了明清家具造型的本质性要素之一，凡优秀的明清家具都离不开线脚的精心设计和匠心独运”①。如图5－34为传统中式家具中最主要的两种线脚形式：边抹的冰盘沿和腿足线脚。可以说，传统中式家具从整体到局部都体现出对线条的运用，线形多样而富于变化，结构性线条以直线、S型线、C型线为主，而且在接合与曲率变化上体现出“刚柔相济”的意蕴；而装饰性线条和线脚则灵活而注重艺术化表现，在穿插、连接、交合的过渡上强调“不露痕迹”的自然和顺畅。总体上看，虽然传统中式家具的线条多样而富于变化，但从整体意象和视觉感受上却体现出平和适度的“中和”特征，线与线之间过渡平滑顺畅，连贯的线保持曲率的规则渐变，转折的线通常在交点处形成平面对称（反射、平移、旋转和滑动），线的粗细则考虑家具的结构性和功能性的需要。同时，传统中式家具的线性特征突出了家具整体的虚实关系，使家具成为骨架或框架的围合结构。

图5－32　传统家具中的结构性线条

Fig. 5－32　Structural curves in traditional furniture

---

① 濮安国．中国传统家具的线脚艺术[DB/OL]．http://www.hrn－3223.net/html/62/list－8881.html.

图 5－33　装饰性线条
Fig. 5－33　Ornamental curves

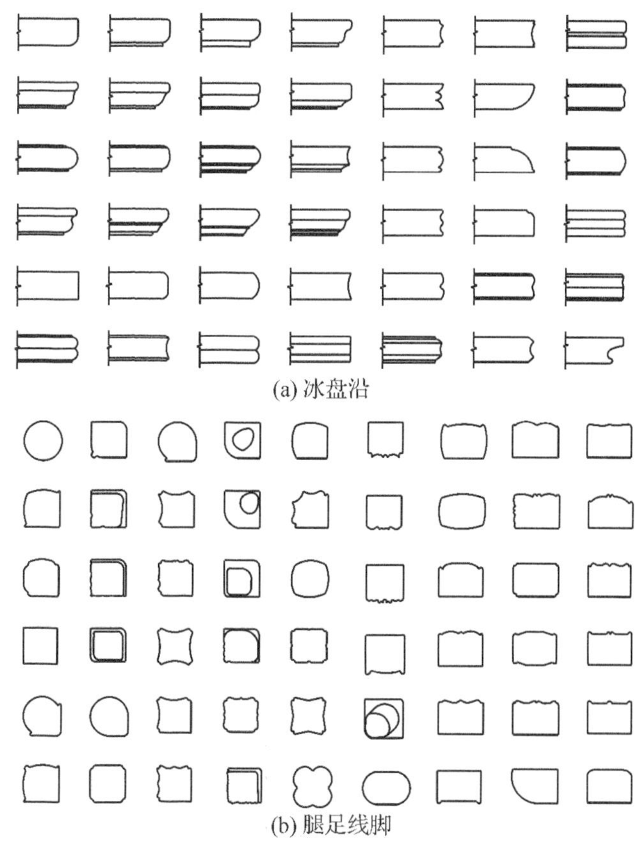

图 5－34　传统中式家具的线脚
Fig. 5－34　The architraves of traditional Chinese furniture

现代家具设计的线要素表现得更为直接而灵活，在线型上更加多样和灵活，如在《设计元素》一书中罗伊娜·里德·科斯塔罗女士将曲线形式分为 10 种：中性曲线、稳定曲线、支撑曲线（三种缓慢曲线）；轨迹线、双曲线、抛物线、反向曲线（四种具有速度感的曲线)；方向曲线、悬链曲线、重锤曲线(三种具有方向的曲线)①(如图 5－35)。其中每种形式的曲线都具有自身的情感特征和艺术表现力(如表 5－3)，这对于表达造型的不同内涵起着至关重要的作用。对于这些线形的情感特征和意象表现的分析可以增强家具形体的语义传达。因此在现代中式家具的线要素分析中，应借鉴传统中式家具平和适度、刚柔相济、虚实结构的线性特征，并通过对各种线性意象的分析来创新家具的线条形式。如图 5－36 为联邦家私的座椅(沙发)设计，整体上具有明显的线条感，尽管其体量和框架的粗度较传统中式家具大，而且线型以自由曲线为主，但通过靠背板的"S"型线的强化仍不失中式家具的意象。相比之下，由 Skram 家具公司设计的"Fade"扶手椅和康斯坦丁·格拉克(Konstantin Grcic)设计的"1 号椅子"(如图 5－37)，虽然在形态上也存在线性特征，但整体上却显示为"面"的组合特征。此外，对于各结构部件，如框架、腿足、桌面等的线脚应借鉴传统家具中的线脚形式，通过变换线型来丰富形体表面的层次感和形象性，在线的运用上反映出各种不同的个性特征来，有平和或锐利的，宽厚或精巧的，隽丽或肥美的，挺拔或朴质的，突厥或隐进的，显亮或含蓄的，并结合精致的工艺来塑造线脚的不造作、不生硬的自然、和谐与贴体之感，从而显出家具的线性美。

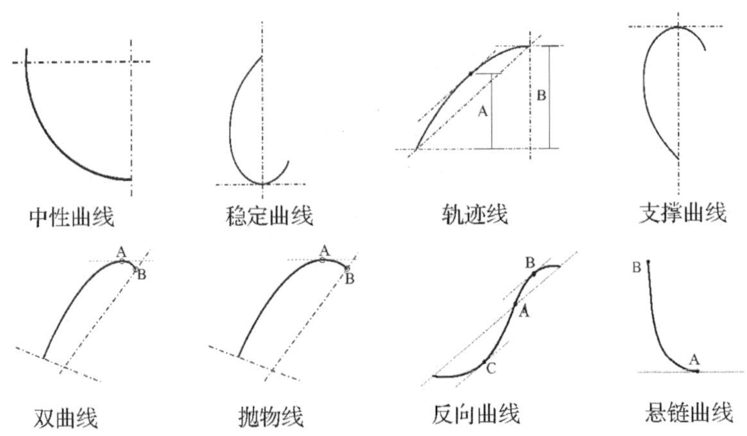

图 5－35　曲线的主要形式
Fig. 5－35　Major forms of the curve

表 5－3　各种线的语义象征
Table 5－3　The semantics of curves

线种类	线型	语义象征
直线	水平线	稳定、静止、平衡、庄重
	垂直线	支撑、挺拔、上升、崇高、使人敬仰
	斜线	不安定、方向感、自由、生动

① [美]盖尔·格里特·汉娜. 设计元素[M]. 李乐山，等，译. 北京：中国水利水电出版社，2003.

续　表

线种类	线型	语义象征
曲线	中性曲线	理性、明智、柔和、充实、均匀
	稳定曲线	安定、平和、流畅
	支撑曲线	承托、支持、弹性、轻盈
	轨迹线	简要、华丽、柔软
	双曲线	对称、张力、舒展
	抛物线	速度感、流动性、流畅、自然
	反向曲线	幽雅、魅力、高贵
	方向曲线	指示、方向感
	悬链曲线	悬垂、自然、随意
	重锤曲线	重力、自由、规矩

图 5－36　联邦家私的现代中式座椅设计
Fig. 5－36　Modern Chinese armchairs by Landbond

图 5－37　“Fade”扶手椅和“1 号椅子”
Fig. 5－37　Fade armchair & No. 1 chair

（3）面的表现。

从几何学的角度来看：面是线运动的轨迹。这是一种抽象概念的面，其标示的是一种逻辑形式，是纯理性的。而实际造型中的面是有“量”的关系的，大小、范围和起伏变化是在视觉传达中能够获得的，面的围合边缘和构成形态是能够被切实感知的真实存在。概念的面决定了面的本质属性，但实际的面却是通过各种形式展示着面的知觉和视觉感受。通常面的形态可以分为两种：直线形面和曲线形面。这两种面分别是直线和曲线延伸运动所获得的，在造型中分别呈现不同的知觉感受，对于传达和表现形体的美学趋向和目的起着至关重要的作用。同时，两种面的形式又根据不同造型的材料会产生不同的知觉心理，具体面的性质是通过触觉和视觉两者的结合加以全面和整体的认识和理解的。在传统中式家具中，面的特征主要表现在形成明显面积感的家具部件上，如椅凳面、靠背面、桌面、柜门、屏风、床面、榻面、围子以及部分牙板、中牌等，而对于腿足、扶手、搭脑等部位尽管形成了相应的圆柱面或自由曲面，但在意象上则更倾向于线的表达。由于木材（尤其是硬木）的属性和“中正平和”观念的影响，传统中式家具中面的表现主要是以平面为主，仅在座椅靠背板及圆凳、绣墩的鼓形面上为曲面，而且通常有相应的线型对面进行围合，这与西式家具和现代家具中普遍应用的曲面形式形成鲜明的对比（如图 5－38 伊姆斯设计的“LWC”椅、William Sawaya 设计的休闲椅、Peter Solomon 设计的扶手椅）。现代中式家具在面的表现上可以更为丰富而且富于变化性，但整体上应与线型相照应，避免“因势废形”“因面废线”，导致整体的结构骨架松散而失去中式家具的意象。同时，面的形态应考虑人的使用需求和家具材料的适用工艺，对于复杂的三维曲面，其相应部位的曲率变化应能够保证曲面的平滑过渡，避免形成突兀的尖点或凸起，从而影响人的知觉感受，对于二维曲面或平面应通过调整基线的曲率获得平滑顺畅的曲面，在设计过程中可以通过曲面检测或法线调整来实现连续性的曲面。此外，线的秩序化排列、网格式的交叉组合同样可以构成面的形态，而且虚面与实面相结合可以增强家具的通透性和层次感、节奏感。如图 5－39 分别为春在中国的“咏竹”系列座椅和直腿梳条禅椅，都采用了线的重复排布而形成了具有动感和节奏的曲面。

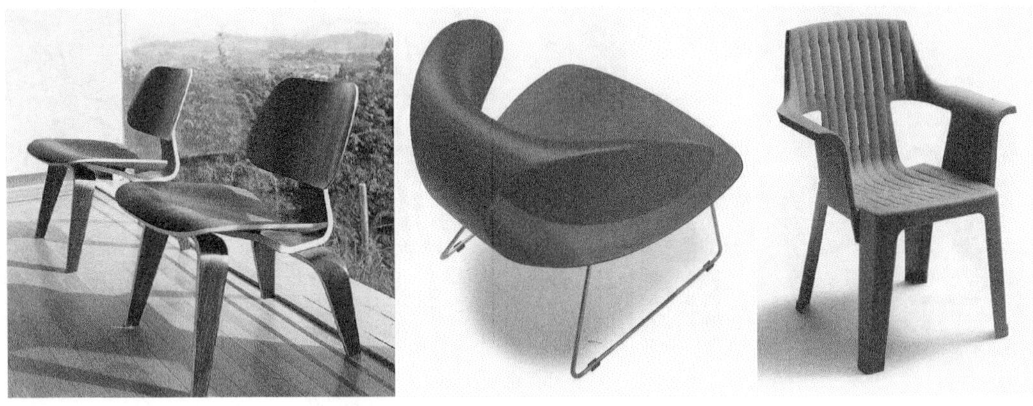

图 5－38 现代家具中的曲面形式
Fig. 5－38 The surfaces in modern furniture

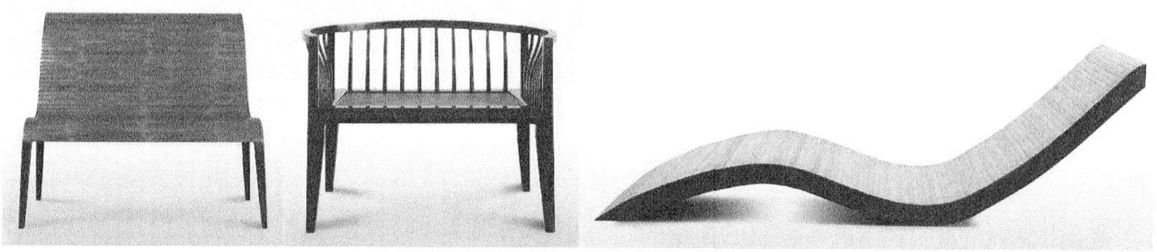

图 5-39 春在中国的座椅设计
Fig. 5-39 The chairs design by Aam

(4) 体与空间的实虚结合。

体是由面围合而成的,也可以说是面的运动轨迹。实际上,体是具备三维空间形态概念的要素,直接决定着空间的造型形态。抽象的体指不具有色彩和质感的点、线、面组合成的几何体或自由形体,对于家具来说,现实的体则包括构成家具的任何一个实体部件,具有对应的色彩和质感,并能够给人以具体的知觉体验。空间则是相对于体的实体性的"虚空",即体所存在的空间形式。造型中的空间分为两部分:实空间和虚空间。前者是指造型形体实际占有和限定的三维空间,其空间使形体转化为视觉语言,切实为被视觉感知到的存在;后者则是由造型实体相互作用和相互关联形成的虚拟空间 ,是人们无意识中作用形成的视觉印象,其强化着空间的形态,增强着实体的气势。"科学家提取'空间'的抽象概念,艺术家则力图通过直觉来领悟一个具体空间,并使其成为一个形式创造中可感觉的东西。"①空间的营造是中国传统审美的重要部分,受道家、禅宗的"虚无""空色"等思想的影响,空间的意境通常与审美境界密切相关。在传统中式家具中,体与空间的关系主要体现在实与虚的结合与映衬上,因此几乎在任何家具上都体现着实中有虚、虚以带实、虚实结合的对应关系,不存在纯粹实体和绝对的虚空。这种虚实关系一方面是实现家具使用功能的方式,如椅子靠背、座面和扶手围合的就座空间、柜子各面板围合的收纳空间、架格的隔板形成的承托空间等。另一方面这种实体与虚空的结合也可以降低纯粹实体的沉闷和僵滞之感,通过虚空间显出家具的通透和空灵,强化家具的线性关系。即使在家具的平面上,通常也采用透雕、攒接、斗簇等形式构建出虚实关系,如图 5-40 的明式架子床围板采用斗簇加攒接的方式增加透气性。在现代中式家具设计中,同样应注意家具实体结构与空间的虚实关系,应吸取中国艺术和家具中的虚实意象,通过调整实体的尺度和

图 5-40 明式架子床中的虚实关系
Fig. 5-40 The void and solid relationship in Ming Canopy bed

① 杨永善. 陶瓷造型艺术[M]. 北京:高等教育出版社,2004:P109.

围合空间的体积和面积来承托或映衬实体的充实之美，在虚实关系的对比中可以看出，当虚空占主体时，家具形体则显得轻盈，线性关系更为突出，倾向于女性化的意象特征；当实体的体量较重时，家具形体则显得厚重沉稳，体块感更为明显，呈现出男性化的语义传达。因此在设计过程中应结合家具功用和概念目标对虚实关系进行分析和考虑，在虚实结合中获得均衡的结构。

3.1.2 质的和谐性

家具的形态不只是存在于图纸或虚拟软件中的概念，它更是现实中可供使用或知觉感受的实体，因此必然存在着材料应用与质感表现的问题，而这也直接关系着家具的品质和审美体验。齐美尔曼(R. von Eimmermann，1824－1898)指出："一切材料，只要是同质的，也就是说能够进入形式之中，就唯有通过某种形式才能给人以快感或不快感，美学所研究的正是这些形式。"①各种材料的特性，是由其本身的质地和物理性能所决定的，运用得好某种形态构造便能发挥其最优性能，反之则可能暴露出种种缺点，例如硬木质坚性脆，适于加工为立柱、横撑或平面等，而不适合大角度弯曲；而竹、藤等材料柔韧性佳，适合弯曲形态，塑料则适合各种曲面形态等。同时，不同材料的质地和纹理结构也形成了人知觉体验上的差异性，如纹理清晰的木质、竹质材料给人以亲切、柔和、温润的感觉；反射性较强的金属质地不仅坚硬牢固、张力强大、冷傲，而且美观新颖、高贵，具有强烈的时代感；纺织纤维品如毛麻、丝绒、锦缎与皮革质地给人以柔软、舒适、豪华典型之感；玻璃使人产生一种洁净、明亮和通透之感。这些因素都构成了家具选材和质感表现的基础条件，而且影响着家具形式的情感意象。

传统中式家具在材料和质感上形成了独特的情感语义，尽管木材种类多样，纹样各异，但都展现出精致细腻、古朴浓郁的自然质感和典雅气质(如表5－4)，因此在整体意象上具有非常明显的一致性，这是区别于西式家具的重要特征之一。同时，传统中式家具木材质感和情感意象的形成也有赖于工匠们对木性的了解和加工，并依据木性选择适当的加工工艺和表现手法，如为了获得天然细腻的纹理，工匠们需要经过数次打磨、抛光和打蜡的工序，而且根据材料的圆径确定切削的方向和应用的部位等，这些对材料属性的分析使得珍贵木材的艺术性得以完美表达。

表5－4 传统中式家具的主要木材质地
Table 5－4 The main wood used in traditional furniture

紫檀	香枝(黄花梨)	鸡翅木	铁力木	红木

① [英]鲍桑葵.美学史[M].北京：商务印书馆，1985：483.

续　表

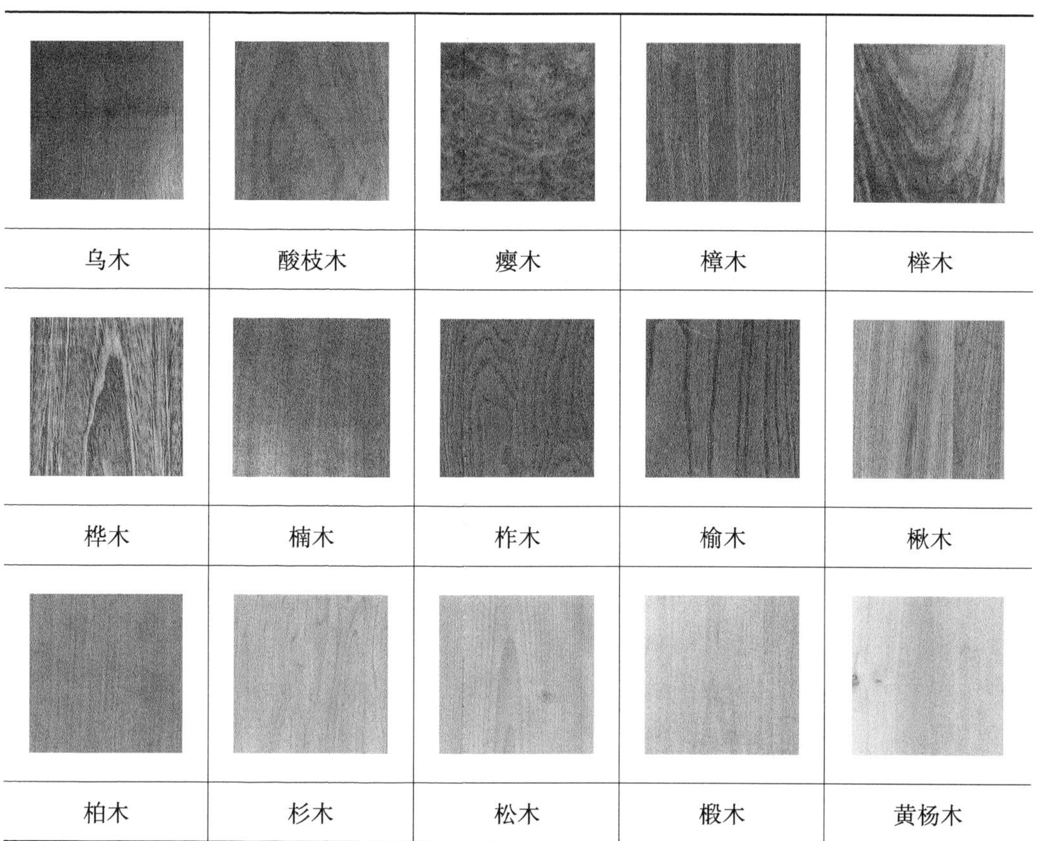

乌木	酸枝木	瘿木	樟木	榉木
桦木	楠木	柞木	榆木	楸木
柏木	杉木	松木	椴木	黄杨木

但需要明确的是，传统中式家具的用材是受当时时代背景和技术条件影响的，相比之下，现代材料应用则更广泛，不论是在种类上还是加工方式和工艺水平上都有别于传统家具，因此在质感表现上更为丰富而且贴合人的情感需要。总的来说，现代家具的用材主要分为两类：一为自然材料（如木、竹、藤等），二为人工材料（如塑料、玻璃、金属等）（如图 5 - 41）。由于材料属性和质地的差异，两类材质所形成的视觉效果和心理感受是不同的，也令人产生不同的情感联想。温润的木头、粗糙的石头、透明的玻璃、冷峻的钢铁、轻巧的塑料，不同家具材质具有不同的亲和力，而且在加工工艺和表现形式上的差异也使得现代家具材质呈现出更为丰富的品貌。材质所显出的轻重感、软硬感、明暗感、冷暖感都影响着家具的造型风格。一般来看，以自然材料为主的家具通常更具传统感，而以人工材料为主的家具在形式上更具现代感。如图 5 - 42 所示为木质家具和塑料家具（贾斯伯·莫里森设计“空气”扶手椅）的对比，在造型上都体现出极简主义的风格特征，但由于分别使用木材和塑料作为家具的主材，而使得二者显出传统和现代的差异对比。

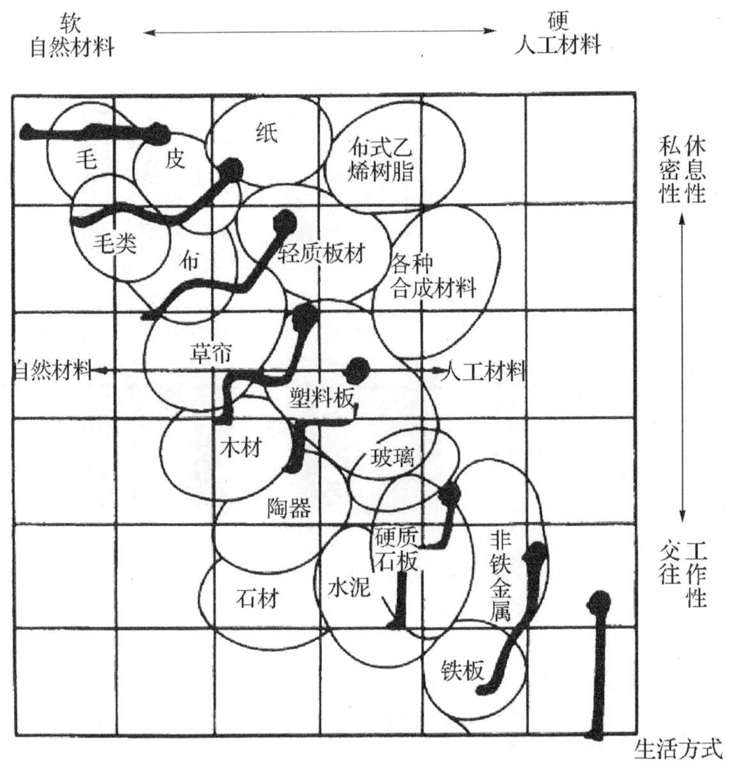

图 5-41 各种材料在现代家居中的应用

Fig. 5-41 The used materials in modern house

图 5-42 木质家具与塑料家具的比较

Fig. 5-42 Wood furniture & plastic furniture

通过对当前国内现代中式家具材料应用的调查(如附件 6)看出,家具基材仍是以木材为主,但不限于硬木材料,而是选用更为经济、生长周期较短的木材或人工林木等,如榉木、柚木、橡木、楠木、水曲柳、香樟木、胡桃木、桦木、松木、桃花芯木、樱桃木等。这些木材的选用不但可以降低红木材料的用量,保护自然生态,节约成本,而且使家具的材质质感呈现出更具时代感和现代感的意象特征。但相比之下,人工材料的应用还相对较少，主体框架应用人工材料更少，而只是在部件或局部应用金属、纤维织物、皮革或塑料等，对于现代家具中常用的不锈钢、聚丙烯塑料、铝材、层压胶合板和玻璃等材料则很少应用，对现代锋锐设计师探索应用的纸质、泡沫塑料板、聚酯塑料等（如图 5－43 分别为奥地利的 Kai、Johanne 和 Denise 使用硬质泡沫塑料板设计的“ill-bill”桌、意大利的 Ludovica 和 Roberto Palomba 使用聚亚胺酯设计的“Dora”扶手椅）更无从提及，这在一定程度上也限制了现代中式家具的质感表现，而且制约了家具造型的构成方式和形态效果，因此现代中式家具的整体质感导致其始终倾向于传统造型方式，而缺少对现代材质美的探索和表现。总的来说，现代中式家具材质的和谐应突破传统家具用材的限制，根据视觉和触觉上的需求来选择适当的材料和加工工艺，从而可以拓展现代中式家具的材料应用并丰富家具的形式表现。这主要包括以下几点。

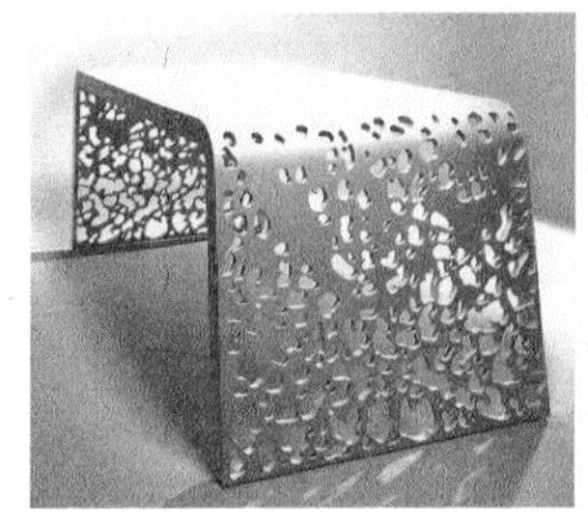

图 5－43　“ill-bill”桌和“Dora”扶手椅
Fig. 5－43　ill-bill table & Dora armchair

（1）利用材料特性创造新的形式。各种材料的属性客观上决定了适于塑造的形式，因此设计师应把握并理解材料的特性去构建家具的形体，在充分发挥材料性能的基础上创造新的家具形式。如温州澳珀公司朱小杰将亚克力材料应用到座椅的靠背板上，一方面可以增强靠背的弹性，同时又能够使家具形体更为轻盈（如图 5－44）。

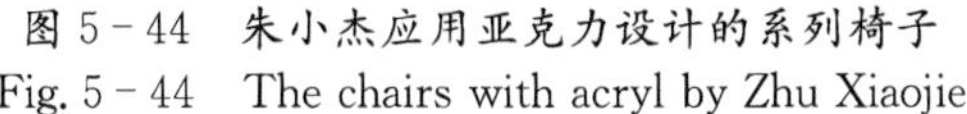

图 5－44　朱小杰应用亚克力设计的系列椅子
Fig. 5－44　The chairs with acryl by Zhu Xiaojie

（2）开发材料的新应用方式和加工工艺。不同材料会带给人视觉和触觉上的不同感受，而同一种材料由于采用不同的加工工艺和应用方式，同样可以呈现出不同的质感表现，即便是木材，同样可以形成光滑圆润和粗糙细腻、柔软弯曲和坚硬刚直的差异，而新工艺的开发和应用也可以使家具材料呈现出与众不同的美感，如 19 世纪托内特的弯曲木技术就使木材的应用方式大为改观，并成功推动了曲木家具的发展。

（3）充分表现材料的属性和质感。材料不应只是作为形体的附加形式或完成形体的载体，其本身的属性和质感存在着与人的内心情感相通的因素，人们往往会因为某种材料而喜爱一件家具，这不仅是出于对材料属性和内在语义的考量，而且也是能够给人新颖而富于情趣的知觉体验，因此在现代家具设计中常常可以见到以突出材料属性和质感为目的的家具设计。现代中式家具设计同样需要使材料更具情感化，通过形态和工艺唤醒蕴涵在材料中的精神性，使之成为吸引人、感动人的语义要素。如温州澳珀公司的系列家具着重于乌金木纹理所展现的自然感，从而使家具体现出朴拙自然的品质，而嘉豪何室的孔雀蓝系列则通过在柚木表面雕刻出各种艺术化的纹理，如龟背葵纹、海草纹和藤编纹等具有东方特色的纹样，显出家具的时尚性。

(4) 材料的综合应用。家具材料的恰当运用，不仅能强化家具的艺术效果，而且也是体现家具品质的重要标志，但家具并不是一个纯粹的独立形态，而是由不同的部件和结构组合而成的整体，其各部分有着相应的功能性和审美需求，因此各部分的材料也不应局限在同一种材料上。现代家具设计强调自然材料与人工材料的有机结合，例如金属、玻璃等人工的精细材料，与粗木、藤条、竹条等自然的粗重材料的相互搭配，玻璃等金属通过机器加工体现出人工材料的精确、规整，竹、木、藤等自然材料则表现出人的手工痕迹，传递出一种人性化的东西，所以说自然材料与人工材料相结合的家具设计，反映出巧妙地借用对比和材料的搭配，使粗犷与细腻、精确与粗放，能够在特定的环境中体现出一种质感的对比，通过不同材料的视觉反差，让观赏者品味到不同材料的工艺细节，以及呈现出家具设计的材质之美。现代中式家具同样需要结合实际需求和表现的形式，综合性地利用材料，在"对立统一"的基础上获得和谐的材质表现(如图 5-45 分别为广东列奇、嘉豪何室和联邦家私家具中的材料应用)。

图 5-45 现代中式家具材料的综合应用

Fig. 5-45 The materials integrated used in modern Chinese furniture

3.1.3 色的和谐性

色彩是所有实体物质的固有属性之一，尽管其形成来自于形体对光的反射，但这并不影响人们通过色彩来区分不同的物质、形体以及所对应的情感语义。相对于造型和材质的知觉体验，色彩主要对人的视觉进行刺激并在人的心理形成对应喜好度，如红色热烈、蓝色冷静、绿色柔和、紫色浪漫等，这些情感上的象征性受到传统文化、生活方式、民族特征、审美经验的影响而存在一定的差异，而人们在认识和应用这些色彩时也多是出于感性认知和情感体验，按照阿恩海姆的说法是“对色彩反应的典型特征，是观察者的被动性和经验的直接性”①。在现代中式家具设计中，设计师不仅要运用造型与材质来表现家具设计的风格，而且还要充分利用色彩来表达设计的情调和性格，从丰富多彩的自然色彩中去提炼、概括，并根据所设计的内容，用色彩语言组成一定的色彩关系，并且根据和谐的配色原理，形成韵律感和节奏感，使其形成一种独特的语言，传递出一种情感，从而达到吸引和感染受众的目的。就现代中式家具的色彩应用和分析来看，色彩和谐主要体现在以下几点。

（1）对传统中式家具色彩的扬弃

本研究在基于色相 & 色调 120 色彩体系②的基础上，分别针对附件 5 中的传统中式家具样本、附件 7 中的现代中式家具样本和《1000 chairs》③的现代家具提取的各 20 种主要应用色彩（如图 5－46），从中可以清晰地看出三者在整体色彩形象上的差别。传统中式家具色彩主要是木材色泽形成的，而木材上以深色名贵硬木为主，因此整体上比较统一，基本上表现为深的、暗的和紫红色的色彩形象，这在一定程度上反映出中国人对家具色彩的喜好度。与之相对，基于现代技术基础上的现代家具则主要针对人的色彩感受和工艺技术来赋予家具相应的色彩，因此其色彩更为丰富多彩，其中由于各种人工材料质地的不同也呈现出多样化的色彩意象。而当前国内的现代中式家具则居于两者之间，在色彩应用相对比较保守，以浅色木材色彩为主体色，较传统中式家具色彩柔和、明快，但不如现代家具色彩丰富和鲜艳。根据当前消费者对家具色彩因素的考虑层面，现代中式家具色彩的应用应是基于人对色彩的感知和喜好基础上的，并结合色彩对环境、对人的生理和心理的影响来选择相应的色彩配置，而不只是一味地沿用传统中式家具的色彩或模仿传统中式家具的木材材色，应根据材料的色泽和适用涂装工艺进行色彩的调配和应用，进而使家具色彩更为丰富，而适合不同层次和群体对色彩的需求。

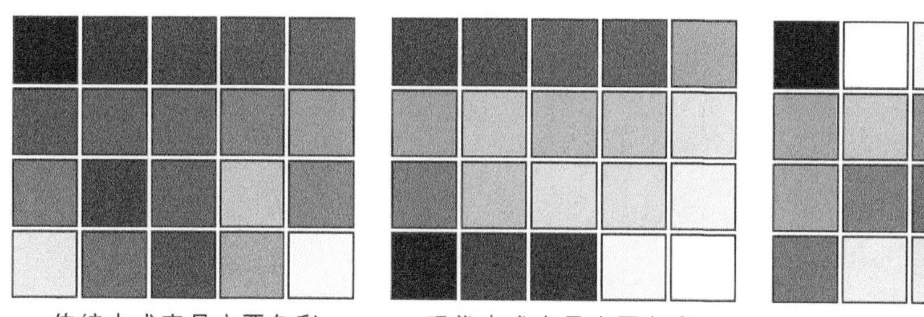

图 5－46　传统中式家具、现代中式家具和现代家具的主要色彩
Fig. 5－46　The main colors used in traditional Chinese furniture, modern Chinese furniture and modern furniture

---

①　[美]鲁道夫・阿恩海姆. 艺术与视知觉[M]. 滕守尧，朱疆源，译. 北京：中国社会科学出版社，1984：458.

②　色相 & 色调 120 色彩体系是以大众心理为基础的色彩体系，主要包括色相和色调两个关键部分，其具体构成见附件 9.

③　Charlotte Fiell ，Peter Fiell. 1000 Chairs. Taschen UK，2005.

(2) 对家具色彩意象的界定与规划

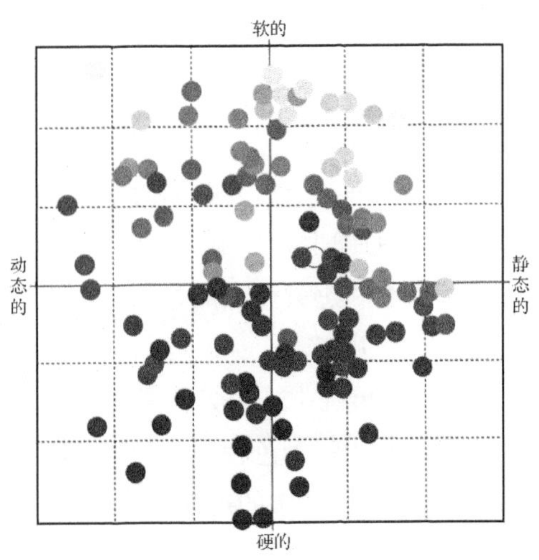

图 5－47 韩国 I. R. I 色彩研究所的色彩意象表

Fig. 5－47 The color image map by I. R. I, Korea

不同的色彩会形成不同的视觉效果，因此在人的知觉系统形成相应的色彩意象进而影响人对色彩的心理情绪和感知体验。在现代设计中，色彩意象的分析通常采用色彩视觉效果分布图的形式来判断和配置，比较典型的是韩国 I. R. I 色彩研究所的色彩意象表(如图 5－47)，这可以确定各种色彩的基本意象关系。在此基础上又出现了用于实际配色和分析的形容词视觉效果分布图(如图 5－48)，这便使色彩与情感心理形成较为明晰的对照。图 5－49 是本研究针对传统中式家具、现代中式家具和现代家具的主要色彩进行的色彩意象分析，从中可以看出三者的色彩意象区间存在着较为明显的差异性。现代中式家具色彩主要呈现出稳重的、深邃的、明朗的和装饰性的视觉效果，而与现代家具中自然的、可爱的、动态的及隐约的色彩意象差别较为突出，因此现代中式家具应对相应区域的色彩意象进行深入分析，并结合实际的人群心理与色彩偏好进行应用。

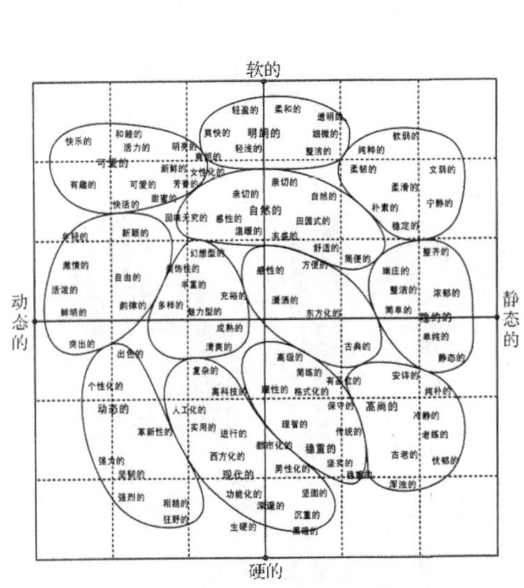

图 5－48 形容词视觉效果分布图

Fig. 5－48 The visual scatter gram of adjective

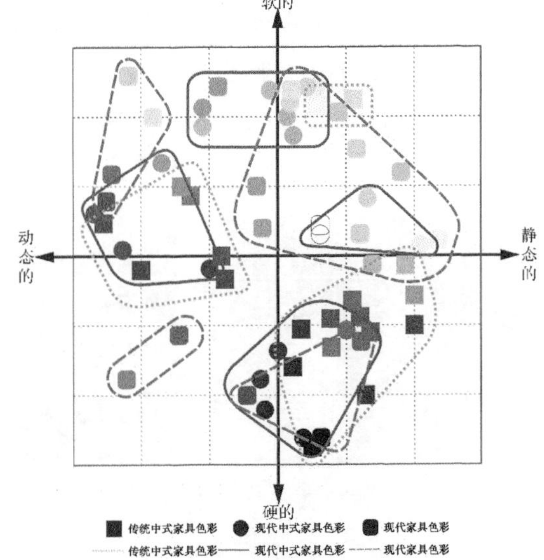

图 5－49 针对三类家具的色彩意象分析

Fig. 5－49 The analysis on the color image of 3 kinds of furnitures

(3) 对色彩情境的探求与分析

不同的色彩能够唤起不同的情感，而不同的情境也会形成相应的色彩偏好。这种色彩情境的形成主要受到心理效应、象征效果、环境效果、文化效果、政治效果、传统效果和创造性效果等方面的影响，如色彩能够唤起人们对自然的、无意识的反应的联想①，这种联想情境的生成既是由于人们对自然的心理感知和记忆而形成了相应的色彩体验——绿色，即自然；也是因为在现实中，人们在对色彩的应用中形成了某些象征性的色彩语义，如黄色象征警示、红色意味着革命和热情等。文化和传统的因素则反映在不同民族形成的色彩偏好上，如伊斯兰教认为绿色是神圣的颜色，中国则偏爱金色和红色等，这些色彩情境都在一定程度上影响着人们对家具色彩的选择和适应。现代中式家具设计的色彩必须考虑各种不同环境下的功能特性，以及不同人群对不同色彩的喜好。消费者不同的特性，决定了家具色彩喜好的差异：不同的宗教信仰、文化差异、气候环境以及特定时期的流行色，常常体现出不同人种的心理状态，以及对社会文化价值观的认同，设计师在选取家具色彩时，应综合考虑各种色彩情境的构成和影响，进而使色彩与消费者的心理情感及文化传统达到和谐。

（4）与材质和加工工艺的结合

作为构成形式的一种要素，色彩不仅是在表面效果上影响人的心理感受，而且由于其物理属性或光学性能的差异对形体也产生不同程度的影响，如由于色相、明度和纯度的不同而形成不同的软硬感、冷暖感和轻重感等，这些由于色彩波长的差异而导致整个机体的扩张和收缩，都会影响人对形体轮廓及结构的认知。而对于家具来说，色彩主要是由材料或涂料的色彩构成的，因此其表现性与材料的质感和工艺性存在着密切关联，如经过抛光或电镀的黑色烤漆与亚光磨砂的黑色形成的视觉感受是不同的，红色透明玻璃与金丝绒的红色也存在较大的差异性。现代中式家具的设计借鉴传统中式家具对硬木材料打磨、抛光、擦蜡的工艺技术以显出天然木材的色泽，同时也应广泛地探索并研究其他人工材料的工艺技术，结合现代加工方式和装饰工艺来拓展家具的色彩应用，进而使现代家具在色彩规划上具有系统性和科学性，最终实现家具色彩与人的需求的和谐。

3.2　现代中式家具的形式美原则分析

形式美是事物形式因素的自身结构所蕴含的审美价值，是对美的形式的知觉抽象和概括②。对于美的形式，荷加斯认为"形式能赋予心灵以快感，我们便称之为美的形式"③。可见，形式美不只是纯粹的外在形式的构成，而且也与人的知觉心理相关联，与形式所反映的物象的具体内容相融合。人之所以能够对美的形式产生共鸣，说明人本身具有一种形式感，可以通过对形式因素的感知产生特定的审美经验，如人的心率节拍、呼吸节律和新陈代谢的秩序等都构成了一定的节奏感，进而影响着人对节奏和韵律的审美体验。现代中式家具不仅是作为一种纯粹的"可用物"而存在，而且是贴近人的生活审美和

---

① ［德］爱娃·海勒.色彩的文化[M].北京：中央编译出版社，2004.
② 徐恒醇.设计美学[M].北京：清华大学出版社，2006：126～127.
③ ［英］E. H. 贡布里希.秩序感[M].杭州：浙江摄影出版社，1987：171.

知觉体验的重要“形式物”，其形式美的运用不仅体现着形式构成要素之间的组合关系和特征，而且在一定程度上影响着人对家具的选择和评价，因此在设计过程中应遵循并合理地运用形式美法则，以实现构成关系的和谐。

3.2.1 变化与统一

变化与统一，也即多样性的统一，近似于“和谐”的概念，是各种艺术创作的普遍规律①，也是美的基本特征，是构成的最高形式②，“多样性”和“统一性”共存于形式的有机体中，多样性是绝对的，而统一性则是相对的，这就决定了设计需要采用多样的要素，但需要将其进行关联性和秩序性的统一，也就是要把纷繁的杂多变成高度的统一，在统一之中寻求变化，使单调的丰富起来，使复杂的一致起来。作为形式美的“统一”是指性质相同或类似的东西进行并置而形成一致的或具有一致趋势的感觉，是秩序性的表现，如重复、渐变、对称、均衡、调和、整齐和照应等，倾向于矛盾要素的稳定状态，体现出严肃、庄重、静态感，但需要注意的是过分统一会显得刻板、单调和僵滞，而且会消磨或淡化趣味性，其原因是对人的精神和心理无刺激的缘故，因而还需要有变化。“变化”则是指由性质相异的东西并置而造成显著对比的感觉，是一种智慧、想象的表现，如对比、变化、反衬和运动等，强调矛盾要素的冲突和对抗，力求发挥种种因素中的差异性方面，造成视觉性的跳跃，产生新异感，其特点是生动活泼有动感。但变化必须受一定的法则限制，否则会导致杂乱无章，使精神上感到骚动，陷于疲乏。在造型设计中，变化与统一二者是相辅相成、互相补充和渗透的，并以不同的比重方式组合在一起交叉运用的，在统一中求变化，使形式既统一又不感到僵滞乏味；在变化中求统一，使造型有变化又不紊乱，以渐变的微差形式或序列化形式构成不同的层次或成为过渡性的连续，给人以柔和而蕴涵丰富的感觉，同时使人在心理、情感和精神上获得美的满足感。在现代中式家具设计中，变化与统一的应用主要体现在以下几点：

（1）形式构成要素的变化与统一

从形式构成的角度分析，现代中式家具都是由一系列构成要素经过一定的关系组成的，因此设计过程中首先应考虑各构成要素——型、质、色的变化与统一。①造型要素中的点、线、面、体和空间从尺度、形体和构图上决定着家具的框架结构与形体关系，因此应对其进行体量和概括，以基本的、抽象的和简练的形式来探讨其对应关系，如长短、大小、曲直、方圆、宽窄等形状变化应通过适当的比例或主次关系形成对照和映衬，而对于具体元素的疏密、虚实、纵横、高低、繁简、开合、呼应、重复、渐变等构成关系则应能够形成相通的、秩序性的或层次性的组合结构。如图5－50为朱小杰设计的玫瑰椅，其借鉴了传统中式玫瑰椅的骨架结构，而整体更为简约、轻巧、明晰并强化了点、线、面的组合关系，由点到线再到面，形状由虚到实，体量逐渐增加，视觉效果也随之递增，从而使整体形成异

---

① 梁启凡. 家具设计学[M]. 北京：中国轻工业出版社，2000：169.

② 诸葛铠. 设计艺术学十讲[M]. 济南：山东画报出版社，2006：136.

常明确的层次感。②色彩的色相、纯度和明度的变化应遵循和谐的配色原理，色相的选取和色调的变化应考虑消费者的色彩喜好和家居环境色调，并在体积和面积上进行协调，使主次色彩形成映衬关系，呈现出浓淡、明暗、强弱、冷暖、进退、涨缩、新旧等对比变化；可以调整空间比例、改变环境界面的限制和增减体量感，有助于显示物体层次、体面关系和视觉导向等。研究显示，传统中式家具以木材色泽或表面涂料色彩（红、黑为主）为主体色，其他色彩通常应用在装饰题材中，因此整体色彩较为统一但略显单调；现代家具色彩则更富于变化，但每件家具的色彩应用不超过 3 种（纤维布料的纹饰色彩除外），且明快、鲜艳的色彩通常应用在视觉集中的部位，如椅背、桌面、柜门等，色彩应用过多则会形成视觉上的无所适从。③现代中式家具应在质感表现上富于变化，并结合具体的家具结构和功能需求选择适用的工艺技术，以突出天然的或人工科技的美感，材质的粗糙与细腻、光泽和磨砂、顺滑与阻塞等都会丰富家具形式感，而且材质的体量感、接合方式也会影响造型要素的组合关系，进而促进或降低整体形式的统一性。家具材料往往是根据家具结构来进行组合的，但现代家具设计中也会在同一构件或部件上采用两种或以上的材料以突出质感对比，增强家具的变化性。但这种情况需要注意整体之间的联系，牵强的拼凑各自都很美的材料，会造成繁琐和杂乱，破坏造型的美感，因此材料运用应自然得体、简练含蓄，不能片面地追求材料的新奇和材料的多样。

图 5-50　朱小杰设计的玫瑰椅
Fig. 5-50　The Rose armchair by Zhu Xiaojie

（2）形式语义的变化与统一

现代中式家具的风格特征从总体上决定了设计形式的语义传达和表现内容，但在具体的设计过程中，形式表达方式和表现效果则是多样而富于变化性的，因此在具体要素的应用上应考虑其语义象征与中式文化特征的统一与协调，同时又应与传统中式家具的形式要素形成差异性的融突，纯粹的移用或解构只能是在形式表层获得相同或相似元素识别，这种识别往往是具有复古、叛逆、戏谑意义的“反和谐、求异构”的特征，其整体形式的统一性则被多样的形体所破坏。在具体的设计中，实现形式语义的变化与统一的方式主要有：①文化语义的统一性。家具在满足功能需要的同时，也以它的各种形式因素来传达相应的文化语义，而且通过不同表象符号的运用而形成了不同的文化象征。现代中式家具则需要传达现代的、中国的文化语义，因此其表象符号的运用应是以中国文化为原型依据的，也就是基于中国文化本体之上的“对应符号”，但时代性的界定则要求在模拟本体符码的基础上进行拓展和延伸，使对应符号呈现出相应的差异性。②形式变换方式的多样化。家具形式具有一定的可变换性，以寻求功能的适应性和审美表现力，这种变换在几何关系上表现为三种：线性几何变换、非线性几何变换和形成梯度的变换，同样，现代中式家具在明确中式语义内涵的基础上，形式变换方式可以采用多样化的途径，通过对本体原型的递进式、规律性和秩序性的变换来实现新的形式，从而在方式上形成必然的关联性。③形式表现的纯度与丰富性。家具形式表现的秩序关系，反映了家具结构和使用的有序性质，也是取得形式美的条件。美国数学家柏克霍夫（G. D. Birkhoff，1884—1944）曾将“审美度”作为衡量美的量度方式，它与秩序感成正比，而与复杂性成反比，即 M＝O/C（O：order；C：complexity）。R. 迦尼西（Rolf Garnich）也提出了审美利用度的概念，对一种产品中所用不同格调审美要素的衡量，即形态上应用不同类型元素越少，那么风格越单纯。[①] 由此可见，现代中式家具在传达现代和中式语义时，应在风格元素的运用上谋求纯度与丰富度的平衡，避免形成视觉识别的紊乱。

（3）家具系列的变化与统一

在针对家居环境进行的总体设计或系列家具设计中，家具还需要获得整体的、系列化的变化和统一，现代中式家具也不例外，在形成具有明晰的融通关联性的基础上才能体现出总体统一性，而且能够增强家具系列的整体认同感，这也是现代家具企业所采用的基本策略之一。对于家具系列的变化与统一，通常的方法是在构成系列的家具中采用相同的或近似的造型元素或方式，如相似的线条、形体、结构部件、装饰或色彩等，但同时在整体形式上却又存在差异。如图 5－51 所示为嘉豪何室的“孔雀蓝”系列家具，通过采用一致的藤编纹来体现形式上的关联性。除此之外，在现代中式家具系列中还可以采用以下方式来达到变化和统一。①整体的统一。采用整体几何形状的统一性，而在局部细节上进行差异化处理，由于人对与形体的识别都具有一个简化和概括的过程，对形体的把握和理解往往归结为简单的几何形态，如方体、球体、柱体等，因此在设计中可以在强调整体几何形状一致性的基础上来控制各局部要素的形式变化，以形成具有系列特征的家具形态。②功能上的变化。尽管家具都具有相应的功能性，但在相近的功能下却可以产生不同的家具类型，如针对坐的椅子，可以是杌凳、靠背椅、扶手椅、沙发、摇椅甚至是倚靠的物件等，这些家具本就是统一在“坐”的功能基础上的，因此在意义上就具有共通性，而需要在形式上来强化这种统一和变化的关系，则需要在形体上、材料、结构和体量上赋予共通的要素，从而使其形成必然的系列性关联。③格调的统一性。指在家具的具体造型和装饰上并不采用一致性的要素，而是追求在整体格调和表现效果上的相类或相

① 徐恒醇. 设计美学[M]. 北京：清华大学出版社，2006：183.

近，也就是说，形成统一性的视觉效果和知觉感受，如温馨的、休闲的、解构的或是金属感的。在实际中，通常的方式是采用相似的造型手法或工艺，或是传达相近的设计理念等，但最终都表现出形式上的融通。如联邦家私的“家家具”系列中的座椅，在造型体量、形式和工艺上采用了相近的手法，而形成整体上的系列感，同样华伟家具普遍采用了榆木贴面工艺，使整体的视觉效果也较为统一。

图 5－51　嘉豪何室的“孔雀蓝”系列家具
Fig. 5－51　“Peacock Blue” series of furniture by Jiahouse

3.2.2　比例与尺度

比例是指事物之间以及事物整体与局部、局部与局部之间的匀称关系，在家具中包括形体的长、宽、高三维，上下、左右、整体与局部、主体和构件之间的尺寸关系等。威奥利特·勒·杜克(Viollet-Le-Duc)在《法国建筑通用词典》一书中指出比例是“合乎逻辑的、必要的关系，同时比例还具有满足理智和眼睛要求的特性”①。尺度，则是一种相对明确的衡量标准，是指根据人们的生理特点和使用方式，所形成的特定的合理的尺寸范围，家具设计中一般以人体尺度作为参照标准，反映了家具与人的协调关系，涉及对人的生理和心理的适应性。比例表征的是各构成部分的相对关系，而尺度则是各构成部分的绝对数值，“良好的比例是求得形式上完整和谐的基本条件，是家具造型设计中用于协调家具尺寸的手段”②，而适当的尺度则是满足人的功能需求和适应人体操控的重要前提，二者都存在具体的数量关系，同时又与人的审美习惯和知觉心理息息相关，构成了家具形式美的重要成因(之一)。现代中式家具在风格特征和文化语义上与传统中式家具有着文脉关联性，作为形式表现的比例与尺度也应保持一定的联系(见第六章)，但更重要的是结合家具的功能性和人的实际需求来选择相应的比例和尺度，这主要体现在以下几点。

(1) 适合人的家具比例和尺度

从人的使用角度出发，现代中式家具的比例和尺度首先必须和人体尺度、能力范围及生活习惯结合起来，因为家具的尺度和比例不仅同形体大小、组合关系及构成空间有关，更重要的是直接影响着人的使用方式和人的行为。比例和尺度不仅影响家具的形式

① 彭一刚. 建筑空间组合论[M]. 北京：中国建筑工业出版社，1998：40.
② 梁启凡. 家具设计学[M]. 北京：中国轻工业出版社，2000：136.

美，而且也关系着在与人的接触过程中的适用性及人与家具比例的和谐性，如过于宏大雄伟的宝座会增强家具的气势，但却影响人就座其中的舒适性，并显出人与家具比例的失调。在现代人体工学的基础上，家具的尺度和比例的设置通常以人体的尺度和比例作为参照标准，根据实际需要而定，如图 5-52 为现代家具设计中所采用的人体尺度和比例模型，而在此基础上也形成了相应的家具尺度和比例应用的国际标准和国家标准，从而规范了家具与人、家具与家具之间的尺度和比例关系，可以作为现代中式家具设计的参考。此外，受中国传统观念的影响，家具的尺度和比例关系也形成了一些固有的特征和常用形式，这些特征也为现代中式家具承继并呈现中式家具语义提供了相应的参考。

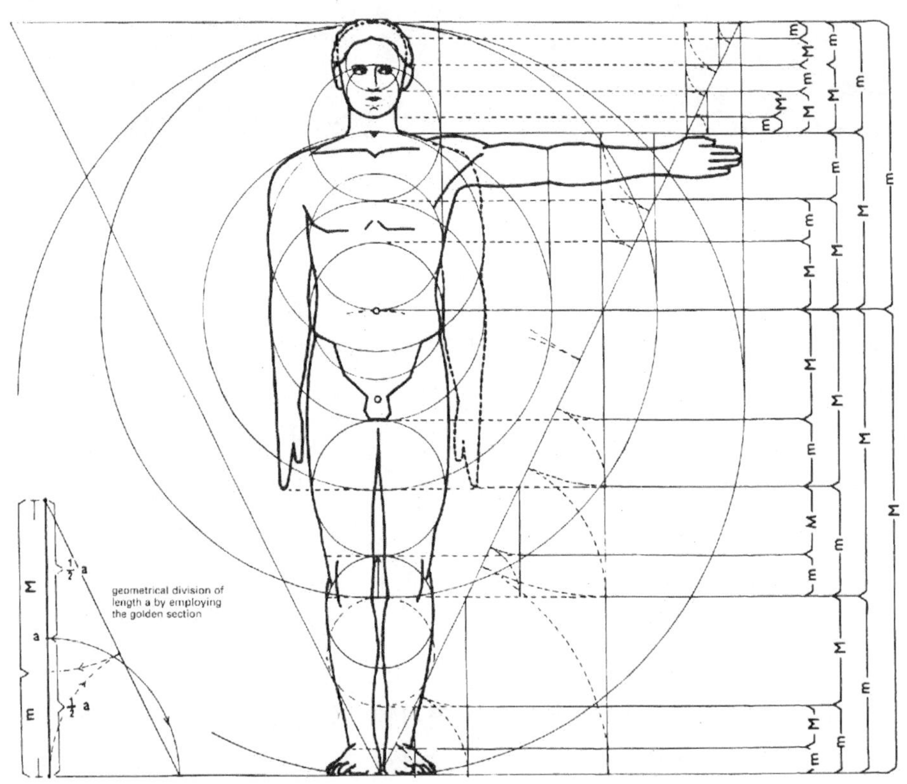

图 5-52　现代家具设计中应用的人体尺度和比例模型
Fig. 5-52　The model of body in modern furniture design

(2) 适应环境的家具比例和尺度

从家具布置和陈设的角度考虑，现代中式家具需要一定的室内空间作为布置和陈设的环境，这也就在客观条件上限制并约束着现代中式家具的尺度和比例的设置，因此在设计过程中应充分考虑现代中国民用住宅的家居环境和室内空间的尺度分布，从而确定各类型家具所适用的尺度和比例，而不能盲目地采用传统中式家具的尺度和比例关系，如传统的架子床、拔步床的体量几乎难以融入现代家居环境之中，尤其是在当前住宅结构普遍采用西式的钢筋混凝土结构，在平面布局上强调空间的功能性设置，其尺度和体量都是依据人的生活行为需求设置的，使用空间相对紧凑，这就要求家具尺度和比例也应适当进行调整，尤其是在系列化、组合式的家具中，往往需要依据墙体尺度或地板平面分割的比例进行变化和组合。此外，当前的现代中式家具大多延续传统中式家具的造型理念，每一件家具都是独立的整体；而现代板式家具或组合家具则常常根据家居环境和人的功能需求进行适当的组合，并且与建筑室内结构如墙体、楼梯、天花等进行组合，从而使家具的形式更为灵活和多样，而在尺度和比例上也更方便人的使用。由此可见，现代中式家具同样可以在制作工艺和构成形式上与建筑家居进行相应的组合，从而使其尺度和比例的设置具有更广泛的自由度。

(3) 数量关系的家具比例和尺度

从家具形式上分析，良好的比例和尺度是产生美的形式的重要因素，这不仅是满足功能性需求，而且要从视觉效果和审美习惯的角度去衡量构成形式的比例和尺度，如德国心理学家费希纳(Gustav Fechner)和拉罗(Lalo)分别经过试验研究了人们对各种矩形的偏好程度，发现比例接近黄金分割 1∶1.618 的图形最受人们喜爱①(如表 5-5)，这便说明人们心理上会偏好某种规律性的比例，从而在家具设计中应当依据这种偏好进行比例和尺度的调节，如从支撑强度的需求分析，木质桌面的厚度并不需要太厚(约在 1～3 cm)，但从整体来看则感觉太薄，需要采用木条封边以伪装厚度，获得美的视觉效果，传统家具中的牙板和牙条也起到同样的作用。总体来看，影响家具形式的比例和尺度包括整体与局部、局部与局部之间的数量关系，包括长、宽、高及体量、上下、左右、主体和构件、整体和局部之间的大小、高低、长短等相对尺寸关系等。对于尺度的设置主要是基于人体尺度的需要来选取对应的尺寸，同时应结合家具设计理念和表现目标设定相应的家具尺度体系，如符合功能需求的自然尺度、体现社会价值的雄伟尺度或追求人际关系的亲密尺度等。对于比例的应用，往往依据几何的、数学的或模数的比例法则，也就是使构成家具形式的点、线、面和体之间的关系通过数字和比例关系来表示，以数理逻辑表现家具的形式美。这就需要研究形式上常见的某些抽象几何形状之所以易于引起人们美感的原因，另一方面还要就形式的各部分之间，探求能促进整体良好比例的各种几何关系。通常实现形式和谐感的方式是在家具形体中重复应用某种相似性的比率，如黄金分割比、平方根比率或 1∶1，1∶2 等，如图 5-53 为嘉豪何室的“孔雀蓝”架格，其格子主要采用了 1∶2 的比例关系，并通过纵、横倒置而组合成富于变化的整体，既多组并排，也恰好可以纵横交错，避免相同形状的连续重复。经过几何学与数学等领域的研究，能够形成良好视觉效果的比例关系主要包括：基于几何关系的黄金分割比、平方根比率及 1∶1，1∶2 等；基于数学关系的等差数列、等比数列、调和数列和斐波那契数列等；基于柯布西耶模数理论的模数关系等。但值得注意的是，数量化的比例关系所表现出的和谐性并不是绝对性的，应根据实际的情况进行适当调整，功能、材料以及民族的文化传统等都会对

① 柳沙. 设计心理学[M]. 上海：上海人民美术出版社，2009：10.

比例关系产生的视觉效果存在影响，如果脱离了这些因素而追求一种绝对的、抽象的美的比例，则会导致家具形式过于刻意而缺少自然感。

表 5-5 矩形比例的喜好实验数据表

Table 5-5 The data table of favor of rectangle proportion

矩形宽高比	最受欢迎的矩形		最不受欢迎的矩形		备注
	%(费希纳实验)	%(拉罗实验)	%(费希纳实验)	%(拉罗实验)	
1∶1	3.0	11.7	27.8	22.5	S矩形
5∶6	0.2	1.0	19.7	16.6	
4∶5	2.0	1.3	9.4	9.1	
3∶4	2.5	9.5	2.5	9.1	
7∶10	7.7	5.6	1.2	2.5	
2∶3	20.6	11.0	0.4	0.6	
5∶8	35.0	30.3	0.0	0.0	Φ矩形
13∶23	20.0	6.3	0.8	0.6	
1∶2	7.5	8.0	2.5	12.5	$\sqrt{4}$矩形
2∶5	1.5	15.3	35.7	26.5	
合计	100.0	100.0	100.0	100.0	

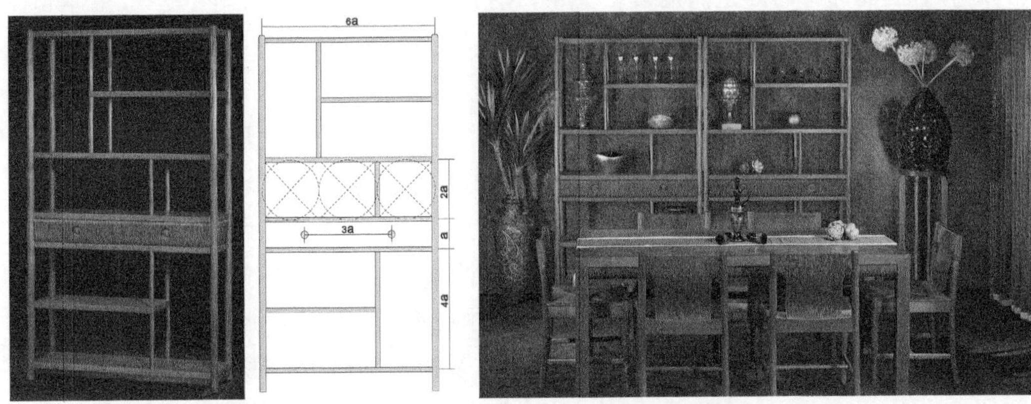

图 5-53 嘉豪何室“孔雀蓝”架格的比例设置

Fig. 5-53 The proportion of “Peacock blue” shelf by Jiahouse

3.2.3 对称与均衡

对称与均衡是自然界事物遵循力学原则，反映客观物质存在的一种结构性原理。从自然界到人工事物都存在着某种对称性或均衡性的关系，以维持在重力作用下的平衡和稳定。对于形式美学中的对称与均衡来说，主要以形象思维和知觉体验来判断，这与物理学实践中的逻辑思维方式是相区别的，从形式美上，对称和均衡能够保持物象外观匀称与稳定的感觉，是构成和谐形式的“适度”或“中和”的基本方式，往往显出安定、舒适、完整、妥帖而不失变化的感觉，因此成为家具及其他造型艺术运用较多的一种形式美法则，分析显示，中国传统造型艺术更倾向于对称的构图形式，而西方艺术则偏向于均衡的表现。所谓对称，是“一种变换中的不变性，它使事物在空间坐标和方位的变化中保持某种不变的性质”[①]，具体地说，对称是“通过轴线或依支点相对端的同形同量形成的一种平衡状态”[②]。均衡则是对称结构在形式上的发展，是两个以上要素之间构成的一种均势状态，是基于人的知觉感受形成的体、量的平衡，因此不限于具有明确边界的图形、图案或实体，色彩和材料质感的对比也能够形成均衡。按照阿恩海姆的理解，均衡或平衡“应该被看作是大脑皮层中的生理力追求平衡状态时所造成的一种心理上的对应性经验”[③]。可见对称与均衡不仅是反映人类实践经验的审美倾向，而且是基于人的生理和知觉反应基础上形成的内在形式感，它一方面强化了事物的整体统一性和稳定感，另一方面则保证了人的视觉和知觉感受的谐适和愉悦。

前文论述中也涉及对家具中对称和均衡形式的分析，尤其是传统中式家具中普遍存在的对称形式，是形成家具“尚中崇正”“庄重严肃”风格特征的主要方式之一，这种应用既是对自然界事物中对称方式的借鉴，也符合中国传统审美情感。在现代中式家具设计中，也继承了传统中式家具的对称形式，通常在家具的正立面上可以发现一条或更多的中轴线，从而使家具在视觉效果上形成严谨的平衡关系，也表征了中式家具的“中和”语义（见附件 6）。对称形式的实现依赖于轴线或中心点两端形式的全等或对应，往往是由几何的均衡所决定的，由数理逻辑分析可知，实现对称的运动形式包括反射（镜面反射）、平移、旋转和滑动反射，而且在二维平面图形中可以产生 17 种组合，而对于双色二维图形的对称组合则有 46 种之多[④]。实际应用中，这种平面图形的对称应用往往体现在家具某个立面或局部装饰纹样的应用中，而对于三维形态的家具，对称形式往往体现在基于轴线（心）的形式对应或体量对等，依据对称形成的视觉效果可以分为：

（1）基于虚拟（隐含）中轴线的绝对对称

对称都是围绕相应的对称轴线而形成的，在家具形体中采用对称形式主要是获得完整、统一的均衡效果，因此在通过放样和镜像的演化后容易形成轴线两侧形体的对等效果，但中轴线通常是隐含在家具结构和造型之中，并不呈现出具体的形态。这种对称形式并不是强调中轴对称关系，而是突出轴线两侧形体的一致性和统一性，如椅凳类多采用左右对称的构形，表现出与人体左右对称结构的一致，而且在视觉上呈现出中正、均衡、平等与稳定的效果，在由多个家具单体或部件构成的家具中采用隐含中轴线的对称效果可以形成强烈的秩序感和规则感，而且在家具的中部不必采用明显的线性分割，可以使家具整体感更为突出。

---

① 徐恒醇. 设计美学[M]. 北京：清华大学出版社，2006：131.

② 梁启凡. 家具设计学[M]. 北京：中国轻工业出版社，2000：154.

③ [美]鲁道夫・阿恩海姆. 艺术与视知觉[M]. 滕守尧，朱疆源，译. 北京：中国社会科学出版社，1984：36.

④ [美]多萝西・K. 沃什伯恩，唐纳德・W. 克罗. 设计・对称性设计教程与分析. 天津：天津大学出版社，2006.

(2) 基于实体中心点(线)的相对对称

在实体造型的对称形式中,除了视觉感知和绘图中确定的中心点或轴线外,还可以将实体作为对称的中心轴,以强调家具的对称关系或旋转、重合效果,这一方面是出于实用功能上的需要,另一方面可以突出中轴两侧形式的对等效果,而且在中心点或线的设置上通常具有一定的面积和体量,可以进行相对对称形式的设计,从而使轴心(线)形成相对独立的区域,而由于其居于视觉中心的部位,并不影响整体形式的平衡状态,反而会增强视觉上的稳定。此外,传统中式家具对绝对对称形式的青睐也使得现代中式家具在造型上过于刻板而显得单调,因此在基于中心实体形成整体对称的基础上,可以对两侧形式进行局部的调整,从分割形式、材质应用、色彩以及比例关系上依据功能的需要进行设置,可以使家具组合方式更为灵活和多样(如图 5 - 54)。

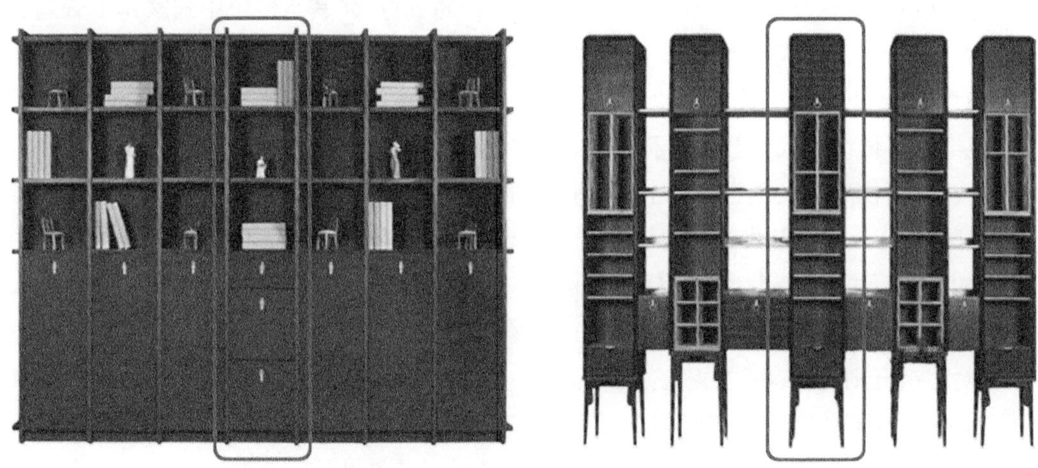

图 5 - 54　温州澳珀公司的架格设计

Fig. 5 - 54　The shelf design by Opal, Wenzhou

尽管对称形式天然就是均衡的,但是人们在实际应用中并不满足于这种过于严谨或刻板的均等,而且常常探索并采用不对称的形式来实现均衡的效果,均衡虽然不具有对称那样严格和规则的制约关系,但却在形式构成上更为活泼和灵活,实际上,均衡也普遍存在于自然物和人造物之中,正如美国现代建筑学家托伯特・哈姆林(Tolbort Hamlin)所说:"在视觉艺术中,均衡是任何欣赏对象中都存在的特征,在这里,均衡中心两边的视觉趣味中心,分量是相当的。"①而在现代设计中受西方绘画及艺术审美的影响往往在形体中采用均衡的表现形式,格罗皮乌斯在《新建筑与包豪斯》一书中更是直接认为:"现代结构方法越来越大胆的轻巧感……古来难于摆脱的虚有其表的中轴线对称形式,正在让位于自由而不对称组合的生动有韵律的均衡形式。"②这虽然是针对建筑形式发展趋势的

① [美]托伯特・哈姆林. 建筑形式美的原则[M]. 邹德侬,译. 北京:中国建筑工业出版社,1982:162.

② [西德]格罗比斯(W. Gropius). 新建筑与包豪斯[M]. 张似赞,译. 北京:中国建筑工业出版社,1979:32.

一种分析，但也表明随着科技的进步和人们审美观念的发展、变化，尤其是受现代时尚和后现代主义观念的影响，均衡形式的应用更能体现出统一秩序中的变化性和灵活性，因此在现代中式家具的设计中应综合运用并表现"生动有韵律的均衡形式"，尤其是在存在多个单体组合的家具造型中，如组合柜、衣柜、电视柜及架格等，同时在系列家具的陈设和布置中也需要应用均衡的构图，既包括在纵向立面上的均衡，也包括在横向平面构图上的均衡，总体上看，均衡形式的表现主要分为两种：

(1) 等量均衡

受传统家具形式的影响，在家具造型中人们多采用对称中求平衡的均衡形式，即在视觉效果上围绕纵向的轴线求得左右两侧的型、色和质的视觉平衡，往往通过各组成单体家具或独立部件之间的疏密、大小、明暗以及材质纹理、色彩、光泽感来实现，而并不限于中线两侧形的完全对等，相反，局部的型、色和质通常需要进行适当变化，或是上下位置调整、大小比例、材质属性、色彩明暗等或是数量上的增减、体量上的调整等，但整体上应保证相对中线的均势状态。就其形式来看，是基于对称的形式延伸，将对称中的"全等"演化为体量上、视觉上的均等，在大小、数量、远近、轻重、高低的形象之间，以重力的概念予以稳定平衡的处理，具有变化、活泼、优美的特征(如图 5－55)。

图 5－55　现代中式家具中的等量均衡
Fig. 5－55　The balance of equal size in modern Chinese furniture

(2) 异量均衡

对称和等量均衡都存在相对明确的中心轴线，而异量均衡则是一种动态的或不固定的均势状态，也就是在家具形式构成中并不是相对于中心或中线的平衡，形状、大小及位置各异甚至截然不同，在空间构图上作不规则的配置，数量、体量和类型都存在差异，而且在整体形式上也可以是高低、大小或数量各异的，但是整体在知觉上却要形成气势上的平衡，这与中国画中的均衡构图、园林建筑中的"掇山"和"叠石"的气势均衡类似，强化虚空间的量感以及形成的重力场，从而影响人们知觉上的均势感。在现代中式家具中采用异量均衡的形式，不仅能够满足人们生活中各种不同的使用需求，如在壁架、隔板的高低调节和数量上的设置等，而且能够使家具造型给人玲珑、活泼和多变的感觉(如图

5-56)。

图 5-56 联邦家私的电视柜与梳妆台
Fig. 5-56 The TV bench & dressing table by Landbond

3.2.4 节奏与韵律

节奏和韵律原是用于描述音乐、诗歌等艺术的节律原理的要素，其格律构成虽然缺乏具体的量化数据，但仍存在一定的程式和规律可供遵循，而且与人本身内在的知觉的生理心理本性相关联。人的心率、呼吸节奏、行动频率和新陈代谢的节律等都影响着人们的节奏感和韵律感，而在以知觉形式为主要体验的现代中式家具造型中，节奏和韵律使家具的各部分或局部形体在组合过程中形成连续性、规律性的变化，或是重复的，或是渐变的，但都能够贴合人的节奏感和韵律感。节奏是事物在运动中形成的周期性连续过程，通过有规则的重复产生奇异的秩序感，“它以相似因素和关系通过可比间隔在空间或时间上的合乎规律的重复性为基础，同时完成分解和整化审美印象的功能……艺术节奏的特色是重复着的形式和间隔体系中有重点和空白，使对比原则活跃化，目的在于表现一定的思想——艺术构思，改变单调乏味和千篇一律的艺术文本结构。”①所谓韵律，是指静态形式在知觉系统所引起的律动效果，是“既有内在秩序，又有多样性变化的复合体，是重复节奏和渐变节奏的自由交替”。② 根据德国美学家毕歇尔(K. Bücher，1847—1930)在《劳动与节奏》一书中的分析，韵律是从人们劳动中夯的声音和打击节奏形成的，后来被应用于诗歌和音乐领域，用来描述规则性、条理性、连续性而存在变化的形式关系，反映了一种抑扬顿挫的、有组织性的变化。而在空间关系和视觉形式上，则表现为运动形式的节奏性变化，通过重复的、渐进的、放射的或回旋的方式造成一种情感运动的轨迹，从而使一系列大体上并不相连贯的感受取得相互呼应和整体协调，使人们在视线的移动中体验形式的变化和动感。无论是造型、色彩、材质，乃至于光线等形式要素，在组织上合乎某种规律时所给予视觉和心理上的节奏感都是韵律的表现。相比而言，韵律表征的是形式或要素连续变化的方式和组织性，节奏则是反映形式和要素的疾缓、强弱、起伏、行停和运动方向的改变等，体现的是交替更迭的对比关系，从二者关系来看，“节奏是

① [俄]A. A. 别利亚耶夫，等[M]. 汤侠生，等，译. 美学词典. 北京：东方出版社，1993：174.
② 诸葛铠. 设计艺术学十讲[M]. 济南：山东画报出版社，2006：154.

韵律的条件，韵律是节奏的变化。”①

就现代中式家具的形式美而言，节奏和韵律的运用旨在使家具的型、色、质等要素在组合形式上产生音乐节拍或诗歌韵律样的视觉效果和知觉体验，使各要素的演化和变化方式符合某种规律性的原则，不仅包括家具各独立形态或部件的组合排布，而且对于某个部件的造型曲线或曲面变化等都应具有一定的节奏和韵律，线的张弛开合、曲度陡峭或平缓、转折或停顿、间歇的频度等都影响着节奏和韵律的形式。从形式规律的角度分析，现代中式家具中的节奏和韵律应用的主要形式可以分成重复的节律、渐变的节律两类。

（1）重复的节律

重复是形成规律性和秩序化的最基本节律形式之一，是由相同形状、色彩、材质等要素的等距排列形成的，具有视觉统一性或反复性的组合方式。在传统中式家具中也常采用重复的手法来加强单位部件的感染力，也可以获得家具形式的相互呼应和整体协调，如中式梳背椅的椅背采用相同杆件的重复排列形成统一的节律，而且能够使视觉形成连续性的层次过渡，强化了靠背的形式感（如图 5－57）。重复节律的形成依赖于单位元素的形式，其变化组合而成的形式的复杂程度也受单位元素的影响，简单元素的重复会增强整体的秩序感，复杂元素的重复则会显示多层次而且丰富的视觉效果。在现代中式家具设计中，可以从形状的重复、构件的重复、色彩的重复、装饰图案的重复等方面来获取节奏与韵律。形状的重复是在家具的组合中选取某个形状作为单元要素，然后在某个平面的两个方向或四个方向延伸或循环，形成规则的排列重复，如书架中的格子、五斗橱中的抽屉、衣柜中柜门等形状在立面上的重复，既可以满足相应功能的需要，也可以形成明确的秩序化的节律。构件的重复由家具中相对独立的部件进行群化排列形成的节律，如椅子的椅背、床屏的栏杆、橱柜的拉手等，在数量上都能够达到重复节律的要求，而且能够形成明显的秩序感。色彩重复则是将某种色彩进行一定距离的间隔排列，使色彩形成一定跳跃或运动，避免整体统一色彩的单调感。装饰图案的重复在传统中式家具中应用较多，主要是对某种装饰纹样采用二方或四方连续的排布形式，形成具有群化特征的整体图案。尽管现代中式家具强调简化的装饰类型，但在局部构建上应用装饰时同样需要吸取这种具有节律感的重复形式。

---

① 梁启凡．家具设计学［M］．北京：中国轻工业出版社，2000：181．

图 5-57 现代中式家具中的重复节律
Fig. 5-57 The repeated rhythm in modern Chinese furniture

(2) 渐变的节律

渐变是在重复的基础上调整各单位元素的对比关系或间隔距离，使单位元素的型、质、色等形成逐渐变化的排列或将等距间隔转化为渐变间隔，如形状的渐大渐小、位置的渐高渐低、色彩的渐明渐暗以及距离的渐近渐远等，就像音乐的力度渐强或减弱一样，在视觉上形成柔和的、界限模糊的节律，在协调的过渡中产生有序的变化，虽然在渐变两端的对比差异较为明显，但由于中间部分的关联性，而使得对比效果显得协调有序。在现代中式家具设计中，可以应用渐变的方式而显出明晰的骨骼结构，使相对复杂的形体或排布形成富于变化的秩序感，而且通过调整渐变频度和程度可以获得协调的或是对比的视觉效果，但整体上都能维持形体或部件的规则性。在实际的应用中，渐变的要素可以是形状的渐变、位置的渐变、色彩的渐变和距离的渐变等，而且可以形成具体的数列关系，如等差数列、等比数列、调和数列与斐波那契数列等，都可以形成不同的渐变形式(如图 5-58)。

图 5-58 现代中式家具中的渐变节律
Fig. 5-58 The gradient rhythm in modern Chinese furniture

结　语

现代中式家具设计是以探索并创造既满足现代生活方式需要又具有中国文化内蕴的家具产品为主要目的的系统性设计过程，既反映在基于物质技术条件上的实现方式，更重要的是针对价值取向的设计理念与逻辑思维。尽管当前国内家具企业在现代中式家具的设计实践中获得了一定的成果和效益，但对于现代中式家具的设计观念并未形成明确而清晰的体系，仍然集中在传统中式符号或装饰元素与现代家具骨架的拼接和混搭上，其结果导致多数家具产品流于形式的表现，而缺乏独立的个性与内涵性语意，使家具表现形式与价值观念、文化形态及人的审美需求等存在诸多不和谐的问题。因此，从和谐文化的角度对现代中式家具进行系统性与综合性的分析是解决这些问题并拓展设计思路的一种可行途径。

本书按照理论与实践紧密结合的研究方式，结合对现代中式家具设计中亟待解决问题的分析，尝试探讨和谐思想指导下的现代中式家具设计的系统分析方式，主要包括以下几点：

(1) 基于中西和谐文化整合的和谐化设计理念

和谐文化是中、西文化的共有属性和特征之一，尽管二者分属两个相互区别甚至对立的文化体系，但在美学理念、审美方式和形式评价等方面却殊途同归，存在着一定的共性内容，本书通过将中国传统和谐观的系统性、内在性及感性特征与西方和谐文化的矛盾性、外在性及理性特征相融合，进而明确了中、西和谐文化的主要应用层面和基本理念，包括中国和谐文化中的“天人合一”“中和为美”“阴阳和合”与西方和谐文化的“对立统一”“数理和谐”“形式和谐”，结合对中西和谐观的具体含义与审美表现的分析深入探讨其在设计层面的适用范畴，梳理并整合设计系统的基本层级模型，以此来建构现代中式家具设计系统，进而确立现代中式家具设计的目标价值体系与分层、递进、关联的设计意与方法体系。

(2) 基于人—家具—社会—自然(环境)系统的分析方式

系统分析方式是建立在系统论基础上的思维逻辑方式，可以从整体构成方式和系统要素关系上形成对事物的综合性认知。人—家具—社会—自然(环境)系统既构成现代中式家具所存在的物质系统，也是设计行为的要素系统，本书在系统分析各要素的物质属性与价值诉求基础上，将现代中式家具纳入人—家具—社会—自然(环境)构成的系统之中，分别从家具与自然(环境)、家具与社会文化、家具与人的需求、家具形式要素相互关系等方面来探讨设计的价值取向、遵循原则及适用理论和方法，从而使现代中式家具设计不只是解决某种特定问题，更是在明确价值目标的基础上有机整合各系统要素，采用综合性、系统性与交叉性的分析方式来实现整体系统的和谐。

(3) 现代中式家具设计系统的“三观论”

现代设计的思维方式倾向于系统化、层级化的逻辑分析,即从整体系统界定设计概念,针对不同的层级确定相应的设计方法,最终逐层递进地实现设计目标。本书通过对人—家具—社会—自然(环境)中各构成要素及其关系的分析,提出设计系统的“三观论”:宏观层次、中观层次与微观层次,从设计理念、方式和形式的层面上探讨实现和谐化的具体理论和方法,分别结合可持续设计与绿色设计理念、类型学方法和“人”因分析、形态学理论等内容来实现各系统层级及其构成要素的和谐性。

现代中式家具设计的系统分析方式的确立有助于形成明确清晰的设计思维脉络,并通过将设计方式转化为解决系统构成要素关系的方法,而根据确立的三个系统层级来探讨适用的理论方法。本书通过对设计相关理论的渗入分析,分别就不同系统层次导入了相应的设计理论作为实现系统和谐的指导原则,并通过实际的设计案例来分析并验证理论的适用性和应用层面,这主要体现在以下几点:

(1) 宏观层次的可持续设计理念

在人—家具—社会—自然(环境)系统中,自然(环境)是作为相对独立的客观因素存在的,家具与自然的关系既存于功能价值上也包含精神价值层面,本书通过对现代中式家具涉及的自然环境、生产环境和使用环境中的物质、资源与能源输入、输出过程的分析,提出了应用可持续设计理念解决家具与自然(环境)的和谐问题,包括缩减硬木材料用量、降低能源消耗以及材料回收和重复利用等,从而提出“以人与自然的和谐”为宗旨的设计理念,强调在现代中式家具形式中传达自然语义,表现自然意趣,这主要通过师法自然和表现自然等方式来满足人们体验自然、亲近自然的需求,进而从整体上反映了自然(环境)对现代中式家具设计行为的直接限定性的价值诉求和间接客观性的参照作用。

(2) 中观层次的类型学设计方式

现代中式家具风格形成的主要特征在于其与传统中式家具的文脉承继关系,但不是简单的文化符号和装饰元素的移用或结构,而是基于本质性结构一致上的形式延伸与演化。本书通过引入类型学来实现现代中式家具中的传统与现代、中西方文化间的融通与整合,不仅是从理论层面探讨融通的可行性,而且通过具体的实证分析来确定相应的类型提取与抽象、类型转换、形式还原和创新各个环节的执行方式,从而提供了相对完整的设计程序。类型学设计方式的运用强化了现代中式家具对传统中式家具的文脉继承关系,而且拓展了其形式表现层面的适用元素,能够为现代中式家具风格建立本质层面的“原型”。

(3) 微观层次的“人”因分析与形态学方法

在人与家具的关系上,“以人为中心”是设计的基本理念,而家具形式则是实现功能需求的目标形态,二者是主体与对象的关系。本书通过将“以人为中心”的设计理念具体为“人”因分析,以明确在现代中式家具设计过程中需要考虑的人的因素,进而从微观层面对各种要素加以分析,这主要包括针对自然人的行为分析,如人体尺度、能力范围和知觉感受等，还包括面向不同人群的需求分析，主要应用了马斯洛的需求层次理论来区分不同的需求内容，进而提出相对明确的设计内容和执行模型。而对于家具形式的设计则采用形态学的分析方法探讨现代中式家具的形式构成要素和关系要素，通过对型、色、质要素的形态语义与象征性的分析来选择适用的形态，并结合多样性统一、比例与尺度、对称与均衡、节奏和韵律等形式美法则的分析来确定具体的表现手法和方式，进而使现代中式家具在形式上符合现代生活方式需求与现代审美标准。

现代中式家具设计尚未形成成熟的理论体系与实践研究，仍是处于理论探索阶段的一个重要课题，涉及的学科和内容很多，诸如家具学、文化学、美学、设计学及生产制造相关的技术、工艺、材料、结构等，都在一定程度上影响着最终形式的实现，并不是仅仅依靠设计师的创新思维就能实现的。本书对于现代中式家具设计系统的研究仅是从整体上提供了分析的框架，并就主要问题提出了适用的理论和方法，以求为具体的设计实践提供综合性的分析参考，而对于相关的生产技术、加工工艺和操作规程等层面的内容则未能做到深入分析，可以此作为后续性研究之内容。总之，现代中式家具设计是对传统中式家具文化在现代的诠释和解读，而且是从理念、方式、形式等层面实现系统和谐的设计探索，需要在与时俱进的理论与实践的研究中不断地总结和完善。

参考文献

A. 家具类著作

1. 王世襄. 明式家具珍赏[M]. 北京:文物出版社,2003.
2. 王世襄. 明式家具研究[M]. 北京:生活・读书・新知三联书店,2007.
3. 王世襄. 明式家具研究(图版卷)[M]. 台北:南天书局,1989.
4. 王世襄. 锦灰堆[M]. 北京:生活・读书・新知三联书店出版社,2000.
5. 朱家溍. 明清家具(上、下卷)[M]. 上海:上海科学技术出版社,2002.
6. 杨耀. 明式家具研究[M]. 北京:中国建筑工业出版社,2002.
7. 濮安国. 中国红木家具[M]. 杭州:浙江摄影出版社,1996.
8. 濮安国. 明清苏式家具[M]. 杭州:浙江摄影出版社,1999.
9. 田家青. 明清家具鉴赏与研究[M]. 北京:文物出版社,2003.
10. 张福昌,张彬渊. 室内家具设计[M]. 北京:中国轻工业出版社,2001.
11. 张福昌. 中国民俗家具[M]. 杭州:浙江摄影出版社,2005.
12. 吴智慧. 绿色家具技术[M]. 北京:中国林业出版社,2006.
13. 方海. 现代家具设计中的"中国主义"[M]. 北京:中国建筑工业出版社,2007.
14. 方海. 20 世纪西方家具的设计流变[M]. 北京:中国建筑工业出版社,2001.
15. 胡景初. 现代家具设计[M]. 北京:中国林业出版社,1992.
16. 刘文金,唐立华. 当代家具设计理论研究[M]. 北京:中国林业出版社,2007.
17. 梁启凡. 家具设计学[M]. 北京:中国轻工业出版社,2000.
18. 蔡易安. 清代广式家具[M]. 香港:八龙书屋,1993.
19. 胡文彦. 中国家具鉴定与欣赏[M]. 北京:上海古籍出版社,1995.
20. 许柏鸣. 家具设计[M]. 北京:中国轻工业出版社,2000.
21. 史树青. 中国艺术品收藏鉴赏百科全书・第五卷[M]. 北京:北京出版社,2005.
22. 阮长江. 中国历代家具图录大全[M]. 南京:江苏美术出版社,1996.
23. 赵广超,马健聪,陈汉威. 一章木椅[M]. 北京:生活・读书・新知三联书店,2008.
24. 朱小杰. 朱小杰家具设计[M]. 长春:吉林美术出版社,2005.
25. 马未都. 马未都说收藏・家具篇[M]. 北京:中华书局,2008.
26. 邱志涛. 大明境界[M]. 长沙:湖南人民出版社,2008.
27. 何晓道. 江南明清椅子[M]. 杭州:浙江摄影出版社,2005.
28. 何镇强,张石红. 中外历代家具风格[M]. 郑州:河南科学技术出版社,1998.

29. 李宗山. 中国家具史图说[M]. 武汉:湖北美术出版社,2001.

30. 李德喜,陈善钰. 中国古典家具[M]. 武汉:华中理工大学出版社,1998.

31. 吕建昌,刘健. 古家具[M]. 上海:上海书店出版社,2004.

32. 陆志荣. 清代家具[M]. 上海:上海书店出版社,1996.

33. 王念祥. 明式家具雕刻艺术[M]. 北京:北京工艺美术出版社,2001.

34. 李耿. 明清老式家具的现在进行时[M]. 上海:同济大学出版社,2005.

35. 王书万,李沙. 解构明式家具[M]. 北京:机械工业出版社,2007.

36. 林福厚. 中外建筑与家具风格[M]. 北京:中国建筑工业出版社,2007.

37. 周显祖. 家具设计及制作[M]. 武汉:湖北科学技术出版社,1983.

38. 胡德生. 胡德生谈明清家具[M]. 长春:吉林科学技术出版社,1998.

39. 胡文彦. 中国历代家具[M]. 哈尔滨:黑龙江人民出版社,1988.

40. 于伸,牛晓霆,邵尉,等. 木样年华:中国古代家具[M]. 天津:百花文艺出版社,2006.

41. 周墨. 木鉴:中国古典家具用材鉴赏[M]. 太原:山西古籍出版社,2006.

42. 刘鹏. 中国现代红木家具[M]. 北京:中国林业出版社,2004.

43. 王连海,白小华. 民间家具[M]. 武汉:湖北美术出版社,2002.

44. 曾坚,朱丽珊. 北欧现代家具[M]. 北京:中国轻工业出版社,2002.

45. 耿小杰,张帆. 百年家具经典[M]. 北京:中国水利水电出版社,2006.

46. 熊照志. 西方历代家具图册[M]. 武汉:湖北美术出版社,1986.

47. 王朝闻,陈绶祥. 中国民间美术全集(4)·起居编·陈设卷[M]. 济南:山东教育出版社,1993.

48. 中国轻工业联合会综合业务部. 中国轻工业标准汇编·家具卷[M]. 北京:中国轻工业出版社,2007.

49. [宋]黄伯思,[明]戈灿. 重刊燕几图、蝶几图、匡几图[M]. 上海:上海科学技术出版社,1984.

50. [德]古斯塔夫·艾克. 中国花梨家具图考[M]. 北京:地震出版社,1991.

51. [美]安思远. 中国家具:明清硬木家具实例[M]. 伦敦:柯林斯出版社,1970.

52. [美]莱斯利·皮娜. 家具史[M]. 北京:中国林业出版社,2008.

53. [日]清水文夫. 世界前卫家具[M]. 沈阳:辽宁科学技术出版社,2006.

54. [美]丹尼尔·迈克. 原木坊:糙木家具的风格流派与制作工艺[M]. 福州:福建美术出版社,2005.

55. [美]梅尔·拜厄斯. 50 款椅子:设计与材料的革新[M]. 劳红娟,译. 北京:中国轻工业出版社,2000.

56. [西]Patricia Bueno. 名家名椅[M]. 于历明,于历战,彭军,译. 北京:中国水利水电出版社,2007.

57. [苏]切列帕赫娜. 现代家具的美学[M]. 杨拔群,尤广太译. 北京:轻工业出版社,1987.

58. [美]John Pile. 家具设计:现代与后现代[M]. 官正能,译. 台北:亚太图书,2000.

59. [英]菲莉斯·贝内特·奥茨. 西方家具演变史:风格与样式[M]. 江坚,译. 北京:中国建筑工业出版社,1999.

60. [德]爱娃·海勒. 色彩的文化[M]. 北京:中央编译出版社,2004.

61. Charlotte Fiell ,Peter Fiell. 1000 Chairs. Taschen UK, 2005.

62. Jennifer Hudson. 1000 New Designs and Where to Find Them. London: Laurence King Publishers,2006.

63. Judith Miller. Furniture. New York: Dorling Kindersley Publishers Ltd, 2005.

64. Marian Page. Furniture Designed by Architects. London: Whitney Library of Design, Architectual, 1980.

65. Kazuko Koizumi. Traditional Japanese Furniture. Kodansha International, 1985.

B. 设计类著作

66. 张福昌. 感悟设计[M]. 北京:中国青年出版社,2004.

67. 张福昌. 现代设计概论[M]. 武汉:华中科技大学出版社,2007.

68. 张福昌. 造型基础[M]. 北京:北京理工大学出版社,1994.

69. 过伟敏,史明. 城市景观形象的视觉设计[M]. 南京:东南大学出版社,2005.

70. 简召全. 工业设计方法学[M]. 北京:北京理工大学出版社,1993.

71. 张道一. 工业设计全书[M]. 南京:江苏科学技术出版社,1994.

72. 奚传绩. 中外设计艺术论著精读[M]. 上海:上海人民美术出版社,2008:152-158.

73. 翟墨. 人类设计思潮[M]. 石家庄:河北美术出版社,2007.

74. 诸葛铠. 设计艺术学十讲[M]. 济南:山东画报出版社,2006.

75. 邬烈炎. 结构主义设计[M]. 南京:江苏美术出版社,2001.

76. 张青萍. 室内环境设计[M]. 北京:中国林业出版社,2003.

77. 李世国. 体验与挑战:产品交互设计[M]. 江苏美术出版社,2008.

78. 李彬彬. 设计心理学[M]. 北京:中国轻工业出版社,2001.

79. 李亮之. 色彩设计[M]. 北京:高等教育出版社,2006.

80. 彭一刚. 建筑空间组合论[M]. 北京:中国建筑工业出版社,1998.

81. 朱祖祥. 人类工效学[M]. 杭州:浙江教育出版社,1994.

82. 尹定邦. 设计学概论[M]. 长沙:湖南科学技术出版社,1999.

83. 陈汗青. 产品设计[M]. 武汉:华中科技大学出版社,2005.

84. 许平. 造物之门[M]. 西安:陕西人民美术出版社,1998.

85. 丁玉兰. 人机工程学[M]. 北京:北京理工大学出版社,1991.

86. 刘瑞芬. 设计程序与设计管理[M]. 北京:清华大学出版社,2006.

87. 黄厚石,孙海燕. 设计原理[M]. 南京:东南大学出版社,2005.

88. 杨裕富. 创意活力:产品设计方法论[M]. 长春:吉林科学技术出版社,2004.

89. 何晓佑,谢云峰. 人性化设计[M]. 南京:江苏美术出版社,2001.

90. 梁思成. 清式营造则例[M]. 北京:清华大学出版社,2006.

91. 梁思成. 中国建筑史[M]. 北京:百花文艺出版社,2005.

92. 吴翔. 产品系统设计:产品设计(2)[M]. 北京:中国轻工业出版社,2000.

93. 戴瑞. 产品设计方法学[M]. 北京:中国轻工业出版社,2005.

94. 刘瑞芬. 设计程序与设计管理[M]. 北京:清华大学出版社,2006.

95. 李砚祖. 外国设计艺术经典论著选读·上[M]. 北京:清华大学出版社,2006.

96. 李砚祖. 造物之美:产品设计的艺术与文化[M]. 北京:中国人民大学出版社,2000.

97. 余隋怀,苟秉宸,于明玖. 设计数学基础[M]. 北京:北京理工大学出版社,2006.

98. 凌继尧,徐恒醇. 艺术设计学[M]. 上海:上海人民出版社,2006.

99. 花景勇. 设计管理——企业的产品识别设计[M]. 北京:北京理工大学出版社,2007.

100. 卞宗舜,周旭,史玉琢. 中国工艺美术史[M]. 北京:中国轻工业出版社,1993.

101. 王受之. 世界现代设计史[M]. 深圳:新世纪出版社,2001.

102. 王晓. 新中国风建筑设计导则[M]. 北京:中国电力出版社,2008:20.

103. 柳沙. 设计心理学[M]. 上海:上海人民美术出版社,2009.

104. 杨永善. 陶瓷造型艺术[M]. 北京:高等教育出版社,2004.

105. 杭间. 手艺的思想[M]. 济南:山东画报出版社,2001.

106. 夏燕靖. 中国艺术设计史[M]. 沈阳:辽宁美术出版社,2001.

107. 詹和平. 空间[M]. 南京:东南大学出版社,2006.

108. 尹国均. 符号帝国[M]. 重庆:重庆出版社,2008.

109. 李晓东,杨茳善. 中国空间[M]. 北京:中国建筑工业出版社,2007.

110. 冯冠超. 中国风格的当代化设计[M]. 重庆:重庆出版社,2007.

111. 边守仁. 产品创新设计:工业设计专案的解构与重建[M]. 北京:北京理工大学出版社,2002.

112. 荆其敏,张丽安. 城市母语:漫谈城市建筑与环境[M]. 天津:百花文艺出版社,2004.

113. 王其钧. 古典建筑语言[M]. 北京:机械工业出版社,2006.

114. 王其钧. 中国园林建筑语言[M]. 北京:机械工业出版社,2007.

115. 汪丽君. 建筑类型学[M]. 天津:天津大学出版社,2005.

116. 王正平. 环境哲学:环境伦理的跨学科研究[M]. 上海:上海人民出版社,2004.

117. 郭廉夫,毛延亨. 中国设计理论辑要[M]. 南京:江苏美术出版社,2008.

118. [美]Kevin N. Otto, Kristin L. Wood. 产品设计[M]. 北京:电子工业出版社,2011.

119. [美]鲁道夫·阿恩海姆. 艺术与视知觉[M]. 滕守尧,朱疆源,译. 成都:四川人民出版社,1998.

120. [美]金伯利·伊拉姆. 设计几何学:关于比例与构成研究[M]. 李乐山,译. 北京:中国水利水电出版社,2003.

121. [美]盖尔·格里特·汉娜. 设计元素[M]. 李乐山,等,译. 北京:中国水利水电出版社,2003.

122. [日]日野永一. 设计[M]. 武汉:湖北美术出版社,1988.

123. [日]小形研三. 园林设计:造园意匠论[M]. 北京:中国建筑工业出版社,1984.

124. [日]原研哉. 设计中的设计[M]. 济南:山东人民出版社,2006.

125. [日]竹内敏雄. 美学百科辞典[M]. 长沙:湖南人民出版社,1988.

126. [日]高桥鹰志,EBS 组. 环境行为与空间设计[M]. 北京:中国建筑工业出版社,2006.

127. [日]小原二郎,家藤力,安藤正雄. 室内空间设计手册[M]. 北京:中国建筑工业出版社,2000.

128. [日]小林重顺. 色彩形象坐标[M]. 北京:人民美术出版社,2006.

129. [日]小林重顺. 色彩心理探析[M]. 北京:人民美术出版社,2006.

130. [日]南云志嘉. 色彩战略:色彩设计的商业应用[M]. 北京:中国青年出版社,2006.

131. [日]南云志嘉. 色彩设计[M]. 北京:中国青年出版社,2006.

132. [韩]I. R. I 色彩研究所. 色彩设计师营销密码[M]. 北京:人民邮电出版社,2005.

133. [西德]格罗比斯(W. Gropius). 新建筑与包豪斯[M]. 张似赞,译. 北京:中国建筑工业出版社,1979.

134. [俄]A. A. 别利亚耶夫,等. 美学词典[M]. 汤侠生,等,译. 北京:东方出版社,1993.

135. [德]约狄克. 建筑设计方法论[M]. 武汉:华中工学院出版社,1983.

136. [俄]瓦·康定斯基. 论艺术的精神[M]. 北京:中国社会科学出版社,1987.

137. [美]Karl T. Ulrich,Steven D. Eppinger. 产品设计与开发[M]. 北京:高等教育出版社,2004.

138. [英]E. H. 贡布里希. 秩序感[M]. 杭州:浙江摄影出版社,1987.

139. [英]艾伦·鲍尔斯. 自然设计[M]. 王立非等译. 南京:江苏美术出版社,2001.

140. [英]伊恩·伦诺克斯·麦克哈格. 设计结合自然[M]. 天津:天津大学出版

社,2006.

141. [英]杰夫・坦南特. 六西格玛设计[M]. 吴源俊译. 北京:电子工业出版社,2002.

142. [美]Donald A. Norman. 情感化设计[M]. 付秋芳,程进三,译. 北京:电子工业出版社,2005.

143. [美]亨利・佩卓斯基. 器具的进化[M]. 丁佩芝,陈月霞,译. 北京:中国社会科学出版社,1999.

144. [美]戴斯・贾丁斯. 环境伦理学[M]. 林官明,杨爱民,译. 北京:北京大学出版社,2002.

145. [希腊]安东尼・C・安东尼亚德斯. 建筑诗学:设计理论[M]. 周玉鹏,张鹏,刘耀辉,译. 北京:中国建筑工业出版社,2006.

146. [英]鲍桑葵. 美学史[M]. 北京:商务印书馆,1985.

147. [英]帕瑞克・纽金斯. 世界建筑艺术史[M]. 合肥:安徽科学技术出版社,1990.

148. [美]托伯特・哈姆林. 建筑形式美的原则[M]. 邹德侬,译. 北京:中国建筑工业出版社,1982.

149. [德]比而德克. 设计—产品造型的历史、理论与实践[M]. 科隆:杜芒出版社,1991.

150. [德]克略克尔. 产品造型[M]. 施普林格出版社,1981.

151. [德]略巴赫. 工业设计:工业产品造型基础[M]. 慕尼黑:慕尼黑出版社,1976.

152. [美]斯蒂芬・R・凯勒特. 生命的栖居:设计并理解人与自然的联系[M]. 朱强,等,译. 北京:中国建筑工业出版社,2008.

153. [美]多萝西・K. 沃什伯恩,唐纳德・W. 克罗. 设计・对称性设计教程与解析[M]. 天津:天津大学出版社,2006.

154. György Doczi. The Power of Limits: Proportional Harmonies in Nature, Art and Architecture. Boston: Shambhala Publications Inc. ,1981.

155. Carlos Barral. Diecinueve Figures De Mi Historica Civil. Barcelona: Jaime Salinas,1961.

156. Aldo Rossi. The Architecture of City. Boston: The MIT Press, 1982.

157. Alan Colquhoun. Typology and Design Method. Essays in Architectural Criticism. Boston: The MIT Press,1981.

158. Tullio De Mauro. Typology. Casabella,1985.

159. Jason F. McLennan. The Philosophy of Sustainable Design. Ecotone Publishing LLC,2006.

160. R. White. Young Children's Relationship with Nature: Its Importance to Children's Development and the Earth's Future. Kansas City, MO: White Hutchinson

Leisure & Learning Group, 2004.

161. R. Pyle. The Thunder Tree: Lessons from an Urban Wildland. Boston: Houghton Mifflin, 1993.

162. G. Hildebrand. The Origins of Architectural Pleasure. Berkeley: University of California Press, 1999.

163. S. Kaplan, R. Kaplan. The Experience of Nature. Washington, DC: Island Press, 1998.

164. G. Broadbent. Emerging Concept in Urban Space Design. VRN, 1990.

165. Maslow, A. H. Motivation and Personality. New York: Harper and Row, 1954.

166. M Droste, M Breuer, M Ludewig. Marcel Breuer Design. Berlin: Benedikt Taschen, 1994.

167. Gellion Naylor. The Bauhaus Reassessed Sources and Design Theory. London: The Herbert Press, 1985.

168. Catherine Mcdermott. Design Museum: 20th Century Design. London: Carlton, 1997.

169. Karl Mang. History of Modern Furniture Design. London: Academy Editions, 1979.

170. Karsten Harries. The Ethical Function of Architecture. Boston: The MIT Press, 1998.

171. Richard Weston. Modernism. London: Phaidon, 1996.

172. Peter Conrad, Modern Times. Modern Places: Life & Art in the 20th Century. London: T&H, 1998.

173. Galen Cranz. The Chair: Rethinking Culture, Body, and Design. New York and London: W. W. Norton & Company, 1998.

174. E. H. Gombrich. The Use of Images: Studies in the Social Function of Art and Visual Communication. London: Phaidon, 1999.

175. Man Sill Pai. Korean Furniture: Elegance and Tradition. Translated by Edward Reynolds, Wright Kodansha. International Ltd. 1984.

176. Mel Byars. 50 Tables, Innovations in Design and Materials. Introduction by Sylvain Dubuisson, Published by Rotovision SA, 1996.

177. William S. Green, Patrick W. Jordan. Human Factors in Product Design; Current Practice and Future Trends. London: Taylor & Francis, 1999.

178. William S. Green, Patrick W. Jordan. Pleasure with Products: Beyond Usability. London: Taylor & Francis, 2002.

179. Lionel Tiger. The Pursuit of Pleasure. Boston: Little Brown & Co, 1992.

180. Sheila Mello. Customer-centric Product Definition: The Key to Great Product Development. New York: American Management Association, 2001.

181. Sara IIstedt Hjelm. Semiotics in Product Design. Center for User Oriented IT Design, 2002.

182. Jan Dul, Bernard Weerdmeester. Ergonomics for Beginning: A Quick Reference Guide. London: Taylor & Francis, 2001.

183. Mike Ashby, Kara Johnson. Materials and Design: The Art and Science of Material Selection in Product Design. Woburn: Butterworth-Heinemannn, 2002.

C. 文化类著作

184. 张立文. 和合学(上下卷)[M]. 北京:人民大学出版社,2006.

185. 张立文. 和合哲学论[M]. 北京:人民出版社,2004.

186. 张岱年. 中国哲学大纲[M]. 北京:中国社会科学出版社,1982.

187. 张岱年,方克立. 中国文化概论[M]. 北京:北京师范大学出版社,2004.

188. 王振复. 中国建筑的文化历程[M]. 上海:上海人民出版社,2000.

189. 邓伟志. 和谐文化导论[M]. 上海:上海大学出版社,2007.

190. 朱贻庭. 儒家文化与和谐社会[M]. 北京:学林出版社,2006.

191. 覃德清. 天人和谐与人文重建[M]. 南宁:广西师范大学出版社,2005.

192. 江畅. 自主与和谐——莱布尼茨形而上学研究[M]. 武汉:武汉大学出版社,2005.

193. 汪子嵩,范明生,陈村富,等. 希腊哲学史[M]. 北京:人民出版社,2003.

194. 宗白华. 西方美学名著译稿[M]. 南京:江苏教育出版社,2005.

195. 宗白华. 美学散步[M]. 上海:上海人民出版社,1981.

196. 北京大学哲学系外国哲学史教研室. 古希腊罗马哲学[M]. 北京:生活·读书·新知三联书店,1957.

197. 北京大学哲学系外国哲学史教研室. 西方哲学原著选读(上卷)[M]. 北京:商务印书馆,1981.

198. 张宪荣. 设计美学[M]. 北京:化学工业出版社,2007.

199. 滕守尧. 审美心理描述[M]. 北京:中国社会科学出版社,1985.

200. 张巨青. 科学研究的艺术[M]. 武汉:湖北人民出版社,1988.

201. 朱光潜. 西方美学史[M]. 北京:人民美术出版社,2004.

202. 朱光潜. 文艺心理学[M]. 上海:复旦大学出版社,2005.

203. 朱光潜. 朱光潜全集[M]. 第七卷. 合肥:安徽教育出版社,1991.

204. 中国大百科全书总编辑委员会《哲学》编辑委员会. 中国大百科全书(哲学)

[M]. 北京:中国大百科全书出版社,1987.

205. 朱志荣. 中国审美理论[M]. 北京:北京大学出版社,2005.
206. 梁漱溟. 梁漱溟全集(第一卷)[M]. 济南:山东人民出版社,2005.
207. 朱立元. 西方美学名著提要[M]. 南昌:江西人民出版社,2000.
208. 徐恒醇. 设计美学[M]. 北京:清华大学出版社,2006.
209. 赵巍岩. 当代建筑美学意义[M]. 南京:东南大学出版社,2001.
210. 王明辉. 何谓美学[M]. 北京:中国戏剧出版社,2005.
211. 张道一. 考工记注译[M]. 西安:陕西人民出版社,2004.
212. 戴吾三. 考工记图说[M]. 济南:山东画报出版社,2003.
213. 张良皋. 匠学七说[M]. 北京:中国建筑工业出版社,2002.
214. 张应杭. 中国传统文化概论[M]. 杭州:浙江大学出版社,2005.
215. 李思强. 共生构建说论纲[M]. 北京:中国社会科学出版社,2004.
216. 李建中. 中国文化概论[M]. 武汉:武汉大学出版社,2005.
217. 胡潇. 文化的形上之思[M]. 长沙:湖南美术出版社,2002.
218. 陈耀彬,杜志清. 西方社会历史观[M]. 石家庄:河北教育出版社,1990.
219. 张乾元. 象外之意:周易意象学与中国书画美学[M]. 北京:中国书店,2006.
220. 罗振玉. 殷墟书契前编. 1912 年拓本.
221. 刘鄂. 铁云藏龟. 1903 年拓本.
222. [元]薛景石著,郑巨欣注释. 梓人遗制图说[M]. 济南:山东画报出版社,2006.
223. [宋]李诫. 营造法式[M]. 北京:中国建筑工业出版社,2006.
224. [汉]许慎. 说文解字(简本)[M]. 上海:上海教育出版社,2003.
225. [明]宋应星. 天工开物[M]. 长沙:岳麓书社,2002.
226. [明]午荣. 鲁班经[M]. 重庆:重庆出版社,2007.
227. [明]文震亨. 长物志[M]. 重庆:重庆出版社,2008.
228. [宋]沈括. 梦溪笔谈[M]. 南京:江苏古籍出版社,1999.
229. [清]李渔. 闲情偶寄[M]. 上海:上海古籍出版社,2000.
230. [瑞士]荣格. 荣格文集[M]. 北京:改革出版社,1997.
231. [瑞士]荣格. 心理学与文学[M]. 北京:生活・读书・新知三联书店,1987.
232. [美]克鲁克洪. 文化与个人[M]. 高佳,译. 杭州:浙江人民出版社,1986.
233. [德]马克思,恩格斯. 马克思恩格斯全集(第 23 卷)[M]. 北京:人民出版社,1972.
234. [德]卡西尔. 人论[M]. 上海:上海译文出版社,1985.
235. [美]斯金纳. 超越自由与尊严[M]. 贵阳:贵州人民出版社,1988.
236. [瑞士]F. 弗尔达姆. 荣格心理学导论[M]. 沈阳:辽宁人民出版社,1988.
237. [美]塞缪尔・亨廷顿. 文明的冲突与世界秩序的重建[M]. 北京:新华出版

社,2002.

238. [美]弗雷德里克·R·卡尔.现代与现代主义[M].北京:中国人民大学出版社,2004.

239. [美]弗雷德里克·詹姆逊.文化转向[M].胡亚敏,等,译.北京:中国社会科学出版社,2000.

240. [法]德里达.解构与思想的未来[M].长春:吉林人民出版社,2006.

241. [法]杜夫海纳.美学与哲学[M].北京:中国社会科学出版社,1985.

242. [英]埃德蒙·利奇.文化与交流[M].郭凡,邹和,译.上海:上海人民出版社,2000.

243. [德]沃尔夫冈·韦尔施.重构美学[M].陆扬,张岩冰,译.上海:上海译文出版社,2002.

244. [英]威廉·荷加斯.美的分析[M].北京:人民美术出版社,1984.

245. [美]马斯洛.马斯洛人本哲学[M].北京:九州出版社,2003.

246. [德]马丁·海德格尔.存在与在[M].王作虹,译.北京:民族出版社,2005.

247. [古希腊]柏拉图.斐多[M].沈阳:辽宁人民出版社,2000.

248. [古希腊]亚里士多德.诗学[M].陈中梅,译.北京:商务印书馆,1996.

249. [英]赫伯特·里德.现代绘画简史[M].上海:上海人民美术出版社,1979.

250. [英]培根.新工具[M].北京:商务印书馆,1984.

251. [德]黑格尔.逻辑学(下卷)[M].北京:商务印书馆,1976.

252. [德]黑格尔.美学(第一卷)[M].北京:商务印书馆,1979.

253. [德]康德.判断力批判(上卷)[M].北京:商务印书馆,2000.

D. 学术论文

254. 郑曙旸.中国红木艺术家具设计的创新[J].家具,2008(S1).

255. 唐开军,杨星星.现代中式家具的开发方法和途径[J].家具,2001(3).

256. 张帝树.中国家具贵在中而新[J].家具,2002(3):45-51.

257. 刘文金.对中国传统家具现代化研究的思考[J].郑州轻工业学院学报(社会科学版),2002(3):61-65.

258. 许美琪.中国传统家具风格的断流与现代风格的构建[J].家具,2003(6):53-56.

259. 李建生.和谐——跨世纪的哲学主题[J].新疆师范大学学报,1998(3):20-24.

260. 李志榕.全方位设计——和谐社会的需求[J].装饰,2006(8):7-12.

261. 刘悦.中国传统龙纹装饰及其在家具中的应用[D].北京林业大学,2003.

262. 耿晓杰.现代中国风格椅类家具的开发研究[D].北京林业大学,1999.

263. 李永庆.中国家具与中国现代风格的家具[J].家具与环境,2000(4):10-13.

264. 钱穆. 中国文化对人类未来可有的贡献[J]. 中国文化,1991(4):97-100.

265. 潘宏峰. 中华传统文化中和谐思想探究[J]. 佳木斯大学社会科学学报,2008(1):82.

266. 樊宝英. "天人合一"与中国艺术的空灵精神[J]. 淮北煤师院学报(哲学社会科学版),2001(1).

267. 张玺. 略论中西绘画艺术的和谐观差异[J]. 河北职业技术学院学报,2007(6):80-81.

268. 余辉. 人与自然:东方和谐山水间—中国绘画的哲学思考[J]. 紫禁城,2007(7):35-43.

269. 王劲韬. 中日园林景观比较之研究[D]. 江南大学设计学院,2006.

270. 庄明振,陈俊智. 中西座椅设计风格认知之探讨[J]. 工业设计,1994(1):35-45.

271. 陈启雄,陈兵诚. 家具设计造形风格之研究——以"塑胶诗人"Karim Rashid 创作为例[J]. 工业设计,2008(1):2-9.

272. 陈岸瑛. 中西和谐考[J]. 美术观察,2005(10):16-19.

273. 于爱华. 古希腊和先秦和谐观之比较[J]. 天津商学院学报,1996(2):58-62.

274. 潘喜媛,罗中起. 毕达哥拉斯学派的"美是和谐"思想辨析[J]. 锦州师院学报(哲学社会科学版),1994(2):44-50.

275. 张利群. 论"黑格尔"和谐说的特征及意义[J]. 柳州师专学报,1996(4):16-21.

276. 张能为. 西方哲学视野中的"和谐"与"和谐社会"[J]. 安徽大学学报(哲学社会科学版),2007(5):6-11.

277. 方爱清. 中西方古代和谐思想初探[J]. 湖北经济学院学报,2006(1):124-127.

278. 陈信,龙升照. 人—机—环境系统工程学概论[J]. 自然杂志,1985(1):36-38.

279. 陈为. 工业设计中"人—机—环境"因素分析及其产品人机关系综合评价[J]. 人类工效学,1999(1):51-54.

280. 王铁球. 绿色设计在家具产业中的应用[J]. 家具与室内装饰,2001(1):22-25.

281. 黎敏. 工业化形势下的古典家具用材概略[J]. 家具与室内装饰,2005(6):16-17.

282. 叶翠仙. 家具工业生态设计的战略与实施[J]. 福建农林大学学报(哲学社会科学版),2006(2):80-83.

283. 刘晓陶. 论唐代书法美学的"自然观"[J]. 美术观察,2008(7):105-107.

284. 陈望衡,陈明艳. 中国古代美学中美的概念辨析[J]. 见:武汉大学中文系. 武汉:长江学术(第一辑). 长江文艺出版社,2002.

285. 李安源. 虚静与旷放——中国画"逸品"图式探微[J]. 齐鲁艺苑,2005(1):14-17.

286. 黄伟平. 居住的类型学思考与探索[J]. 建筑学报,1994(11):44－48.

287. 魏春雨. 建筑类型学研究[J]. 华中建筑,1990(2):89.

288. 王默根. 家具造型设计的思维方法[J]. 包装工程,2007(6):174－176.

289. 田自秉. 论形式美[J]. 装饰,2008(1):76－77.

290. 黄元清,林荣泰. 跨文化设计[J]. 工业设计,2006,34(2):105－110.

291. 濮安国. 中国传统家具的线脚艺术[DB/OL]. http://www.hrn－3223.net/html/62/list_8881.html

292. 丁嘉明. 和谐——"古典风尚"现代中式家具设计理念浅析[J]. 美术学报,2006(4).

293. 安胜足,翟燕,张晓燕. 明式家具的审美特征与现代中式家具设计[J]. 室内设计,2006(3).

294. 叶菡,黄艳丽. 我国家具设计的传统文化特征[J]. 长沙民政职业技术学院学报,2006(2).

295. 伍斌. 全盘西化与食古不化——中国家具设计现状批评[J]. 美术观察,2005(6).

296. 游明元. 中西融合・传统・现代——浅析中国家具的未来与发展特征[J]. 家具,1999(1).

297. 周新强. 浅议家具设计的传统文化与现代文化[J]. 科技资讯,2007(18).

298. 姚海涛,Yao Haitao. 承古创新中国现代家具设计新思路. 南昌高专学报,2007(3).

299. 汤泳,张福昌. 传统红木坐椅创新设计探索[J]. 家具,1997(4).

300. 刘文金. 对我国绿色环保家具的思考[J]. 家具,2002(2).

301. 许柏鸣. 根系现代魂归传统[J]. 家具,1999(3).

302. 张远群,王文宁. 论明式家具造型中线条的应用[J]. 木材工业,2001(5).

303. 张帝树. 现代中国风格家具的开创途径[J]. 家具与环境,1998(5).

304. 张帝树. 明式家具造型的传统特色[DB/OL]. 维普中文期刊网,TS664.

305. 张帝树. 明式家具的特色腿形[DB/OL]. 维普中文期刊网,TS664.

306. 周霞,刘管平. "天人合一"的理想与中国古代建筑发展观[J]. 建筑学报,1999(11):50－51.

307. 方克立. "天人合一"与中国古代的生态智慧[J]. 社会科学战线,2003(4):12－23.

308. 王晓,李百浩. "中和"与现代建筑论[J]. 华中建筑,2007(8):2－4.

309. 崔波,姜廷旺.《周易》的和谐思想及启示[J]. 郑州经济管理干部学院学报,2007(3):76－79.

310. 黄鑫,郭晓燕,汪隽. 公共环境设施的和谐化设计[J]. 赣南师范学院学报,2007

(4):7-9.

311. 刘月.和谐:中国传统建筑审美之维[J].华中建筑,2004(4):121-123.

312. [日]黑川纪章.共生城市[J].建筑学报,2001(4):7-12.

313. 吴涛,梅洪元.关于城市更新与文脉和谐的思考[J].华中建筑,2008(10):148-150.

314. 朱颖原.和谐诠释、哲学渊源与理论创新[J].求索,2008(8):122-124.

315. 向正祥.和谐社会之设计和谐——浅析设计创造人与环境的和谐[J].家具与室内装饰,2006(2):92-95.

316. 唐立华,刘文金.天人合一——自然形态向人造形态的转化[J].家具与室内装饰,2004(3):24-27.

317. 于奇智.简说张岱年的"天人合一"观[J].中国社会科学院研究生院学报,2004(5):71-75.

318. 刘芳.论和谐化设计[J].湖南城市学院学报,2008(3):72-74.

319. 周芬芬,焦成根.论和谐化艺术设计[J].邵阳学院学报(社会科学版),2007(2):91-93.

320. 孙振玉.论魏晋美学的自然意象[J].江淮论坛,2006(5):150-154.

321. 李文倩.浅析中西古典"和谐"美学的异同[J].新疆艺术学院学报,2008(3):80-83.

322. 石英,周拥军.数与比例在中西方古建筑中的运用[J].中南林业科技大学学报,2004(6):95-98.

323. 刘昆,周官武.探索一种和谐的设计思路[J].中国建筑学会2007年学术年会论文集,2007:89-93.

324. 张燕.先秦诸子哲学与中国艺术思想[J].东南大学学报(哲学社会科学版),2004(3):41-49.

325. 王晓.中国古代住宅融入自然之意趣的方法浅论[J].武汉理工大学学报,2008(3):103-105,117.

326. 张岱年.中国哲学中"天人合一"思想的剖析[J].北京大学学报(哲学社会科学版),1985(1):1-8.

327. 张晓光.中西自然观演变及其对生态美学的召唤[J].社会科学战线,2008(12):51-54.

328. 张青.庄禅思想影响下的中国传统家具特征[J].装饰,2007(2):86-87.

329. 张寒,杨红强,聂影.中国木质家具国际竞争力的实证分析[J].林业经济,2008(3):17-21.

330. 李黎立,雷亚芳,王彪,等.现代绿色家具研究[J].西北林学院学报,2006(2):154-156.

331. 罗无逸. 师造化,潜移形:解读明式家具的造型表象(一)[J]. 装饰,2006(1):34－37.

332. 黄薇,张露芳,吴明. 明式家具中卯榫结构[J]. 包装工程,2002(3):159－161.

333. 邱志涛. 明式家具审美观的科学分析[J]. 装饰,2006(11):102－103.

334. 吴晓. 明清时期住宅结构及家具陈设探究[J]. 装饰,2006(5):23.

335. 李赐生. 明清家具造型设计中的节奏与韵律美[J]. 西北林学院学报,2007(2):176－178.

336. 刘树老,王黎. 论中国传统木构建筑与木制家具的关系[J]. 装饰,2007(2):94－95.

337. 张远群,王文宁. 论明式家具造型中线条的应用[J]. 木材工业,2001(3):17－19.

338. 许柏鸣. 家具产品系统的设计战略[J]. 家具,2007(3).

339. 李殿斌. 简论和谐范畴[J]. 河北师范大学学报(社会科学版),1998(4):28－30.

340. 丁嘉明. 和谐:"古典风尚"现代中式家具设计理念浅析[J]. 美术学报,2006(4):47－49.

341. 周来祥. 和·中和·中:再论中国传统文化的和谐精神及其审美特征[J]. 文史哲,2006(2):87－93.

342. 黎红雷. "和谐观"中西合论[J]. 中国哲学史,1999(4):116－124.

343. 赵月美,喻云涛. 中西传统"和谐"观比较及其现实意义[J]. 发展研究,2000(5):62－63.

344. 曾伯林. 论儒家、道家与《周易》的和谐美学思想[J]. 长沙大学学报,2006(1):90－91.

345. 杨明朗,邱珂. 设计美的和谐意境[J]. 装饰,2006(4):18.

346. 曹炜,于男卓,曲彦玲. 类型学思考[J]. 哈尔滨建筑大学学报,1999(2):83－85.

347. 沈克宁. 设计中的类型学[J]. 世界建筑,1991(2):65－69.

348. 马清运. 类型概念及建筑类型学[J]. 建筑师,1990(6):14－31.

349. 顾菲. 住宅设计中类型学方法的探索——谈类型学的方法在一次联合设计中的运用[J]. 住宅科技,2004(12):10－16.

350. 李铌,李亮,杨瑛. 类型学在城市设计中的运用[J]. 城市发展研究,2008(4):33－34,19.

351. 杨跃华,魏春雨. 建筑类型学的研究与实践[J]. 中外建筑,2008(6):85－88.

352. 于滢. 从类型学角度看建筑细部造型[J]. 四川建筑,2008(1):27－29.

353. 于帆,殷润元. 仿生设计系统分析[J]. 包装工程,2008(6):141－144.

354. 于帆. 现代产品系统设计从系统认识开始[J]. 装饰,2004(12):75.

355. 盛菊芳. 人—机—环境系统[J]. 电力安全技术,2006(2):57.

356. 操琨,王革.系统构建人与自然的和谐[J].理论与现代化,2007(4):60-62.

357. 洪姿鹤.明式家具与新艺术家具现代形式转化关联之研究[D].台湾中原大学,2001.

358. 阎纪林.明式家具的功能及造型风格[J].家具,1992(6).

359. 唐昱.明式家具的对比造型手法[DB/OL].维普中文期刊网,TS664.1.

360. 刘刚.明式家具的文人气息[DB/OL].维普中文期刊网,TS664.

361. 张蕾,行淑敏,程远.明式家具造型美的形成[DB/OL].维普中文期刊网,TS664.

362. 韩维生,行淑敏.中国风格家具——从古典到现代[J].家具,2001(4).

363. 喻俊馨.浅析产品设计的三个层面[J].高等教育研究,2007(2).

364. 许柏鸣.家具设计的理念与实务[J].家具,2000(2).

365. 林作新.中国传统家具的现代化[J].家具与环境,2002(1).

366. 赵东诚.技术美学在现代家具设计中的体现[J].常熟高专学报,2001(6).

367. 陈玉婷,陈玉霞,穆亚平.传统家具元素在现代家具设计中的应用[J].西北林学院学报,2007(1).

368. 李敏秀.现代科技对家具设计的影响[J].家具与室内装饰,2002(1).

369. 胡俊红.现代主义及其在家具设计中的体现[J].家具与室内装饰,2002(1).

370. 刘晓伟.家具设计的源泉——关注生活[J].家具与室内装饰,2001(5).

371. 杨中强.家具设计的继承与创新[J].家具与室内装饰,2001(4).

372. 陈高明.论现代家具设计及设计中的后现代主义[J].天津职业大学学报,2004(1).

373. 李亦文.中国文化在现代家具设计中的运用[J].家具,2003(2).

374. 周浩明,蒋正清.从椅子的演变看中国古代家具设计发展的影响因素[J].江南大学学报(自然科学版),2002(4).

375. 许可为,韩勇.中国明清家具与当代家具设计[J].青岛建筑工程学院学报,2002(2).

376. 唐彩云.生活方式与家具设计[J].国际木业,2004(6).

377. 汤洪.浅谈家具设计的时代性[J].合肥学院学报(自然科学版),2005(4).

378. 李赐生.家具设计的民族性与时代性[J].家具与室内装饰,2004(9).

379. 唐蕾.中国艺术哲学在现代家具设计中的运用[D].北京林业大学,2005.

380. 郭承波.18世纪法国家具设计中“中国风”成因探析[J].美术大观,2006(11).

381. 林作新.中国传统家具现代化的研究[D].北京林业大学,2001.

382. 许柏鸣.明式家具的设计透析与拓展[D].南京林业大学,2000.

383. 江敬艳.圆竹家具有研究[D].南京林业大学,2001.

384. 刘文金.中国当代家具设计文化研究[D].南京林业大学,2003.

385. 李敏秀. 中西家具文化比较研究[D]. 南京林业大学,2003.

386. 唐开军. 家具风格的形成过程研究[D]. 北京林业大学,2004.

387. 李吉庆. 新型竹集成材家具的研究[D]. 南京林业大学,2005.

388. 李伟华. 中国书法艺术对明式家具的影响研究[D]. 南京林业大学,2005.

389. 邵晓峰. 中国传统家具和绘画的关系研究[D]. 南京林业大学,2005.

390. 邱志涛. 明式家具的科学性与价值观研究[D]. 南京林业大学,2006.

391. 袁哲. 藤家具的研究[D]. 南京林业大学,2006.

392. 耿晓杰. 家具设计的分形研究——以中国传统家具为例[D]. 北京林业大学,2006.

393. 余肖红. 明清家具雕刻装饰图案现代应用的研究[D]. 北京林业大学,2006.

394. 何燕丽. 中国传统家具装饰的象征理论研究[D]. 北京林业大学,2007.

395. [美]鲁道夫·阿恩海姆. 论比例[J]. 美术译丛,1989(3):32-39.

396. Maslow, A. H. A theory of human motivation. Psychological Review, 1943, 50(3): 370-396.

397. M. K. Gouvali, K. Boudolos. Match between school furniture dimensions and children's anthropometry. Applied Ergonomics, 2006, 37(6).

398. Grenville Knight, Jan Noyes. Children's behaviour and the design of school furniture. ERGONOMICS, 1999, 42(5): 747-760.

399. Steven R. Umbach. The changing scale of design. INNOVATION ,2006: 36-37.

400. T. J. Pakarinen, A. T. Asikainen. Consumer segments for wooden household furniture. Holz als Roh-und Werkstoff, 2001,59(3):217-227.

401. S. J. Zafarmand, K. S. Sugiyama, Makoto Watangable. Aesthetic and sustainability—The aesthetic attributes promoting product sustainability. The Journal of Sustainable Product Design, 2003, 3:173-186.

402. D. Rams. Waste not want not. The Journal of Sustainable Product Design, 2001, 1(2):131-135.

403. Robert B. Handfield, Steve V Walton, Lisa K Seegers, Steven A Melnyk. 'Green' value chain practices in the furniture industry. Journal of Operations Management,1997, 15(4):293-315.

404. Joanne W. Y. Chung, Thomas K. S. Wong. Anthropometric evaluation for primary school furniture design. Ergonomics,2007, 50(3):323-334.

405. B. Kayis, K. Hoang. Static three-dimensional modeling of prolonged seated posture. Applied Ergonomics, 1999, 30(3):255-262.

406. O. Michelsen, Annik Magerholm Fet, Alexander Dahlsrud. Eco-efficiency in extended supply chains:A case study of furniture production. Journal of Environmental

Management, 2005, 79(3):290 - 297.

407. W. P. Schmidt. Life cycle costing as part of design for environment: environmental business cases. The International Journal of Life Cycle Assessment, 2003, 8(3): 167 - 174.

408. J. Smardzewski. Numerical analysis of furniture constructions. Wood Science and Technology, 1998, 32(4):273 - 286.

409. David J. Robb, Binxie, Tiru Arthanari. Supply chain and operations practice and performance in Chinese furniture manufacturing. International Journal of Production Economics, 2007, 112(2):683 - 699.

410. Chris Sherwin. Design and sustainability: A discussion paper based on personal experience and observations. The Journal of Sustainable Product Design, 2004, 4:21 - 31.

411. Ab Stevels. Five ways to be green and profitable. The Journal of Sustainable Product Design, 2001, 1(2):81 - 89.

致　谢

本书是在我博士论文和近年实践研究基础上完成的成果，在这里，我要感谢很多人，没有他们，我的研究不可能完成，本书稿也难以成书。

首先要感谢我的博士指导老师张福昌教授。在研究过程中，张老师在论文选题、概念探讨、参观调研、研究方法等方面给予细心指导，而且他对设计前沿动态和家具产业发展方面的学术造诣和敏锐洞察力让我的研究视野和研究思路得到极大拓展，也因此让我逐渐理解学术的意义和人生的真谛所在。

我要感谢江南大学设计学院过伟敏、李世国、陈嘉全、王安霞、张凌浩、李彬彬、李亮之、毛白滔等教授以及学院诸位老师在我求学过程中的悉心指导和帮助，使我在相关研究领域的思考和研究更为深入。

在研究过程中，国内许多专家老师在我的论文写作、实践调研和论文答辩等环节给予了极大帮助，我要衷心感谢南京林业大学吴智慧教授、清华大学美术学院柳冠中教授、南京艺术学院何晓佑教授、《家具》杂志社许美琪教授、南京林业大学申黎明教授、华东理工大学程建新教授等设计界专家在论文写作中给予的帮助和指导。

我非常感谢东南大学艺术学院各位专家老师在科研工作中给予的指导和帮助。感谢博士后导师王廷信教授给予的悉心指导和关爱，为我提供了良好的研究平台，使我能够顺利完成相关研究。感谢凌继尧、陶思炎、汪小洋、李倍雷、徐子方、刘灿铭、张乾元等教授专家给予的帮助和指导。

我还要特别感谢在研究过程中给予帮助和指导的师友、朋友和同学。感谢王和平、崔天剑、王庆彬、朱方诚、邓嵘、王俊、余帆、余雅林、徐进、陈绘、程万里、郑德东、王莉等老师为我提供热情的帮助。

最后，也是最重要的，我要衷心感谢我的爱人张寒凝和我的父母、姐弟。他们全身心地支持我多年的求学和研究工作，而且无论是失落消沉还是茫然无望，爱人和亲人都能给予我极大的鼓励和支持，让我拥有振作的信心和勇气，是他们让我无时无刻不感受到亲情的执著与伟大，也让我能够在温馨中投入到学习和工作之中。同时，也感谢我的岳父母，他们在我研究中对家庭悉心照料和关爱，让我有更充足的时间和精力投入到学习和工作中。

最后，对于给予我各种帮助和指导的人，我的感激是难以言表的，希望我的研究能够让您的帮助显出成效。在此，我还要感谢很多人……

图 表 来 源

1. 图 1－1 中国茶馆竹椅，摘自：互联网
2. 图 1－2 艾未未的家具艺术作品，摘自：艾未未《艾未未作品》
3. 图 1－3 家具艺术品，摘自：《家具》杂志
4. 图 1－4 艺术化家具，摘自：《家具》杂志
5. 图 1－5 汉斯·瓦格纳的“椅”，摘自：互联网
6. 图 1－6 洛克希德椅，摘自：互联网
7. 图 1－7 卡尔顿书架，摘自：互联网
8. 图 1－8 Magis 公司的儿童家具，摘自 Magis 产品手册
9. 图 1－9 两款分割独立空间的室外家具，摘自《1000 designs for the garden and where to find them》
10. 图 1－10 吊床和吊椅，摘自《1000 designs for the garden and where to find them》
11. 图 1－11 日本 Aterlier OPA 工作室设计的移动家具，摘自 Aterlier OPA 产品手册
12. 表 1－1 国内外学者对风格概念的阐述，作者自绘
13. 图 1－12 法国文艺复兴时期家具的细部装饰，摘自：[美]莱斯利·皮娜《家具史》
14. 图 1－13 温莎椅的靠背结构形式，摘自：Wallace Nutting，Victor M. Lino《Windsor chairs》
15. 图 1－14 密斯设计的 MR 534 钢管扶手椅，摘自：[西]Patricia Bueno《名家名椅》
16. 图 1－15 布劳耶设计的瓦西里椅，摘自：[西]Patricia Bueno《名家名椅》
17. 图 1－16 齐本德尔设计的“中国风”椅子，摘自：[美]莱斯利·皮娜《家具史》
18. 图 1－17 格林兄弟设计的起居室椅，摘自：兰德尔·R·梅金森《格林兄弟：家具及相关设计》
19. 图 1－18 汉斯·维格纳设计的“中国椅”，摘自：曾坚，朱丽珊编著《北欧现代家具》
20. 图 1－19 具有广式风格的海派双人椅，摘自：大成编《民国家具价值汇典》
21. 图 1－20 36 条腿卧房套装家具，摘自：陈于书《20 世纪中国家具艺术风格解读》
22. 图 1－21 国内公司生产的板式家具，摘自：互联网
23. 图 1－22《鲁班经》记载的“牙轿式”，摘自：[明]午荣《鲁班经》
24. 图 1－23《梓人遗制》记载的“五明坐车子”，摘自：[元]薛景石《梓人遗制图说》
25. 图 1－24 吴仕楠木厅家具陈设布置，拍于江苏宜兴吴仕楠木厅

26. 图 1 – 25 明清家具中的直背扶手椅，摘自：朱家溍《明清家具(上下卷)》
27. 表 1 – 2 关于中式家具风格的研究汇总表，作者自绘
28. 图 1 – 26 索内特 14 号椅，摘自：耿小杰，张帆《百年家具经典》
29. 图 1 – 27“仿中式”家具，作者拍摄于无锡家具卖场
30. 图 1 – 28 华伟公司的“写意东方”系列家具，摘自：华伟公司家具宣传册
31. 图 1 – 29 9218 联邦椅，摘自：陈于书《20 世纪中国家具艺术风格解读》
32. 图 1 – 30 朱小杰设计的清水椅，摘自：朱小杰《朱小杰家具设计》
33. 图 1 – 31 华贵富有椅和出世禅意椅，摘自：汤泳《传统红木座椅创新设计探索》
34. 图 1 – 32 现代中式家具形态创新实例，摘自：互联网
35. 图 1 – 33 抱肩榫结构改进，摘自：黎敏《中国古典家具工业化生产方式的研究》
36. 图 1 – 34 东莞大宝公司的“清流”系列家具的框架结构的改良，摘自：东莞大宝家具宣传册
37. 表 1 – 3 现代中式家具应用木材性能一览表(以粗线区分红木和非红木)，作者自绘
38. 图 1 – 35 联邦现代中式家具的色彩应用，摘自：联邦家私家具宣传册
39. 图 1 – 36 明风阁的现代中式家具中的装饰形式，摘自：明风阁家具公司主页
40. 图 1 – 37 嘉豪何室“中国红”系列家具，作者拍摄于嘉豪何室家具展厅
41. 图 1 – 38 老木坊“战国”系列家具，摘自：老木坊家具宣传册
42. 图 1 – 39 青木堂“自然理画”系列椅子，摘自：青木堂家具公司主页
43. 图 1 – 40 春在中国的直腿圈口禅椅，摘自：春在中国家具公司主页
44. 图 1 – 41 仿古样式椅子，摘自：互联网
45. 图 1 – 42“春秋”沙发和“唐韵”柜，摘自：东莞大宝家具宣传册
46. 图 1 – 43 简化的椅子，摘自：互联网
47. 图 1 – 44 解构重组式的书桌，摘自：互联网
48. 图 2 – 1《周易》中阴爻、阳爻组成的卦象，摘自：张乾元《象外之意——周易意象学与中国书画美学》
49. 表 2 – 1《周易・系辞传》与《道德经》中的对立词汇表，作者汇总
50. 图 2 – 2 马家窑文化的彩陶纹样，摘自：诸葛铠《设计艺术学十讲》
51. 图 2 – 3 北京四合院的空间布局，摘自：楼庆西《中国古建筑二十讲》
52. 图 2 – 4 唐朝长安城的规划，摘自：杨茳善，李晓东《中国空间》
53. 图 2 – 5 无锡寄畅园与德国汉诺威海伦豪森庄园平面图，摘自：互联网
54. 图 2 – 6 商后期青铜尊中轴对称的造型曲线，作者绘制
55. 图 2 – 7 明式南官帽椅，摘自：王世襄《明式家具研究》
56. 图 2 – 8 明式家具的格角处理，作者汇总
57. 图 2 – 9 明式家具中的雕刻装饰，作者汇总

58. 图 2-10 太极图的演化，摘自：张一方《太极图的宇宙演化基础和九宫八卦五行图》

59. 图 2-11 阎立本《步辇图》绢本设色，摘自：《故宫博物院藏品大系》

60. 图 2-12 马远《踏歌图》轴，摘自：《故宫博物院藏品大系》

61. 图 2-13 张大千《古木幽禽图》轴，摘自：《中国近现代名家作品选粹·张大千》

62. 图 2-14 傅山《草书五律诗轴》绫本，摘自：《故宫博物院藏品大系》

63. 图 2-15 徐渭《草书岑参诗轴》纸本，摘自：《故宫博物院藏品大系》

64. 图 2-16 中国传统民居院落样式，詹和平《空间》

65. 图 2-17 中国园林与山水画构图的对比，摘自：互联网

66. 图 2-18 江南水乡民居与故宫建筑的比较，作者拍摄

67. 图 2-19 紫檀牡丹纹扶手椅，王世襄《明式家具研究》

68. 图 2-20 和谐四元体，摘自：维基百科

69. 图 2-21 荷矛者与宙斯雕塑的比例，摘自：[美]金伯利·伊拉姆《设计几何学》

70. 图 2-22 维特鲁威人，摘自：[美]金伯利·伊拉姆《设计几何学》

71. 图 2-23 希腊柱式中的比例关系，摘自：维特鲁维《建筑十书》

72. 图 2-24 柯布西耶模数与人体尺度的关系，摘自：Ernst and Peter Neufert《Architects' Data》

73. 图 2-25 帕特农神庙立面的黄金分割矩形，摘自：[美]金伯利·伊拉姆《设计几何学》

74. 图 2-26 古希腊容器中的比例，摘自：徐恒醇《设计美学》

75. 图 2-27 伊姆斯的"DCW"椅的比例关系，摘自：[美]金伯利·伊拉姆《设计几何学》

76. 图 2-28 柯布西耶的模数系统，摘自：余隋怀等《设计数学基础》

77. 图 2-29 柯布西耶的朗乡教堂，摘自：章利国《现代设计美学》

78. 图 2-30 贝聿铭的"金字塔"，摘自：互联网

79. 图 2-31《最后的晚餐》，摘自：[英]莱茨《剑桥艺术史：文艺复兴艺术》

80. 图 2-32 贝壳中的黄金分割比，摘自：[美]金伯利·伊拉姆《设计几何学》

81. 图 2-33 拉斐尔的《西斯廷圣母》和《圣母的婚礼》，摘自：[英]莱茨《剑桥艺术史：文艺复兴艺术》

82. 图 2-34 蒙德里安的绘画，摘自：CarelBlotkamp《Mondrian: The Art of Destruction》

83. 图 2-35 奥德设计的鹿特丹 Unie 咖啡馆，摘自：互联网

84. 图 2-36 现代家具设计中几何形态的形式美感体现，摘自：互联网

85. 图 2-37 中西和谐文化应用层面的比较，作者自绘

86. 图 2-38 中西和谐文化在设计中的应用层次及内容，作者自绘

87. 图 3-1 人-机-环境系统工程，摘自：盛菊芳《人—机—环境系统》

88. 图 3-2 不同产品三种功能属性的比重，摘自：徐恒醇《设计美学》

89. 图 3-3 马斯洛需求层次金字塔，作者自绘

90. 图 3-4 从木材到成品的过程示意图，摘自：O. Michelsen, ect.《Eco-efficiency in extended supply chains：A case study of furniture production》

91. 图 3-5 人-家具-环境系统与设计理念和价值诉求的关系，作者自绘

92. 图 3-6 人-家具-社会-环境系统，作者自绘

93. 图 3-7 产品与环境的物质交换过程，摘自：David J. Robb, ect.《Supply chain and operations practice and performance in Chinese furniture manufacturing》

94. 图 3-8 现代中式家具生产过程，根据《绿色家具与制造》中家具生产过程图绘制

95. 图 3-9 产品创新开发方式，作者自绘

96. 图 3-10 材料选择流程图，摘自：吴智慧《绿色家具技术》

97. 图 3-11 清太师椅与明官帽椅用料比较，作者拍摄

98. 图 3-12 清雕花柜与明顶箱柜用料比较，左图：作者拍摄，右图摘自：王世襄《明式家具研究》

99. 图 3-13 手工制作家具过程，摘自：《8500 WOODWORKING PROJECTS》

100. 图 3-14 现代中式家具生产与环境的物质交换，作者自绘

101. 图 3-15 现代中式家具绿色制造系统，作者自绘

102. 图 3-16 ISO14000 环境管理体系，摘自：吴智慧《绿色家具技术》

103. 图 3-17 传统厅堂中对称式家具布局，摘自：互联网

104. 图 3-18 南官帽椅与传统建筑的结构比较，摘自：赵广超等《一章"木椅"》

105. 图 3-19 戴勇设计的中国风家居，摘自：互联网

106. 图 3-20《燕几图》与《蝶几图》排布形式，作者自绘

107. 图 3-21 搭脑与屋顶形式的比较，作者汇总

108. 图 3-22 传统中式家具结构中的自然形式，作者汇总

109. 图 3-23 清紫檀嵌竹丝梅花式凳，摘自：朱家溍《明清家具(上下卷)》

110. 图 3-24 明紫檀有束腰带托泥宝座，摘自：朱家溍《明清家具(上下卷)》

111. 图 3-25 清乾隆御用鹿角椅，摘自：朱家溍《明清家具(上下卷)》

112. 图 3-26 传统中式家具中的中轴对称形式，作者绘制

113. 图 3-27 17 种二维图案的对称形式，摘自：[美]多萝西·K. 沃什伯恩等《设计·对称性设计教程与解析》

114. 图 3-28 明罗汉床围子的曲尺图案，作者绘制

115. 图 3-29 明柜面四簇云纹，作者绘制

116. 图 3-30 明式南官帽椅造型中的比例关系，摘自：赵广超等《一章"木椅"》

117. 图 3-31 明式典型座椅中对自然事物的表现，摘自：王世襄《明式家具研究》

118. 图 3 - 32 清式家具中对自然事物的表现，摘自：朱家溍《明清家具（上下卷）》

119. 表 3 - 1 传统中式家具中自然表现题材，作者汇总

120. 图 3 - 33 黄花梨三棂矮靠背南官帽椅，摘自：王世襄《明式家具研究》

121. 图 3 - 34 明式大灯挂椅，摘自：王世襄《明式家具研究》

122. 图 3 - 35 明椅靠背板的"S"型曲线，摘自：赵广超等《一章"木椅"》

123. 图 3 - 36 明马蹄足霸王枨条桌，摘自：王世襄《明式家具研究》

124. 图 3 - 37 明式座椅靠背板的装饰形式，作者汇总

125. 图 3 - 38 现代家具中仿生设计形式，摘自：Charlotte Fiell ，Peter Fiell《1000 chairs》

126. 图 3 - 39 现代树根家具与传统树根家具造型对比，左图摘自：朱家溍《明清家具（上下卷）》，右图：摘自互联网

127. 图 3 - 40 "花枝招展"椅盛开，摘自：2008 首届中国"华邦杯"传统家具设计大赛作品

128. 图 3 - 41 2008 首届中国"华邦杯"传统家具设计大赛的设计作品，摘自：2008 首届中国"华邦杯"传统家具设计大赛作品

129. 图 3 - 42 联邦家私的"龙行天下"与"凤仪九天"家具，摘自：联邦家私宣传册

130. 图 3 - 43 元代倪瓒的《安处斋图》，摘自：《故宫博物院藏品大系》

131. 图 3 - 44 现代家居中的中式家具，左图：作者拍摄于无锡家具卖场，右图摘自：互联网

132. 图 3 - 45 联邦家私的江南世家系列家具，摘自：联邦家私宣传册

133. 图 3 - 46 石涛《黄山图》，摘自：《故宫博物院藏品大系》

134. 图 3 - 47 傅抱石《观瀑图》，摘自：《傅抱石精品书集》

135. 图 3 - 48 传统中式家具中"S"形腿，摘自：互联网

136. 图 3 - 49 朱小杰设计的铜钱椅，摘自：朱小杰《朱小杰家具设计》

137. 图 3 - 50 联邦家私的"家家具"系列座椅，摘自：联邦家私宣传册

138. 图 3 - 51 赖特设计的流水别墅，摘自：MeryleSecrest《Frank Lloyd Wright：a biography》

139. 图 3 - 52 赖特设计的西塔里埃森住宅，摘自：MeryleSecrest《Frank Lloyd Wright：a biography》

140. 图 3 - 53 现代家具中的自然体验，摘自：互联网

141. 图 3 - 54 现代家具设计纳入自然要素的形式，摘自：互联网

142. 图 3 - 55 联邦家私的"素榆"系列家具，摘自：联邦家私宣传册

143. 图 3 - 56 台湾红屋家具公司设计的"禅床"，摘自：互联网

144. 图 3 - 57 以竹材为主的现代中式家具设计，摘自：互联网

145. 图 3 - 58 春在中国的"咏竹"系列家具，摘自：互联网

146. 图 3－59 仿竹纹紫檀官帽椅,摘自:朱家溍《明清家具(上下卷)》

147. 图 3－60 现代家具设计融入自然形式的方式,摘自:Jennifer Hudson《1000 New Designs and Where to Find Them》

148. 图 3－61 嘉豪何室的“孔雀蓝”系列家具,作者拍摄于嘉豪何室家具展厅

149. 图 3－62 天然石材家具,摘自:互联网

150. 图 3－63 不规则形态家具,摘自:Charlotte Fiell ,Peter Fiell《1000 chairs》

151. 图 3－64 现代家具中秩序与复杂,摘自:Charlotte Fiell ,Peter Fiell《1000 chairs》

152. 图 3－65 朱小杰设计的清水长椅,摘自:朱小杰《朱小杰家具设计》

153. 图 3－66 青木堂公司的“自然·理画”系列家具,摘自:青木堂家具公司主页

154. 图 3－67 现代家具设计中的象征性要素,摘自:互联网

155. 图 4－1 皇朝家私设计的奥运家具系列座椅,摘自:互联网

156. 图 4－2 家具产品概念的多层次构成,作者绘制

157. 图 4－3 民国时期的中国家具,摘自:大成编《民国家具价值汇典》

158. 图 4－4 不同时期的西方家具,摘自:[美]莱斯利·皮娜《家具史》

159. 图 4－5 “冥想”椅,摘自:《IFDA ASAHIKAWA2008 国际家具大赛获奖作品集》

160. 图 4－6 “刀锋”椅,摘自:互联网

161. 图 4－7 扶手椅,摘自:Philippe Garner《Twentieth-Century Furniture》

162. 图 4－8 迪朗的方案类型,摘自:汪丽君《建筑类型学》

163. 图 4－9 帕尼莱的民间住宅类型,摘自:汪丽君《建筑类型学》

164. 图 4－10 魏春雨的立方体建筑类型,摘自:杨跃华,魏春雨《建筑类型学的研究与实践》

165. 图 4－11 Mayer－Eppler 的传讯模型,作者绘制

166. 图 4－12 从普瑞加桑纳住宅到麦萨哥诺住宅的设计过程,摘自:汪丽君《建筑类型学》

167. 表 4－1 传统中式家具与建筑的对应关系,作者汇总

168. 图 4－13 受测者年龄构成,调查数据

169. 图 4－14 受测者职业构成,调查数据

170. 图 4－15 受测者学历构成图,调查数据

171. 图 4－16 受测者月收入构成,调查数据

172. 图 4－17 受测者对传统中式家具的熟悉程度,调查数据

173. 图 4－18 影响传统中式家具的造型特征因素评价分布图,调查数据

174. 图 4－19 影响传统中式家具的社会文化因素评价分布图,调查数据

175. 表 4－2 因子分析适合度检验结果,SPSS17 数据分析输出图表

206. 表 5-2 关于形式美法则的研究汇总表,作者汇总

207. 图 5-9 明式椅的高度分布,作者绘制

208. 图 5-10 明式柜子的高度分布,作者绘制

209. 图 5-11 明式桌案的高度分布,作者绘制

210. 图 5-12 明式椅靠背板的曲线分布,作者绘制

211. 图 5-13 人体工学中的尺度测绘,摘自:丁玉兰《人机工程学》

212. 图 5-14 联邦家私的客厅家具,摘自:联邦家私家具宣传册

213. 图 5-15 华伟家具的客厅家具,摘自:华伟公司家具宣传册

214. 图 5-16 华伟、友联为家和嘉豪何室的卧床设计,摘自:华伟、友联和嘉豪何室家具宣传册

215. 图 5-17 人在睡眠中的不同卧姿,摘自:小原二郎,家藤力,安藤正雄《室内空间设计手册》

216. 图 5-18 各种坐姿分析,作者绘制

217. 图 5-19 坐姿变换图,作者绘制

218. 图 5-20 不同功能属性的现代中式座椅,左图摘自:嘉豪何室公司主页,中图摘自:莫霞家私家具宣传册,右图:作者拍摄于华日家具卖场

219. 图 5-21 居住意识、居住空间、生活形式和阶层的关系图,摘自:高桥鹰志,EBS组《环境行为与空间设计》

220. 图 5-22 桌面尺度的标准设置,作者绘制

221. 图 5-23 人坐在椅子上时手在桌面上触及的范围,摘自:高桥鹰志,EBS 组《环境行为与空间设计》

222. 图 5-24 从人性需求到产品的设计过程,作者绘制

223. 图 5-25 基于需求层次理论的设计模式,作者绘制

224. 图 5-26 基于需求层次理论的现代中式家具设计模型,作者绘制

225. 图 5-27 针对不同需求层次的现代中式家具设计,图 1、2、3、5 为作者拍摄,4 摘自:嘉豪何室家具宣传册,6、7 摘自:春在中国公司主页

226. 图 5-28 明式圈椅栲栳圈的曲率,作者绘制

227. 图 5-29 牙子或券口中对称分布的节点,作者绘制

228. 图 5-30 现代家具中点的表现形式,摘自:Jennifer Hudson《1000 New Designs and Where to Find Them》

229. 图 5-31 现代中式家具中点的应用形式,作者拍摄于家具卖场

230. 图 5-32 传统家具中的结构性线条,左图摘自:王世襄《明式家具研究》,中图摘自:朱家溍《明清家具(上下卷)》,右图摘自:赵广超等《一章“木椅”》

231. 图 5-33 装饰性线条,摘自:田家青《明清家具鉴赏与研究》

232. 图 5-34 传统中式家具的线脚,作者汇总

233. 图 5－35 曲线的主要形式，摘自：[美]盖尔·格里特·汉娜《设计元素——罗伊娜·里德·科斯塔罗与视觉构成关系》

234. 表 5－3 各种线的语义象征，作者汇总

235. 图 5－36 联邦家私的现代中式座椅设计，摘自：联邦家私家具宣传册

236. 图 5－37 "Fade"扶手椅和"1 号椅子"，摘自：Jennifer Hudson《1000 New Designs and Where to Find Them》

237. 图 5－38 现代家具中的曲面形式，摘自：Jennifer Hudson《1000 New Designs and Where to Find Them》

238. 图 5－39 春在中国的座椅设计，摘自：春在中国公司主页

239. 图 5－40 明式架子床中的虚实关系，摘自：《中国轻工业标准汇编·家具卷》

240. 表 5－4 传统中式家具的主要木材质地，作者汇总

241. 图 5－41 各种材料在现代家居中的应用，摘自：小原二郎，家藤力，安藤正雄《室内空间设计手册》

242. 图 5－42 木质家具与塑料家具的比较，摘自：互联网

243. 图 5－43 "ill-bill"桌和"Dora"扶手椅，摘自：Jennifer Hudson《1000 New Designs and Where to Find Them》

244. 图 5－44 朱小杰应用亚克力设计的系列椅子，摘自：朱小杰《朱小杰家具设计》

245. 图 5－45 现代中式家具材料的综合应用，作者拍摄

246. 图 5－46 传统中式家具、现代中式家具和现代家具的主要色彩，作者绘制

247. 图 5－47 韩国 I. R. I 色彩研究所的色彩意象表，摘自：I. R. I 色彩研究所《色彩设计师营销密码》

248. 图 5－48 形容词视觉效果分布图，摘自：I. R. I 色彩研究所《色彩设计师营销密码》

249. 图 5－49 针对三类家具的色彩意象分析，作者绘制

250. 图 5－50 朱小杰设计的玫瑰椅，摘自：朱小杰《朱小杰家具设计》

251. 图 5－51 嘉豪何室的"孔雀蓝"系列家具，摘自：嘉豪何室家具宣传册

252. 图 5－52 现代家具设计中应用的人体尺度和比例模型，摘自：Ernst and Peter Neufert《Architects'Data》

253. 表 5－5 矩形比例的喜好实验数据表，摘自：余隋怀等《设计数学基础》

254. 图 5－53 嘉豪何室"孔雀蓝"架格的比例设置，作者绘制

255. 图 5－54 温州澳珀公司的架格设计，摘自：澳珀公司家具宣传册

256. 图 5－55 现代中式家具中的等量均衡，作者拍摄于家具卖场

257. 图 5－56 联邦家私的电视柜与梳妆台，作者拍摄于家具卖场

258. 图 5－57 现代中式家具中的重复节律，摘自：家具展会宣传册

259. 图 5－58 现代中式家具中的渐变节律，作者拍摄于家具卖场

附件 1 中式家具分类表

类别	品种	形制	典型家具实例
坐具	杌凳	方凳	
		长凳	
		圆凳	
		异形凳	
		交杌	

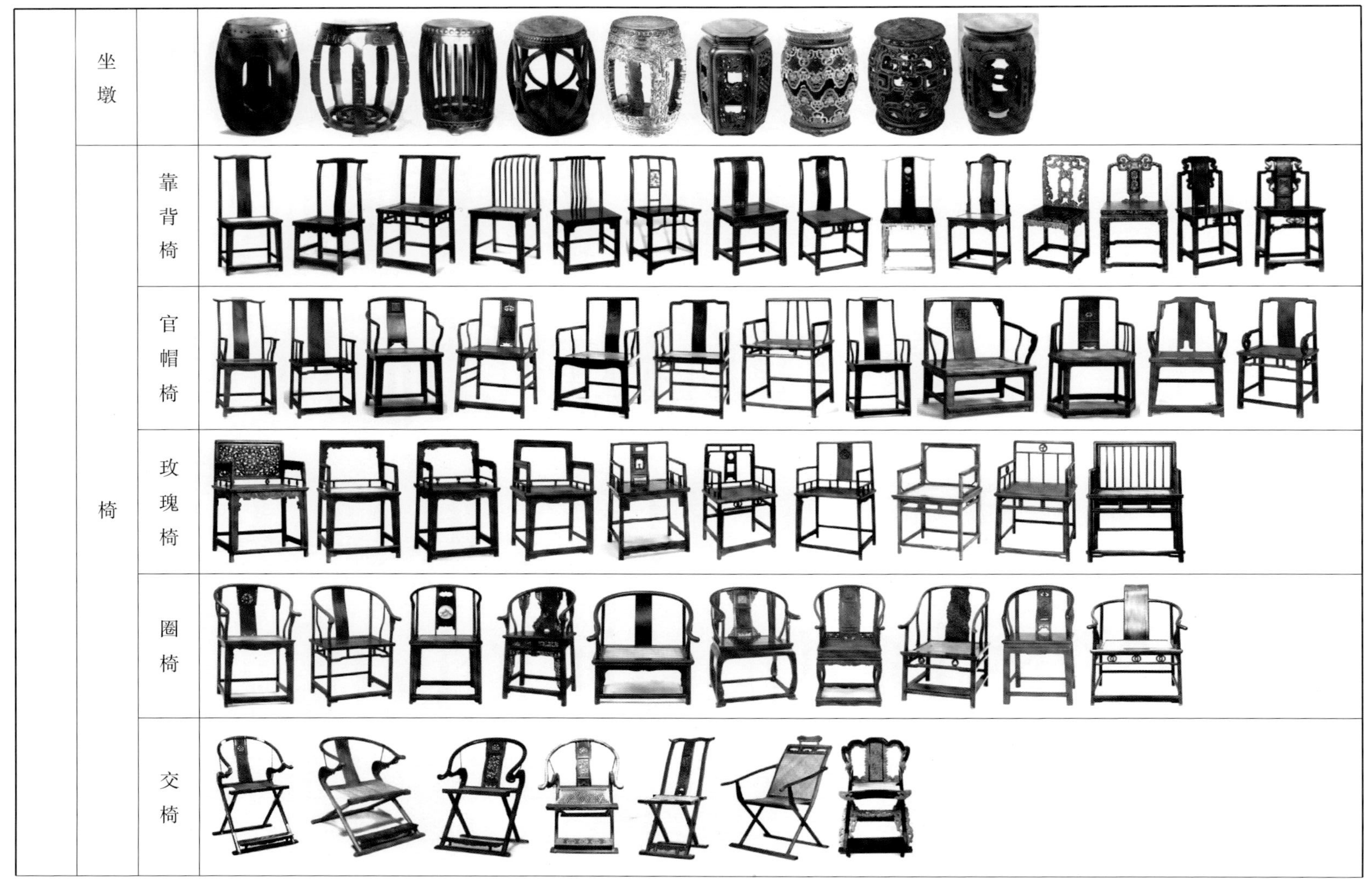
坐墩
椅
靠背椅
官帽椅
玫瑰椅
圈椅
交椅

		太师椅	
		禅椅	
		宝椅	
承具	桌	方桌	
		条桌	
		圆桌、半圆桌	

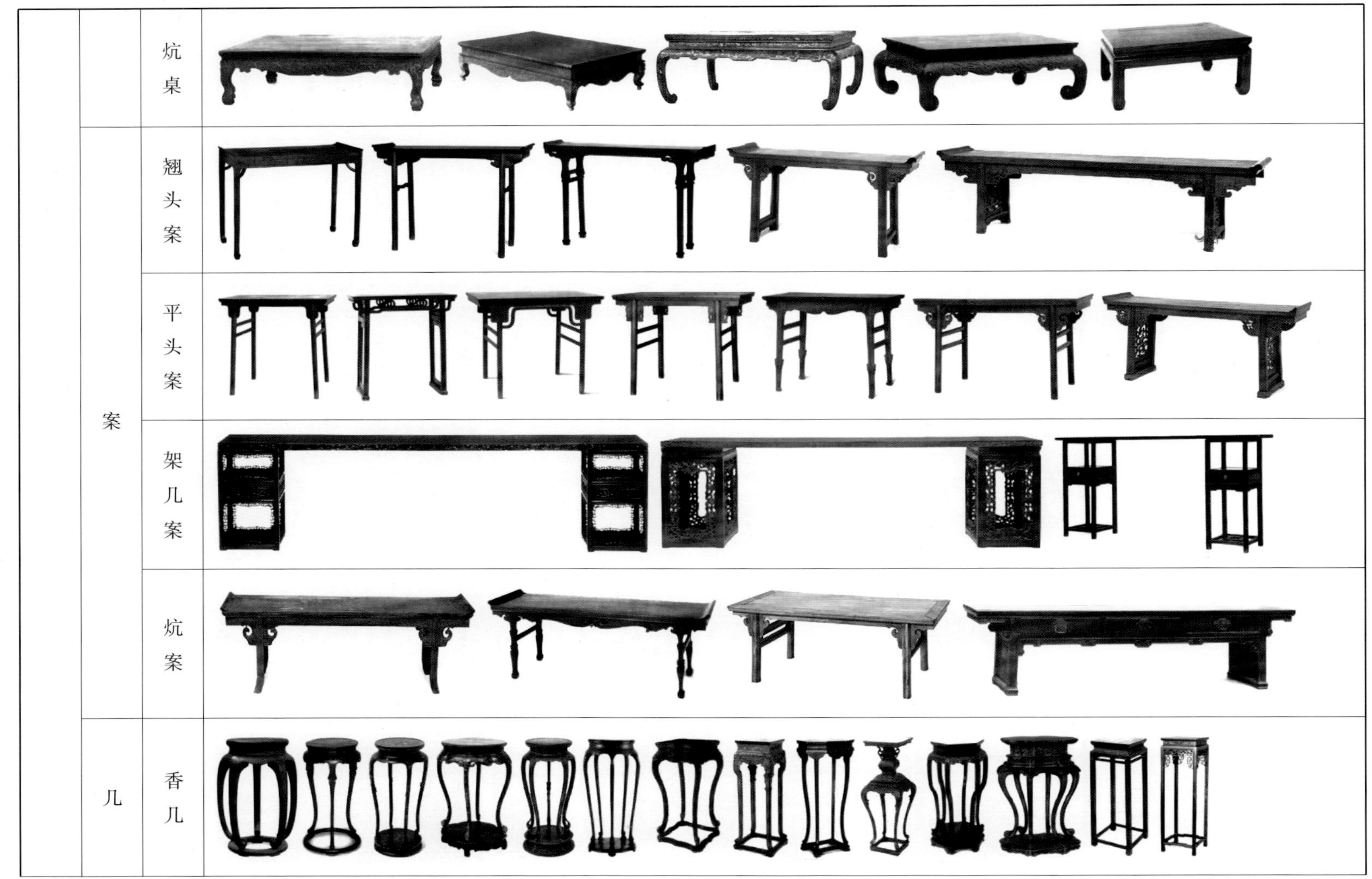
案
炕桌
翘头案
平头案
架几案
炕案
几
香几

		炕几	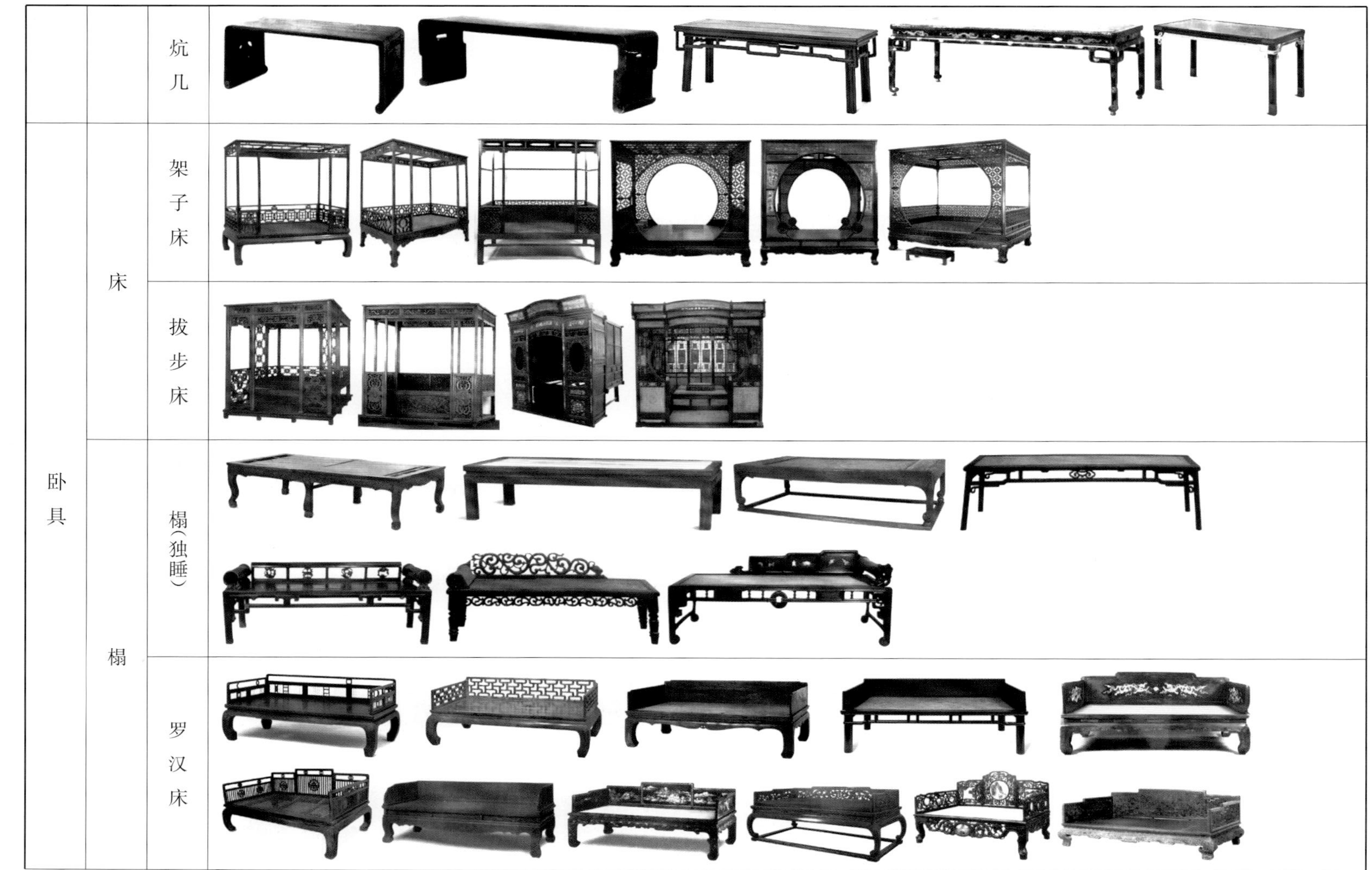
卧具	床	架子床	
		拔步床	
	榻	榻（独睡）	
		罗汉床	

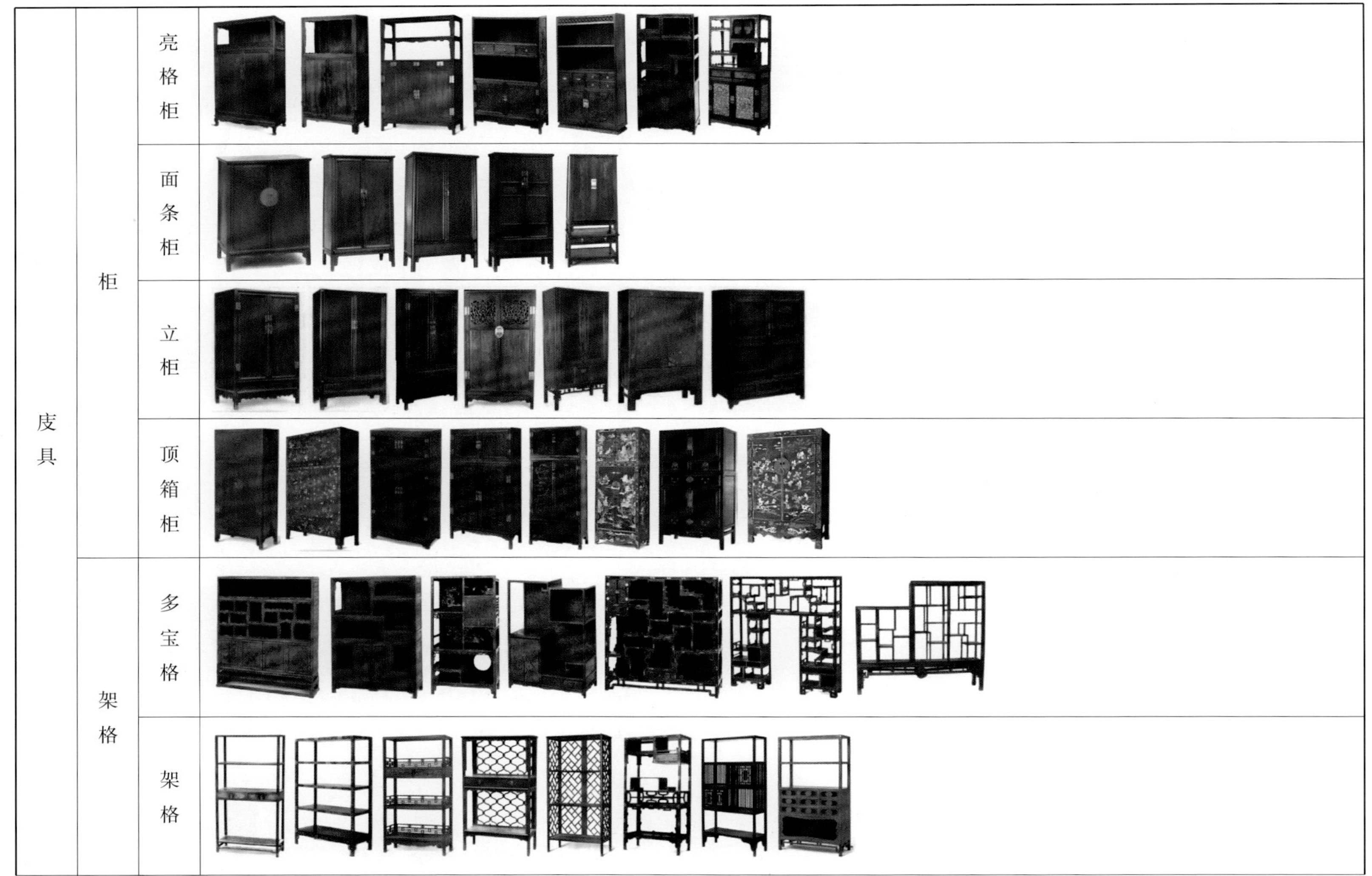
庋具
柜
亮格柜
面条柜
立柜
顶箱柜
架格
多宝格
架格

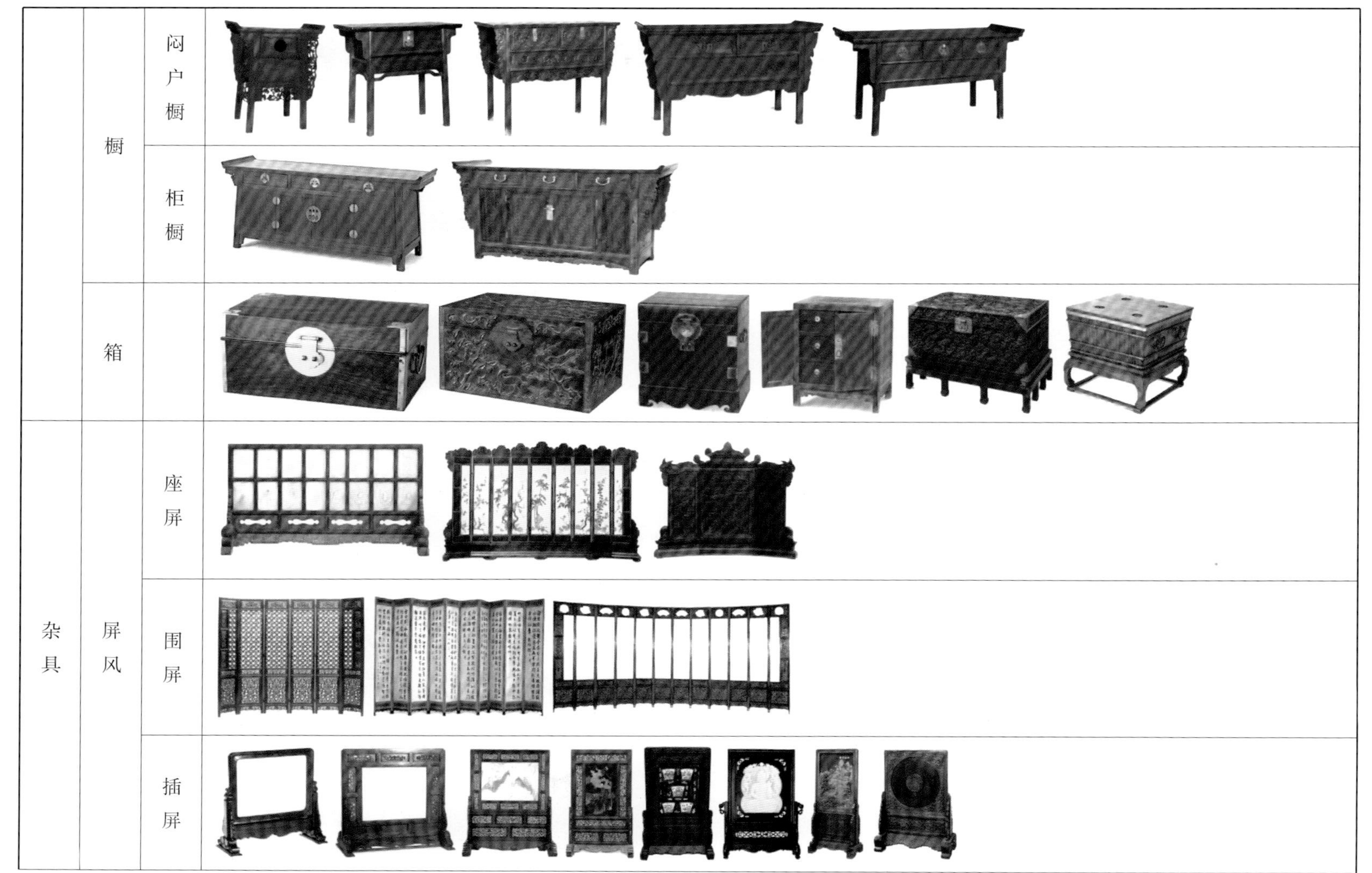

	橱	闷户橱	
		柜橱	
	箱		
杂具	屏风	座屏	
		围屏	
		插屏	

		挂屏	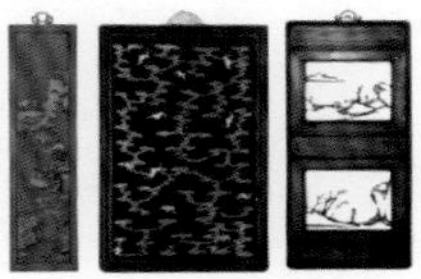
	架台	衣架	
		盆架	
		镜台	
		灯架	

附件 2　传统中式椅子的发展演化简表

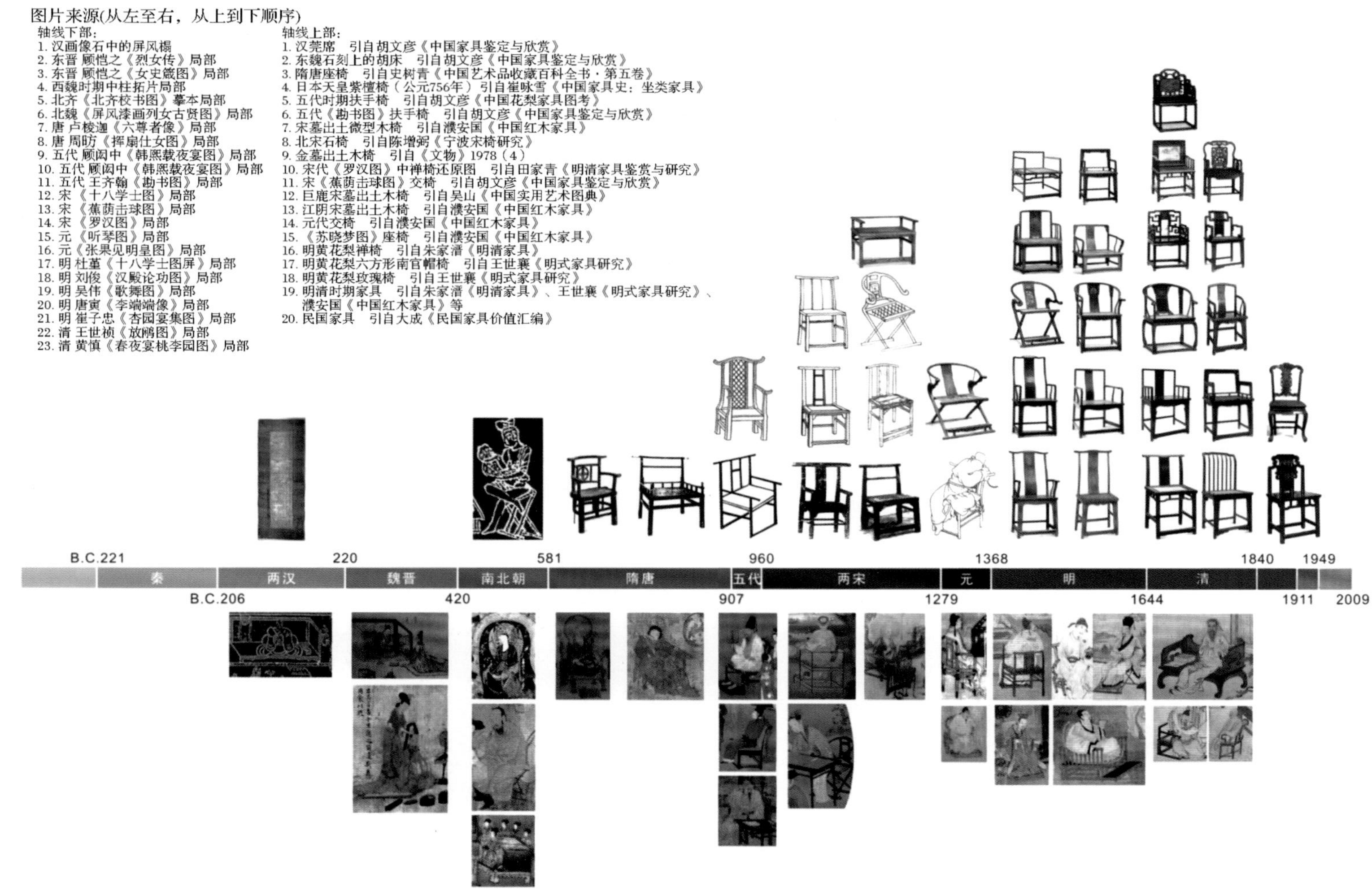

图片来源(从左至右，从上到下顺序)

轴线下部：

1. 汉画像石中的屏风榻
2. 东晋 顾恺之《烈女传》局部
3. 东晋 顾恺之《女史箴图》局部
4. 西魏时期中柱拓片局部
5. 北齐《北齐校书图》摹本局部
6. 北魏《屏风漆画列女古贤图》局部
7. 唐 卢棱迦《六尊者像》局部
8. 唐 周昉《挥扇仕女图》局部
9. 五代 顾闳中《韩熙载夜宴图》局部
10. 五代 顾闳中《韩熙载夜宴图》局部
11. 五代 王齐翰《勘书图》局部
12. 宋《十八学士图》局部
13. 宋《蕉荫击球图》局部
14. 宋《罗汉图》局部
15. 元《听琴图》局部
16. 元《张果见明皇图》局部
17. 明 杜堇《十八学士图屏》局部
18. 明 刘俊《汉殿论功图》局部
19. 明 吴伟《歌舞图》局部
20. 明 唐寅《李端端像》局部
21. 明 崔子忠《杏园宴集图》局部
22. 清 王世祯《放鹇图》局部
23. 清 黄慎《春夜宴桃李园图》局部

轴线上部：

1. 汉莞席　引自胡文彦《中国家具鉴定与欣赏》
2. 东魏石刻上的胡床　引自胡文彦《中国家具鉴定与欣赏》
3. 隋唐座椅　引自史树青《中国艺术品收藏百科全书·第五卷》
4. 日本天皇紫檀椅（公元756年）引自崔咏雪《中国家具史：坐类家具》
5. 五代时期扶手椅　引自胡文彦《中国花梨家具图考》
6. 五代《勘书图》扶手椅　引自胡文彦《中国家具鉴定与欣赏》
7. 宋墓出土微型木椅　引自濮安国《中国红木家具》
8. 北宋石椅　引自陈增弼《宁波宋椅研究》
9. 金墓出土木椅　引自《文物》1978（4）
10. 宋代《罗汉图》中禅椅还原图　引自田家青《明清家具鉴赏与研究》
11. 宋《蕉荫击球图》交椅　引自胡文彦《中国家具鉴定与欣赏》
12. 巨鹿宋墓出土木椅　引自吴山《中国实用艺术图典》
13. 江阴宋墓出土木椅　引自濮安国《中国红木家具》
14. 元代交椅　引自濮安国《中国红木家具》
15. 《苏晓梦图》座椅　引自濮安国《中国红木家具》
16. 明黄花梨禅椅　引自朱家溍《明清家具》
17. 明黄花梨六方形南官帽椅　引自王世襄《明式家具研究》
18. 明黄花梨玫瑰椅　引自王世襄《明式家具研究》
19. 明清时期家具　引自朱家溍《明清家具》、王世襄《明式家具研究》、濮安国《中国红木家具》等
20. 民国家具　引自大成《民国家具价值汇编》

附件 3　现代中式家具品牌及产品汇总

序号	品牌名称	英文名称	成立日期	产品系列	主要家具样式	主要应用材料
1	联邦家私	Landbond Furniture	1984	家家具 江南世家 龙行天下 京素 天籁 新明式 素榆 云和 天籁		橡胶木、松木、山毛榉木等 贴面＋实木家具
2	三有	Sanyou Furniture	1993	明清风韵		红木等 实木家具
3	友联	Yaulian Handicraft Furniture	1992	明式 唐风 东方风情	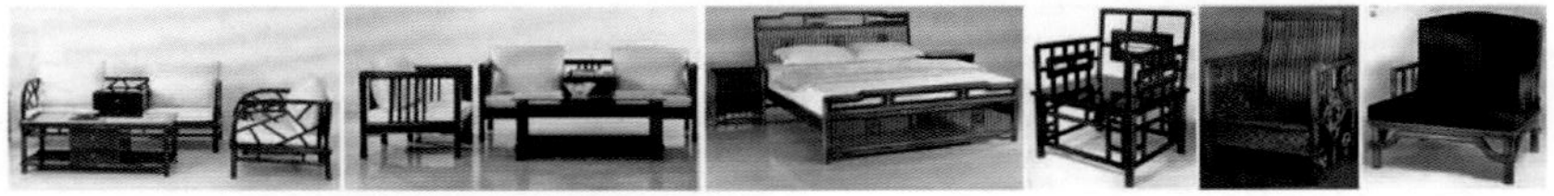	花梨木、鸡翅木、红木等 实木家具
4	大宝	Taiho Funiture	1995	春秋系列 唐韵系列 元曲系列 清流系列		红木、榉木、榆木等 实木家具
5	年年红	Nanaholy	1989	富典系列 金典系列 雅典系列		香枝木、酸枝木、鸡翅木、红木等 实木家具

6	澳珀	Opal-furniture	1993		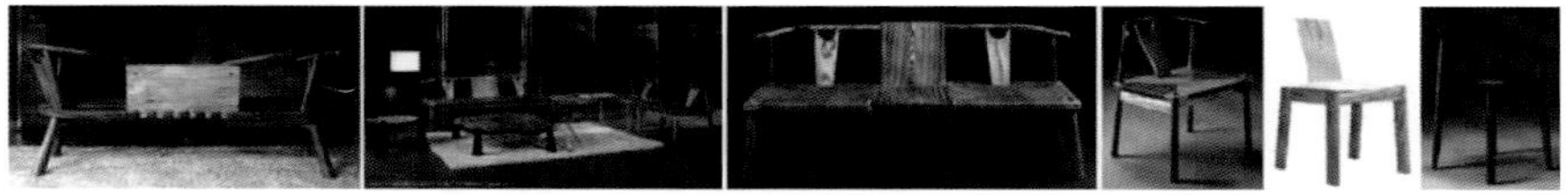	乌金木、压克力、金属、皮革等 实木家具
7	恒信家私	Heng Letter Furniture	1996	华典 华典木坊		西南桦木、榆木、缅甸高档胡桃木等 实木家具
8	老木坊	Nomove Furniture	1995	战国系列		榆木、榉木、白橡木、水曲柳等 实木＋板式家具
9	华伟家具	Welway Furniture	1996	写意东方 新古传说		榆木、榉木、樟木等 贴面＋实木家具
10	青木堂(永兴祥木业)	Woody chic (YUNG SHING FURNITURE)	1958	承天 大器・天生 自然・理画 大观 明式		花梨木、红木等 实木家具
11	卓越年华	Excellence Years Furniture	2001			山毛榉木、胡桃木等 实木＋板式家具

12	嘉豪何室	Jiahouse Furniture	1992	雅风 孔雀蓝 中国红 玫瑰金		泰国柚木、柚木皮、橡胶木、水曲柳、蜂窝复合板等 实木＋板式家具
13	华日家具	Hawala Furniture	1995	现代东方 中国时代		松木等 实木家具
14	明风阁	Mingfengge Furniture	1997	春华秋实 国色天香 杜甫草堂 水调歌头 姑苏风月 书韵 兰亭书香 水木清华		榉木、榆木、红木等 实木家具
15	荣麟世家	Rong Zuo Shi Jia	2000	槟榔家具 京瓷系列		泰国柚木、水曲柳、中密度板等 实木＋板式家具
16	海龙红木	Hailong Furniture	1989			酸枝木、香枝木、紫檀、海南黄花梨、红木等 实木家具

17	青岛一木	QINGDAO YIMU Furniture	1953	汉源居 嘉美居 吟香居		柚木、桐木等 实木＋板式家具
18	鸿发	Hongfa Furniture	1982			红木等 实木家具
19	莫霞家私	Moxia Furniture	1983	墨客		柚木等 实木家具
20	喜梦宝	XYM Furniture	1988	东方概念		松木等 实木＋板式家具
21	中冠	China Crown Furniture	1988	古韵		合成板材 板式家具
22	乐雅轩	LOLA'S Furniture	1992	田园雅筑 雅茗		水曲柳、藤材等 实木＋板式家具
23	飞鹏	FeiPeng Furniture	1995	柚悦系列		柚木等 实木家具

24	高帆	Goldfine Furniture	1996			柚木，合成板材等 板式家具
25	华源轩	Huyuan Xuan Furniture	1998	黄金柚 韵柳		柚木、水曲柳等 实木家具
26	美佳	Meijia Furniture	1998	汉唐林韵		榆木、榉木、松木等 实木家具
27	迪诺雅	D. N. Y. Furniture	1999	枫采系列 檀香山系列		橡胶木、美耐米板（纹理为柚木木纹）等 实木＋板式家具
28	天一家具	T&E Furniture	2003	东方红 曼古		橡胶木、合成板材等 实木＋板式家具
29	木本世家	MUBEN Furniture	2006			松木、合成板材等 实木＋板式家具
30	剑桥	Jianqiao Furniture	2006	明清印象		榉木、红木等 实木家具

附件 4　传统中式家具分析调查问卷

访问时间：______________　访问地点：______________　访问人：______________

您好，我是江南大学设计学院博士研究生，本次问卷调查是传统中式家具的相关问题调查，您的意见对本次研究非常重要，问卷结果全部以统计方式进行，本问卷纯为学术研究之用，您填答的结果将会绝对保密。感谢您热心的参与，谢谢您！

第一部分　问卷内容（请在"□"内打"√"选择）

1. 您是否见过传统中式家具？

□(1) 是　　□(2) 否

2. 您是否使用过传统中式家具？

□(1) 是　　□(2) 否

3. 您是否购买过传统中式家具？

□(1) 是　　□(2) 否

4. 您是否了解传统中式家具？

□(1) 非常熟悉；□(2) 比较熟悉；□(3) 熟悉；□(4) 不太熟悉；□(5) 不熟悉

5. 您接触的传统中式家具有哪些？（可多选）

□(1) 椅凳类；□(2) 桌案类；□(3) 柜架类；□(4) 床榻类；□(5) 其他

6. 您家中有哪些传统中式家具？（可多选）

□(1) 没有；□(1) 椅凳类；□(2) 桌案类；□(3) 柜架类；□(4) 床榻类；□(5) 其他

7. 您是否喜欢传统中式家具？

□(1) 是；□(2) 否

8. 您喜欢哪种风格的传统中式家具？（可多选）

□(1) 明式家具；□(2) 清式家具；□(3) 京作家具；□(4) 广作家具；□(5) 苏作家具；
□(6) 宁作家具；□(7) 晋作家具；□(8) 民国家具；□(9) 其他________；

9. 您认为哪种风格最能代表传统中式家具？

□(1) 明式家具；□(2) 清式家具；□(3) 京作家具；□(4) 广作家具；□(5) 苏作家具；
□(6) 宁作家具；□(7) 晋作家具；□(8) 民国家具；□(9) 其他________；

10. 您认为以下哪一种是最典型的传统中式家具？

□(1) 椅；□(2) 凳；□(3) 床；□(4) 桌；□(5) 案；□(6) 榻；□(7) 架格；
□(8) 柜；□(9) 几；□(10) 橱；□(11) 箱；□(9) 其他________；

11. 您认为传统中式家具的典型特点是什么？（可多选）

□(1) 造型典雅；□(2) 硬木材料；□(3) 装饰精美；□(4) 比例适度；□(5) 工艺精良；
□(6) 结构稳固；□(7) 榫卯连接；□(8) 手工制作；□(9) 其他________；

12. 您认为传统中式家具代表性的材料有哪些？（可多选）

□(1) 紫檀；□(2) 花梨木；□(3) 红木；□(4) 鸡翅木；□(5) 铁力木；□(6) 瘿木；

□(7) 酸枝木；□(8) 乌木；□(9) 榉木；□(10) 樟木；□(11) 楠木；□(12) 其他________；

13. 您认为传统中式家具代表性的色彩有哪些？(可多选)

□(1) 红色；□(2) 紫色；□(3) 黑色；□(4) 黄色；□(5) 褐色；□(6) 白色；
□(7) 绿色；□(8) 其他________；

14. 您认为传统中式家具适合现代家居生活吗？

□(1) 非常适合；□(2) 适合；□(3) 不确定；□(4) 不适合；□(5) 非常不适合

15. 您家购买家具时会考虑传统中式家具吗？

□(1) 会；□(2) 不确定；□(3) 不会

16. 您在家里会选择在以下哪些地点放置传统中式家具？(可多选)

□(1) 客厅；□(2) 卧室；□(3) 书房；□(4) 餐厅；□(5) 工作间 ；□(6) 浴室；
□(7) 婴儿房；□(7) 玄关；□(7) 阳台；□(7) 走廊；□(7) 其他________

17. 您认为传统中式家具需要改良或创新吗？

□(1) 根本不需要；□(2) 不需要；□(3) 不确定；□(4) 需要；□(5) 非常需要

18. 您认为传统中式家具在以下哪些方面需要改良和创新？(可多选)

□(1) 造型；□(2) 材料；□(3) 工艺；□(4) 装饰；□(5) 色彩；□(6) 比例；
□(7) 结构；□(8) 舒适性；□(9) 技术；□(10) 功能；□(11) 价格；(12) 其他________

第二部分　影响传统中式家具的特征因素量表

以下是影响传统中式家具类型特征的构成因素，请根据您对传统中式家具的认识和了解，对各个要素的重要程度作出评价。其中从左到右(5、4、3、2、1) 分别代表：

(5—非常重要；4—重要；3—不确定；2—不重要；1—非常不重要)

请根据您的判断和评价，在其相应的数字下面的十字线上画“√”。

	非常重要	重要	不确定	不重要	非常不重要
	5	4	3	2	1
1. 外观造型 (外观造型指家具的整体外观形式和美感)	+	+	+	+	+
2. 榫卯接合 (榫卯接合指传统家具中的榫头和卯眼连接方式，包括抱肩榫、格角榫、燕尾榫、龙凤榫)	+	+	+	+	+
3. 框架结构 (框架结构指传统家具以横向、纵向线材拼合而成的框体)	+	+	+	+	+
4. 比例关系 (比例关系指传统家具各部分长、宽、高、径的比例，如椅面高：通高；椅面宽：椅面深)	+	+	+	+	+
5. 体量 (体量指传统家具的整体尺度、面积和体积)	+	+	+	+	+
6. 材料	+	+	+	+	+

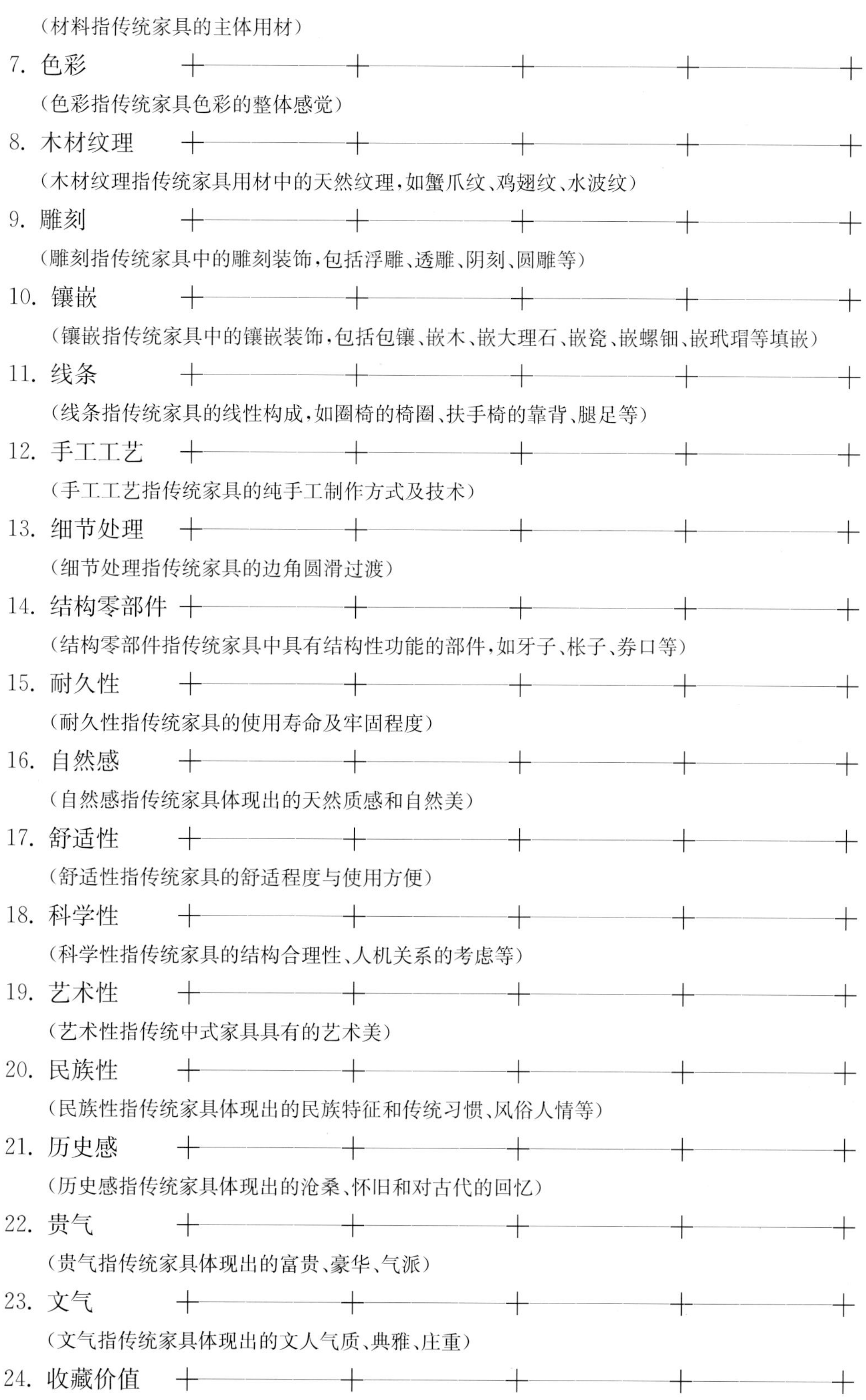

（材料指传统家具的主体用材）

7. 色彩

（色彩指传统家具色彩的整体感觉）

8. 木材纹理

（木材纹理指传统家具用材中的天然纹理，如蟹爪纹、鸡翅纹、水波纹）

9. 雕刻

（雕刻指传统家具中的雕刻装饰，包括浮雕、透雕、阴刻、圆雕等）

10. 镶嵌

（镶嵌指传统家具中的镶嵌装饰，包括包镶、嵌木、嵌大理石、嵌瓷、嵌螺钿、嵌玳瑁等填嵌）

11. 线条

（线条指传统家具的线性构成，如圈椅的椅圈、扶手椅的靠背、腿足等）

12. 手工工艺

（手工工艺指传统家具的纯手工制作方式及技术）

13. 细节处理

（细节处理指传统家具的边角圆滑过渡）

14. 结构零部件

（结构零部件指传统家具中具有结构性功能的部件，如牙子、枨子、券口等）

15. 耐久性

（耐久性指传统家具的使用寿命及牢固程度）

16. 自然感

（自然感指传统家具体现出的天然质感和自然美）

17. 舒适性

（舒适性指传统家具的舒适程度与使用方便）

18. 科学性

（科学性指传统家具的结构合理性、人机关系的考虑等）

19. 艺术性

（艺术性指传统中式家具具有的艺术美）

20. 民族性

（民族性指传统家具体现出的民族特征和传统习惯、风俗人情等）

21. 历史感

（历史感指传统家具体现出的沧桑、怀旧和对古代的回忆）

22. 贵气

（贵气指传统家具体现出的富贵、豪华、气派）

23. 文气

（文气指传统家具体现出的文人气质、典雅、庄重）

24. 收藏价值

（收藏价值指传统家具的升值空间、可收藏性）

25. 人文价值 ┼————┼————┼————┼————┼

（人文价值指传统家具所包含的教育、文化及知识内容）

26. 社会价值 ┼————┼————┼————┼————┼

（社会价值指传统家具体现出的流行、身份象征、社会认同等）

非常感谢您的鼎力协作！

以下资料不留姓名，绝对保密，仍需您的热情合作，请选择。

1. 年龄：

□(1) 50 岁以上 □(2) 40～49 岁 □(3) 30～39 岁 □(4) 20～29 岁

□(5) 19 岁以下

2. 性别：□(1) 男 □(2) 女

3. 婚姻：□(1) 已婚 □(2) 未婚

4. 职业：

□(1) 企业家 □(2) 教师 □(3) 工人 □(4) 管理人员 □(5) 商人

□(6) 公务员 □(7) 设计师 □(8) 学生 □(9) 自由业 □(10) 其他

5. 最高学历：

□(1) 硕士及以上 □(2) 大学 □(3) 中学 □(4) 小学

6. 每月收入：

□(1) 5 000 元以上 □(2) 4 000～5 000 元 □(3) 3 000～4 000 元

□(4) 2 000～3 000 元 □(4) 1 000～2 000 元 □(4) 1 000 元以下

附件 5　传统中式扶手椅选择案例汇总

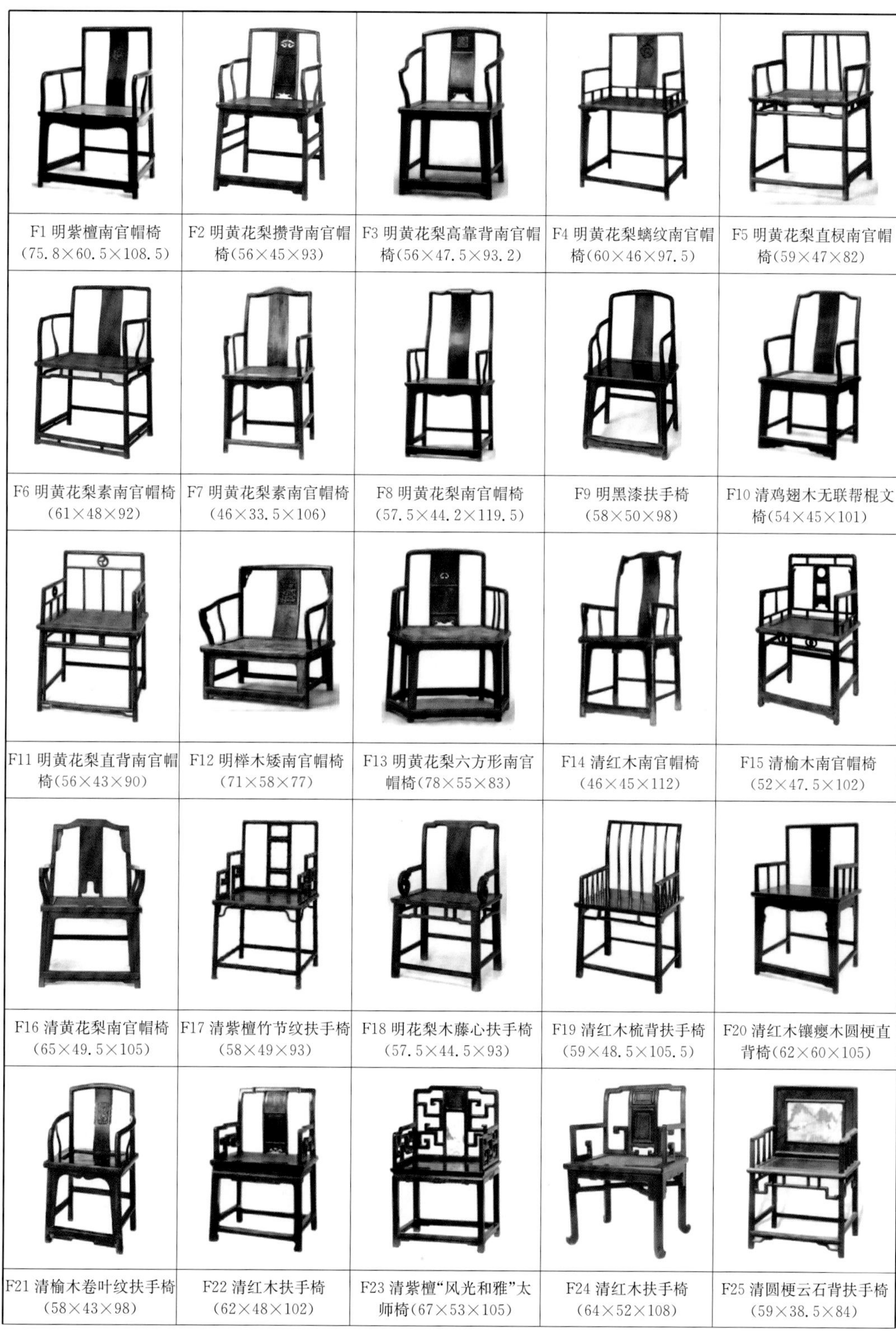

F1 明紫檀南官帽椅（75.8×60.5×108.5）	F2 明黄花梨攒背南官帽椅（56×45×93）	F3 明黄花梨高靠背南官帽椅（56×47.5×93.2）	F4 明黄花梨螭纹南官帽椅（60×46×97.5）	F5 明黄花梨直棂南官帽椅（59×47×82）
F6 明黄花梨素南官帽椅（61×48×92）	F7 明黄花梨素南官帽椅（46×33.5×106）	F8 明黄花梨南官帽椅（57.5×44.2×119.5）	F9 明黑漆扶手椅（58×50×98）	F10 清鸡翅木无联帮棍文椅（54×45×101）
F11 明黄花梨直背南官帽椅（56×43×90）	F12 明榉木矮南官帽椅（71×58×77）	F13 明黄花梨六方形南官帽椅（78×55×83）	F14 清红木南官帽椅（46×45×112）	F15 清榆木南官帽椅（52×47.5×102）
F16 清黄花梨南官帽椅（65×49.5×105）	F17 清紫檀竹节纹扶手椅（58×49×93）	F18 明花梨木藤心扶手椅（57.5×44.5×93）	F19 清红木梳背扶手椅（59×48.5×105.5）	F20 清红木镶瘿木圆梗直背椅（62×60×105）
F21 清榆木卷叶纹扶手椅（58×43×98）	F22 清红木扶手椅（62×48×102）	F23 清紫檀“风光和雅”太师椅（67×53×105）	F24 清红木扶手椅（64×52×108）	F25 清圆梗云石背扶手椅（59×38.5×84）

F26 明黄花梨双螭纹玫瑰椅(58×45×85.5)
F27 明紫檀夔龙纹玫瑰椅(59.5×45.5×93)
F28 明黄花梨卷草纹玫瑰椅(58×46×83.5)
F29 明黄花梨券口靠背玫瑰椅(56×43.2×85.5)
F30 明黄花梨透雕靠背玫瑰椅(61×46×87)
F31 清黄花梨直棂围子玫瑰椅(51×47×88)
F32 明黄花梨四出头官帽椅(57×43.5×107.5)
F33 明铁力木四出头官帽椅(74×60×116)
F34 清老花梨四出头扶手椅(68×58×116)
F35 明黄花梨四出头官帽椅(58.5×47×119)
F36 明黄花梨四出头官帽椅(60×45.5×117)
F37 明黄花梨四出头官帽椅(60×45.5×117)
F38 明黄花梨四出头官帽椅(74×63×106)
F39 明黄花梨藤编靠背扶手椅(60×46.4×111.2)
F40 清榉木素圈椅(59×46×100)
F41 清榉木素圈椅(58×48×102)
F42 清红木素圈椅(52.7×41×90.5)
F43 明黄花梨素圈椅(54.5×43×93)
F44 明黄花梨透雕靠背圈椅(60.7×48.7×107)
F45 明紫檀带拖泥雕花圈椅(63×50×99)
F46 清黑漆嵌螺钿圈椅(64.5×48.5×107)
F47 明黄花梨带拖泥雕花圈椅(60.5×45.4×112)
F48 明黄花梨卷书式圈椅(73×59×103)
F49 明紫檀矮素圈椅(59×37×58)
F50 清柳木弯圈椅(52×38×78.5)

F51 黄花梨花鸟纹扶手椅（62×48×108）	F52 清红木嵌螺钿扶手椅（60×46×97）	F53 清鸡翅木扶手椅（62×48×106）	F54 清红木嵌大理石扶手椅（66.5×48.5×106）	F55 清红木扶手椅（62×50×98.5）
F56 清黑漆描金花草纹扶手椅（57×47×102.5）	F57 清榉木扶手椅（64×52×106）	F58 清紫檀嵌黄杨木蝠螭纹扶手椅（66×51×99）	F59 清紫檀拐子纹扶手椅（58×47×92.5）	F60 清鸡翅木嵌正龙纹扶手椅（66.5×50.5×108.5）
F61 清紫檀福寿纹扶手椅（65.5×51.5×108.5）	F62 清紫檀带拖泥如意纹扶手椅（60×48×96.5）	F63 清榉木扶手椅（56×43×102.5）	F64 清紫檀夔凤纹扶手椅（53×42×81）	F65 清乌木卷书式扶手椅（52×41×82.5）
F66 清紫檀描金万福纹扶手椅（67×57×104）	F67 清紫檀书卷式扶手椅（52×42×88）	F68 清红木嵌理石扶手椅（58×48.5×102）	F69 清红木嵌螺钿理石扶手椅（65.5×52×109）	F70 清红木嵌理石扶手椅（68×54×107）
F71 清紫檀雕福庆纹扶手椅（53.5×42×85.5）	F72 清紫檀嵌玉花卉纹扶手椅（60×42.5×89.5）	F73 清红木禅椅（67×61×90）	F74 明式老榆木禅椅（77×48×84）	F75 明式榆木禅椅（70×48×60）

注：尺寸标注为家具整体尺寸，座面宽度×座面深度×通高，单位为：厘米（cm）。

案例图片及数据来自：王世襄著《明式家具研究》《明式家具珍赏》；杨耀著《明式家具研究》；胡德生《中国古代家具》；朱家溍主编《明清家具》上下册；田家青《明清家具鉴赏与研究》；史树青主编《中国艺术品收藏鉴赏百科全书·家具卷》；徐雯编著《古典家具》。

附件 6　传统中式家具观测性量表原始数据

样本序号	整体外观	榫卯接合	框架结构	材料	工艺	色彩	比例关系	结构性部件	细节处理	体量	装饰	线条
F1	743	713	732	567	578	678	756	555	730	711	346	736
F2	610	576	645	334	532	352	634	379	623	632	557	708
F3	712	621	608	523	688	567	732	611	708	634	634	722
F4	599	545	735	645	621	623	721	565	645	620	545	643
F5	723	567	590	734	609	701	740	578	722	726	268	726
F6	514	346	531	508	614	565	625	540	554	608	279	723
F7	589	620	578	542	590	532	632	533	520	607	253	635
F8	739	678	707	689	707	690	707	645	706	708	378	627
F9	544	543	612	367	399	525	643	576	619	621	276	609
F10	621	532	534	654	704	609	576	565	627	610	265	635
F11	607	625	618	632	643	513	714	530	671	564	546	717
F12	606	642	557	545	541	613	547	542	725	555	614	646
F13	710	638	643	603	614	705	711	389	716	628	549	567
F14	620	579	642	389	399	532	620	370	504	634	260	636
F15	533	547	567	365	267	345	631	624	535	616	617	624
F16	699	556	643	634	611	556	700	394	600	637	277	565
F17	377	623	602	645	532	688	643	350	654	646	632	715
F18	740	645	357	322	378	632	637	510	646	576	266	642
F19	624	520	640	637	521	707	706	582	690	630	376	706
F20	719	634	597	611	645	673	642	567	694	624	343	717
F21	619	578	642	379	607	521	592	589	625	533	607	622
F22	365	519	619	550	390	390	611	512	518	580	626	633
F23	689	647	703	753	721	621	632	267	724	625	712	609
F24	642	609	631	565	523	634	633	578	556	564	625	635
F25	733	567	621	547	550	723	612	514	617	535	619	557
F26	702	537	712	617	622	577	707	389	642	706	623	648
F27	642	658	643	722	345	498	710	394	643	586	714	534
F28	621	579	654	555	364	587	606	368	712	597	627	565
F29	700	549	700	538	377	590	619	579	714	621	636	626
F30	567	537	632	591	613	686	698	562	728	686	724	519
F31	605	752	643	523	524	695	710	556	713	623	589	716
F32	614	634	576	608	697	716	632	284	664	615	280	723
F33	613	621	633	645	532	534	567	370	565	365	268	724
F34	652	487	620	713	601	587	557	267	632	387	255	715
F35	732	578	714	577	644	590	722	634	628	688	263	717
F36	707	519	645	540	709	715	731	613	690	701	292	730
F37	542	532	635	367	356	511	520	554	578	525	608	656
F38	367	550	398	578	387	562	538	245	535	564	546	578

F39	719	632	540	709	617	615	390	278	708	578	277	586
F40	721	731	579	565	545	589	710	378	715	723	524	711
F41	544	520	557	343	622	348	591	289	549	603	288	667
F42	521	547	403	365	532	379	579	295	552	610	367	632
F43	723	611	621	578	599	585	703	534	627	624	389	710
F44	715	607	608	643	623	703	714	615	712	589	615	718
F45	610	742	637	656	544	710	723	524	735	714	629	723
F46	557	512	604	330	557	613	715	504	578	625	638	621
F47	311	625	353	622	389	693	567	544	489	521	717	567
F48	606	601	580	541	391	687	724	640	691	633	528	710
F49	599	607	549	712	550	621	400	564	625	546	298	723
F50	614	346	519	549	532	590	716	356	603	631	393	595
F51	614	533	573	676	512	587	634	287	682	621	714	568
F52	521	523	513	633	591	721	625	533	678	617	723	397
F53	642	600	590	645	554	632	706	387	543	643	589	626
F54	389	600	524	632	632	714	547	269	576	631	603	628
F55	545	646	534	615	510	724	625	297	552	616	606	557
F56	598	635	732	540	377	710	615	514	634	642	713	389
F57	547	599	556	710	512	632	635	357	579	627	632	576
F58	620	567	707	635	367	580	642	343	623	625	695	588
F59	634	641	519	567	554	707	623	277	524	532	710	591
F60	378	596	340	544	387	720	557	288	668	614	726	394
F61	657	532	733	711	611	711	625	539	554	634	703	379
F62	556	389	645	658	578	622	614	268	666	520	645	388
F63	645	543	634	632	390	701	621	556	635	388	634	278
F64	608	579	597	616	550	521	608	269	627	626	567	570
F65	733	566	622	645	591	606	557	609	648	524	628	569
F66	584	623	525	554	399	643	399	541	619	389	690	390
F67	630	609	634	632	560	722	613	540	689	531	547	588
F68	623	577	702	634	398	710	387	385	545	390	653	306
F69	342	545	567	756	553	723	578	520	632	348	716	296
F70	629	558	715	654	367	731	379	346	504	367	645	313
F71	733	634	524	608	558	723	391	517	672	540	703	295
F72	720	621	647	697	392	719	567	530	702	609	707	289
F73	632	510	635	647	393	753	621	511	635	368	619	568
F74	629	510	729	523	569	580	725	632	584	635	289	714
F75	608	524	725	356	365	429	632	343	462	625	268	726

注:各项数值为 165 为观测者评价分数之和。

附件 7　现代中式扶手椅选择案例汇总

M1 "The chair"(1949) 白蜡木,维格纳设计	M2 中国椅(1943) 白蜡木,维格纳设计	M3 中国椅(1945) 白蜡木,维格纳设计	M4 V 形椅(1950) 白蜡木,维格纳设计	M5 中国椅 Maarten Baas 设计
M6 东方系列椅,红木 方海、库卡波罗设计	M7 曲美实木圈椅,橡木 H. S. Jakosen 设计	M8 竹制餐椅,竹 库卡波罗设计	M9 中国椅,实木 Paola Navone 设计	M10 玫瑰椅,竹 章彰设计
M11 9218 联邦椅,松木 联邦家私,王润林设计	M12 云和沙发,松木 广东联邦家私	M13 京颂休闲椅,松木 广东联邦家私	M14 云和茶室椅,松木 广东联邦家私	M15 京颂转椅,松木 广东联邦家私
M16 京颂写字椅,松木 广东联邦家私	M17 天籁书椅,松木 广东联邦家私	M18 京颂书椅,松木 广东联邦家私	M19 依洛歌写字椅,松木 广东联邦家私	M20 云和茶室椅,竹 广东联邦家私
M21 云和沙发,金属 广东联邦家私	M22 龙行天下沙发 广东联邦家私	M23 家家具沙发,橡胶木 广东联邦家私	M24 家家具沙发,橡胶木 广东联邦家私	M25 家家具沙发,橡胶木 广东联邦家私

M26 梅花椅，实木 柴晓峰设计	M27 清水椅，乌金木 温州澳珀，朱小杰设计	M28 玫瑰椅，乌金木 温州澳珀，朱小杰设计	M29 铜钱椅，水曲柳 温州澳珀，朱小杰设计	M30 韵律椅 广州萌利尔，曾齐军设计
M31 大观椅，花梨木 台湾青木堂	M32 承天椅，红木 台湾青木堂，骆招正设计	M33 承天沙发，红木 台湾青木堂，骆招正设计	M34 自然客厅椅，花梨木 台湾青木堂，卢圆华设计	M35 文学椅，花梨木 台湾青木堂，卢圆华设计
M36 琴瑟椅，红木 台湾青木堂	M37 东海圈椅，红木 台湾青木堂	M38 明式圈椅，红木 台湾青木堂	M39 圈椅，榉木 无锡三言二拍	M40 圈椅，榉木 无锡三言二拍
M41 兰亭书香椅，榆木 广西明风阁	M42 明月茶室椅，榆木 广西明风阁	M43 写意东方椅，榆木 华伟家具	M44 现代圈椅 2006 中国家具大赛作品	M45 佚名，2004 顺德职业 技术学院毕业设计
M46 新中式圈椅，红木 上海钧禾古典家具	M47 圈椅，水曲柳 《现代东方精美家具》	M48 佚名 承制家具获奖作品	M49 会客椅，实木 佚名设计	M50 会客椅，柚木 香港飞鹏罗浮宫匠

M51 枫采客厅椅，松木 广东仁豪(迪诺雅)	M52 现代东方办公椅，栎木，河北华日家具	M53 圈椅，水曲柳 《现代东方精美家具》	M54 现代东方客厅椅，栎木，河北华日家具	M55 墨客休闲椅，柚木 浙江莫霞家私
M56 明清印象休闲椅，榆木，东莞剑桥家具	M57 休闲椅，红木 广州丽登家具	M58 水调歌头休闲椅，榆木，广西明风阁	M59 明清印象休闲椅，榆木，东莞剑桥家具	M60 明清印象休闲椅，榆木，东莞剑桥家具
M61 现代东方办公椅，栎木，河北华日家具	M62 华典休闲椅，榆木 香港恒信家私(华典)	M63 书韵笛音写字椅，栎木，河北华日家具	M64 格调系列沙发，榆木 2006 中国家具大赛作品	M65 写意东方椅，榆木 东莞华伟家具
M66 瑞云浓沙发，柚木＋丝光绒，深圳嘉豪何室	M67 瑞云浓沙发，柚木＋丝光绒，深圳嘉豪何室	M68 瑞云浓沙发，柚木＋丝光绒，深圳嘉豪何室	M69 风雅系列椅，红木 台湾耀松家具	M70 古韵沙发，指接板 香港中冠家具
M71 新经典餐桌椅，板材 佚名设计	M72 风尚系列椅，红木 台湾耀松家具	M73 被解构的椅子，实木 成都朴素堂艺术馆	M74 被解构的椅子，实木 成都朴素堂艺术馆	M75 被解构的椅子，实木 成都朴素堂艺术馆

M76 被解构的椅子，实木 成都朴素堂艺术馆	M77 祥云休闲椅，红木 浙江年年红	M78 祥云圈背椅，红木 浙江年年红	M79 名师椅，竹木 台湾德赖空间	M80 京瓷系列圈椅 北京荣麟世家
M81 孔雀蓝圈椅，柚木+丝光绒，深圳嘉豪何室	M82 大气系列椅，红木 台湾青木堂	M83 祥瑞餐椅，红木 浙江年年红	M84 扶手椅，乌金木 温州澳珀，朱小杰设计	M85 休闲椅，乌金木 温州澳珀，朱小杰设计
M86 花枝招展椅，白橡木 蔡恩德设计	M87 休闲椅 潘志刚、陈坚佐设计	M88 中式扶手椅，红木 深圳友联为家	M89 东方风情椅，红木 深圳友联为家	M90 平凡系列椅，红木 深圳友联为家
M91 元曲系列椅，红木 东莞大宝	M92 风华系列椅，红木 东莞大宝	M93 新明式沙发，松木 广东联邦家私	M94 写意东方书椅，榆木 广东华伟家具	M95 写意东方沙发，榆木 广东华伟家具
M96 写意东方休息椅，榆木，广东华伟家具	M97 明清风韵椅，红木 顺德三友	M98 明清风韵沙发，红木+丝绒，顺德三友	M99 战国系列沙发，樟木 东莞老木坊	M100 圈椅，实木 曹京设计

M101 休闲椅，实木 佚名设计	M102 墨客系列沙发， 柚木，浙江莫霞家私	M103 明式梳子牛角短 梳化，花梨，深圳友联为家	M104 明式布艺短梳化， 花梨木，深圳友联为家	M105 近典布艺短梳化， 花梨木，深圳友联为家
M106 孔雀蓝沙发，柚木＋ 丝光绒，深圳嘉豪何室	M107 孔雀蓝沙发，柚木＋ 皮革，深圳嘉豪何室	M108 京颂沙发，柚木 广东联邦家私	M109 新灵芝短梳化，花 梨木，深圳友联为家	M110 孔雀蓝休闲椅，柚 木＋皮革，深圳嘉豪何室
M111 组合圈椅，榉木 无锡三言二拍	M112 禅椅，红木 广东圣丁木业	M113 大道禅椅，红木 联邦家私，戴爱国设计	M114 心东方大师椅，实 木，台湾福曼莎	M115 直腿梳条禅椅，红 木，台湾春在中国

注：以上作品来源主要为：家具公司上市产品，国内外知名设计师作品，国内外设计竞赛获奖作品。

附件 8 现代居家生活行为与家具的对应关系

生活行为的属性（住宅家具 / 生活行为）				行为的种类		家具的种类																
表象性	手段性	个人性	生活性	大分类	小分类	床	榻	桌	几	沙发	椅	凳	柜	橱	书架	格	案	台面	屏风	箱	搁架	其他
●	●	●		就寝	就寝	●	●						●									●
●	●	●			休息	●	●			●	●	●										
	●	●		个人卫生	洗面									●				●			●	●
	●	●			化妆			●			●	●						●			●	●
	●	●			更衣								●								●	●
	●	●			修饰						●	●						●			●	●
	●	●			如厕																●	
	●	●		家务	育儿	●					●		●							●		●
	●	●			扫除	●	●	●	●	●	●	●	●	●	●	●	●	●	●	●	●	●
	●	●			洗涤、熨衣						●	●						●		●	●	
	●	●			干燥、晾晒																●	●
	●	●			裁缝						●	●						●				
	●	●			收拾、整理						●	●						●		●		
	●	●			储藏、管理								●	●		●				●		
	●	●			烹调									●							●	
	●		●	饮食	就餐			●	●		●	●										
	●		●		吃茶、饮酒			●	●	●	●	●										
●			●	社交	谈话		●			●	●	●							●			
●			●		打电话			●	●	●	●	●										
●			●		会客		●		●	●	●	●							●			
●			●		游戏				●	●	●	●							●			
●			●		鉴赏						●	●		●		●	●		●			
●		●		学习	学习、思考		●	●			●	●			●		●					
●		●			工作（写作）			●			●				●		●					
●		●		休闲、娱乐	看电视	●			●	●	●		●									
●		●			娱乐				●	●			●									
●		●			运动、健身													●			●	●
●		●			陈列、收藏											●				●	●	
●		●			手工创作			●			●	●					●	●		●		
●		●			读书、看报		●	●	●	●	●											
●		●			园艺、饲养				●												●	●
●		●	●	宗教	信仰				●								●				●	●
●		●	●		祭祖												●					
●		●	●		供奉				●												●	●
	●			移动	搬运															●		●
	●				出入						●	●							●		●	●

附件 9　色相 & 色调 120 色彩体系 (Hue & Tone 120 System)

一、色相 & 色调 120 色彩体系(Hue & Tone 120 System)

由 10 种色相和 11 个等级的色调构成 110 个色彩，再加上按明度分的 10 个阶段的黑白色，总共 120 种色彩分类，如下表：

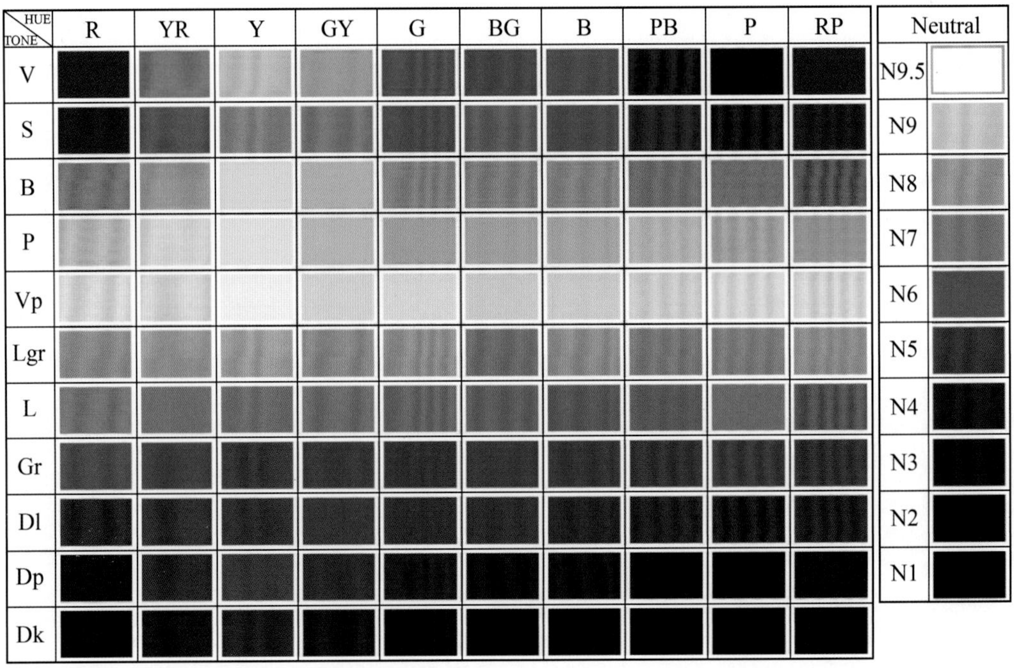

HUE / TONE	R	YR	Y	GY	G	BG	B	PB	P	RP
V										
S										
B										
P										
Vp										
Lgr										
L										
Gr										
Dl										
Dp										
Dk										

Neutral	
N9.5	
N9	
N8	
N7	
N6	
N5	
N4	
N3	
N2	
N1	

二、色相 & 色调 120 色彩体系的使用因子

色相(Hue)	R	红	色调(Tone)	V	鲜明的
	YR	黄红		S	强烈的
	Y	黄		B	明亮的
	GY	黄绿		P	苍白的
	G	绿		VP	暗淡的
	BG	蓝绿		Lgr	亮灰的
	B	蓝		L	光亮的
	PB	紫蓝		Gr	深灰的
	P	紫		Dl	阴暗的
	RP	紫红		Dp	深的
				Dk	暗的

三、现代中式家具的色彩分布

根据对附件 6 中的现代中式家具样本进行了色彩提取和统计分析，根据各种色彩在家具中的应用部位和所占比例（估算值）计算分布关系，如下表：

现代中式家具色相 & 色调分布

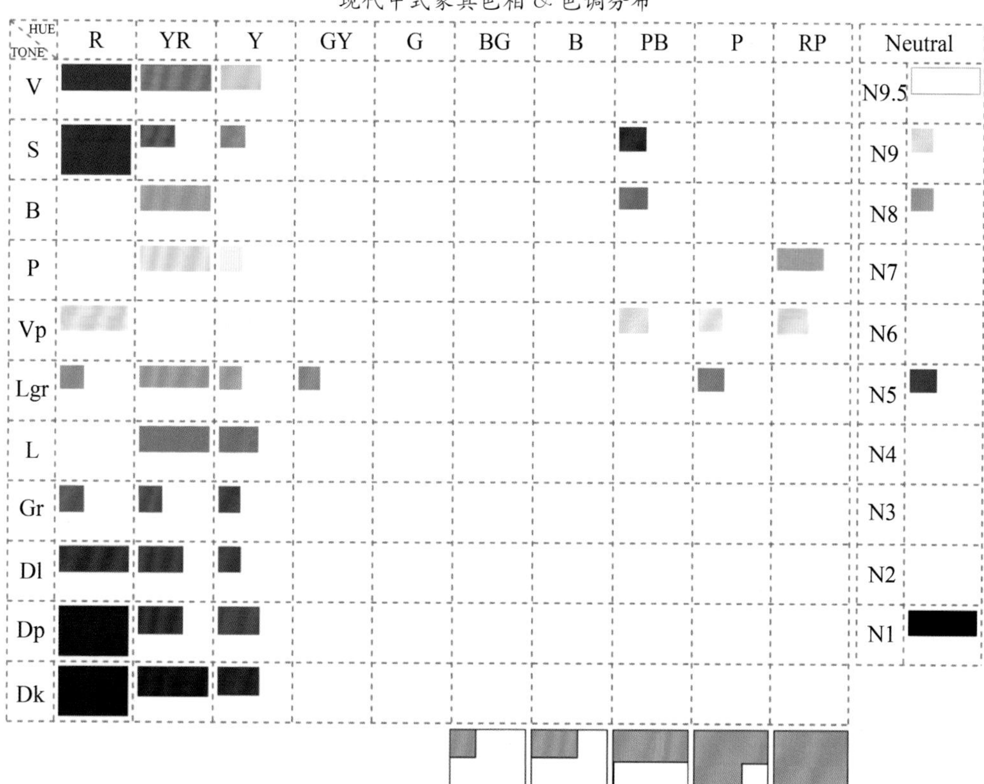